U0386554

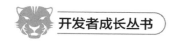

开发者成长丛书

仓颉语言程序设计

董昱◎著

清华大学出版社

北京

内 容 简 介

本书定位于仓颉语言的入门教程，成体系深入浅出地介绍仓颉语言应用开发的基础知识和常用标准库的使用方法，面向所有仓颉语言爱好者。

本书共 14 章。第 1~5 章为基础篇，介绍仓颉语言的基本数据类型和基本语法。第 6~12 章为提高篇，介绍自定义数据类型、集合类型的基本用法，面向对象编程、函数式编程等常用编程范式，以及文件读写和网络编程的基础知识。第 13、14 章为应用篇，介绍跨语言互操作、序列化等技术，并通过两个实战项目（2048 小游戏和博客网站）带领读者亲身体验仓颉语言项目开发的全过程。

书中包含了 310 个实例、两个完整的仓颉项目，使读者在掌握理论知识的基础上掌握应用开发的基本流程。书中所有代码示例均在模拟器或真机上通过测试。

每章都有相应的教学课件，并且在每章的结尾处设置了几个用于巩固知识的习题，可作为大学计算机、软件专业相关课程的教材或参考书，也可作为仓颉语言应用开发工程师的参考书。

图书在版编目（CIP）数据

仓颉语言程序设计/ 董昱著. —北京：清华大学出版社，2024.6
（开发者成长丛书）
ISBN 978-7-302-60630-7

Ⅰ.①仓⋯　Ⅱ.①董⋯　Ⅲ.①程序语言－程序设计　Ⅳ.①TP312

中国版本图书馆CIP数据核字（2022）第064544号

责任编辑：赵佳霓
封面设计：刘　键
责任校对：时翠兰
责任印制：宋　林

出版发行：清华大学出版社
　　　　　网　　　　　址：https://www.tup.com.cn，https://www.wqxuetang.com
　　　　　地　　　　　址：北京清华大学学研大厦 A 座　　　　邮　　编：100084
　　　　　社　总　机：010-83470000　　　　　　　　　　　邮　　购：010-62786544
　　　　　投稿与读者服务：010-62776969，c-service@tup.tsinghua.edu.cn
　　　　　质　量　反　馈：010-62772015，zhiliang@tup.tsinghua.edu.cn
　　　　　课　件　下　载：https://www.tup.com.cn，010-83470236
印　装　者：三河市铭诚印务有限公司
经　　　销：全国新华书店
开　　　本：186mm×240mm　　　印　　张：35　　　　字　　数：789 千字
版　　　次：2024 年 7 月第 1 版　　　　　　　　　　　印　　次：2024 年 7 月第 1 次印刷
印　　　数：1～2000
定　　　价：129.00 元

产品编号：095957-01

前 言

PREFACE

仓颉造字是中国古代的一个神话传说。相传约 5000 年前,仓颉是黄帝身边负责记录农业生产和社会生活的史官,平时主要用结绳和刻木来记事,非常不方便。不过,仓颉有 4 只眼睛,比常人拥有更强的观察能力。为了记录方便,仓颉开始洞悉世事,观察日月星辰、山水草木,在兰陵县作字沟村(现山东省临沂市)将各种不同的事物进行了抽象,创造了最早的象形文字。《淮南子・本经训》记载:"昔者仓颉作书,而天雨粟,鬼夜哭。"仓颉造字惊天地泣鬼神,连下的雨落在了地上变成了谷子。这是二十四节气中"谷雨"的由来,可见仓颉在古代人民群众心中的地位。

如今,华为创造了仓颉编程语言,这无疑是中国软件行业的一件大事。仓颉语言的诞生将会为 HarmonyOS、华为终端应用等层面提供强有力的支撑。回看过去,现代学者普遍认为仓颉造字并不是其一人所为,而是总结和整理了当时许多流传在民间的象形符号。华为的仓颉语言也是一样,需要开发者的共商共建,一同将仓颉语言推向新的高地。

学习仓颉语言是一件很浪漫的事!仓颉语言融合了众多语言的优秀特性,优雅开放、全面易用,不仅是资深工程师的进阶通道,也是菜鸟萌新的"下饭菜"。对!这是你的菜!希望读者能够保持对知识的渴望,就像谈恋爱一样保持初心、充满激情、共同成长。仓颉语言是一种静态强类型的编程语言,支持命令式、函数式和面向对象等多范式编程,不仅拥有类似 Python 语言的易用性,也拥有类似 C 语言的深邃和高效。

本书定位于仓颉语言的入门教程,成体系地介绍仓颉语言开发的基础知识,面向所有仓颉语言爱好者,希望能够以最通俗的文字介绍仓颉语言应用开发的核心知识。全书共 14 章。第 1~5 章为基础篇,介绍仓颉语言的基本数据类型和基本语法。学习任何编程语言都需要掌握这些概念。如果读者有其他编程语言的基础,则学习这一部分内容应该比较轻松。学习完成后,开发者可以实现比较简单的算法和应用程序。第 6~12 章为提高篇,介绍自定义数据类型和集合类型的基本用法,以及面向对象编程、函数式编程、元编程等高级用法,此外还介绍文件读写和网络编程的基础知识。通过对这部分知识的学习,开发者能够掌握仓颉语言中绝大部分的语法知识和标准库,可以开发一个比较完整的应用程序。第 13、14 章为应用篇,介绍跨语言互操作、序列化等技术,并通过两个实战项目(2048 小游戏和博客网站)带领读者亲身体验仓颉语言项目开发的全过程。相信读者,通过本书的学习可以独立开发一个仓颉应用程序。

如果你是编程语言的初学者,则可以使用现有的仓颉语言编程环境,并且先跳过第 1 章的内容。因为第 1 章包含了许多晦涩的概念，搭建仓颉语言的开发环境也可能会占用很多精力。直接学习第 2 章能够直接接触仓颉语言的核心知识，并且会很容易带来成就感！本书所选用的仓颉版本为 0.24.5 版本。鉴于仓颉语言发展很快，一些概念和语法与最新版本可能会存在差异，建议读者选择和本书配套的版本学习。

在本书的著作过程中得到了华为公司官方的大力支持。感谢华为编程语言实验室仓颉编程语言项目经理王学智的帮助。感谢清华大学出版社赵佳霓编辑对本书的顺利出版所付出的辛勤劳动。感谢家人王娜、董沐宸松、董沐晨阳陪伴我的日日夜夜，你们是我坚强的后盾。虽然本书经过多次审查和校对，但是由于笔者水平有限，难免出现疏忽和问题。在仓颉开发的环境搭建方式等方面可能会随着仓颉语言的不断发展而出现一些变化，也许还存在一些问题和不顺手的地方需要调整。

本书包含 310 个实例、2 个完整的仓颉项目和 14 章教学课件，可通过清华大学出版社随书提供的二维码扫码下载。

感谢大家对本书的支持和鼓励！祝愿大家身体健康，学有所获！

董昱
2024 年 5 月

本书源代码

教学课件（PPT）

目 录
CONTENTS

提 高 篇

应　用　篇

基　础　篇

第 1 章

认识新朋友——仓颉语言

编程实际上并不是什么神秘的魔法，只是一种比较高级的人机交互过程而已。随着计算机及其附属设备的不断发展，人机交互已经从传统的命令行模式进入图形界面模式，再到如今的手势跟踪、眼球跟踪、自然语言交互等，但是，无论是过去还是将来，编程这种最为传统、也最为高效的人机交互方式似乎永远不会过时。

所谓编程，是计算机需要执行的固定程序流程，通过特有的语言（计算机能够理解的语言形式）输入计算机中，用于解决特定的问题。在计算机诞生之初，编程是通过载有二进制码的纸带输入计算机中的。今天，我们不仅拥有更加高级的集成开发环境（Integrated Development Environment，IDE），也拥有了更为高级的编程语言。编程语言是人和计算机进行沟通的桥梁，是人和计算机都能"读懂"的语言形式。如今，我们早已进入高级语言的时代，此时的编程语言已经和人类具有很强的亲和力，上手快，学习也相对容易多了。

仓颉语言是华为主导研发的一门新生编程语言，将会不断地融入华为的 HarmonyOS、openEuler、方舟编译器等众多操作系统、编译器或其他框架中。通过仓颉语言，我们不仅可以设计并实现一些有趣的功能模块，还可以使用它进行完整的应用程序开发。本章带领大家探寻仓颉语言的特性，并完成开发环境的准备工作。

本章的核心知识点如下：

（1）编程语言的历史和分类。

（2）仓颉语言诞生的历史机遇。

（3）仓颉语言的基本特性。

（4）仓颉语言的开发环境搭建。

1.1　伟大的里程碑——仓颉语言的诞生

本节介绍编程语言的历史，从历史和时代的角度分析仓颉语言诞生的背景及仓颉语言的基本特性。

1.1.1　编程语言简述

程序是一段计算机能够执行的指令，而计算机的一切功能都是以程序为基础的。编程语言是人和计算机进行沟通的语言，是用于编写程序的工具。从历史的角度看，编程语言经历了机器语言、汇编语言到高级语言的发展阶段，如图 1-1 所示。

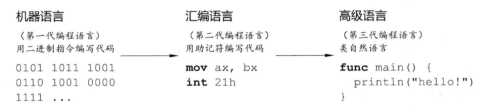

图 1-1　编程语言的发展历史

1. 机器语言

机器语言的表现形式是一系列二进制代码，即使用 0 和 1 所代表的二进制指令编写程序。这些二进制指令可以被 CPU 直接识别处理，所以机器语言是最底层的低级语言。由于这些二进制指令难以阅读，而且指令冗长，所以机器语言非常难以学习和使用。

2. 汇编语言

汇编语言（也称为符号语言）是使用一些简单的字符（称为助记符）来代表一些常用的计算机指令，从而降低开发的难度，提高编程的速度。相比于机器语言，汇编语言的阅读难度降低了很多，但是本质上只是用助记符代换了二进制指令，所以和机器语言没有什么太大的差别，由此可知汇编语言也是低级语言。

使用汇编语言很容易出错，难以推广，不易学习和使用，所以目前汇编语言主要应用在两个场景：一是在许多单片机程序或操作系统的底层程序因编程环境和提高性能的需要使用汇编语言，二是在学习和研究计算机原理和高级语言编译器等方面需要使用汇编语言。

3. 高级语言

高级语言是贴近自然语言且摆脱硬件依赖的编程语言。从定义上看，高级语言有两个特点：一是贴近自然语言。高级语言的代码类似于自然语言或者数学语言，非常方便开发者学习和使用。绝大多数的编程语言的关键字和语法形式类似于英文，如 if…else…语句、do…while 语句等。有些编程语言甚至使用中文或者图形为语言基础。易语言是最为流行的中文编程语言，而使用 Scratch、Sikuli 等编程语言环境甚至可以像拼图或搭积木一样搭建一个计算机程序。二是百花齐放，各具特色。比较常见的高级语言包括 Fortran、LISP、Pascal、C、C++、Java、Swift 等。并不存在一种最佳的编程语言，不同高级语言的应用场景、运行环境和适用人群并不相同，例如 C、C++语言主要应用在对性能敏感的底层模块的开发，Java、Swift 等语言主要应用在移动应用等方面的开发，JavaScript 主要应用在网页、小程序等前端开发方面。

1.1.2 仓颉语言的历史机遇

编程语言是一个相对古老而又年轻的研究领域。新的理论和应用不断出现，使高级语言的迭代速度很快。为什么高级语言出现了如此快速的更新迭代？仓颉语言的诞生又有什么时代意义呢？

下面通过几个不同的角度回答这些问题。

1. HarmonyOS 操作系统迫切需要一个新的平台型语言

鉴于在操作系统等领域已经拥有了大量的底层建筑，短时间内 C、C++语言在底层开发层面拥有着不可替代性。由于应用惯性，JavaScript 等语言也会长期运行在浏览器之中。这些领域的编程语言难以突破常规和发展演进。

应用程序开发领域却并不相同，由于硬件技术和软件框架的不断更迭，移动应用程序、物联网应用程序、Web 应用程序的编程语言更新迭代很快，并且似乎每个框架平台都拥有独特的编程语言，这些编程语言称为平台型语言。平台型语言正在不断发展。例如，在移动应用程序开发领域，Android 应用程序的编程语言正在从 Java 过渡到 Kotlin，iOS 应用程序的编程语言正在从 Objective-C 过渡到 Swift。甚至 Flutter 框架又提供了 Dart 编程语言开发方案。在 Web 开发领域，Go 语言、Python 语言又在逐渐替代传统的 Java Web 框架。

一方面，独特的平台型语言可以充分体现应用平台的优势，有利于形成软硬件一体的开发框架，降低开发成本，加强产品优势。另一方面，拥有平台型语言的软件框架能够抵御一定的外界风险，例如开源合规风险、生态冲并风险等。

2019 年，华为推出了面向万物互联的 HarmonyOS 操作系统。目前，HarmonyOS 操作系统仍然使用比较古老的 Java、JavaScript 等语言，迫切需要一个符合自身特性的平台型语言。这是仓颉语言诞生的时代需求。

2. 多范式编程逐渐深入人心

以前，面向对象编程思想是业界主流。近一段时间内，Java、C#、Objective-C 等面向对象编程语言快速发展。Java、C#等语言从语法上甚至和面向对象编程画上了等号，排斥其他编程范式。但是，越来越多的人发现了面向对象编程的局限性：一方面，面向对象编程催生了众多设计模式，加大了学习成本和使用成本，容易对一个简单的需求产生过度设计；另一方面，函数式编程的地位正在不断地被推高，函数式编程的引用透明、没有副作用等特性使其非常适合应用在 AI、高并发等领域（如 Google Earth Engine）。

传统的平台型语言往往具有极强的个性，难以容纳这些不同的编程范式。Java、C#等编程语言已经逐渐难以满足时代的需求。诸如 Python、Go 等新兴语言都在支持多范式编程，受到广大开发者的青睐。这是仓颉语言的应用需求。

3. 特定领域不断延伸

在人工智能、云计算、区块链等特定领域迫切需要适合这些新技术的编程语言。传统的编程语言的语法是固定的，难以对这些特定领域进行拓展，所以需要特定领域语言（Domain-Specific Language，DSL）。例如，HTML 是典型的 DSL。由于 DSL 的语法独特性，很难和平台型语言融合,增加了开发者的学习和使用成本。

通过元编程等方式改变平台型语言的语法特性,使其能够满足特定领域的需求,这种语言可以称为内嵌式领域专用语言(embedded DSL,eDSL)。例如,Swift、Kotlin、Dart 等语言都可以实现一定程度的 eDSL。拥有 eDSL 特性的编程语言预期能够在许多新领域(如 AI、云计算等)的竞争中快速进入角色。这是仓颉语言的特性需求。

在建立上述需求的基础上,仓颉语言应运而生。

仓颉语言作为我国自主创新的代表,看到这门语言的出现大家一定非常兴奋吧。接下来,先让我们熟悉一下这位朋友吧!

1.1.3　仓颉语言的基本特性

仓颉语言(Cangjie)是华为公司开发的一种静态、强类型编程语言,其语言风格独树一帜,但却非常容易上手。

1. 仓颉是一门静态语言

所谓静态语言,是指在声明变量时需要指定其数据类型,在编译期间编译器需要对这些变量进行严格的类型检查,例如 Java、C、C++、GO 等;反之,动态语言则可以在定义变量时不指明其类型,例如 Python、PHP、JavaScript 等,如图 1-2 所示。静态语言的好处在于编译器可以初步判定程序是否存在问题,并可以帮助开发者规范代码,增加代码的可维护性。动态语言虽然更加灵活,但是会在程序出现问题的时候难以排错和调试。

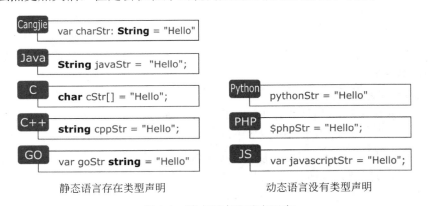

静态语言存在类型声明　　　　　动态语言没有类型声明

图 1-2　静态语言和动态语言

例如,定义两个数据类型:人和食物,并实现人吃食物的功能,我们可以以伪代码的方式表述如下:

```
人 zhangsan = 张三;
食物 pingguo = 苹果;
zhangsan 吃 pingguo;
```

但是,如果不小心把代码写错了:

```
人 zhangsan = 苹果;    //错误地把苹果对象赋值给 zhangsan 变量
食物 pingguo = 张三;    //错误地把张三对象赋值给 pingguo 变量
zhangsan 吃 pingguo;
```

变量 zhangsan 错误地指向了苹果，而食物变量 pingguo 错误地指向了张三，这显然是一种类型错误。对于静态语言来讲，编译器会很容易地发现问题，然后贴心地告诉我们程序的问题所在。

动态语言面对这一问题的处理可能就会变得很麻烦。因为动态语言不需要声明变量的类型，代码可以变成这样：

```
zhangsan = 苹果; //错误地把苹果对象赋值给 zhangsan 变量
pingguo = 张三;  //错误地把张三对象赋值给 pingguo 变量
zhangsan 吃 pingguo;
```

动态语言编译器可能难以分析 zhangsan 和 pingguo 的类型问题。比较智能一点的编译器遇到"zhangsan 吃 pingguo;"这行代码的时候会通过上下文分析发现错误。即使这样，开发者要排除这一错误就要仔细翻看之前的代码。如果这段代码很长、业务逻辑很复杂，则排错就会给我们带来很大的麻烦。甚至，面对这样的代码，有些"懒惰"的动态语言编译器就直接编译通过了，在程序运行时报错或者直接"闪退"，让我们摸不清问题所在。

2. 仓颉是一门强类型语言

强类型的"强"是指类型约束性的强弱。所谓强类型语言，是指变量的类型在转换过程中需要显式声明，而不能进行隐式数据类型转换，例如 Java、Python、GO 等。弱类型语言可以进行隐式类型转换，例如 C、C++、JavaScript 等。与静态类型语言类似，强类型语言的好处在于能够在编译期间避免类型转换错误，提高代码的质量，从而提高可维护性。

例如，定义变量 a 和 b，并且 a 和 b 的变量类型分别为浮点型（可以理解为实数的表现形式）和整型（可以理解为整数的表现形式）。把浮点型变量 a 赋值给整型变量 b，伪代码的表述如下：

```
//适用于弱类型语言
浮点型 a = 3.14;
整型 b = a;
```

对于弱类型语言而言，这样的写法没有问题：程序会将 a 的整数部分 3 赋值给整型 b，这个过程是隐式的数据转换，但是，对于强类型语言而言，编译器将无法将浮点型 a 转换为整数，只能告知开发者类型转换错误，因此，对于强类型语言，开发者需要在每次类型转换时告知编译器数值的具体转化方法，例如：

```
//适用于强类型语言
浮点型 a = 3.14;
整型 b = (整型)a;
```

这样的好处在于，开发者必须对每一次类型转换具有清晰的认知，可以防止某些编程失误导致数据的混乱。

　　总体来看，静态语言杜绝了类型错误的源头，强类型语言杜绝了类型转换错误的源头。无论是静态类型语言，还是强类型语言，都是为了使代码更加规范，从而提高代码的安全性。动态语言或弱类型语言虽然灵活，但是开发者要对每一次变量声明和每一次数据类型转换负责。在大型项目中，动态语言或弱类型语言常常因为代码移交或沟通不畅等产生问题。从代码的可维护性上来讲，静态语言强于动态语言，强类型语言强于弱类型语言，静态类型和强类型都是为了约束开发者，要求开发者时刻关注类型的正确性，因此，仓颉语言选择成为静态强类型语言。

　　通过图 1-3 可以了解一些常见编程语言的不同类型。

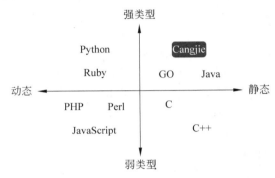

图 1-3　动态、静态语言和强、弱类型语言的划分

3. 仓颉语言支持多范式编程

　　仓颉语言支持命令式编程、面向对象编程和函数式编程。这些不同编程范式的代码可以有机地融合在同一个源文件中，开发者可以随时切换开发思路。那么，什么是编程范式呢？上面几种编程范式又有什么区别呢？

　　编程范式（Programming Paradigm）是指在计算机编程中解决问题的基本思路，会直接影响编程代码的基本风格和组合方式。世界级软件开发大师鲍勃·马丁（Bob Martin）认为，编程范式是通过某种方式限制我们的编程自由，从而帮助我们避免编程错误。就像横格纸上的横格一样，虽然限制了我们的文字排布，但是写出来的字会更加整齐有序、易于阅读。最早的编程语言是没有任何编程范式而言的。例如，早期使用 Fortran 语言的开发者编写的代码风格迥异，开发者 A 写出来的代码可能难以被开发者 B 阅读。这时的编程就像在空白草稿纸上涂鸦一样，随意且不可控。

　　Esgar Dijkstra 将系统论引入编程语言，并声称 GOTO 是有害的，从此结构化编程诞生了。所谓结构化编程，是在程序中只通过顺序、分支和循环 3 种结构完成功能，不允许程序的任意跳转。这一时期的绝大多数编程语言使用命令式编程。命令式编程的核心是关注计算机执行的步骤，需要开发者一步一步通过语句告诉计算机先干什么后干什么。至今，命令式编程是绝大多数编程语言的标配，因为这种范式很容易理解，也适合初学者学习。

面向对象编程（Object-Oriented Programming）与面向过程编程（Procedure-Oriented Programming）是相对的概念，其核心区别是对实体的"抽象"方法不同。对于面向对象编程来讲，整个程序会像电影《黑客帝国》中一样创造一个"小宇宙"，其中包含了各种不同的事物，而每种事物又包含了自身的特性和功能。面向对象编程思想非常符合现实中人类的想法，所以其代码也非常容易被开发者理解。面向对象编程范式显著地提高了程序的可读性和可维护性。

函数式编程最近流行开来，但是其历史却可以追溯到 1958 年的 Lisp。函数式编程的核心是关注程序需要做什么，而具体怎么去完成则不是开发者需要考虑的事情。函数式编程范式思维类似于数学思维，各种函数成为整个应用程序的主体。

不同的编程范式实际上是为了解决不同类型的问题，并没有优劣之分，只是面对的场景和需求不同，以及开发者的选择不同而已。常见编程范式的分类如图 1-4 所示。

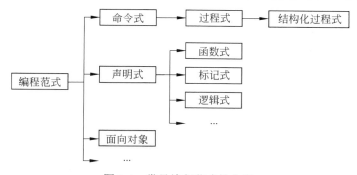

图 1-4　常见编程范式的分类

仓颉语言融合了高阶函数、代数数据类型、模式匹配、泛型等函数式编程特性，也融合了继承、多态、接口等面向对象语言的特性。当然，仓颉语言也包含了值类型、全局函数等高效简洁的命令式语言特性，因此，仓颉语言是一个不折不扣的多范式编程语言。

当然，如果你是开发者"萌新"，则这一部分你可能会看得云里雾里。本书后文会逐步使用这些不同的编程模式。第 2~4 章将介绍结构化编程的核心思维，第 6 章将介绍面向对象编程范式，第 10 章将介绍函数式编程范式。读完本书，相信读者会对多范式编程的理解更加深刻。

4. 仓颉语言支持自动内存管理

内存管理几乎是任何一门编程语言的核心，也是初学者最难以掌控的内容之一。程序中的数据变量、函数方法等都是以某种方式驻留在内存中的。如果内存管理不当，程序会轻则卡顿、重则崩溃。绝大多数现代的编程语言具备了自动内存管理能力。例如，Java、C#、Python 等语言都具备了用于自动内存管理的垃圾回收机制。如果没有自动内存管理，在程序中创建的变量就需要开发者手动销毁，不仅麻烦，还容易出错。即使一些原本不支持自动内存管理的 Objective-C 等语言也引入了 ARC 等机制方便开发者使用。

仓颉语言使用了常规的垃圾回收机制管理内存。所谓垃圾回收，是指系统会自动释放那些程序已经不会使用的对象和数据，以便及时地解除其内存占用。当然，虽然仓颉支持自动内存管理，但是开发者仍然要对内存使用精打细算，对每一次内存占用负起责任。例如，不要创建过大的数据数组（如数据库中的表），不要一次加载大量的多媒体文件（如图片、视频等），按需使用内存是高级开发者的必备技能。

另外，仓颉语言在运行时也会对数组下标越界、溢出等内存风险进行检查，确保内存的使用安全。

5. 仓颉语言支持跨语言调用

仓颉支持多语言的互通体系，可以与许多主流语言进行互相调用。例如，仓颉具有跨 C 语言调用能力，支持仓颉调用 C 语言函数，也支持 C 语言调用仓颉函数。从而，仓颉可以有效地兼容 C 语言生态，实现 C 语言库的复用。

6. 原生轻量化，多场景统一编程

仓颉语言提供原生轻量化特性，支持多种资源设备的统一编程，并在设计层面保证与全量特性兼容，为各种设备开发者提供最佳语言特性。

7. 易用的并发/分布式编程

仓颉语言提供原生的用户态轻量化线程，支持高并发编程；提供基于 Actor 模型的异步编程机制，支持安全并发和模块化的分布式编程。

8. 领域易扩展，高效构建领域抽象

仓颉语言的高阶函数、尾随闭包、getter/setter 机制、操作符重载、部分关键字可省略等特性，有利于内嵌式领域专用语言（eDSL）的构建。仓颉支持基于宏的元编程，在编译时可以生成或改变源代码，让开发者可以深度定制程序的语法和语义，构建更加符合领域抽象的语言特性。

可以说，仓颉融合了当前主流语言的优秀特性，简单易用，高效可靠。

1.2　仓颉语言的开发环境

工欲善其事，必先利其器。学习仓颉语言，首先需要着手一些开发的准备工作，本节手把手带领读者搭建一个仓颉语言的开发环境。在本书中使用的操作系统和编程语言及其工具的版本如表 1-1 所示。

表 1-1　仓颉语言的开发环境所使用的系统或软件及其版本

系统或软件	版　本	文　件
仓颉编译器	0.24.5	Cangjie_0.24.5-Ubuntu_18.04-x86_64-E.tar.gz
仓颉调试器	0.24.5	Cangjie_debugger_0.24.5-Ubuntu_18.04-x86_64.tar.gz
仓颉 VSCode 扩展	0.24.5	Cangjie_VSCodePlugin_0.24.5-Windows-x86_64.zip
VSCode	1.56.2	VSCodeSetup-x64-1.56.2.exe
VirtualBox	6.1.22	VirtualBox-6.1.22-144080-Win.exe

续表

系统或软件	版　　本	文　　件
Ubuntu	18.04（64 位）	Ubuntu-18.04.6-desktop-amd64.iso
PuTTY	0.76	putty.exe

　　仓颉语言的版本迭代很快。在本书出版时，最新版本的开发环境构建方法可能会和本书中介绍的内容略有不同，但是思路是基本类似的。读者也可以从官方网站下载最新版本，并参照说明文档配置开发环境。

　　仓颉语言的编译和调试目前仅支持 Ubuntu（64 位）环境，但是可以使用任意的文本编辑器编写仓颉源代码。推荐读者使用官方提供的仓颉 VSCode 扩展辅助编写源代码。该扩展可以为仓颉代码提供语法高亮、自动补全、符号跳转等特性，方便开发者使用。

　　仓颉语言开发环境的搭建主要分为以下 3 个主要部分：

　　（1）编译环境的搭建。在 Ubuntu 中安装仓颉编译器（必选）。

　　（2）编辑环境的搭建。在 Windows 或 Ubuntu 中安装 VSCode 和仓颉 VSCode 扩展（可选）。

　　（3）调试环境的搭建。在 Ubuntu 中安装仓颉调试器（可选）。

　　本节所使用的操作系统是 Windows 10（64 位），而 Ubuntu 环境是通过 VirtualBox 虚拟机搭建的。VirtualBox 虚拟机通过 SSH 协议和 Samba 协议分别向宿主提供远程连接服务和文件系统服务，如图 1-5 所示。

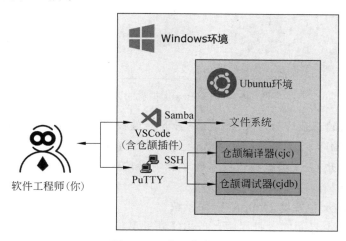

图 1-5　开发环境的搭建

接下来分别介绍编译环境、编辑环境和调试环境的搭建。

1.2.1　编译环境的搭建

仓颉语言程序的编译需要 Ubuntu 等类似的 Linux 环境，具体主要包括以下几个步骤：

（1）安装 VirtualBox。

（2）在 VirtualBox 中安装 Ubuntu 操作系统。

（3）通过 PuTTY 远程连接 Ubuntu 操作系统。

（4）通过 Samba 访问 Ubuntu 文件系统。

（5）安装仓颉编译器。

如果你有专门的 Ubuntu 主机或云服务器，则可以跳过前两个步骤，直接在 Ubuntu 主机中安装仓颉编译器即可。接下来详细介绍仓颉编译环境的搭建方法。

1. 安装 VirtualBox

安装 VirtualBox 虚拟机的方法非常简单，直接运行安装程序，保持各选项默认即可安装完成。安装完成后运行 VirtualBox，其界面如图 1-6 所示。

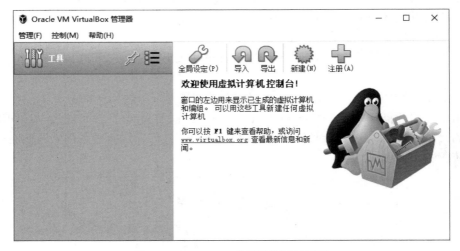

图 1-6　VirtualBox 虚拟机的运行界面

注意　虚拟机的正常运行需要主板支持并开启虚拟化技术。Intel 和 AMD 的虚拟化技术分别为 VT-X 和 AMD-V。目前，绝大多数的主板已支持虚拟化技术，并且默认为开启状态。具体的支持信息和开启/关闭虚拟化技术的步骤需要读者查阅相应主板型号的说明书及相关资料。

2. 在 VirtualBox 中安装 Ubuntu 操作系统

在 VirtualBox 主界面的工具栏中，单击【新建】按钮，会弹出"新建虚拟机"对话框。在【名称】选项中输入虚拟机的名称 Ubuntu（可随意命名），在【文件夹】选项中选择虚拟机的保存位置（避免使用中文目录），在【类型】和【版本】选项中，分别选择 Linux 和 Ubuntu (64-bit)选项，如图 1-7 所示。

单击【下一步】按钮，选择虚拟机的内存大小，如图 1-8 所示。

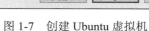

图 1-7 创建 Ubuntu 虚拟机

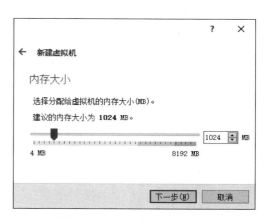

图 1-8 选择内存大小对话框

内存大小选项可以根据实际情况进行选择，但是尽可能将滑块落入绿色条带中，以保证虚拟机内存和主机内存的合理分配。单击【下一步】按钮，在随后的"虚拟硬盘""虚拟硬盘文件类型""存储在物理硬盘上"和"文件位置和大小"对话框中均保持默认即可（注意要保证虚拟硬盘所在物理磁盘的空间充足）。最后，单击【创建】按钮，即可在 VirtualBox的主界面中查看刚刚创建的虚拟机，如图 1-9 所示。

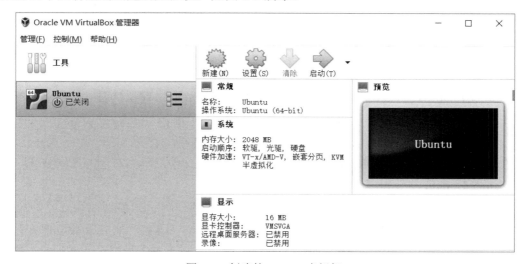

图 1-9 创建的 Ubuntu 虚拟机

在左侧的虚拟机列表中的 Ubuntu（虚拟机名称）选项上右击，选择【设置】选项（快捷键：Ctrl+S），会弹出虚拟机设置对话框，并选择【存储】选项卡，如图 1-10 所示。

图 1-10　Ubuntu 虚拟机的设置选项

在【存储介质】选项中选择光盘驱动器 ◎ 选项，然后单击【分配光驱】选项右侧的 ◎ 按钮，在其下拉菜单中选择【选择虚拟盘…】。在弹出的对话框中选择 Ubuntu 的安装镜像文件，单击【打开】按钮确认，然后在设置对话框单击【OK】按钮关闭对话框。此时，在虚拟机启动时会自动加载所选择的 Ubuntu 的安装镜像。

回到 VirtualBox 的主界面，选中虚拟机列表中的 Ubuntu（虚拟机名称）选项，单击工具栏中的【启动】按钮即可启动虚拟机。稍等片刻后，即可进入 Ubuntu 安装程序，如图 1-11 所示。

在左侧的语言列表中找到并选中"中文(简体)"选项，然后单击右侧的【安装 Ubuntu】按钮，进入 Ubuntu 安装程序。

注意　这里的语言选项可以保持英文（默认），但是使用中文可能对初学者更加友好。

随后，会依次出现键盘布局、更新和其他软件对话框。如果没有特殊需要，则可保持这些对话框中的设置选项为默认，无须特别修改。最后，在弹出安装类型对话框时，选中"清除整个磁盘并安装 Ubuntu"选项，单击【现在安装】按钮，会弹出"将改动写入磁盘吗？"提示框，单击【继续】按钮继续，如图 1-12 所示。

注意　这里的分区表改变针对的是虚拟机的虚拟磁盘，不必担心宿主主机的硬盘数据安全。

图 1-11　Ubuntu 安装程序

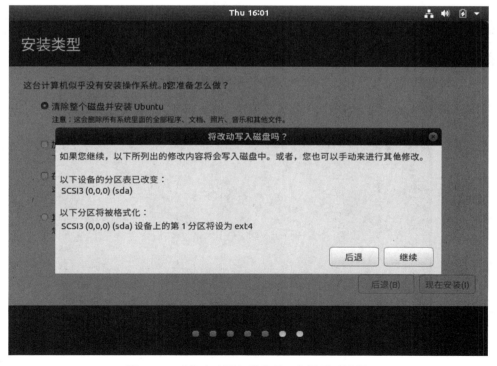

图 1-12　"将改动写入磁盘吗？"提示对话框

稍等片刻，等待虚拟机硬盘的分区完成。在弹出的"你在什么地方？"对话框中，保持
Shanghai 默认选项，单击【继续】按钮。在最后出现的"你是谁？"对话框中需要输入姓名、
计算机名、用户名和密码，如图 1-13 所示。

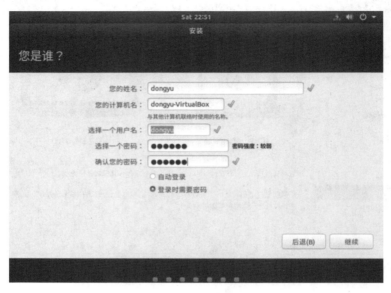

图 1-13　Ubuntu 安装程序"你是谁？"对话框

注意　读者需记录下这里设置的用户名和密码，用于后续的系统登录。

单击【继续】按钮即可正式开始安装 Ubuntu 操作系统，如图 1-14 所示。

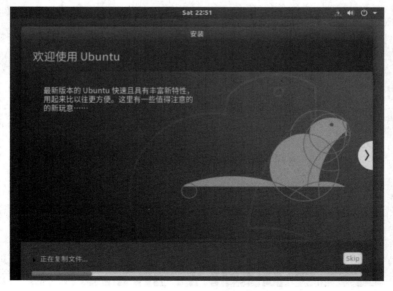

图 1-14　Ubuntu 操作系统的安装

注意　安装过程中会下载中文语言包等，因此需保持互联网连接。

这个过程比较缓慢，根据宿主主机和虚拟机的性能配置不同，大约需要 5~20 分钟的时间。当弹出"安装完毕。您需要重新启动计算机以使用新安装的系统。"对话框时，单击【现在重启】按钮即可完成安装，如图 1-15 所示。

图 1-15　Ubuntu 操作系统安装完毕，需要重启

重启时会出现"Please remove the installation medium, then press Enter."提示字样，该英文的原本意思是"请移除安装介质，然后按 Enter 键"。不过，VirtualBox 虚拟机非常智能，会自动卸载安装介质，此时直接按 Enter 键重启即可，无须额外操作。

注意　如果安装介质未能成功卸载，重启时则会再次进入安装界面，无法进入系统。此时可通过虚拟机菜单中的【设置】→【分配光驱】→【移除虚拟盘】选项卸载 Ubuntu 安装光盘，然后重启虚拟机即可正常进入 Ubuntu 操作系统。

重启 Ubuntu 操作系统，在登录界面通过安装时设置的用户名和密码登录系统，即可进入 Ubuntu 桌面，如图 1-16 所示。

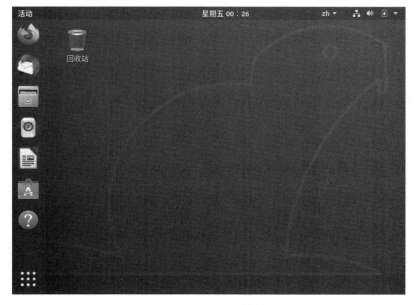

图 1-16　Ubuntu 桌面

注意　在随后使用 Ubuntu 操作系统的过程中可能会提示升级 Ubuntu 系统。不要选择升

级，应保持当前的系统版本不变。

单击 Ubuntu 界面左下角的 ▦（显示应用程序）按钮，在应用程序列表中找到并打开 ▦
终端应用，如图 1-17 所示。

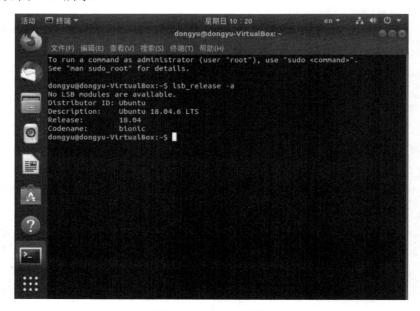

图 1-17　Ubuntu 终端

在终端中，查看操作系统的版本号，命令如下：

```
lsb_release -a
```

检查输出信息中的 Release 项，此时的 Ubuntu 版本号应该为 18.04，如图 1-17 所示。

注意　默认情况下，Ubuntu 系统的显示分辨率并不会随着虚拟机窗口的变化而自动调
整。为了在屏幕适配、硬盘性能等方面可以获得更好的使用体验，可以通过虚拟机窗口菜单
中的【设备】→【安装增强功能...】选项安装虚拟机增强工具。

3. 通过 PuTTY 远程连接 Ubuntu

在虚拟机中使用终端是一件比较麻烦的事情，因为我们需要频繁地切换虚拟机和宿主主
机环境，并且无法共用剪贴板数据。在 Windows 环境中，可以通过 PuTTY 等远程终端工具
连接 Ubuntu，并在 Windows 环境下使用 Ubuntu 命令行。接下来，介绍如何配置并使用 PuTTY
工具通过 SSH 协议远程连接虚拟机。

（1）将虚拟机的网卡连接方式设置为桥接网卡。进入 Ubuntu 虚拟机的设置对话框（可
参考前文），选中左侧的【网络】选项卡，在【连接方式】选项中选择"桥接网卡"选项，
并在【界面名称】中选择连接网络的网卡名称，如图 1-18 所示。

注意　【连接方式】选项默认为"网络地址转换（NAT）"。在该选项下，虚拟机虽然会
和宿主主机处于同一个网段，但是隔离了和宿主主机连接的其他设备，所以建议读者将网卡

连接模式修改为桥接网卡。不过这一步骤是非必需的。

图 1-18　虚拟机网络设置

单击【OK】按钮确认并重启虚拟机，这时虚拟机会像独立设备一样直接从路由器申请 IP 地址，方便后续的操作。

注意　修改网络配置选项后可以不重启虚拟机，直接通过 systemctl restart network-manager 命令仅重启 Ubuntu 的网络管理器。

（2）查询虚拟机的 IP 地址。进入 Ubuntu 终端查看当前网卡的 IP 地址，命令如下：

```
ip addr
```

此时会弹出当前的网络配置信息，如图 1-19 所示。

图 1-19 中方框里显示的虚拟机 IP 地址为 192.168.0.1。这个 IP 地址会根据读者使用的网络环境的不同而不同。

（3）安装 SSH 工具。在 Ubuntu 终端中下载并安装 SSH，命令如下：

```
sudo apt install ssh -y
```

随后，输入当前用户名的密码后即可安装 SSH。安装完成后，Ubuntu 会自动启动 SSH 服务，通过以下命令可以查询 SSH 的运行状态：

```
systemctl status sshd
```

图 1-19 查看虚拟机网络配置信息

如果在回显的信息中找到 active (Running)提示，则说明 SSH 服务正常运行。

（4）通过 SSH 连接 Ubuntu 虚拟机。安装完毕后，在 Windows 环境中打开 PuTTY 应用程序，如图 1-20 所示。

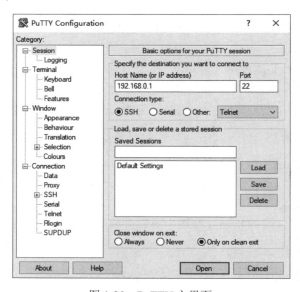

图 1-20 PuTTY 主界面

选中左侧的 Session 选项卡，在其右侧的 Host Name (or IP address)选项中输入刚才查询到的虚拟机 IP 地址（192.168.0.1），单击 Open 按钮即可打开远程连接窗口，如图 1-21 所示。

图 1-21　通过 SSH 远程连接虚拟机

注意　使用 PuTTY 第一次连接虚拟机时，会弹出 PuTTY Security Alert 安全提示对话框。此时，单击 Accept 按钮信任该主机即可。

根据提示，输入 Ubuntu 的用户名和密码后即可进入命令行，这和虚拟机中终端的使用方法一样。由于 PuTTY 软件处于 Windows 环境之中，因此操作会更加方便。在后文中均使用这种方式操作 Ubuntu 虚拟机。

4. 通过 Samba 访问 Ubuntu 文件系统

现在，虚拟机 Ubuntu 系统和宿主主机 Windows 系统的文件系统还没有实现互联互通，相互传递文件数据会非常麻烦。下面通过 Samba 的方式将 Ubuntu 的目录共享出来，以便于 Windows 访问其目录中的内容。

注意　Samba 是 Linux 和 UNIX 中 SMB 协议的实现，用于共享文件系统和打印机。

具体步骤如下：

（1）安装 Samba。在命令行工具中安装 Samba，命令如下：

```
sudo apt install samba -y
```

（2）查询 Samba 是否正常运行，命令如下：

```
systemctl status smbd
```

如果 Samba 正常运行，则可见 active(running) 提示，如图 1-22 所示。

（3）修改 /etc/samba/smb.conf 文件，添加共享目录的相关配置。读者可以通过各种文本编辑器打开并修改该配置文件，例如 Ubuntu 中的 vim 和文本编辑器 gedit 应用程序等。

注意　在默认情况下 vim 软件未被安装。其安装命令为 sudo apt install vim -y。

在该文件的末尾添加当前用户主目录共享配置，代码如下：

```
[share]
    comment = share folder
    browseable = yes
```

```
path = /home/dongyu #共享目录可以根据实际情况配置，这里为 dongyu 用户的主目录
create mask = 0777
directory mask = 0777
valid users = dongyu #用户名可以随意配置，但需要和之后添加的 Samba 用户名相同
public = yes
available = yes
read only = no
writable=yes
```

```
🔳 dongyu@dongyu-VirtualBox: ~                                    —    □    ×
● smbd.service - Samba SMB Daemon
   Loaded: loaded (/lib/systemd/system/smbd.service; enabled; vendor preset: ena
   Active: active (running) since Mon 2021-09-20 10:07:44 CST; 30min ago
     Docs: man:smbd(8)
           man:samba(7)
           man:smb.conf(5)
 Main PID: 936 (smbd)
   Status: "smbd: ready to serve connections..."
    Tasks: 4 (limit: 4663)
   CGroup: /system.slice/smbd.service
           ├─936 /usr/sbin/smbd --foreground --no-process-group
           ├─972 /usr/sbin/smbd --foreground --no-process-group
           ├─973 /usr/sbin/smbd --foreground --no-process-group
           └─979 /usr/sbin/smbd --foreground --no-process-group

9月 20 10:07:43 dongyu-VirtualBox systemd[1]: Starting Samba SMB Daemon...
lines 1-16/17 91%
```

图 1-22　Samba 服务已经启动

需要注意，应根据上面的注释对共享目录和用户名进行调整，文件修改完成后保存即可，如图 1-23 所示。

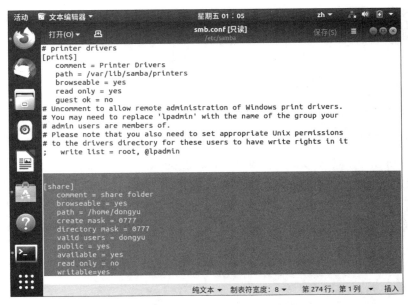

图 1-23　smb.conf 文件的修改结果

注意 修改 smb.conf 文件需要 ROOT 权限，例如可以通过 sudogedit /etc/samba/smb.conf 命令打开并修改该文件。

（4）添加一个 Samba 用户。例如，创建用户名为 dongyu 的用户，命令如下：

```
sudo smbpasswd -a dongyu
```

根据提示输入密码后确认即可。

（5）重启 Samba 服务，命令如下：

```
sudo systemctl restart smbd
```

（6）在 Windows 环境中通过 IP 地址访问共享目录。打开计算机，选择菜单栏中的【计算机】→【映射网络驱动器】选项，如图 1-24 所示。

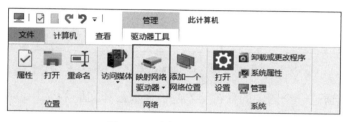

图 1-24 映射网络驱动器

在弹出的映射网络驱动器对话框中，在【驱动器】选项中选择合适的驱动器盘符（这里选择为 Z:)，在【文件夹】选项中输入\\<IP 地址>\share，如图 1-25 所示。这里的 "<IP 地址>" 要替换为虚拟机的 IP 地址。目录名 share 需要和 smb.conf 的配置信息一致。其他选项保持默认，单击【完成】按钮。

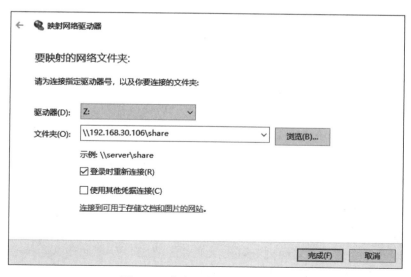

图 1-25 指定网络驱动器的位置

在随后弹出的"输入网络凭据"对话框中键入 Samba 用户名和密码并确认后，即可访问 Ubuntu 的共享目录，如图 1-26 所示。

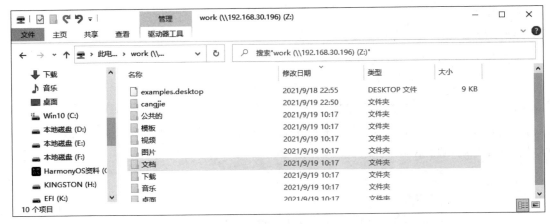

图 1-26　Ubuntu 的共享目录

至此，就可以通过一个固定的盘符（Z:）传递数据和文件了。

5. 安装仓颉编译器

安装仓颉编译器的主要步骤如下：

（1）进入用户的主目录（如/home/dongyu），命令如下：

```
cd ~
```

另外，可以通过 pwd 命令查询当前的目录位置。

注意　对后续的操作，读者也可以在其他目录中进行，只不过仓颉的编译器程序存放的目录位置会有所不同。

（2）下载并解压仓颉编译器的安装包。首先，在虚拟机中下载仓颉编译器的压缩包 Cangjie_0.24.5-Ubuntu_18.04-x86_64-E.tar.gz，将其放置到用户的主目录中。当然，该压缩包也可以通过 Samba 连接方式从 Windows 环境复制到共享目录中。

解压该压缩包。在主目录下执行解压命令 tar，具体命令如下：

```
tar zxvf Cangjie_0.24.5-Ubuntu_18.04-x86_64-E.tar.gz
```

（3）配置仓颉编译器的环境变量，即在进入终端时运行仓颉语言环境配置脚本程序，命令如下：

```
echo "source ~/cangjie/envsetup.sh">> ~/.bashrc
```

注意　.bashrc 是 bash 启动时的初始化脚本，用于设置环境变量和终端配置。上述设置方法是通过 echo 命令输出重定向到.bashrc 文件中。当然，读者也可以直接通过文本编辑器（vim、gedit 等）直接修改.bashrc 文件进行配置。

重新加载~/.bashrc 文件，命令如下：

```
source ~/.bashrc
```

（4）验证安装。查询仓颉编译器的版本号，命令如下：

```
cjc -v
```

此时，如果终端中输出"Cangjie Compiler: 0.24.5"的提示，则说明安装完成，如图1-27所示。

图 1-27　输出仓颉编译器的版本号

cjc 命令即为仓颉编译器的编译命令，今后会经常使用它。

1.2.2　编辑环境的搭建

本节介绍如何通过 Visual Studio Code（VSCode）编写仓颉源代码。在 VSCode 中，可通过仓颉扩展（插件）实现语法高亮、自动补全等功能，非常方便。

仓颉扩展需要配合LSPServer使用。LSP是指语言服务器协议（Language Server Protocol），由两部分组成：LSPServer 和 LSPClient。LSPClient 集成在不同 IDE 的仓颉扩展中，而 LSPServer 则与 IDE 无关。仓颉扩展中的语法高亮等功能都是通过 Socket 协议调用 LSPServer 的相关方法实现的。目前，LSPServer 包含 Windows 版本和 Linux 版本，下面介绍 Windows 版本的安装及使用方法。Linux 版本的 LSP 的使用方法类似，使用 Linux 版本的 VSCode 和 LSPServer 即可，不再详细介绍。

在 Windows 环境中，编辑环境搭建的具体步骤如下：

（1）下载并安装 VSCode。读者可以从 VSCode 官方网站（code.visualstudio.com）下载最新版本的 VSCode 软件，当然也可以使用本书附带的 1.56.2 版本的 VSCode 软件（VSCodeSetup-x64-1.56.2.exe）。安装过程比较简单，无须特别地配置，各个选项保持默认即可，此处不再赘述。

（2）解压仓颉扩展目录。打开并解压 Cangjie_VSCodePlugin_0.24.5-Windows-x86_64.zip 文件，打开其中的 VSCode 目录，如图 1-28 所示。

LSPServer.exe 即 LSPServer 应用程序，需要和 modules 目录处在同一个目录中才可以正常工作。Cangjie-lsp-0.24.5.vsix 则是 VSCode 中的仓颉扩展。

注意　Cangjie-Format-0.24.5.vsix 是仓颉语言代码格式化工具，其安装方法和 Cangjie-lsp-0.24.5.vsix 类似，不再详细介绍。代码格式化工具可以将凌乱的仓颉代码进行整理，方便开发者阅读。该扩展安装结束后，在仓颉代码编辑界面中，右击并选择 FormatCangjieCode

按钮（快捷键：Ctrl+Alt+F）即可格式化当前代码。

图 1-28　解压仓颉扩展目录

（3）安装仓颉扩展。打开 VSCode，并单击左侧的▦按钮，打开扩展管理器（EXTENSIONS）窗体，然后单击该窗体右上角的▪▪▪按钮，并在弹出的菜单中选中 Install from VSIX…选项，通过 VSIX 文件安装 VSCode 扩展，如图 1-29 所示。

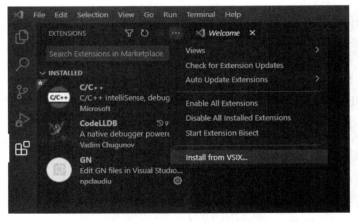

图 1-29　选择 Install from VSIX …选项

在弹出的选择文件对话框中，找到并选中 Cangjie-lsp-0.24.5.vsix，单击 OK 按钮，并在随后弹出的对话框中选择 Trust Workspace& Install（信任并安装）选项。此时，VSCode 自动加载了仓颉扩展，如图 1-30 所示。

（4）设置 LSPServer 的目录位置。首先，单击 VSCode 左下角的▦按钮，并在弹出的菜单中选择 Settings 选项（快捷键：Ctrl+,），然后在弹出的设置窗口中，在左侧选中 Extensions→ Cangjie Language Server，并在右侧的 Server Path 选项中输入 LSPServer.exe 的文件位置（例如 C:\Cangjie_lsp_0.24.5-Windows-x86_64\VSCode\LSPServer.exe），如图 1-31 所示。

图 1-30 仓颉扩展被加载

图 1-31 配置 LSPServer 目录位置

此时，即可通过 VSCode 打开仓颉语言代码，并具备了语法高亮、自动补全等功能，如图 1-32 所示。

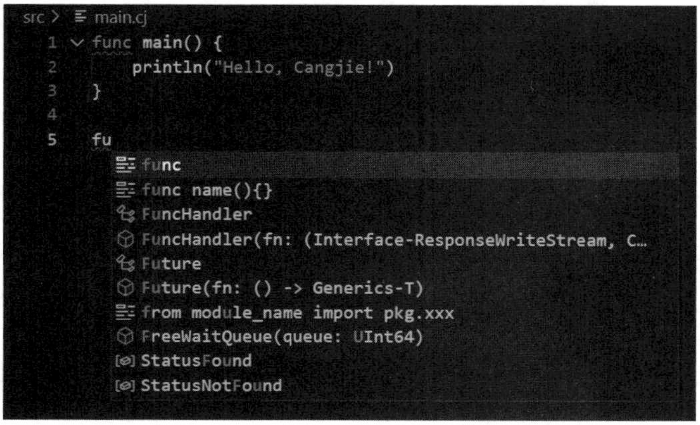

图 1-32 用 VSCode 编辑仓颉语言代码

1.2.3　调试环境的搭建

仓颉调试器可以对仓颉语言的程序进行断点调试，其命令为 cjdb。与仓颉编译器一样，需要在 Ubuntu 环境中搭建调试环境，具体步骤如下。

（1）进入当前用户的主目录，命令如下：

```
cd ~
```

（2）将 Cangjie_debugger_0.24.5-Ubuntu_18.04-x86_64.tar.gz 复制到当前目录中，随后通过 tar 命令解压该压缩包，命令如下：

```
tar zxvf Cangjie_debugger_0.24.5-Ubuntu_18.04-x86_64.tar.gz
```

（3）配置调试器，将刚刚解压的 cangjie_debugger 目录中的 bin 目录（~/cangjie_debugger/bin）加入 PATH 环境变量中，命令如下：

```
echo "export PATH=~/cangjie_debugger/bin:\$PATH">> ~/.bashrc
```

（4）重新加载.bashrc 文件。

```
source ~/.bashrc
```

执行 cjdb 命令，如果能够正常运行，则说明配置成功，如图 1-33 所示。

图 1-33　仓颉调试器（cjdb）

退出 cjdb 调试环境的命令如下：

```
quit
```

1.3　本章小结

通过本章的学习，我们已经了解了仓颉语言的基本特征。可以发现，仓颉语言拥有强类型、静态类型、自动内存管理、轻量化、高效跨语言调用等优势，未来会和华为现有的技术有机地结合在一起，将成为华为重要的技术领域之一。

开发环境的搭建可能较为复杂，对于新手来讲可能会出现各种各样的问题。不过，出现问题的时候不要着急，可耐心检查之前所做的各项工作是否正确，并检查出现问题时的错误提示。如果实在解决不了，还可以在其他计算机上重新尝试一遍，并仔细操作。如果其中的一个步骤出现了遗漏或者失误，则可能会导致整个环境无法正常工作。

相信大家通过开发环境的搭建已经做好准备，但不要着急，接下来就带领大家通过仓颉语言开发一个简单的程序！

1.4　习题

（1）仓颉语言有哪些基本特性？比较仓颉语言和主流的高级语言之间的特性差异。

（2）搭建仓颉语言的开发环境。

（3）通过 cjc -h 命令查询并了解仓颉编译器的帮助信息。

第 2 章

仓颉语言初体验——仓颉语言的基本语法

学习任何一门编程语言都要先尝试运行一下输出"Hello, world!"文本的程序。这一传统从 1979 年的 C 语言教程 *The C Programming Language* 就开始流传至今。通过一个简单的字符串输出程序，对于新人来讲无疑可以提高学习的自信心和乐趣，对于资深开发者基本可以了解到这个语言的特性和结构，所以本章先编写并运行一个简单的"Hello, world!"应用程序。

程序=数据结构+算法，如果说算法是程序的躯干，数据结构则是程序的灵魂。通常，开发者首先需要通过变量和常量的方式来将数据（临时）存储到设备内存之中，然后设计各种各样的算法，并且调用、修改或输出这些存储在内存中的数据。

本章首先介绍变量、数据类型的基本概念，然后介绍整型、浮点型数据类型及数值运算的基本方法。本章的核心知识点如下：

（1）创建、编译和执行仓颉程序的基本流程。

（2）在 VSCode 中开发仓颉程序的基本方法。

（3）关键字、标识符、表达式、注释等基本概念。

（4）定义变量的方法和数据类型的分类。

（5）整型、浮点型数据类型及其类型转换方法。

（6）算术操作符、赋值操作符、括号操作符及其表达式。

（7）复合表达式。

（8）数值运算的基本方法。

2.1 你好，仓颉！

本节从创建一个最简单的"Hello, world!"应用程序开始，介绍语句、注释等基本概念。这个程序会使大家对仓颉有一个直观的印象。由于该程序中会涉及很多基本概念，所以如果你是编程初学者，则一定不要错过。

2.1.1 第 1 个仓颉程序

接下来让我们学习一个最简单的仓颉程序。

【实例 2-1】 定义 main 函数，并输出 "Hello, world!" 文本，代码如下：

```
//code/chapter02/example2_1.cj
func main() {
    print("Hello, world!\n")
}
```

注意 在上述代码中的加粗部分是代码注释部分，用于标明该代码源文件在本书配套资源中的目录位置，不计入代码的行数。读者可以按照这个路径找到配套资源中的代码，方便学习和使用。在本书后文的代码中，如果在代码开头出现类似以//code/开头的注释，均属此类功能，后文将不再赘述。

仓颉程序的入口为以 main 为名的主函数。在第 1 行代码中，func 是一个关键字，用于声明一个函数，而 main 为函数的名称。关键字是指编程语言中预定义的、在语言或编译系统的实现中具有特殊含义的单词，也被称为保留字。仓颉语言的关键字可详见附录 A。

注意 在仓颉语言的 0.28 版本以后，主函数通过 main 关键字进行定义，不再需要 func 关键字。

第 1 行的小括号()用于传递函数的参数。由于在程序的入口函数中不需要传递任何参数，所以小括号内无内容。函数名和参数传递部分的代码被称为函数头，而其后的花括号{}中间的部分被称为函数体，即函数需要执行的代码部分。

注意 代码中的字符对大小写敏感，即大小写不是通用的。例如 Main()和 mAin()是完全不同的函数名称。

函数是由函数头和函数体组成的，如图 2-1 所示。

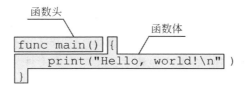

图 2-1 函数的组成

函数头也称为函数的签名，用于定义函数的名称、输入和输出类型。函数体用于实现具体的函数功能。

上述函数体中仅包含 1 行代码 "print("Hello, world!\n")"。这行代码调用了 print 函数，并传递了一个字符串（字符串可以理解为文本）参数 "Hello, world!\n"。函数 print 用于输出字符串，可以将文本输出在屏幕上，而输出的内容则是传递的字符串参数。在 "Hello, world!\n" 文本当中，转义字符\n 表示换行（newline）。当该字符串输出完成且光标进入新行后退出程序，其他程序或系统的输出就会显示在这个新行中，避免和当前程序的输出产生混淆。

注意 实际上，仓颉语言还存在一个内置函数 println，用于输出文本后换行。println 函数会自动为输出的字符串的最后加入换行符，等同于在 print 输出文本后添加转义字符"\n"，所以"print("Hello, world!\n")"等同于"println("Hello, world!")"。

综上所述，这段程序的运行的最终结果是在屏幕上输出一个"Hello, world!"文本。

让我们尝试运行这段代码。将上面的程序以文本的形式保存为 hello.cj 文件，该文件称为程序的源文件。源文件即为通过文本的形式承载程序源代码的文件。

注意 文件名中的 cj 是文件的后缀名，由仓颉的汉语拼音首字母组成。所有的仓颉程序的源文件都应该以 cj 为后缀名。

然后，在该文件的所在目录中执行编译命令，命令如下：

```
cjc hello.cj -o out
```

在第 1 章介绍过，cjc 命令用于编译源代码，由 Cangjie Compiler（仓颉编译器）简写而成。该命令的第 1 个参数 hello.cj 用于指明需要编译的源代码文件。由于这个文件正好在当前目录，因此直接使用其文件名即可。如果这个文件并不处于当前目录，则还需要通过路径的方式指明其所在位置，例如"../hello.cj""/path/hello.cj"等。选项-o 后面的参数用于指定生成可执行文件的名称，这里生成的可执行文件的文件名为 out。

执行上述命令后，如果没有任何错误提示，则说明编译成功。通过 ls -1 命令可以打印输出当前目录中的文件，其中 out 文件即为编译的输出文件，如图 2-2 所示。

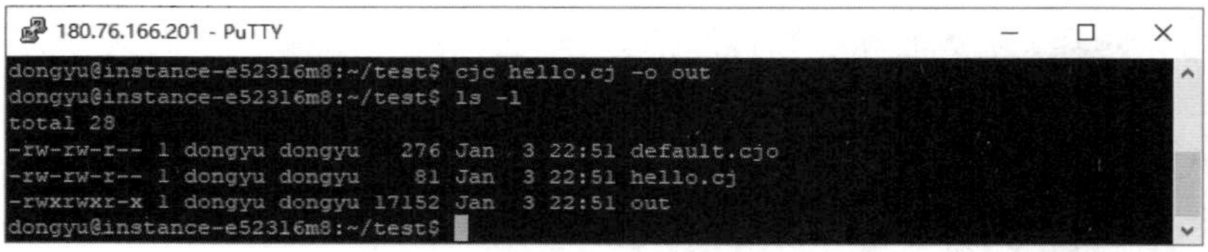

图 2-2 仓颉程序的编译

可以发现，在该目录下不仅生成了可执行文件 out，同时也生成了 default.cjo 文件。扩展名为 cjo 的文件用于描述目标文件，其功能类似于 C 语言的"头文件"。

注意 编译源文件时，可以不通过-o 的方式指定生成文件的文件名。此时，默认生成的可执行文件的文件名为 main。例如，通过命令 cjc hello.cj 生成的可执行文件为 main。

执行 out 应用程序，命令如下：

```
./out
```

此时，在终端中即可出现"Hello, world!"输出文本，如图 2-3 所示。

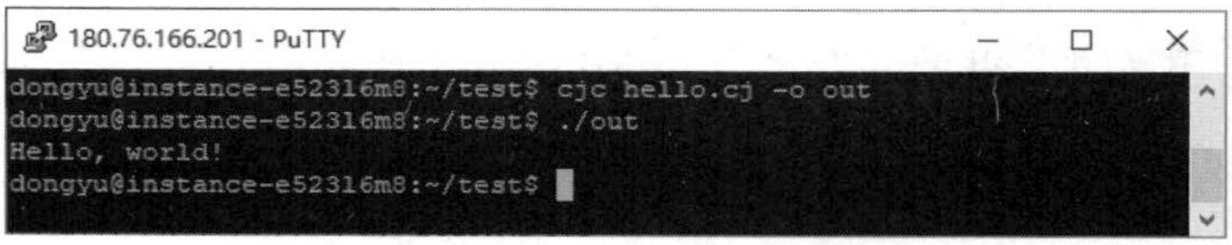

图 2-3 仓颉程序的运行

注意　如果编译和运行出现问题，则可以尝试核对源代码是否存在错误。这里必须提醒的是，源代码中的字符都应该是半角的英文字符（字符串内的字符除外），如果使用了全角字符，则在编译时编译器可能会出现报错信息"error: illegal symbol"。如果出现该报错信息，则要特别注意检查括号、引号等是否使用了全角字符，如检查是否将半角小括号写成了全角小括号，是否将半角花括号写成了全角花括号。

程序成功运行了，接下来分析一下仓颉程序开发的整个流程。

2.1.2　仓颉语言的开发流程

仓颉语言的开发流程包括编辑（Edit）、编译（Compile）和链接（Link）3 个部分，如图 2-4 所示。

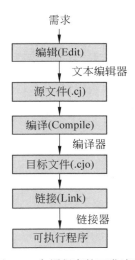

图 2-4　仓颉程序的开发流程

大多数编程语言的开发流程离不开上述 3 部分：

（1）编辑是从需求转换为源文件的过程，需要开发者在文本编辑器（或 IDE）上完成。源文件可以被人理解，但是无法被计算机理解。

（2）编译是将源代码转换为目标文件的过程，由编译器完成这项工作。目标文件可以被计算机理解，但是无法被人理解。仓颉语言的目标文件的后缀名为.o。

（3）链接是将所有相关的目标文件进行组合（同时组合相关库中的程序及其他资源），从而形成可执行文件，由链接器完成这项工作。

使用仓颉语言的 cjc 命令编译源文件时，实际上先后完成了编译和链接的操作。

1. 编辑

编辑是整个开发的核心流程，是开发者通过仓颉语言语法来搭建心中设想的程序的过程，即平时所讲的"敲代码""码字"的过程。实际上，开发者可以使用任意的文本编辑器来编写仓颉程序，包括但不限于 gedit、vim 等。当然，也可以使用集成开发环境（IDE）进行编辑，能够获得更好的开发体验。例如，VSCode 的仓颉扩展提供了语法高亮、自动补全等实用功能，开发者能够快速地编写代码，并且能在编译前有效地发现和避免语法错误。

编辑完成后，即可形成一个或者多个仓颉程序的源文件。

2. 编译

仓颉语言的编译器建立在 LLVM 基础之上。LLVM（Low Level Virtual Machine）是一种构建编译器及其工具链，可以将多种语言编译为统一的中间件（LLVM Intermediate Representation，LLVM IR）实现优化，并根据不同平台生成不同的机器码。

注意 LLVM 虽然被冠以虚拟机（Virtual Machine）的名称，但是这是 LLVM 创建者原本的想法，实际上 LLVM 并没有用于虚拟机，但是这个名称却被保留了下来。

仓颉语言的编译流程调用了 LLVM 的 3 个组件：前端（Frontend）、优化器（Optimizer）和后端（Backend），如图 2-5 所示。

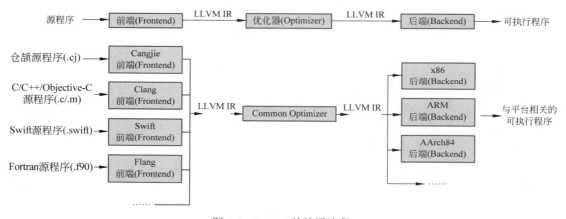

图 2-5　LLVM 的编译流程

1）前端处理

前端处理是将源程序转换为 LLVM IR 的过程。前端处理通过词法分析、语法分析、生成抽象语法树（AST）等流程生成 LLVM IR。前端处理流程可以通过元编程的方式加以控制，读者可参见第 12 章的相关内容。

不同编程语言拥有不同的前端。例如，仓颉语言程序需要使用 Cangjie 前端进行转换，C、C++和 Objective-C 语言程序需要使用 Clang 前端进行转换。不过，无论是何种语言，最终均会生成 LLVM IR。

2）优化器优化

优化器处理是将 LLVM IR 进行优化的过程。

3）后端处理

后端处理是将 LLVM IR 转换为与平台相关的可执行程序的过程，是 LLVM 的核心。不同架构的计算机采用不同的后端转换 LLVM IR。例如，x86 平台、ARM 平台等都具有属于自身平台的后端。

许多新兴语言（如 Go、Swift 等）采用了 LLVM 作为编译器的基础，这是因为 LLVM 具有以下优势：

（1）兼容硬件平台。LLVM 针对不同的硬件平台拥有不同的后端，所以仓颉语言程序也可以根据不同的后端来运行在不同类型的设备上。

（2）兼容语言生态。LLVM 可以编译众多流行的编程语言，例如 C、C++等。这些语言经前端处理后可以获得 LLVM IR。在 LLVM IR 层面，除了可以实现统一的优化处理以外，也可以实现中间件层面的链接。对于大型项目来讲，通过 LLVM 实现多种语言代码的模块化开发，从而在保证性能的前提下为开发带来更多的可能性。相比之下，由于 gcc 不严格区分前端和后端，以至于 gcc 难以兼容新的语言和特性。

3. 链接

仓颉程序通常包含多个源文件，而这些源文件的编译都是独立进行的，所以也会生成多个目标文件。这些目标文件不能独立运行，而是通过链接的方式组合在一起才能运行起来。另外，仓颉程序中还可能会引用其他语言的目标文件、其他库的目标文件或者资源等，这些也需要通过链接的方式组合在一起。

链接包括静态链接和动态链接两种方式。

1）静态链接

静态链接是在生成可执行程序前进行的链接。静态链接会将目标文件组合成一个可执行文件。静态链接的优势在于由于可执行文件中包含了保证程序运行的所有功能模块，所以运行速度相对较快，但是，对于通用模块来讲，如果多个可执行文件都包含这部分程序模块，就会产生冗余，这时就可以使用动态链接。

2）动态链接

动态链接是指在链接过程中目标文件并不组合为独立的可执行文件，而是形成可执行文件和多个动态链接库文件。程序运行时再对这些文件进行动态链接。被动态链接的文件通常称为动态链接库（Dynamic Linked Library），其后缀名通常为.so。

动态链接有以下 3 个优势：

（1）降低通用模块的冗余性。动态链接库中包含了程序的通用模块，可以被多个可执行程序使用，从而降低通用模块的冗余性。

（2）动态链接库可以独立更新。当程序更新时，不需要更新程序的全部文件，只需更新需要更新的可执行文件或动态链接库。

（3）降低内存占用。当程序需要使用动态链接库时进行链接调用，并将库中的程序或资源加载到内存中，否则可以不将其加载到内存中，实现程序加载的灵活性，从而降低内存占用。很多应用程序中的插件、扩展等功能是通过动态链接库实现的。

以上为仓颉语言的开发流程。开发者是人不是神，编写的代码总是不可避免地存在各种错误，所以开发者并不会一次性地编写全部程序后再编译、链接和运行程序，而是需要不断调试，重复上述流程。当编写的代码存在问题时，可能出现编译时错误或运行时错误。此时就需要开发者进行反复编辑、编译、链接、运行来调试和排查问题，从而最终获得稳健的仓颉程序。

2.1.3　语句和语句块

语句是构成计算机程序的最小功能单位。绝大多数情况下，函数体中的每一行代码是程序的一个语句，用于执行特定的功能。不同的语句通常需要占用不同的行。在实例 2-1 中，main 函数仅包含 print("Hello, world!\n")这一个语句。

注意　在仓颉语言中，实际上没有"语句"的概念，但是本书仍然保留语句的定义：一个语句为一个表达式或一个（变量/函数）的定义，方便读者与其他语言进行比较学习。

main 函数中可以包含多个语句。

【**实例 2-2**】　在 main 函数中输出"Hello, world!"和"Welcome to Cangjie!"两行文本，代码如下：

```
//code/chapter02/example2_2.cj
func main() {
    print("Hello, world!\n")
    print("Welcome to Cangjie!\n")
}
```

上述代码包含了两行语句，分别用于输出不同的文本内容。编译并运行上述程序，结果如图 2-6 所示。

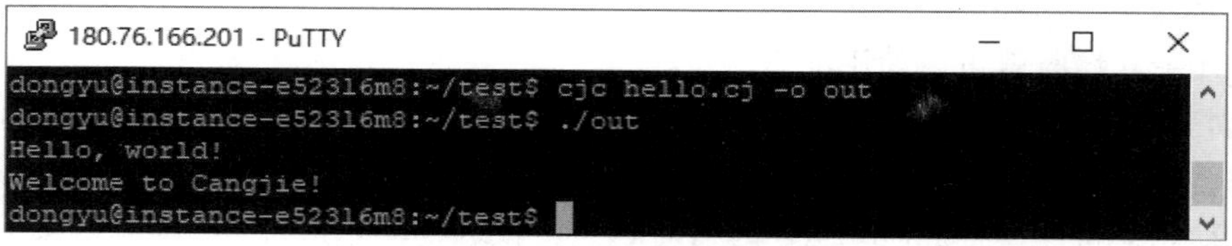

图 2-6　输出多行文本

可见在一个函数中，语句的执行顺序是从上到下的。

语句块是由花括号{}和语句构成的，其基本形式如下：

```
{
    语句 1
    语句 2
    ...
    语句 n
}
```

语句块中可以包含 0 个、1 个或者多个语句。实际上，函数中的函数体是语句块。细心的读者可能已经注意到了，实例 2-1 和实例 2-2 中的每个语句都向右缩进了几个字符的宽度，这是为了增强代码的可读性。在一个语句块（函数体）中，最好的做法是语句代码比外层的代码缩进 4 个字符（或 1 个 Tab 制表符），但是这不是强制性的，不缩进或者代码缩进得不一致并不会影响编译结果，但是会让别人觉得很奇怪且难以阅读。例如，函数体的语句不进行缩进，代码如下：

```
func main() {
print("Hello, world!\n")
print("Welcome to Cangjie!\n")
}
```

再例如，函数体的语句缩进不一致，代码如下：

```
func main() {
 print("Hello, world!\n")
   print("Welcome to Cangjie!\n")
}
```

上面两种写法都是可以正常编译的，但是程序的可读性就差很多了。对于初学者一定要养成缩进一致的好习惯，这样可以方便他人或自己以后阅读这段代码，特别是在代码量很大的情况下更要注意这一问题。

但是有一点是强制性的：一个语句需要独占一行。如果确实需要将多个语句放在同一行空间，则语句之间需要用一个分号分隔。例如，将上面代码的两行语句写在同一行，代码如下：

```
func main() {
    print("Hello, world!\n"); print("Welcome to Cangjie!\n")
}
```

这样的代码虽然并不影响编译，但是可读性就差了很多。不过，如果这两个语句之间漏掉了分号，则编译器在编译时会提示错误信息"error: expected newline or ';' between expression or declaration"，如图 2-7 所示。

图 2-7 多行语句写进同一行，未加分号分隔时的报错

当一行内只存在一个语句时，末尾的分号是非必需的，但是加上分号也不影响正常编译。

源代码的一行通常称为物理行，一个语句通常称为逻辑行。通过分号虽然能够让多个语句处于同一物理行，但是语句仍然是逻辑上的最小功能单位，编译器只会将一个语句视为

"一行"。只有当开发者认为将多个语句放在同一行时能够使程序更加易于阅读时，这么做才有意义。

2.1.4 注释

通过注释可以记录程序的功能和开发状态，或者记录某个语句等的含义。好记性不如烂笔头。有的代码可能比较复杂，抑或代码需要给他人浏览使用，注释能够提高程序的可读性。

代码的注释方法有两种，分别是单行注释//和多行注释/* */。

1. 单行注释的使用方法

单行注释，顾名思义是注释内容只能放置在同一行内，用两个斜杠//表示。在这两个斜杠的后方即可输入注释内容。为实例 2-2 添加 3 个单行注释，代码如下：

```
//程序的主函数
func main() {
    print("Hello, world!\n")        //输出 Hello, world!
    print("Welcome to Cangjie!\n")  //输出 Welcome to Cangjie!
}
```

这段代码可以正常编译和运行，并且可以很方便地看出代码的功能和作用。

2. 多行注释的使用方法

多行注释可以将注释内容跨行放置，注释内容要放在/*和*/中间。为实例 2-2 添加 3 个多行注释，代码如下：

```
/*
    程序的主函数
    作者: 董昱
    2021 年 9 月 19 日
*/
func main() {
    print("Hello, world!\n")        /* 输出 Hello, world! */
    print("Welcome to Cangjie!\n")  /* 输出 Welcome to Cangjie! */
}
```

在代码的开头，多行注释中包含了多行文字，声明了函数的功能、作者和编写日期。这样具有注释的代码就易读且专业很多了。

在编译时，注释内容会被编译器所忽略，不会影响程序的编译结果，所以开发者可以在注释内容中"畅所欲言"。整齐的代码缩进和优秀的代码注释是一个开发者必备的良好素质，读者一定要养成好的编程习惯。

2.2 变量和数据类型

在仓颉语言中，变量是数据的存储单元。根据变量所存储数据类型的不同（如整数、实数、字符或字符串等），变量可以具有不同的类型，称为数据类型。

本节介绍定义变量的基本方法、数据类型的分类，以及整型和浮点型这两种基本数据类型。

2.2.1　变量与数据类型

变量是存储信息的"容器"。在应用程序中，绝大多数的数据是通过变量的形式放置在内存中的。例如，在登录界面中用户输入的账号和密码信息，在设置界面中用户选择的单选和复选框信息，在新闻浏览界面中的各种文字信息，在天气界面中的温湿度信息等都不是一成不变的，而是根据用户输入的不同或者通过网络更新而不断变化。这些数据的存储方式通常采用变量的形式。

在仓颉语言中，变量定义语句由 4 个基本部分组成，分别是修饰符、关键字（var 或 let）、变量名和数据类型。

定义变量 count，代码如下：

```
internal var count: Int32
```

这段代码的组成结构如图 2-8 所示。

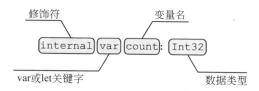

图 2-8　变量的定义

1. 修饰符

修饰符是非必需的，常见的修饰符包括 external、internal、public、protected、private、static 等。修饰符用于定义变量的一些属性，如包间可见性、作用域、是否为静态等。这些修饰符的作用会在后文逐一介绍。对于刚刚入门的初学者，暂时可以先放下这些知识点，而不使用任何修饰符。

2. var 或 let 关键字

在仓颉语言中，根据数据是否可以被修改，变量分为可变变量和不可变变量。可变变量是通常意义的变量，可以在程序中修改其具体值。不可变变量则在初始化（首次定义其具体值）之后，就再也不能被修改了。

注意　不可变变量可以理解为一般意义上的常量，但是，不用于许多编程语言中的常量，不可变变量可以不在创建时初始化。通常，常量的概念意味着变量的名称和内容是固定不变的，需要在创建的同时初始化。

不可变常量通常用于数学常量（如圆周率 π、自然对数 e、固定的频率等）的定义，或者一些程序中固定不变的量（如应用程序名称、版本号等）。

用 var 关键字定义的变量为可变变量，用 let 关键字定义的变量为不可变变量。在定义变量时，必须选择 var 或 let 关键字，不能省略。

3. 变量名

变量名即变量的名称。变量被定义以后，程序都是通过变量名引用变量内容的，因此，对于开发者来讲，起一个可读易懂的变量名非常重要。变量名是通过标识符进行定义的。

在仓颉语言中，标识符必须满足以下条件：

（1）标识符可以由英文字母（大小写敏感）、数字和下画线组成。

（2）标识符的首字母必须为英文字母。

例如，name01、str_time1、i1、KeyValue 都是合法的标识符，可以作为变量名使用，而_strName、2ofnames 等则是不合法的标识符，不可以作为变量名使用。

注意 标识符（变量名）不能使用中文或其他语言字符。标识符中的英文字符必须使用半角英文字符。

变量名应当具有一定的意义，能够让其他开发者通过变量名理解变量的基本含义，不能随便乱起。例如，strName、username、book_count 是比较好的变量名。通过 strName 可以大致了解这是一个存储名称字符串的变量，通过 username 可以大致了解这是用于存储用户名的变量，通过 book_count 可以大致了解这是用于存储图书数量的变量，但是，dsfdsf123、hahaha、xxxxxxx 这样的变量名就会让人难以理解。

仓颉语言的关键字是不能直接作为标识符使用的。如果开发者执意使用关键字作为标识符，则可以通过反引号的方式防止变量名和关键字混淆，例如`func`、`let`、`Int16`等可以作为合法的标识符使用，这种标识符被称为原始标识符。

注意 虽然只要满足标识符规则的变量名、函数名等都是合法的，但是在大型项目中仍然建议遵守固定的规则。例如，常见的标识符命名方法包括匈牙利命名法、驼峰式命名法、帕斯卡命名法、下画线命名法等。

在本书中，建议开发者使用驼峰式命名法，即标识符中的英文单词首字母大写（但是第1个单词除外），这样能够很清楚地阅读标识符，如 sayHello、getName、flagTimeInternal 等。由于采用这种命名方式的变量名、函数名看上去就像骆驼峰一样此起彼伏，驼峰式命名法因此得名。读者可以比较一下，标识符 sayHello 阅读起来比 sayhello 和 SAYHELLO 要清晰许多。

4. 数据类型

仓颉语言中的数据类型按照数据结构可以分为基本数据类型和自定义类型。基本数据类型是指变量直接存储数据本身的类型，包括整数类型、浮点类型、布尔类型、字符类型、字符串类型、Unit 类型、元组类型、区间类型、Nothing 类型等，如表 2-1 所示。

表 2-1 基本数据类型

数据类型	数据类型的定义	描 述
整数类型	Int8、Int16、Int32、Int64、IntNative、UInt8、UInt16、UInt32、UInt64、UIntNative 等	整数数据
浮点类型	Float32、Float64	实数数据

续表

数据类型	数据类型的定义	描　述
布尔类型	Bool	逻辑真假数据
字符（Char）	Char	字符数据
字符串（String）	String	字符串数据
元组（Tuple）	Type1*Type2*⋯*Type$N$（N 代表元组的维度）；其中 Type1，Type2，⋯，Type$N$ 可以是任意数据类型（包括元组本身）	多维数据，可以包含多个其他数据类型的数据
区间（Range）	Range<T>	具有固定步长的数值序列
Unit 类型	Unit	部分不关心值的函数或表达式的类型
Nothing 类型	—	特殊的类型，不包含任何值

自定义类型在使用前需要自定义类型内部的数据结构，并且赋予新的类型名称，包括记录、枚举、类、接口等，如表 2-2 所示。

表 2-2　自定义类型的分类

数据类型	关键字
记录（Record）	record
枚举（Enum）	enum
类（Class）	class
接口（Interface）	interface

除了上述分类方法以外，还可以根据变量持有数据的方式将数据类型分为值类型和引用类型。基本数据类型和记录、枚举都属于值类型。类和接口，以及衍生的各种类型都属于引用类型。值类型的变量直接存储数据，引用类型则通过引用的方式指向数据存储，赋值时将数据的引用赋值给变量。关于值类型和引用类型的区别可详见 7.2 节的相关内容。

注意　引用类型的赋值和参数传递过程中，要特别注意变量所引用的数据可能会被多处使用从而导致数据安全性问题。

这两种不同的数据类型的划分方法如图 2-9 所示。

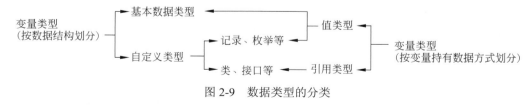

图 2-9　数据类型的分类

对于初学者而言，数据类型的分类可以先进行简单了解。这些类型的详细用法将会在后文中逐一介绍。2.2.2 节将从最简单的变量类型（整数类型和浮点类型）入手，介绍变量的基本使用方法。

2.2.2 通过整型学习变量的基本使用方法

整数类型用于存储整数数据，简称整型（包括 Int8、Int16、Int32、Int64、IntNative、UInt8、UInt16、UInt32、UInt64、UIntNative 等关键字）。本节介绍整型变量的定义、初始化和输出的基本使用方法。

1. 整型变量的定义

定义整型的关键字均包含 Int 部分，这是整数的英文 Integer 的简写。其中，以 Int 开头的关键字表示有符号整型（Signed Integer），而以 UInt 开头的关键字表示无符号整型（Unsigned Integer），关键字后面的数字表示变量数据所占内存的位数（Native 表示所占内存的位数与具体平台相关）。例如，Int8 表示用 8 位来存储一个有符号整数，而 UInt64 表示用 64 位存储一个无符号整数。不同整型变量所能够存储的整数范围如表 2-3 所示。

表 2-3　不同类型的整型变量所能够存储的整数范围

数据类型	含　　义	可存储的整数范围
Int8	8 位有符号整数类型	−128~127
Int16	16 位有符号整数类型	−32 768~32 767
Int32	32 位有符号整数类型	−2 147 483 648~2 147 483 647
Int64	64 位有符号整数类型	−9 223 372 036 854 775 808~ 9 223 372 036 854 775 807
IntNative	有符号整数类型，占用位数与具体平台相关	与具体平台相关
UInt8	8 位无符号整数类型	0~255
UInt16	16 位无符号整数类型	0~65 535
UInt32	32 位无符号整数类型	0~4 294 967 295
UInt64	64 位无符号整数类型	0~18 446 744 073 709 551 615
UIntNative	无符号整数类型，占用位数与具体平台相关	与具体平台相关

注意，定义整型时所使用的位数越多，占据的内存空间也就越大。在实际开发时，建议使用合适的数据类型，即满足需求的情况下，存储位数越小越好，而不是盲目使用更大的存储位数。例如，定义一个名为 value 的整型变量，用于存储 10 000 以内的正整数，此时可以使用 UInt16 关键字作为变量的数据类型，代码如下：

```
var value: UInt16
```

2. 变量的初始化

定义变量时可以为变量赋予初值，这个过程称为变量的初始化。例如，为 value 变量赋初值 5000，代码如下：

```
var value: UInt16 = 5000 //将整数值初始化为5000
```

严格地说，所有变量都需要被初始化，因为没有经过初始化的变量毫无意义。如果程序中存在没有被初始化的变量，则在编译时会报错。

注意　不要将负数初始化给无符号整型变量，否则也会出现异常。

当然，变量的初始化也可以在变量定义之后完成。将变量定义和变量初始化拆分为两个语句，代码如下：

```
var value: UInt16 //定义变量 value
value = 5000 //将 value 变量的值初始化为 5000
```

在整型变量的初始化和使用过程中，其数值绝对不能超过其范围，否则会出现错误。上面代码中的 value 变量的最大值为 65535，如果将其初始化为 65536，编译就不会通过，代码如下：

```
var value: UInt16 = 65536 //初始化整数值超出了变量的范围，编译失败
```

这里介绍的变量的初始化方法不仅适用于整型，也适用于浮点型等其他数据类型。

如果变量的定义和初始化在同一语句中完成，并且编译器能够根据初始化的值推断出变量的数据类型，则此时可以省略变量数据类型的定义。例如，下面的代码也是合法的：

```
var value = 5000 //虽然没有声明变量类型，但是编译器可以从初始值推断出变量为整型
```

注意　如果初始化值为整型，则默认推断的变量类型为 Int64；如果初始化值为浮点型，则默认推断的变量类型为 Float64。

可变变量初始化后还可以修改，但是不可变变量初始化后不能修改。

3. 整型字面量

字面量是指固定值的表示方法。整型的字面量表示一个固定的整数值。整型字面量可以通过二进制（Binary）、八进制（Octal）、十进制（Decimal）和十六进制（Hexadecimal）表示。

（1）二进制字面量需要在数值的前面加上 0B（或 0b）。例如，0B00101000 即为一个二进制字面量。

（2）八进制字面量需要在数值前面加上 0O（或 0o）。例如，0O50 即为一个八进制字面量。

（3）十进制字面量不需要在数值前面加任何前缀。

（4）十六进制字面量需要在数值前面加上 0X（或 0x）。例如，0X28 即为一个十六进制字面量。

由于二进制字面量 0B00101000、八进制字面量 0O50、十进制字面量 40 和十六进制字面量 0X28 从数值上是相等的，因此在下面的代码中 4 条语句的含义是相同的：

```
var value: UInt8 = 0B00101000   //二进制数值
var value: UInt8 = 0O50         //八进制数值
var value: UInt8 = 40           //十进制数值
var value: UInt8 = 0X28         //十六进制数值
```

对于数值很大的字面量，为了方便阅读可以通过下画线对数值进行隔断。例如，字面量

1000000000 和字面量 1_000_000_000 是相同的。下画线的用法对于十六进制等其他进制的字面量同样适用，例如字面量 0x8BA7991A 和字面量 0x8BA7_991A 的含义相同。

4. 变量的输出

使用内置函数 print 或 println 输出文本时，可以通过字符串插值${value}（value 为具体的变量名称）的方式输出变量值。例如 value 的变量值为 100，那么 print("value: ${value}")的输出结果为 "value: 100"。关于字符串插值可参见 5.1.3 节的相关内容。在输出整型或浮点型变量时，默认采用十进制字面量的形式输出。

【实例 2-3】 定义 value1、value2、value3 和 value4 共 4 个整型变量，然后通过不同进制的字面量将这 4 个变量初始化为相同的数值，最后通过 print 内置函数将这 4 个值输出打印，代码如下：

```
//code/chapter02/example2_3.cj
func main() {
    var value1: UInt8 = 0B00101000    //二进制数值
    var value2: UInt8 = 0O50          //八进制数值
    var value3: UInt8 = 40            //十进制数值
    var value4: UInt8 = 0X28          //十六进制数值
    print("value1:${value1} value2:${value2} value3:${value3} value4:
${value4} \n")
}
```

根据上文的分析，在上述代码中的 4 个变量的值都是同一个数值 40，因此其输出结果也应相同。编译并运行程序，输出结果如下：

```
value1:40 value2:40 value3:40 value4:40
```

如果开发者希望将这些整型变量以其他进制（非十进制）的字面量形式输出，则需要对这些数值进行格式化转换，读者可参见 5.3.2 节的相关内容。

2.2.3 浮点型的基本使用方法

浮点型用于存储实数数据，其保存的数值范围很大，可以覆盖绝大多数的应用场景。仓颉语言的浮点型存储方法参考了 IEEE 二进制浮点数算术标准（IEEE 754）。浮点型存储数据的精度和数值的大小有关。一般来讲，浮点类型的变量存储的数值（绝对值）越大，精度就越低，即基数越大，精度越低。

1. 浮点型的定义和初始化

浮点型包括 32 位浮点型（Float32）和 64 位浮点型（Float64）两种，其使用方法和整型非常类似。例如，定义一个浮点型变量 fltValue，并将值初始化为 110.235，代码如下：

```
var fltValue: Float32 = 110.235
```

有了整型的基础知识后，应该很容易理解上述代码了。这段代码的含义是定义一个

Float32 类型的浮点型变量 fltValue，然后将浮点型字面量 110.235 赋值给 fltValue 变量。类似地，可以将浮点型变量的定义和初始化分开，代码如下：

```
var fltValue: Float32    //浮点型变量 fltValue 的定义
fltValue = 110.235        //浮点型变量 fltValue 的初始化
```

如果没有指定浮点型变量却指明了数据类型，此时编译器能够推断出其变量的数据类型为浮点型，则会默认使用 Float64 类型。例如，定义一个没有指定类型的浮点型变量 fltValue，并将值初始化为 0.3，代码如下：

```
var fltValue = 0.3
```

此时，这个 fltValue 为 Float64 类型。

但是，注意不要为浮点型变量初始化一个整型字面量，否则会导致编译错误，代码如下：

```
var fltValue: Float32 = 10 //编译错误
```

上述语句是错误的，无法将整型字面量赋值给浮点型变量。开发者可以通过数值类型转换的方法将整型转换为浮点型后，再将其赋值给浮点型变量，可参见 2.3.4 节的相关内容。

2. 浮点型字面量

浮点型字面量可以通过十进制和十六进制表示数值，并且从形式上可以分为小数形式和指数形式。在指数形式的十进制浮点型字面量中，使用 e（或者 E）表示以 10 为底的指数。例如，字面量 1.414E10 表示 1.414×10^{10}，字面量 0.213E-1 表示 0.213×10^{-1}。字面量 0.213E-1 和 0.0213 在数值上是等价的，其中前者为指数形式，后者为小数形式。当数值小于 1 时，小数点前的 0 可以忽略，因此字面量 0.213E-1 和.213E-1 是等价的，字面量 0.414 和.414 是等价的。

注意　如果浮点型数值中存在小数点，则小数点后必须存在数字。例如，10.属于非法的浮点型字面量，而 10.0 则是合法的浮点型字面量。

十六进制浮点型字面量需要在数值的前面加上 0X（或 0x），并且其指数形式是通过 p（或者 P）来表示的。此外，使用方法和十进制类似。例如，0x1.2p0、0x2p-1、0x.3Bp3 都是合法的十六进制字面量。

3. 浮点型变量的输出

浮点型变量的输出方法和整型类似，可以使用字符串插值的方式输出浮点型变量的值。

【实例 2-4】　定义并初始化两个不同位数的浮点型变量 flt1 和 flt2，然后使用 print 内置函数输出其数值，代码如下：

```
//code/chapter02/example2_4.cj
func main() {
    var flt1: Float32 = 2.333333e10 //通过 Float32 定义浮点型变量 flt1
    var flt2: Float64 = 2.333333e10 //通过 Float64 定义浮点型变量 flt2
    print("flt1: ${flt1}\n")         //输出 flt1 变量
    print("flt2: ${flt2}\n")         //输出 flt2 变量
```

```
    }
```

变量 flt1 和 flt2 的初始化数值均为 2.333333×10^{10}，只不过两者类型的精度不同，分别为 Float32 和 Float64 类型。编译并运行上述代码，输出结果如下：

```
flt1: 23333330944.000000
flt2: 23333330000.000000
```

可见，使用 Float32 定义 flt1 变量出现了误差，而使用 Float64 定义 flt2 变量则保持了原始数值。

注意 浮点型数据在数值运算中经常会存在误差。有的时候，浮点型运算结果实际上为 1.0，但是经常会出现 1.0000001 或 0.999998 等情况。开发者使用浮点型变量时需要注意容差。

对于数值较小的实数（如 1000 以内时），通常使用 Float32 数据类型就可以满足绝大多数需求了，但是，如果数值很大（如需要使用科学记数法表示时），为了提高计算的精度，建议开发者尽可能地使用 Float64 数据类型。

2.2.4　变量的作用域

变量的作用域也称为变量在程序中的有效范围，即在代码中能够访问该变量的范围。根据作用域的不同，变量可以分为全局变量和局部变量。在仓颉源文件中，在函数之外定义的变量能够被所有的函数访问，称为全局变量。在函数中定义的变量仅能被当前函数内部的代码所访问，称为局部变量。

注意 在记录、类等自定义类型中定义的变量称为成员变量，详情可参见第 6 章和第 7 章的内容。成员变量的作用域为自定义类型的内部。在自定义类型的外部，可以通过成员访问操作符进行访问非私有的成员变量。

【**实例 2-5**】 定义全局变量 outerVar 和局部变量 innerVar，然后在 main 函数中打印输出这两个变量的值，代码如下：

```
//code/chapter02/example2_5.cj
let outerVar = 100        //全局变量

func main() {
    let innerVar = 999   //局部变量
    println("outerVar: ${outerVar}")
    println("innerVar: ${innerVar}")
}
```

局部变量 innerVar 是在 main 函数中定义的，属于 main 函数内部的组成部分，仅能够在 main 函数中访问，不能在 main 函数之外访问。全局变量 outerVar 和 main 函数"平起平坐"，在源文件中处于同等地位。编译并运行程序，输出结果如下：

```
outerVar : 100
innerVar : 999
```

全局变量和局部变量的生命周期是不同的。

（1）全局变量的生命周期贯穿程序运行的始终。在仓颉程序开始运行时，全局变量就被分配了内存空间，直到整个程序退出时全局变量所占据的内存空间才会被销毁。

（2）局部变量的生命周期取决于函数的调用。当函数被调用时，函数内的局部变量才会被分配内存空间，当函数调用结束后局部变量占用的内存空间随即被销毁。

建议开发者慎用全局变量。一方面，如上所述，全局变量的内存占用贯穿着整个程序的运行，这样可能会带来不必要的资源消耗。另一方面，全局变量的数据可以被多个函数访问，开发者需要随时关注其安全性。例如，当多个线程需要使用该变量时，需要使用同步机制来解决线程安全问题。

全局变量 outerVar 和主函数 main 均位于源代码的顶层。这种处于源文件顶层地位的代码结构称为顶层定义。仓颉语言所支持的顶层定义如附录 B 所示。

注意 默认情况下，全局变量仅能够在当前包中访问。如果需要跨包访问，则需要使用 external 关键字，详见 4.3.2 节的相关内容。

2.3 数值运算

计算机最基本的能力是计算，而数值运算则是计算机计算能力的基础。本章的开头介绍了一个基本的公式"程序=数据结构+算法"。2.2 节已经介绍了两种最基本的数值类型：整型和浮点型，这是所谓的"数据结构"，本节会介绍一些基本的数值运算方法，即所谓的"算法"。

本节先分别介绍操作符和表达式的基本概念，然后介绍整型和浮点型数据的运算方法，最后介绍类型转换的基本方法及涉及多种不同类型的变量（和字面量）的混合运算方法。

2.3.1 操作符和表达式

本节介绍操作符和表达式的基本概念。

1. 操作符和操作数

操作符（也称为运算符）是用于定义运算方式的字符，包括算术操作符、自增自减操作符、赋值操作符、逻辑操作符等。附录 C 列举了仓颉语言中所有的操作符，这些操作符的使用方法会在后文逐一介绍。这里先介绍最为简单的算术操作符。算术操作符包括加法（+）、减法（−）、乘法（*）、除法（/）、取余（%）操作符等，如表 2-4 所示。

表 2-4 中的操作符都需要两个运算对象参与运算，分别位于操作符的前面和后面，因此也称为双目操作符。这里的运算对象也称为操作数。例如，对于操作符+来讲，需要一个加数和一个被加数，这两个数都是操作符+的操作数。操作数可以为字面量，可以为变量，也可以是其他的表达式。

表 2-4　算术操作符及其表达式实例

操作符	描述	表达式实例	操作符	描述	表达式实例
+	加法	7 + 2（运算结果为 9）	/	除法	7 / 2（运算结果为 3）
−	减法	7 − 2（运算结果为 5）	%	取余	7 % 2（运算结果为 1）
*	乘法	7 * 2（运算结果为 14）	**	幂运算	7**2（运算结果为 49）

算术操作符的两个操作数的数据类型必须相同，要么都是整型，要么都是浮点型，否则会导致编译错误，因此数据类型不同的数据参与算术运算时要进行类型转换。数值的类型转换方法详见 2.3.4 节。

2. 表达式

操作符和操作数共同构成的表达式称为操作符表达式。上表中的 7 + 2、7 / 2 都属于操作符表达式。如果有变量 a 和 b，则 a + b、7 * a、b % 2 都是合法的操作符表达式。由某操作符组成的表达式称为某表达式。例如，由加法操作符组成的表达式称为加法表达式，由取余操作符组成的表达式称为取余表达式。

当然，表达式的概念不仅于此。除了操作符表达式以外，使用关键字（如 if...else... 等）也能构成表达式，本书后文将介绍更多的表达式。每个表达式都有一个结果值，称为表达式的值。例如，7 + 2 的值为 9；当 a = 3 时，a − 1 的值为 2。

有了操作符和表达式的基本概念，接下来首先使用算术操作符，介绍一下整型的数值运算方法。

2.3.2　整型的数值运算

本节通过整型数据类型和相关的操作符实现整数的算术运算和自增自减运算。

1. 整数的算术运算

先从最简单的加法运算开始学习，加法运算需要加法操作符和两个操作数。

【实例 2-6】　定义两个整型变量 a 和 b，然后通过加法操作符计算 a 和 b 的和，并赋值给新的整型变量，代码如下：

```
//code/chapter02/example2_6.cj
func main() {
    var a : Int32 = 4            //定义了整型变量 a，初始化为 4
    var b : Int32 = 3            //定义了整型变量 b，初始化为 3
    var res : Int32 = a + b      //定义了整型变量 res，初始化为 a+b 表达式的值
    print("a + b = ${res}\n")    //打印输出 res 变量的值
}
```

首先，定义并初始化变量 a 和变量 b 的值分别为 4 和 3，然后，定义了整型变量 res，并将表达式 a + b 的值赋值给 res 变量，此时变量 res 存储了 a 和 b 的和。最后，通过 print 函数

将其 res 变量的值打印输出。编译并运行程序，输出结果如下：

```
a + b = 7
```

当然，也可以将 res 变量的定义和初始化分开为两个语句，代码如下：

```
func main() {
    var a : Int32 = 4      //定义了整型变量a，初始化为4
    var b : Int32 = 3      //定义了整型变量b，初始化为3
    var res : Int32        //定义了 res 整型变量
    res = a + b            //计算 a+b 表达式的值并赋值为 res 变量的初始化值
    print("a + b = ${res}\n") //打印输出 res 变量的值
}
```

这段代码的结果和上面代码的结果是相同的。

另外，在变量初始化和变量赋值时都使用了等号=，但是这里的等号并不读作"等于"，而是赋值的意思。事实上，符号=也被称为赋值操作符。赋值操作符属于双目操作符，包括两个操作数，其前面为需要赋值的变量，后面为字面量、变量或者表达式。由赋值操作符组成的表达式为赋值表达式，因此，表达式 res = a + b 应该读作将 a + b 的表达式的值赋值给 res 变量。同理，表达式 a = 4 读作将变量 a 赋值为 4。

注意 赋值是一个"从右到左"的过程，先关注右侧的值或者表达式，如果需要计算表达式，则应先将表达式的值计算出来，然后赋值到左边的变量中。这和通常意义的等于符号相反。等于是一个"从左到右"的过程。例如，1 + 3 = 4 是先计算了左侧的 1 + 3，然后计算出的结果为 4。

减法、乘法、除法和取余操作符的基本用法和加法操作符类似，此处不再赘述，但是要注意，整型的算术运算结果仍然是整型。在除法运算中，可能会出现不能整除的情况。这时的除法表达式的结果会忽略小数部分，而保留整数部分。当结果为正数时向下取整，当结果为负数时向上取整。

注意 常见的取整算法主要有 3 类：①向上取整（Ceiling），也称为进一法，即取大于该小数的最小整数；②向下取整（Floor），也称为退一法，即取小于该小数的最大整数；③四舍五入法（Round）。

【实例 2-7】 计算并输出 7 / 2 和 1 / 3 的表达式的值，代码如下：

```
//code/chapter02/example2_7.cj
func main() {
    var a : Int32 = 7 / 2    //结果为 3.5，仅保留整数部分 3
    var b : Int32 = 1 / 3    //结果为 0.333……，仅保留整数部分 0
    print("a = ${a}, b = ${b}\n")
}
```

7 除以 2 的结果为 3.5，所以表达式 7 / 2 的结果保留其整数部分 3。1 除以 3 的结果为

0.333……，所以表达式 1 / 3 的结果保留其整数部分 0。在 main 函数中，将上述两个表达式的结果分别赋值给 Int32 类型变量 a 和 b。最后，打印输出这两个变量的值。编译并运行程序，结果如下：

```
a = 3, b = 0
```

2. 整数的自增自减运算

自增操作符为两个加号++的组合，用于使变量自加 1。自增操作符为单目操作符，其操作数应当位于++的左侧。如果变量 a 的值为 3，则执行表达式 a++后，a 的值变为 4。同理，自减操作符为两个减号−−，用于使变量减 1。如果变量 a 的值为 3，则执行表达式 a−−后，a 的值变为 2。

注意 在仓颉语言中，自增和自减操作符都是后缀操作符。对于变量 a，a++和 a−−都是合法的，但是++a 和−−a 都是非法的。

【**实例 2-8**】 实现变量 a 的自增自减运算，代码如下：

```
//code/chapter02/example2_8.cj
func main(){
    var a : Int32 = 3      //定义变量a，并将其值初始化为3
    a++                    //变量自增，其值变为4
    print("a = ${a}\n")
    a--                    //变量自减，其值变为3
    print("a = ${a}\n")
}
```

由于 a 的初始化值为 3，自增后变为 4，因此首先打印输出为 a = 4。随后，变量 a 自减变为 3，因此随后打印输出为 a = 3。编译并运行程序，输出结果如下：

```
a = 4
a = 3
```

自增自减运算表达式的值为 Unit 类型，因此不能像 C 语言那样将自增自减表达式的值赋值给整型变量。如果将自增自减表达式作为整体赋值给整型变量就会产生编译错误，代码如下：

```
func main(){
    var a : Int32 = 3
    var b : Int32
    b = a++ //这里会出现编译错误，因为a++不是表达式，也没有计算值
}
```

关于 Unit 数据类型可参见 5.5.1 节的相关内容。

2.3.3 浮点型的数值运算

与整型一样，浮点型也支持算术运算和自增自减运算，其使用方法也是非常类似的。

【实例2-9】 定义两个浮点型变量a和b，并分别将其初始化为1.3和0.5，然后实现浮点型变量的算术运算，代码如下：

```
//code/chapter02/example2_9.cj
func main() {
    var a : Float32 = 1.3        //定义浮点型变量a，初始化值为1.3
    var b : Float32 = 0.5        //定义浮点型变量b，初始化值为0.5
    print("a + b = ${a + b}\n") //加法运算，计算a + b
    print("a - b = ${a - b}\n") //减法运算，计算a - b
    print("a * b = ${a * b}\n") //乘法运算，计算a * b
    print("a / b = ${a / b}\n") //除法运算，计算a / b
    print("a % b = ${a % b}\n") //取余运算，计算a % b
}
```

在这段代码中，print函数直接将表达式的值进行输出，而没有将表达式的值赋值到其他变量上。这种操作也是允许的，可以精简代码。编译并运行程序，输出结果如下：

```
a + b = 1.800000
a - b = 0.800000
a * b = 0.650000
a / b = 2.600000
a % b = 0.300000
```

相对于整型，浮点型的运算结果可以保留小数，从而得到更加精确的计算值。

【实例2-10】 实现浮点型的自增自减运算，代码如下：

```
//code/chapter02/example2_10.cj
func main(){
    var a : Float32 = 3.2       //定义浮点型变量a，并将其值初始化为3.2
    a++                         //变量自增，其值变为4.2
    print("a = ${a}\n")
    a--                         //变量自减，其值变为3.2
    print("a = ${a}\n")
}
```

定义浮点型变量a，并将其值初始化为3.2，然后，通过a++表达式使变量a自增1而变成4.2。最后通过a−−表达式使变量a自减1而变成3.2。编译并运行程序，输出结果如下：

```
a = 4.200000
a = 3.200000
```

输出的结果和我们预期的结果一致。

2.3.4 数值的类型转换

仓颉语言是静态、强类型的编程语言，对变量类型是非常敏感的，因此在编程中要时刻注意类型问题。如果运算过程中有不同类型的字面量、变量或表达式参与计算，就涉及类型转换问题。

例如，整型变量 a 和浮点型变量 b 相加，代码如下：

```
func main(){
    var a : Int32 = 3              //定义整型变量 a，并将其值初始化为 3
    var b : Float32 = 4.2          //定义整型变量 b，并将其值初始化为 4.2
    var res : Float32 = a + b      //计算 a + b，但是 a 和 b 的类型不同，编译器会报错
    print("res = ${res}\n")        //输出 res 的值
}
```

这段代码是错误的。因为变量 a 和变量 b 的类型不同，所以不能直接相加。由于被赋值的变量 res 为浮点型，而 b 已经是浮点型了，所以只需将整型变量 a 的类型转换为浮点型。

类型转换的一般形式为 T(var)，其中 var 为字面量、变量或表达式，而 T 为需要转换的数据类型。例如将变量 a 转换为浮点型变量，转换方式为 Float32(a) 或 Float64(a)。在上例中，由于 b、res 变量均为 Float32 类型，因此可以使用 Float32(a) 将变量 a 转换为 Float32 类型后参与运算。

【实例 2-11】通过类型转换实现不同数据类型（整型、浮点型）的混合运算，代码如下：

```
//code/chapter02/example2_11.cj
func main(){
    var a : Int32 = 3              //定义整型变量 a，并将其值初始化为 3
    var b : Float32 = 4.2          //定义整型变量 b，并将其值初始化为 4.2
    var res : Float32 = Float32(a) + b //计算 a + b 并将结果赋值给 res
    print("res = ${res}\n")  //输出 res 的值
}
```

编译并运行程序，输出结果如下：

```
res = 7.200000
```

上述这种类型转换方式可以将整型转换为浮点型，也可以将浮点型转换为整型，当然也可以实现不同位数数据类型之间的转换（例如将 Int8 类型转换为 Int64 类型）。这样就可以实现多种不同的数据类型的混合运算了。当将浮点型转换为整型时，会忽略小数部分，而保留整数部分。当浮点型为正数时向下取整，当浮点型为负数时向上取整。如 Int64(3.1)、Int64(−2.9) 的结果分别为 3 和−2。

不过需要注意的是，将有符号整型的负数转换为无符号整型的数值时会出现数值错误。

【实例 2-12】将值为−3 的有符号整型变量 a 转换为无符号整型数值并赋值给 b，代码如下：

```
//code/chapter02/example2_12.cj
func main(){
    var a : Int32 = -3
    var b : UInt32 = UInt32(a)
    print("b = ${b}\n")
}
```

编译并运行程序，输出结果如下：

```
b = 4294967293
```

这里的数值就出现了明显的错误，所以开发者将有符号整型数值转换为无符号整型数值时一定要慎重，否则一旦有负数参与就会导致运算错误。

2.3.5 复合表达式和括号表达式

复合表达式是含有两个或者多个操作符的表达式，例如 2 + 6 / 2、1 + 2 + 3 等都是合法的复合表达式。在运算复合表达式的值时，需要将操作符和操作数按照某种规则结合在一起，形成合理的运算流程。

在仓颉语言中，复合表达式的运算规则如下：

（1）如果操作符的优先级不同，则应先计算高优先级操作符组成的表达式，然后计算低优先级操作符组成的表达式。操作符的优先级可参见附录 C 中的表 C-1。

（2）如果操作符的优先级相同，则表达式会从左到右逐步展开运算。

对于表达式 2 + 6 / 2，除法操作符的优先级高于加法操作符，所以先通过除法操作符组合左右两侧的操作数 6 和 2 形成 6 / 2 表达式，计算的结果为 3，然后通过加法操作符组合左右两侧的操作数 2 和 3，形成表达式 2 + 3，运算得到最终结果 5，如图 2-10 所示。

对于表达式 1 + 2 + 3，两个操作符的优先级相同，所以从左到右展开运算：先计算表达式 1 + 2 得到结果 3，然后计算 3 + 3 表达式，最终得到结果 6，如图 2-11 所示。

图 2-10　复合表达式 2 + 6 / 2 的运算　　　图 2-11　复合表达式 1 + 2 + 3 的运算

括号操作符 () 是通过一对小括号包含一个表达式。对于数值运算来讲，括号操作符的优先级最高，因此小括号内的表达式优先运算，然后运算括号外的表达式。例如，对于表达式

(1 + 3) * 2, 先计算小括号内的表达式 1 + 3, 得到结果 4 后, 再计算小括号外的表达式 4 * 2,
得到最终结果, 如图 2-12 所示。

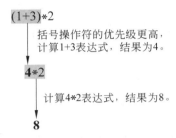

图 2-12　复合表达式(1 + 3) * 2 的运算

注意　在上述代码中, 表达式(1 + 3)实际上也属于复合表达式, 由括号表达式和加法表
达式组成。

【**实例 2-13**】计算几个复合表达式的值, 代码如下:

```
//code/chapter02/example2_13.cj
func main() {
    //先计算括号内的表达式后形成 6 * 4 表达式, 运算结果为 24
    let s1 = (2 + 4) * (1 + 3)
    //先计算乘法表达式后形成 8 + 3 表达式, 运算结果为 11
    let s2 = 2 * 4 + 1 * 3
    //先计算乘法表达式后形成 s1 + 22, 运算结果为 46
    let s3 = s1 + 2 * s2
    //输出 s1、s2 和 s3 的结果
    println("s1: ${s1}, s2: ${s2}, s3: ${s3}")
}
```

对于变量 s1 赋值表达式中右侧的表达式来讲, 先计算括号表达式(2 + 4)和(1 + 3), 分别
得到结果 6 和 4, 形成 6 * 4 表达式, 然后计算 6 * 4 表达式, 运算结果为 24。

对于变量 s2 赋值表达式中右侧的表达式来讲, 先计算乘法表达式 2*4 和 1 * 3, 分别得
到结果 8 和 3, 形成 8 + 3 表达式, 然后计算 8 + 3 表达式, 运算结果为 11。

对于变量 s3 赋值表达式中右侧的表达式来讲, 先计算乘法表达式 2 * s2, 将变量 s2 的
值代入后得到结果 22, 形成 s1+22 表达式。将 s1 的值代入上述表达式, 运算结果为 46。
编译并运行程序, 输出结果如下:

```
s1: 24, s2: 11, s3: 46
```

使用复合表达式可以使代码更加简洁易读, 也可以在一定程度上提高编译效率, 但是一
定要注意不要滥用复合表达式, 过长或过于复杂的复合表达式可能会对代码的易读性起反
作用。

2.3.6　数值运算实例演练

前面的几节是比较完整的知识，其实例也非常简单。接下来小试牛刀，使用数值运算设计两个比较实用的程序：圆的周长和面积的计算、成年男性体脂率的计算。

1. 计算圆的周长和面积

在接下来的实例中，通过圆的半径计算圆的周长和面积。圆的周长的计算公式如下（r 为半径）：

$$周长=2\pi r$$

圆的面积的计算公式如下（r 为半径）：

$$面积=\pi r^2$$

【实例 2-14】通过圆的半径计算圆的周长和面积，代码如下：

```
//code/chapter02/example2_14.cj
/*
通过圆的半径计算圆的周长和面积
董昱 2021 年 9 月 28 日
*/
func main(){
    //定义圆周率 π 的值
    let PI = 3.1415926
    //定义圆的半径，单位 cm
    var radius : Float64 = 10.0
    //打印输出圆的半径
    print("圆的半径: ${radius} cm\n")
    //计算圆的周长，并赋值给 perimeter 变量
    var perimeter: Float64 = 2.0 * PI * radius
    //打印输出圆的周长
    print("圆的周长: ${perimeter} cm\n")
    //计算圆的面积，并赋值给 area 变量
    var area : Float64 = PI * radius * radius
    //打印输出圆的面积
    print("圆的面积: ${area} cm^2\n")
}
```

在程序的开头，通过 let 关键字定义了不可变变量 PI，用于存储圆周率 π 的近似值。由于圆周率 π 为无限不循环小数，所以需要使用浮点型变量和字面量计算圆的周长和半径。例如，在计算圆的周长时，公式 2πr 中的 2 使用的是浮点型字面量 2.0。在计算圆的周长和面积时，表达式使用了多个乘号操作符进行了连乘，形成了复合表达式。

另外，开发者要养成使用注释的好习惯，以增强代码的可读性。编译并运行程序，输出

结果如下：

```
圆的半径: 10.000000 cm
圆的周长: 62.831852 cm
圆的面积: 314.159260 cm^2
```

在上述代码中，将圆的半径作为变量的初始化字面量固定在程序中。实际上，开发者可以通过标准输入 Console 的方式让用户输入不同圆的半径以得到不同的结果。关于标准输入的用法详见 9.3.4 节的相关内容。

2. 计算成年男性的体脂率

接下来通过腰围、体重等数据计算成年男性的体脂率。成年男性的体脂率的计算方式为

```
参数 a=腰围（cm）×0.74
参数 b=体重（kg）×0.082+44.74
体脂肪质量（kg）=a－b
体脂率=（身体脂肪总质量÷体重）×100%
```

【实例 2-15】计算成年男性的体脂率，代码如下：

```
//code/chapter02/example2_15.cj
/*
计算成年男性的体脂率(BFR)
董昱 2021 年 9 月 28 日
*/
func main(){
    //输入：成年男性的腰围(cm)
    var waistline = 94.0
    //输入：成年男性的体重(kg)
    var weight = 85.0
    //计算参数 a
    var a : Float64 = waistline * 0.74
    //计算参数 b
    var b : Float64 = weight * 0.082 + 44.74
    //计算体脂肪质量(kg)
    var fatweight: Float64 = a - b
    print("体脂肪质量: ${fatweight}kg\n")
    //计算体脂率
    var bfr : Float64 = fatweight / weight
    print("体脂率(BFR): ${Int8(bfr*100.0)}%\n")
}
```

首先，通过 waistline 和 weight 变量存储腰围和体重数据，然后计算参数 a 和参数 b。计算参数 b 时，由于乘法操作符的优先级大于加法操作符，所以 weight * 0.082 + 44.74 和 44.74 + weight * 0.082 这两个表达式的运算结果相同。再计算体脂肪质量 fatweight。最后，计算体

脂率 bfr。在打印输出 bfr 时，将 bfr 变量乘以 100 用于表示其百分数数值，并且使用类型转换的方式对其进行取整，保留体脂率百分数的整数部分。

编译并运行程序，输出结果如下：

```
体脂肪质量：17.850000kg
体脂率(BFR)：21%
```

由于成年男性和女性的体脂率计算公式略有差异，但是基本相同，所以这里仅提供了成年男性体脂率的计算公式。成年女性的体脂率的计算公式为

```
参数 a=腰围（cm）×0.74
参数 b=体重（kg）×0.082+34.89
体脂肪质量（kg）=a−b
体脂率=（身体脂肪总质量÷体重）×100%
```

读者可以通过仓颉语言自行实现成年女性的体脂率计算程序，用于巩固之前所学的知识。

2.4 使用 VSCode 开发仓颉程序

上文使用文本编辑器对代码进行编辑，然后使用终端工具进行代码编译和运行。这个过程需要不断地切换窗口，比较麻烦。本节介绍使用 VSCode 集成开发环境，以便于能够更加方便地编辑、编译和调试代码。

1. 认识 VSCode 的主界面

运行 VSCode 程序即可直接进入 VSCode 主界面，如图 2-13 所示。

图 2-13 VSCode 主界面

VSCode 的主界面由菜单栏、活动栏、侧边栏、状态栏、编辑区域和若干面板组成。

（1）菜单栏（Menu）：VSCode 的绝大部分功能的入口。

（2）活动栏（Activity Bar）：用于切换侧边栏。

（3）侧边栏（Side Bar）：包括项目管理、搜索、版本控制、运行调试、扩展、设置等侧边栏，是项目管理的常用功能入口。

（4）状态栏（Status）：用于显示当前项目和源文件的状态。

（5）编辑区域（Editor Groups）：编辑源文件的区域。

（6）面板（Panel）：包括程序输出、调试信息输出、终端等面板。

注意　默认情况下，VSCode 为英文界面。安装 Chinese (Simplified)扩展后重启 VSCode 即可将 VSCode 切换为中文界面。

2．在 VSCode 中开发仓颉程序

本节介绍如何在 VSCode 中进行编辑、编译和运行仓颉程序。

1）打开仓颉工程目录

在 VSCode 菜单栏中，选择 File→Open Folder…菜单打开仓颉的项目目录即可。

典型的仓颉工程包括一个 src 目录，用于存放仓颉语言的源文件。如果仓颉工程目录为 project，则源文件应该存放在 project/src/目录下。开发者可以手动创建这样的目录结构，也可以使用包管理工具 CPM 创建并管理项目，详见 4.3.3 节的相关内容。

注意　必须按照上述目录结构存放仓颉源文件，并且打开仓颉项目的根目录才可以正常启动并连接 LSPServer，否则仍然无法使用语法高亮、自动补全等功能。

2）在 VSCode 中使用终端工具

为了能够编译和运行仓颉程序，可以用 VSCode 的终端工具代替 PuTTY 工具。单击菜单栏中的 Terminal→New Terminal 菜单，打开终端面板，如图 2-14 所示。

图 2-14　VSCode 终端面板

通过 ssh 命令连接 Ubuntu 虚拟机（主机），命令如下：

```
ssh 主机地址 -l 用户名
```

例如，连接地址为 192.168.0.1 且用户名为 dongyu 的 Ubuntu 主机，命令如下：

```
ssh 192.168.0.1 -l dongyu
```

输入密码后即可进入 Ubuntu 主机终端。此时即可在该终端面板中对仓颉程序进行编译

和运行操作了。

3）使用批处理文件编译并运行程序

每次调试都需要编译和运行两个步骤，比较麻烦，所以可以通过 Shell 批处理文件来组合这两个流程。

例如，通过 run.sh 批处理文件来编译和运行 main.cj 源文件中的程序。在仓颉项目的 src 目录中创建 run.sh 文件，编辑并添加的批处理命令如下：

```
#!/bin/bash
cjc main.cj
./main
```

保存后修改 run.sh 文件权限，命令如下：

```
sudo chmod 777 run.sh
```

随后，即可通过以下命令来编译和运行仓颉应用程序了：

```
./run.sh
```

现在，开发者就可以在 VSCode 中完成编辑、编译和运行操作了。

2.5　本章小结

本章从一个最简单的"Hello, world!"程序开始介绍了仓颉程序的基本结构，并介绍了变量、数据类型、操作符和表达式等基本概念，最后介绍整型和浮点型这两种最为常用的变量类型及其运算方法。

至此，读者应该对数值运算有了比较初步的认识，但是纸上得来终觉浅，希望读者最好能够使用计算机将这些代码一一输入，不仅能够方便理解，还能够通过实践操作感受仓颉语言的魅力。如果你没有其他编程语言的基础，则在实践的过程中可能会很艰辛，并且会遇到各种各样的错误，但是只要认真核对检查，就一定能把程序运行起来。当将所有的程序错误一一修复，程序运行出结果的那一刻应该还是很欣喜的。

本章中的实例代码使用了大量注释。注释的目的是为了增强代码的可读性，让自己和他人对所写的程序一目了然。各位开发者也要保持这一习惯，相信能为今后的学习和工作带来很大的便利。

2.6　习题

（1）什么是函数？什么是语句？

（2）函数由哪两部分组成？各部分的功能是什么？

（3）如何进行代码注释？

（4）变量的数据类型有哪些？如何进行分类？

（5）编写仓颉程序，输出"This is Cangjie Program."文本。

（6）编写仓颉程序，判断某个年份是否为闰年。

（7）编写仓颉程序，实现成年女性体脂率计算程序。

第 3 章

结构化编程——条件结构与循环结构

结构化编程是面向过程编程的重要范式，结构化编程最为重要的贡献是提出了 goto 语句是有害的，开发者仅通过顺序结构、条件结构和循环结构就能够控制整个程序的流程。所谓顺序结构，是上文所介绍的程序的语句逐条执行，在源代码中从上到下依次执行语句。

本章介绍结构化编程中另外两种重要的结构：条件结构和循环结构。在介绍这两种结构之前，需要先介绍另外一种数据类型——布尔类型，以及逻辑运算、关系运算的基本用法。

本章的核心知识点如下：

（1）布尔类型和枚举类型。

（2）逻辑运算、关系运算和复合赋值运算。

（3）条件结构：if 表达式、match 表达式。

（4）循环结构：for in 表达式、while 表达式和 do…while 表达式。

（5）死循环和循环嵌套的用法。

3.1 逻辑运算与关系运算

除了算术运算以外，判断数据和程序的状态、进行逻辑推理等也是程序需要解决的重要问题之一。例如，判断当前系统内存是否充足、判断用户当前是否已登录、提交登录表单前判断用户是否全部完成了表单的填写、用户输入的短信验证码是否正确等都需要逻辑运算和关系运算参与。

逻辑运算和关系运算都无法离开布尔类型。布尔类型是仅包含真和假两种值的数据类型，本节先介绍布尔类型的概念和用法，然后介绍逻辑运算和关系运算的用法。

3.1.1 布尔类型

布尔类型用 Bool 关键字声明，是仓颉语言中的逻辑类型，其值仅包括 true（真）和 false（假）两种，因此，布尔类型的字面量仅包括 true 和 false。

例如,定义布尔类型变量 flag1 并初始化为 true,定义布尔类型变量 flag2 并初始化为 false,代码如下:

```
var flag1 : Bool = true
var flag2 : Bool = false
```

布尔类型和二进制码实际上有很强的密切联系。计算机的运算和存储是通过二进制码的形式完成的。二进制码是计算机数据存储和运算的最小单位,称为 1 位(bit),仅包括 0 和 1 这两种状态值。由于布尔类型仅包含真和假两种状态,因此仅用 1 位二进制码即可表示一个布尔类型字面量,即用 0 表示假,用 1 表示真。

实际上,仓颉语言中布尔类型是通过 1 位二进制码存储的。只不过,在仓颉语言中不能通过强制类型转化的方式将布尔类型的值转化为数值,例如 Int8(true) 的语法是错误的。

注意 整型和浮点型变量的值实际上也是以 0 和 1 组成的二进制码的形式存储的。例如,Int32 变量是用 32 位二进制码存储一个整数数值。

通过 print 函数可以输出布尔类型的变量和字面量。

【实例 3-1】 输出布尔类型的变量和字面量,代码如下:

```
//code/chapter03/example3_1.cj
func main(){
    print("true is ${true}\n")     //输出布尔类型字面量 true
    print("false is ${false}\n")   //输出布尔类型字面量 false
    let flag = false
    println("flag: ${flag}")       //输出布尔类型变量 flag
}
```

编译并运行程序,输出结果如下:

```
true is true
false is false
flag: false
```

逻辑运算和关系运算的结果都是布尔类型的值。

3.1.2 逻辑运算

逻辑运算也被称为布尔运算,是针对布尔类型数据的逻辑变换,包括逻辑非、逻辑与、逻辑或等,其操作符和用法如表 3-1 所示。

逻辑非操作符是单目操作符,其操作数应当位于操作符的右侧,用于逻辑取反。逻辑与和逻辑或操作符是双目操作符,用于分析左右两侧操作符之间的逻辑关系。

注意 仓颉语言不支持原生的逻辑异或运算,开发者可以使用(a||b)&&(!a||!b)组合实现逻辑异或(其中,a 和 b 为布尔类型的变量、字面量或表达式)。

表 3-1　逻辑操作符及其用法

操 作 符	描 述	用 法
!	逻辑非（表达式逻辑取反）	! true（结果为 false） ! false（结果为 true）
&&	逻辑与（两侧表达式均为 true 时为 true，否则为 false）	true && false（结果为 false） false && false（结果为 false） true && true　（结果为 true）
||	逻辑或（两侧表达式逻辑值均为 false 时为 false，否则为 true）	true || false　（结果为 true） false || false　（结果为 false）

接下来，通过实例演示这些操作符的用法。

【实例 3-2】　定义布尔类型变量 ate，用于表征是否吃饭；定义 slept 变量，用于表征是否已睡觉。通过逻辑非、逻辑与和逻辑或运算回答一些问题，代码如下：

```
//code/chapter03/example3_2.cj
func main(){
    var ate : Bool = true        //吃饭：true 代表吃完了
    var slept : Bool = false     //睡觉：false 代表没有睡觉
    print("吃完饭了吗？ ${ate}\n")
    print("没吃完饭吗？ ${!ate}\n")
    print("吃完饭且睡完觉了吗？ ${ate && slept}\n")
    print("吃完饭或睡完觉了吗？ ${ate || slept}\n")
}
```

ate 变量为 true，所以!ate 的逻辑值和 ate 相反，为 false。表达式 ate && slept 使用逻辑与操作符，表示吃完饭且睡完觉的逻辑值。表达式 ate || slept 使用逻辑或操作符，表示吃完饭或睡完觉的逻辑值。编译并运行上述代码，输出如下：

```
吃完饭了吗？ true
没吃完饭吗？ false
吃完饭且睡完觉了吗？ false
吃完饭或睡完觉了吗？ true
```

逻辑异或的用法与逻辑与、逻辑或类似，但是相对来讲使用频率较低，读者可自行尝试。

与算术运算一样，多个逻辑运算也可以形成复合表达式，并且其运算顺序也遵循相同的规则。逻辑操作符的优先级如下：逻辑非（!）＞逻辑与（&&）＞逻辑或（||）。如果有括号操作符，则括号操作符的优先级最高。

【实例 3-3】　计算几个逻辑运算复合表达式的值，代码如下：

```
//code/chapter03/example3_3.cj
func main(){
    var a = true    //变量a为true
    var b = false   //变量b为false
```

```
    var c = true                            //变量c为true
    print("test1: ${a && b && c}\n")        //从左到右依次逐个展开运算
    print("test2: ${a && !b && c}\n")       //先计算!b，然后从左到右依次逐个展开运算
    print("test3: ${a || b || c}\n")        //从左到右依次逐个展开运算
    //先计算b && c得到结果false，再计算a || false
    print("test4: ${a || b && c}\n")
    //逻辑异或的实现
    //先计算!a和!b，然后计算(a || b)和(!a || !b)，最后计算整体表达式
    print("test5: ${(a || b) && (!a || !b)}\n")
}
```

main 函数中最后一个语句实现了变量 a 和 b 的逻辑异或运算。编译并运行代码，结果如下：

```
test1: false
test2: true
test3: true
test4: true
test5: true
```

逻辑运算是计算机最为基础的运算类型之一，上面这些逻辑运算在计算机中都用相应的门电路实现。

3.1.3　关系运算

关系运算用于比较大小、比较相等或不相等的关系，包括等于（==）、不等于（!=）、大于（>）、小于（<）、大于或等于（>=）、小于或等于（<=）等关系操作符，如表 3-2 所示。

表 3-2　关系操作符及其用法

操作符	描　　述	用法（当 value 变量值为 1 时）
==	等于	value == 1（结果为 true）
!=	不等于	value != 1（结果为 false）
>	大于	value > 1（结果为 false）
<	小于	value < 1（结果为 false）
>=	大于或等于	value >= 1（结果为 true）
<=	小于或等于	value <= 1（结果为 true）

关系运算支持整型、浮点型的数值比较，以及字符、字符串的比较。对于布尔类型，仅支持等于和不等于的关系运算。关系运算的结果为布尔值（true 或者 false），因此关系运算表达式也可以作为逻辑运算的操作数。当关系运算和逻辑运算组合复合表达式时，其相关操作符的优先级如下：逻辑非（!）>关系运算操作符>逻辑与（&&）>逻辑或（||）。

字符和字符串的关系运算详见第 5 章的相关内容。下面介绍整型、浮点型和布尔类型的

关系运算。

1. 整型的关系运算

整型的关系运算方法可参考表 3-2 中的用法一栏,这里不再赘述。

【实例 3-4】 计算整型关系运算的复合表达式,代码如下:

```
//code/chapter03/example3_4.cj
func main(){
    var a = 1
    var b = 3
    var flag : Bool              //将运算结果赋值给 flag 变量
    flag = a == 1                //关系运算:判断 a 是否等于 1
    print("a == 1: ${flag}\n")
    flag = a == 2                //关系运算:判断 a 是否等于 2
    print("a == 2: ${flag}\n")
    flag = a == 1 || b == 2 //关系运算和逻辑运算结合:判断 a 是否等于 1 或 b 是否等于 2
    print("a == 1 || b == 2: ${flag}\n")
    flag = a == 1 && b == 2 //关系运算和逻辑运算结合:判断是否 a 等于 1 且 b 等于 2
    print("a == 1 && b == 2: ${flag}\n")
}
```

由于变量 a 的值为 1,所以 a==1 的结果为 true,a==2 的结果为 false,并且由于 b 的值为 3,所以 b == 2 的结果为 false。对于表达式 a == 1 || b == 2,先计算关系表达式得到 true || false,其结果为 true。对于表达式 a == 1 && b == 2,先计算关系表达式得到 true && false,其结果为 false。编译并运行程序,上述代码的输出结果如下:

```
a == 1: true
a == 2: false
a == 1 || b == 2: true
a == 1 && b == 2: false
```

2. 浮点型的关系运算

浮点型数据的关系运算方法与整型类似。

【实例 3-5】 计算浮点型关系运算的复合表达式,代码如下:

```
//code/chapter03/example3_5.cj
func main(){
    let PI = 3.1415926 //圆周率 PI
    print("PI < 3.2: ${PI < 3.2}\n") //判断 PI 是否小于 3.2
    print("PI != 3: ${PI != 3.0}\n") //判断 PI 是否不等于 3.0
//判断 PI 的值是否处于 3 和 4 之间
    print("PI > 3 && PI < 4 : ${PI > 3.0 && PI < 4.0}\n")
}
```

对于表达式 PI > 3.0 && PI < 4.0 来讲,先计算关系表达式 PI> 3.0 和 PI< 4.0,其值均为

true，因此将复合表达式转换为 true && true，其结果为 true。编译并运行程序，上述代码的输出结果如下：

```
PI <3.2: true
PI != 3: true
```

3. 布尔类型的关系运算

布尔类型仅支持等于（==）和不等于（!=）两个操作符。例如，将 flag 变量定义为 true，然后计算表达式 flag == true、flag != true 和 flag == false，代码如下：

```
var flag : Bool = true
print("flag 为 true 吗? ${flag == true}\n")
print("flag 不为 true 吗? ${flag != true}\n")
print("flag 为 false 吗? ${flag == false}\n")
```

上述代码的运行结果如下：

```
flag 为 true 吗?  true
flag 不为 true 吗?  false
flag 为 false 吗?  false
```

布尔型的关系运算可以直接通过逻辑运算实现，并且更加简洁。例如 flag == true、flag !=false 与 flag 的结果相同，flag != true、flag == false 和!flag 的结果相同，如图 3-1 所示。

flag = = true
flag ! = false ⟺（等价） flag

flag = = false
flag ! = true ⟺（等价） !flag

图 3-1 布尔类型关系运算和逻辑运算的等价关系（flag 为布尔型变量）

所以，上述代码也可以精简，精简后的代码如下：

```
var flag : Bool = true
print("flag 为 true 吗? ${flag}\n")
print("flag 不为 true 吗? ${!flag}\n")
print("flag 为 false 吗? ${!flag}\n")
```

3.2 if 表达式

条件结构（也称为选择结构或分支结构）通过检查一系列的条件，当条件满足或者不满足时执行某些特定的程序。这里的条件是通过逻辑运算或关系运算完成的。在仓颉语言中，条件结构可以使用 if 表达式或 match 表达式完成。本节介绍 if 表达式的各种基本结构及其用法，3.3 节将介绍 match 表达式的基本用法。

注意 在绝大多数传统编程语言中，上述这些包含 if、else 关键字的结构通常不属于表达式，所以通常称为 if 语句。在仓颉语言中，这些结构属于 if 表达式，所以是有值的，其功能更加强大。

根据判断条件的复杂程度，if 表达式可以使用 if 和 else 关键字，可以分为以下 4 种基本结构类型：

（1）if 结构，包含 1 个语句块。

（2）if-else 结构，包含 2 个语句块。

（3）包含 else if 结构的 if 结构，包含 2 个以上语句块。

（4）包含 else if 结构的 if-else 结构，包含 3 个以上语句块。

if 结构、if-else 结构都属于 if 表达式，if 表达式也称为 if 语句。下面分别介绍这几种结构类型的用法。

3.2.1　if 结构

if 结构是最简单的 if 表达式，通过 if 关键字定义，主要包括条件测试表达式和语句块（也称为代码块）两部分，其基本形式如下：

```
if (条件测试表达式) {语句块}
```

当条件测试表达式的结果为 true 时，执行语句块中的语句；反之，如果条件测试表达式的结果为 false，则不执行语句块中的语句。语句块通过花括号{}包裹，可以将多条语句进行组合，形成具有特定功能的整体。

注意　if 表达式中的条件测试表达式也可以是独立的布尔类型变量或字面量。

if 结构的执行流程图如图 3-2 所示。

注意　if 结构必须使用花括号包裹的语句块，不支持单独的语句，即"if (条件测试表达式) 执行语句"这样的形式是非法的。如果仅需要执行单独的语句，则要放到语句块中。

为了使程序结构更加清晰，通常使 if 结构以类似函数的方式占据源代码的多行，并采用 4 个空格（或 1 个 Tab 制表符）缩进语句块，代码如下：

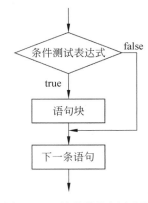

图 3-2　if 结构的执行流程图

```
if (条件测试表达式) {
    语句块
}
```

语句块中可以包含 1 条或者多条执行语句，代码如下：

```
if (条件测试表达式) {
    执行语句 1
    执行语句 2
```

```
......
}
```

注意 对于函数来讲，函数体花括号{}及其内部的代码本质上也是语句块。

接下来，通过一个简单的例子学习一下 if 结构的基本用法。

【实例 3-6】 通过 if 结构根据条件实现是否打印某个字符串，代码如下：

```
//code/chapter03/example3_6.cj
func main(){
    //定义 isEating 变量，并且初始化为 true
    var isEating : Bool = true
    //if 语句
    if (isEating) //括号内为条件测试表达式，当 isEating 为 true 时执行下方的语句块
    {
        print("我正在吃饭!\n") //当 isEating 为 true 时，打印"我正在吃饭!"文本
    }
    print("程序运行结束。\n")  //程序结束时，打印"程序运行结束。"文本
}
```

首先，定义了一个布尔类型的变量 isEating，并且初始化为 true，用于表征是否吃饭，然后紧跟着是一个 if 结构，其中的条件测试表达式为 isEating 本身。当 isEating 为 true 时，执行下方的打印"我正在吃饭!"文本的语句，否则则不执行任何操作。当程序结束时，打印"程序运行结束。"文本。编译并运行程序，输出结果如下：

```
我正在吃饭!
程序运行结束。
```

修改实例 3-6 代码的第 3 行，将 isEating 变量的初始化值修改为 false，代码如下：

```
var isEating : Bool = false
```

重新编译并运行程序，输出结果如下：

```
程序运行结束。
```

这时由于 isEating 表达式的值为 false，无法执行 if 结构后方的语句块，因此也无法打印"我正在吃饭!"的文本内容了。

3.2.2　if–else 结构

if 结构可以实现当条件测试表达式为 true 时需要执行的语句块，但没有定义当条件测试表达式为 false 时需要执行的语句块。通过 else 关键字可将 if 结构进行扩充，实现 if-else 结构。if-else 结构包含了 if 结构，并且可以通过 else 关键字加入另一个语句块，用于实现当条件测试表达式为 false 时需要执行的代码，其基本形式如下：

```
if (条件测试表达式) {
```

```
    语句块 1  //当条件测试表达式为 true 时执行
} else {
    语句块 2  //当条件测试表达式为 false 时执行
}
```

语句块 1 也称为 if 语句块，语句块 2 也称为 else 语句块。

注意 else 关键字不能单独使用，一定要和 if 结构配合使用。

与 if 结构类似，if-else 结构也属于 if 表达式，并且 **if-else** 结构"考虑事情"更加全面，能够根据条件测试表达式值的不同，执行不同的语句块。if-else 结构的执行流程图如图 3-3 所示。

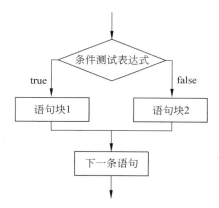

图 3-3 if-else 结构的执行流程图

下面对实例 3-6 的功能进行扩展。

【**实例 3-7**】 创建一个 isEating 变量，并且初始化为 true，然后实现当 isEating 为 true 时打印"我正在吃饭！"文本，当 isEating 为 false 时打印"我没有吃饭！"文本，代码如下：

```
//code/chapter03/example3_7.cj
func main(){
  var isEating : Bool = true //定义 isEating 变量，并且初始化为 true
  if (isEating)
  {
    print("我正在吃饭!\n") //当 isEating 为 true 时，打印"我正在吃饭！"文本
  } else {
    print("我没有吃饭!\n") //当 isEating 为 false 时，打印"我没有吃饭！"文本
  }
  print("程序运行结束。\n") //程序结束时，打印"程序运行结束。"文本
}
```

编译并运行程序，输出结果如下：

我正在吃饭!

程序运行结束。

修改上述程序的第 2 行，将 isEating 变量的初始化值改为 false，代码如下：

```
var isEating : Bool = false
```

重新编译并运行程序，输出结果如下：

我没有吃饭！
程序运行结束。

if-else 结构可以创建程序的分支，根据不同的状况选择运行不同的语句块。

3.2.3　if 表达式的嵌套和 else if 结构

if 语句和 if-else 结构仅通过 1 个条件测试表达式将程序最多分为两个分支，但在实际情况中，往往会更加复杂。例如，某项考试为百分制，分数大于或等于 90 分（含 90）为优秀，分数为 80～90（含 80）分为良好，分数为 60～80（含 60）分为合格，分数低于 60 分为不合格。现在需要设计一个程序，输入一个分数，并打印其成绩分类。这个程序存在 4 个分支，如图 3-4 所示，使用独立的 if-else 结构只能创建两个程序分支，无法完成这样的程序。

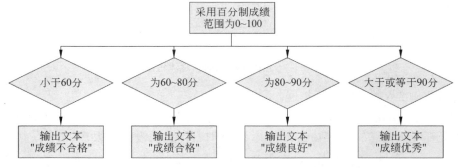

图 3-4　输出百分制成绩分类

本节介绍两种方法实现这一功能，分别是 if 表达式嵌套的"笨办法"和使用 else if 的"新办法"。

注意　除了本节所介绍的方法外，还可通过 4 个 if 结构实现这一功能，读者可以自行尝试实现。

1. if 表达式的嵌套

if 表达式的嵌套是指在一个 if 表达式语句块（可以是 if 语句块，也可以是 else 语句块）中包含另外一个 if 表达式。被包含的 if 表达式称为内层 if 表达式，包含 if 表达式的 if 表达式称为外层 if 表达式。

【实例 3-8】　通过 if 表达式的嵌套实现百分制成绩分类的输出，代码如下：

```
//code/chapter03/example3_8.cj
```

```
func main(){
    var score : Int32 = 77 //定义 score 变量，用于存储分数，初始化为 77 分
    if (score >= 80){
        //当分数大于或等于 80 分时，执行该语句块
        if (score >= 90){
            print("成绩优秀\n")        //当分数大于或等于 90 分时
        } else {
            print("成绩良好\n")        //当分数小于 90 分且大于 80 分时
        }
    } else {
        //当分数小于 80 分时，执行该语句块
        if (score < 60){
            print("成绩不合格\n")      //当分数小于 60 分时
        } else {
            print("成绩合格\n")        //当分数大于或等于 60 分且小于 80 分时
        }
    }
}
```

这里将两个 if-else 结构分别嵌套到另一个 if-else 结构中的 if 语句块和 else 语句块中。在代码开头，通过 score 变量将成绩分数定义为 77 分。首先，判断 score>=80 表达式为 false，所以进入外层 if 表达式的 else 语句块中，然后，在该 else 语句块中进入内层 if 表达式，在这个 if-else 结构中判断 score<60 表达式为 false，因此进入相应的 else 语句块，最后打印"成绩合格"文本。编译并运行程序，输出结果如下：

```
成绩合格
```

读者可以尝试通过修改 score 变量改变分数，并且尝试打印不同的输出内容。

注意 if 表达式支持多级嵌套，即被 if 表达式嵌套的 if 表达式可以嵌套另外一个 if 表达式。例如，将 if 表达式 B 嵌套到 if 表达式 A 中，还可以将 if 表达式 C 嵌套到 if 表达式 B 中，并且可以以此类推再将其他的 if 表达式嵌套到 if 表达式 C 中。

if 表达式的嵌套虽然容易理解和设计，但是会增加程序的层级。层级变多的代码可能会导致难以阅读和扩展。

2. else if 结构

使用 else if 也可以实现类似 if 表达式嵌套的多条件结构，并且属于更加推荐的用法。else if 是将 else 和 if 关键字结合在一起，在原本的 if 结构或 if-else 结构中增加一个条件测试表达式和一个语句块，其基本形式如下：

```
if (条件测试表达式 1) {
    语句块 1 //当条件测试表达式 1 为 true 时执行
} else if(条件测试表达式 2) {
    语句块 2 //当条件测试表达式 2 为 true 时执行
```

```
} else if(条件测试表达式 3) {
    语句块 3 //当条件测试表达式 3 为 true 时执行
}
...
else if (条件测试表达式 n) {
    语句块 n //当条件测试表达式 n 为 true 时执行
} else {
    语句块 t //当上述条件测试表达式均为 false 时执行
}
```

黑体部分是新增加的代码部分，包含了多个 else if 结构。else if 结构是指 else if 及其后方相应条件测试表达式和语句块的部分。else if 结构中的语句块也称为 else if 语句块。else if 结构必须和 if 结构、if-else 结构配合使用，不可独立使用。

注意　上述语法结构中的 else 部分是可选的。

上述语法形式相当于在一个 if-else 结构（或 if 结构）中添加了一个或者多个 else if 结构。其中，每个 else if 结构都必须执行一次条件测试表达式的判断，如果成立，则进入相应的语句块中执行代码。如果 if 结构和 else if 结构中的条件测试表达式均不成立，则执行最后的 else 语句块。上述结构的执行流程图如图 3-5 所示。

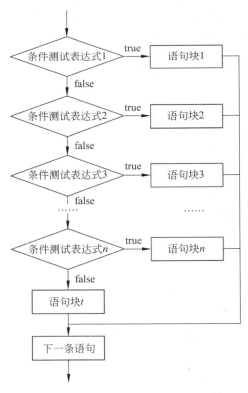

图 3-5　else if 语句的执行流程图

注意 一定要留心每个语句块前后花括号{}的匹配关系，不要重复或者丢掉，否则会导致编译错误。

【**实例3-9**】 通过if-else结构和else if结构实现成绩的分级打印，代码如下：

```
//code/chapter03/example3_9.cj
func main(){
    var score : Int32 = 77    //score变量存储了分数，初始化为77分
    if (score >= 90){         //条件测试表达式1
        print("成绩优秀\n")    //语句块1
    } else if (score >= 80) { //条件测试表达式2
        print("成绩良好\n")    //语句块2
    } else if (score >= 60) {    //条件测试表达式3
        print("成绩合格\n")       //语句块3
    } else {
        print("成绩不合格\n")     //语句块4
    }
}
```

上述代码包括了3个条件测试表达式和4个语句块。其中，if表达式的程序的执行过程如下：首先，测试表达式score >= 90的结果为false，不执行语句块1；然后，测试表达式score >= 80的结果为false，不执行语句块2；再后，测试表达式score >= 60的结果为true，执行语句块3，打印"成绩合格"文本。由于条件测试表达式3成立，所以后面的else语句块不会被执行。如果score变量的值小于60，if表达式则会一直执行到最后一个else语句块并打印"成绩不合格"文本。编译并运行上述程序，输出结果如下：

```
成绩合格
```

else关键字及其语句块是一个不折不扣的"接盘侠"。只要if表达式中所有的条件测试表达式均不满足测试条件，就会进入else语句块，所以使用else关键字时一定要小心，仔细检查else语句块是否涵盖了程序分支的所有可能性，否则很容易使程序出现逻辑错误。

实际上，最后的else部分是非必需的。如果整个代码很长或者业务逻辑比较复杂，则将else关键字改成else if可能会使程序具有更好的可读性和健壮性。例如，修改实例3-9的代码，将else关键字替换为else if，代码如下：

```
func main(){
    var score : Int32 = 77
    if (score >= 90){
        print("成绩优秀\n")
    } else if (score >= 80) {
        print("成绩良好\n")
    } else if (score >= 60) {
        print("成绩合格\n")
    } else if (score < 60) {
```

```
        print("成绩不合格\n")
    }
}
```

该程序代码也可以正常运行。读者可以尝试改变 score 变量的值从而使程序进入不同的语句块，并输出不同的结果。

以上已经介绍了所有的 if 表达式结构。可以发现，无论是何种结构的 if 表达式，最多只能运行其中的一个语句块。对于包含 else 关键字的 if 表达式，一定会运行其中的一个语句块。

3.2.4　if 表达式的值

与算术表达式等其他表达式一样，if 表达式也有值。由于 if 表达式的值依赖于语句块的值，所以本节先介绍语句块的值，然后介绍 if 表达式的值。

1. 语句块的值

如果语句块的最后一个语句是表达式、变量或字面量，则语句块的类型是该表达式、变量或字面量的类型，语句块的值也是表达式、变量或字面量的值。如果语句块最后一个语句不是表达式，或者语句块为空，则语句块的类型为 Unit，其值为()。关于 Unit 类型和 Unit 类型的值详见 5.5.1 节的相关内容。

下面介绍几个简单的例子。

（1）语句块 { 2 } 中仅包含一个语句，即字面量 2，所以该语句块的类型和值与字面量 2 相同，类型为 Int64，其值为 2。

（2）语句块 {var a = 0.2; a + 1.0} 包含两个语句，最后一个语句为 a + 1.0，所以该语句块的类型和值与表达式 a + 1.0 相同，类型为 Float64，其值为 1.2。

（3）空语句块 { } 的类型为 Unit，其值为()。

（4）语句块 { let a = 2 } 仅包含一个赋值表达式语句。由于该赋值表达式的类型为 Unit，其值为 2，所以该语句块的类型也是 Unit，其值为 2。

2. if 表达式的值

如果 if 表达式仅包含一个语句块（if 结构），则 if 表达式的值是语句块的值。如果 if 表达式包含多个语句块，则其各个语句块的类型必须相同。如果类型不相同，则 if 表达式的类型是所有语句块的除了 Any 以外的最小公共父类型，其值为 if 表达式所执行语句块的值。

注意　Any 类型是所有类型的父类型，详情可参见 7.3.2 节的相关内容。

表 3-3 列举了一些 if 表达式的类型和值。

表 3-3　几个 if 表达式的类型和值的例子

表达式	表达式的类型	表达式的值
if (true) { 2 }	Int64	2
if (true) {var a = 2.0; a + 0.1 }	Float64	2.1

续表

表达式	表达式的类型	表达式的值
if (true) {var a = 6; a ++ }	Unit	()
if(true) { 2 } else { 3 }	Int64	2
if(true) { } else { 3 }	Unit	()

如果 if 表达式的语句块没有除了 Any 以外的公共父类型，则会导致编译报错。例如，if (true) { 2 } else { 1.0 } 及 if (true) { false } else { 2.1 } 都是错误的表达式，会导致编译错误。

【实例3-10】 通过 if 表达式判断某个变量是否小于 0，并打印最终的结果，代码如下：

```
//code/chapter03/example3_10.cj
func main() {
    let value = -3
    let r = if (value < 0) { true } else { false }
    print("value 值是负值？ ${r}\n")
}
```

加粗的部分是 if 表达式，其类型为布尔型。该表达式的结果会赋值给变量 r，此时变量 r 也为布尔类型。编译并运行程序，运行结果如下：

```
value 值是负值？ true
```

这个 if 表达式从效果上等同于 value < 0 表达式，所以没有实际意义。

注意 在仓颉语言中，可以通过 if 表达式的形式实现其他语言中三元表达式的效果。可见仓颉语言中 if 表达式的强大之处。

下面举一个更具有意义的例子。

【实例3-11】 通过 if 表达式将成绩分数转换为成绩分级，如图 3-4 所示，代码如下：

```
//code/chapter03/example3_11.cj
func main(){
    var score : Int32 = 77
    let res = if (score >= 90){
        "成绩优秀\n"
    } else if (score >= 80) {
        "成绩良好\n"
    } else if (score >= 60) {
        "成绩合格\n"
    } else {
        "成绩不合格\n"
    }
    print(res)
}
```

上述 if 表达式根据 score 值的不同返回不同的字符串文本。将 if 表达式的值赋值给 res

变量，然后输出 res 的字符串文本。编译并运行程序，输出结果如下：

```
成绩合格
```

相对于实例 3-9，实例 3-11 充分利用 if 表达式具有值的特性，使程序更加易读。

if 表达式已经具备了实现程序分支的能力，但是 if 表达式存在一些缺点：

（1）在程序分支较多的应用场景下，if 表达式会使程序显得比较臃肿。

（2）无法通过 if 表达式遍历枚举类型。

此时，开发者可以使用另外一类条件结构 match 表达式来解决这些问题。

3.3　match 表达式与枚举类型

match 表达式是仓颉语言的另外一种条件结构，用于弥补 if 表达式的不足。特别是当程序分支较多的时候，match 表达式会使代码更加清晰。

注意　match 表达式可以代替许多传统编程语言中的 switch 语句。

本节介绍 match 表达式和枚举类型的基本用法。

3.3.1　match 表达式

match 表达式需要用到 match 和 case 关键字，其中 match 关键字用于声明一个 match 表达式，而每个 case 关键字的出现意味着一个程序分支。

match 表达式有两类，分别为有匹配值的 match 表达式和没有匹配值的 match 表达式。

1. 有匹配值的 match 表达式和模式匹配

有匹配值的 match 表达式通过匹配一个表达式（或变量、字面量）的值，从而使程序进入不同的 case 分支，并执行相应的语句块，其基本形式如下：

```
match (待匹配的表达式) {
    case 模式 1 =>语句块 1
    case 模式 2 =>语句块 2
    ...
    case 模式 n =>语句块 n
}
```

match 关键字后的小括号()包含了待匹配的表达式，然后通过一个花括号{}包含了数个 case 分支。每个 case 分支都由 case 关键字、模式、双线箭头=>符号和语句块构成。其中模式是需要和待匹配的表达式的值进行比对的匹配值，这个比对过程是模式匹配。

这里的模式通常是待匹配表达式类型的字面量。

注意　每个 case 分支中的语句块不需要（也不能）使用花括号{}包裹。

执行 match 表达式，会先计算待匹配表达式的结果，然后依次（从上到下）和每个 case 关键字后的模式进行匹配。一旦表达式的值和模式匹配成功，就会执行双线箭头=>后的语句块，如图 3-6 所示。

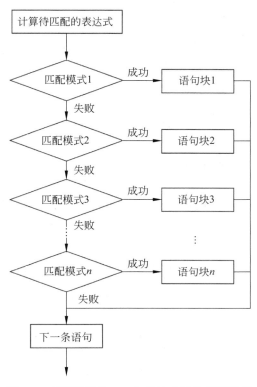

图 3-6　有匹配值的 match 表达式的执行流程图

　　match 表达式中的模式必须涵盖待匹配的表达式的所有可能性，否则会导致编译错误。如果 match 表达式中不能通过字面量——列举所有的可能性，则最后一个 case 分支必须使用通配符模式或变量模式，用于匹配任意值，因此，match 表达式必然会执行某个（且只能是一个）语句块。

　　1）通配符模式及 match 表达式的一般用法

　　通配符模式为_，用于匹配任意值。使用通配符模式的分支必然是 match 表达式的最后一个分支。无论待匹配的表达式为何值，一旦进入通配符模式的分支，一定会匹配成功并执行相应的语句块，因此，使用通配符模式的分支用于"兜底"，当前面所有的分支模式匹配失败后就会执行通配符模式的分支语句块。

　　【实例 3-12】　使用 match 表达式对 value 变量进行模式匹配，并输出相应的文本信息：当 value 为 0 时输出"the value is 0"文本；当 value 为 1 时输出"the value is 1"文本；当 value 既不为 0 也不为 1 时输出"the value is neither 0 nor 1"文本，代码如下：

```
//code/chapter03/example3_12.cj
func main() {
```

```
    var value = 1 //将 value 变量的值定义为1
    match (value) {
        case 0 =>  //当 value 为 0 时
            print("the value is 0\n")
        case 1 =>  //当 value 为 1 时
            print("the value is 1\n")
        case _ =>  //当 value 既不为 0 也不为 1 时
            print("the value is neither 0 nor 1\n")
    }
}
```

上述代码将语句块中的语句独立放置在代码的新行中，使程序更加清晰。

当程序运行到上述 match 表达式时，首先会计算待匹配表达式 value 的值，其值为 1，然后将这个值和第 1 个分支后的模式 0 进行匹配，由于 value 的值不为 0，所以匹配失败。之后，将这个值和第 2 个分支后的模式 1 进行匹配，此时 value 的值和 1 相等所以匹配成功，因此进入相应的语句块，输出"the value is 1"文本。编译并运行程序，输出结果如下：

```
the value is 1
```

双线箭头=>后方为语句块，所以可以执行多行语句组成的代码。例如，下面的代码也是合法的：

```
func main() {
    var value = 1
    match (value) {
        case 0 =>
            print("the value is 0\n")
        case 1 =>//该分支的语句块包含 3 行语句
            print("the value is 1\n")
            let v = value + 2
            print("the value plus 2 is ${v}\n")
        case _ =>
            print("the value is neither 0 nor 1\n")
    }
}
```

在上述代码 match 表达式的第 2 个分支中，定义并输出了变量 v 的值，并且变量 v 是通过 value + 2 表达式进行赋值的，即变量 value 和 2 的和。编译并运行程序，输出结果如下：

```
the value is 1
the value plus 2 is 3
```

通配符模式分支中的语句块并不能获得待匹配表达式的值。如果该语句块需要对待匹配表达式的值进行进一步处理，则需要使用变量模式。

2）变量模式

和通配符模式一样，变量模式同样可以匹配表达式的任意值，但是，变量模式需要通过标识符声明一个变量的名称，当程序进入分支语句块时，该变量的值是待匹配表达式的值。

【**实例 3-13**】 在实例 3-12 的基础上，实现当 value 的值不为 0 且不为 1 时，通过变量模式获取 value 的值，并在相应的语句块中输出 value 值的大小，代码如下：

```
//code/chapter03/example3_13.cj
func main() {
    var value = 88
    match (value) {
        case 0 =>
            print("the value is 0\n")
        case 1 =>
            print("the value is 1\n")
        case n =>
            print("the value is ${n}\n")
    }
}
```

在上述 match 表达式的最后一个分支中，模式 n 即为变量模式。这个变量名称可以由开发者自行定义，只要是合法的标识符即可。当程序执行到该分支时，n 可以匹配 value 表达式的任意值，并将 value 值赋值给变量 n。此时，即可在该分支的语句块中输出变量 n 的值了。

注意　变量模式中的变量为不可变变量（相当于 let 关键字声明的变量），所以不能在语句块中修改这个变量的值。

编译并运行程序，输出结果如下：

```
the value is 88
```

3）同时匹配多个模式

在 match 表达式的模式中，可以通过符号|将多个模式隔开，同时匹配多个模式。只要有一个模式匹配成功，就可以进入该分支相应的语句块中。

【**实例 3-14**】 通过 match 表达式判断 value 值是否为 10 以内的质数，代码如下：

```
//code/chapter03/example3_14.cj
func main() {
    let value = 5 //将变量 value 的值定义为 5
    match (value) {
        case 2 | 3 | 5 | 7 => print("value 是 10 以内的质数!\n")
        case _ => print("value 不是 10 以内的质数!\n")
    }
}
```

在上述 match 表达式中，一旦 value 值匹配到 2、3、5、7 中的任何一个值，即可进入该分支的语句块中。编译并运行程序，输出结果如下：

```
value 是 10 以内的质数！
```

上述有匹配值的 match 表达式用于比对变量和模式是否相同，从而进入不同的程序分支中，显然这种用法的局限性较强，然而，没有匹配值的 match 表达式就更加灵活了。

4）模式守卫

模式守卫（Pattern Guard）是对模式增加一个条件测试表达式。模式守卫处于模式的后方，其基本形式如下：

```
模式 if （条件测试表达式）
```

其中，加粗部分为模式守卫。如果模式守卫中条件测试表达式的结果为 false，则该模式无法匹配，反之模式可以正常匹配。

【实例 3-15】 通过天气状况和是否忙于工作的两种情况来判断是否可以出去游玩，代码如下：

```
//code/chapter03/example3_15.cj
func main() {
    var isGoodWeather = true //是否为好天气
    var isBusy = true //是否忙于工作
    match (isGoodWeather) {
        case true if (isBusy)=>
            print("忙于工作，不能出去玩\n")
        case true =>
            print("可以出去玩\n")
        case false =>
            print("天气不好，不能出去玩\n")
        case _ =>() //()为 Unit 类型的值
    }
}
```

在第 1 个分支中，当变量 isGoodWeather 和 isBusy 同时为 true 时才能匹配模式 "true if (isBusy)"，即该模式相当于 isGoodWeather == true && isBusy == true。编译并运行程序，输出结果如下：

```
忙于工作，不能出去玩
```

实际上，上述代码永远不会进入最后的通配符分支。这里的通配符分支只是为了满足语法要求，并没有实际的意义。

注意 由于仓颉语言编译器难以在编译时判断 match 表达式分支是否覆盖了所有的情况，所以此时如果不使用通配符分支会导致编译错误。

5）通过类型模式判断变量的类型

类型模式是一种特殊的模式，并不是匹配表达式的值，而是匹配表达式的类型。类型模式包括一个变量及其类型定义，形如"变量:变量类型"。其中，变量可以由开发者自定义，用于承载匹配成功后的表达式的值（类似于变量模式）；变量类型则用于匹配表达式的类型。

通过 match 表达式的这一特性可以判断某个表达式或者变量的类型。

【实例3-16】 通过 match 表达式判断 value 的数据类型并输出相应的结果，代码如下：

```
//code/chapter03/example3_16.cj
func main() {
    var value : Bool = false //将 value 的值定义为 false
    match (value) {
        case a: IntNative => print("the type of value is IntNative\n")
        case a: Int64 => print("the type of value is Int64\n")
        case a: Int32 => print("the type of value is Int32\n")
        case a: Int16 => print("the type of value is Int16\n")
        case a: Int8 => print("the type of value is Int8\n")
        case a: UIntNative => print("the type of value is UIntNative\n")
        case a: UInt64 => print("the type of value is UInt64\n")
        case a: UInt32 => print("the type of value is UInt32\n")
        case a: UInt16 => print("the type of value is UInt16\n")
        case a: UInt8 => print("the type of value is UInt8\n")
        case a: Float32 => print("the type of value is Float32\n")
        case a: Float16 => print("the type of value is Float16\n")
        case a: Bool => print("the type of value is Bool\n")
        case _ => print("Other Type!}\n")
    }
}
```

上述 match 表达式通过不同的类型模式分支输出不同的文本。编译并运行程序，输出结果如下：

```
the type of value is Bool
```

除了可以使用 match 表达式判断某个变量的数据类型以外，还可以通过 is 关键字进行判断，详情可参见 7.3.3 节的相关内容。

2. 没有匹配值的 match 表达式

没有匹配值的 match 表达式不进行模式匹配，而是通过条件测试表达式确定是否进入相应的分支，其基本形式如下：

```
match {
    case 条件测试表达式 1 =>语句块 1
    case 条件测试表达式 2 =>语句块 2
    ...
```

```
        case 条件测试表达式 n =>语句块 n
}
```

其程序执行的流程如图 3-7 所示。

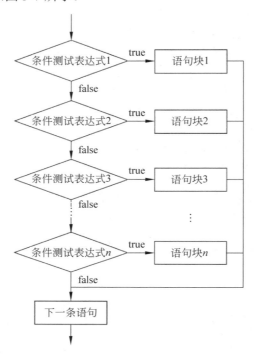

图 3-7 没有匹配值的 match 表达式的执行流程图

这里的条件测试表达式和 if 表达式中的条件测试表达式类似，可以通过逻辑运算、关系运算等方式判断是否进入相应的 case 分支，但是 match 表达式对流程控制的完整性比 if 表达式的要求更加严格，没有匹配值的 match 表达式的最后一个分支必须通过通配符模式（此时无法使用变量模式）对不能进入之前分支的情况进行处理。

【实例 3-17】 通过 match 表达式判断 value 的值并输出相应的文本：当 value 小于 0 时输出 "the value less than 0" 文本，当 value 大于 0 时输出 "the value more than 0" 文本，当 value 等于 0 时输出 "the value is equal 0"，代码如下：

```
//code/chapter03/example3_17.cj
func main() {
    var value = 0
    match {
        case value < 0 =>
            print("the value less than 0\n")
        case value > 0 =>
            print("the value more than 0\n")
```

```
            case _ =>
                print("the value is equal 0\n")
        }
    }
```

编译并运行程序，输出结果如下：

```
the value is equal 0
```

可见，没有匹配值的 match 表达式的用法和 if 表达式的用法非常类似，读者可以尝试使用 if 表达式实现上述实例的功能。另外，读者可以改变 value 的值来尝试进入 match 表达式不同分支的语句块。

3. match 表达式的值

和 if 表达式、算术表达式等一样，match 表达式也拥有具体的类型和值。当 match 作为表达式使用时，其各个语句块的类型必须相同。如果不相同，则 match 表达式的类型为这些表达式除了 Any 以外的最小公共父类型。

【实例 3-18】　通过 match 表达式实现类似实例 3-11 中的成绩分级程序，代码如下：

```
//code/chapter03/example3_18.cj
func main(){
    var score : Int32 = 77
    let res = match {
        case score >= 90 =>
            "成绩优秀\n"
        case score >= 80 =>
            "成绩良好\n"
        case score >= 60 =>
            "成绩合格\n"
        case _ =>
            "成绩不合格\n"
    }
    print(res)
}
```

上述 match 表达式的类型为字符串类型，并且可根据变量 score 的不同值返回不同的字符串文本，并将其赋值给 res 变量。最后，打印 res 中的字符串。编译并运行程序，输出结果如下：

```
成绩合格
```

可见，match 表达式在分支较多的情况下会使代码更加简洁。

match 表达式和 if 表达式都可以实现条件结构，只不过两者的代码风格不同。match 表达式可以使用模式匹配和模式守卫，在匹配变量值时代码更加简洁，并且适合分支较多的程序结构。if 表达式是最为传统的条件结构，用法也更加灵活，但是当程序分支较多时，if 表达式的可读性可能稍显逊色。另外，对于遍历枚举类型的枚举值时，必须使用 match 表达式。开发者可以根据自身的情况及代码的需求来选择使用 if 表达式或 match 表达式。

3.3.2 枚举类型 enum

枚举类型（Enumeration）是仓颉语言的自定义类型，也属于值类型。枚举类型是若干枚举构造器的集合，这些构造器是枚举类型中的枚举值。例如，性别、星期、星座、天气等具有有限数量值的集合都可以作为枚举类型定义。此时，性别中的男、女，以及星期中的星期一、星期二等都属于枚举构造器。

注意 仓颉语言的枚举类型非常强大，可以理解为函数式编程中的代数数据类型。

在使用枚举类型时，经常需要根据枚举值的不同执行不同的代码，所以枚举类型和条件结构密切相关，而且遍历枚举类型只能通过 match 表达式来完成，所以本节先介绍枚举类型的基本用法，然后介绍通过 match 表达式进行枚举类型模式匹配的基本方法。

1. 枚举类型的定义

枚举类型通过关键字 enum 定义，后接类型的名称，再通过花括号{}定义该枚举类型中所有可能的取值（枚举构造器），其基本形式如下：

```
enum 类型名称 {
    所有可能的取值，用|隔开
}
```

在花括号中列举枚举类型中的所有构造器。构造器使用符号|隔开。在第 1 个构造器之前可以使用符号|，也可以略去。

例如，定义一个表示 RGB 色彩的枚举类型 RGBColor，代码如下：

```
enum RGBColor {
    | Red | Green | Blue
}
```

这个枚举类型的名称为 RGBColor，其中包括了 3 个构造器，分别代表红、绿、蓝 3 种颜色，其中 Red 表示红色，Green 表示绿色，Blue 表示蓝色。Red 构造器前的|符号可以省略，所以下面的枚举类型的定义也是正确的：

```
enum RGBColor {
    Red | Green | Blue
}
```

注意 enum 属于顶层定义，不能在函数、类等其他定义中定义枚举类型。关于顶层定义可参考附录 B 中的相关内容。

枚举类型属于自定义类型。在仓颉语言中，自定义类型必须拥有独特的类型名称，并且其内部的实现也需要开发者进行定义。RGBColor 属于枚举类型，但是也拥有了 RGBColor 的类型名称，其内部的枚举值也是由开发者自定义的，这和基本数据类型的用法存在着很大的区别。

类似地，下面再举几个枚举类型的定义。

枚举类型 Sex 代表性别，其中 Male 和 Female 构造器分别代表男性和女性，代码如下：

```
enum Sex {
    Male | Female
}
```

枚举类型 NucleicAcidTest 代表核酸检测结果，其中 Positive、Negative 和 Untested 分别代表阳性、阴性和未检测，代码如下：

```
enum NucleicAcidTest {
    Negative | Positive| Untested
}
```

枚举类型中的枚举值不宜过多，使用枚举类型定义拥有较多元素的集合会使代码显得非常臃肿，这种情况下开发者应酌情使用枚举类型。

2. 枚举类型的初始化

下面以星期枚举类型 Week 为例，介绍枚举类型的定义、初始化方法。枚举类型 Week 中包含 Sun、Mon 等构造器，分别代表星期日、星期一等，代码如下：

```
enum Week {
    Sun | Mon | Tue | Wed | Thu | Fri | Sat
}
```

定义了 Week 类型后，就可以定义并初始化一个 Week 类型的变量了。枚举类型的定义和初始化方法与基本数据类型类似。例如，定义 Week 类型的变量 day，代码如下：

```
var day : Week
```

通过枚举类型的构造器可以构造一个枚举类型的值（枚举值），并可赋值到枚举类型的变量上。构造枚举值的形式如下：

```
枚举类型名称.枚举类型构造器
```

例如，定义 Week 类型变量 day1、day2 和 day3，并分别初始化为枚举值 Week.Sun、Week.Wed 和 Week.Fri，代码如下：

```
var day1 : Week = Week.Sun //Weak 枚举类型变量 day1，星期日
var day2 : Week = Week.Wed //Weak 枚举类型变量 day2，星期三
var day3 : Week = Week.Fri //Weak 枚举类型变量 day3，星期五
```

当枚举类型构造器和变量名、函数名、类名、包名等名称没有冲突时，构造枚举值时可以省略枚举类型名称，直接通过构造器名称进行构造。上述 Week 类型变量 day1、day2 和 day3 的定义和初始化代码可以简写如下：

```
var day1 : Week = Sun
var day2 : Week = Wed
var day3 : Week = Fri
```

3. 枚举类型的模式匹配

只能通过 match 表达式的模式匹配对枚举类型变量进行处理，根据枚举类型变量的具体枚举值进行不同的操作。

与基本数据类型不同，使用枚举类型的构造器作为模式时，需要在其前方加上$符号，称为构造器模式。例如，对于构造器 Sun 来讲，其构造器模式为$Sun。

【实例 3-19】 判断 Week 枚举类型变量 day 是否为星期六或星期日，并根据结构输出不同的文本，代码如下：

```
//code/chapter03/example3_19.cj
enum Week {
    Sun | Mon | Tue | Wed | Thu | Fri | Sat
}

func main() {
    var day = Sun //星期日
    match (day)
    {
        case $Sun | $Sat =>
            print("周末可以休息了!\n")
        case $Mon | $Tue | $Wed | $Thu | $Fri =>
            print("工作日要加油学习!\n")
        case _ =>() //通配符模式，用于"兜底"
    }
}
```

编译并运行程序，输出结果如下：

周末可以休息了!

【实例 3-20】 定义一个枚举类型 RGBColor，并通过构造器 Red、Green 和 Blue 分别表示红、绿和蓝 3 种颜色，然后通过 match 表达式匹配这 3 种构造器，最后输出这 3 种相应颜色的信息，代码如下：

```
//code/chapter03/example3_20.cj
enum RGBColor {
    | Red    //红色
    | Green  //绿色
    | Blue   //蓝色
}
```

```
func main() {
    let c = Green //定义 RGBColor 类型变量 c，并将值初始化为 Green
    //通过 match 表达式遍历 RGBColor 的枚举值，根据不同的颜色返回不同的文本
    let cs = match (c) {
        case $Red =>"Red!\n"      //红色
        case $Green =>"Green!\n"  //绿色
        case $Blue =>"Blue!\n"    //蓝色
    }
    //输出颜色信息
    print(cs)
}
```

通过 match 表达式遍历 RGBColor 的枚举值，根据 RGBColor 枚举类型变量 c 的值的不同，将不同的字符串赋值给 cs 变量，最后输出 cs 变量信息。编译并运行程序，输出结果如下：

```
Green!
```

通过这个实例可以看出，如果 match 表达式的构造器模式能够穷举枚举类型中所有的构造器，就不需要通配符模式或者变量模式来"兜底"了。

4. 枚举类型的成员

枚举类型允许在其中声明成员函数、操作符函数、成员属性等。这些概念和类、记录中的相应概念类似，读者可参考 6.1 节、7.1 节和 10.5.2 节的相关内容。

注意　枚举类型不支持成员变量。

【实例 3-21】　在枚举类型 NucleicAcidTest 中添加一个 myType()函数，用于输出其类型描述，代码如下：

```
//code/chapter03/example3_21.cj
//核酸检测枚举类型
enum NucleicAcidTest {
    | Negative //阴性
    | Positive //阳性
    | Untested //未测试

    //类型描述输出函数
    func myType() {
        //输出类型名称
        println("NucleicAcidTest")
    }
}

func main() {
    //定义枚举类型 NucleicAcidTest 的变量 nat
```

```
    let nat = Negative
    nat.myType() //调用 nat 变量的成员函数 myType()
}
```

编译并运行程序，输出结果如下：

```
NucleicAcidTest
```

枚举类型的成员名称不能和构造器名称相同，否则会导致编译错误。

3.3.3　枚举类型的带参构造器

构造器可以带有参数，称为带参构造器。带参构造器的好处在于可以为枚举类型的值赋予额外的参数值，用于表示某种特征。下面介绍带参构造器的定义和基本用法。

1．带参构造器的定义

带参构造器的定义是在构造器名称后加小括号()，并在小括号()中定义参数类型。对于 RGB 这 3 种颜色来讲，可以通过整型来表达每种色彩的亮度值。例如，如果用 Int64 表示红色的亮度值，则该构造器为 Red(Int64)，因此，枚举类型 RGBColor 的定义代码如下：

```
enum RGBColor {
    Red(Int64) | Green(Int64) | Blue(Int64)
}
```

通过带参构造器可以构造带有参数的枚举值，在小括号()中传递参数值即可。例如，对于构造器 Red(Int64)来讲，可以通过 Red(0)、Red(10)、Red(255)等形式构造带有相应参数的枚举值。

例如，定义 RGBColor 类型的变量 color，并将亮度初始化为 30 的红色枚举值 Red(30)，代码如下：

```
let color = RGBColor.Red(30)
```

如果构造器具有多个参数，则可以用逗号将各个参数隔开。例如，定义性别枚举类型 Sex，并且性别男、女均带有两个参数：用 Int64 类型参数指定年龄，用 Float64 类型参数指定身高，代码如下：

```
enum Sex {
    //Int64 类型参数用于指定年龄，Float64 类型参数用于指定身高
    | Male(Int64, Float64)    //男性
    | Female(Int64, Float64) //女性
}
```

在使用具有多个参数的构造器构造枚举值时，按照定义参数的顺序传递参数值即可。例如，定义 Sex 枚举类型的变量 sex1，并初始化为女性，同时通过参数将年龄指定为 30 岁，将身高指定为 176.3cm，此时第 1 个参数为 30，第 2 个参数为 176.3，即 Female(30, 176.3)，

代码如下：

```
let sex1 = Sex.Female(30, 176.3) //女性，30岁，身高176.3cm
```

【实例3-22】 定义枚举类型 ShirtModel，用于表示衬衫的型号，用构造器表示衬衫的颜色，用构造器参数表示衬衫的大小，代码如下：

```
//code/chapter03/example3_22.cj
enum ShirtModel {
    //构造器参数用于表示衬衫的尺寸，如37、43等
    | White(Int64)    //白色
    | Black(Int64)    //黑色
    | Gray(Int64)     //灰色
}

func main() {
    //40号灰色衬衫
    let model1 = Gray(40)
    //42号黑色衬衫
    let model2 = Black(42)
}
```

在 main 函数中通过 Gray(40)构造了 40 号灰色衬衫枚举值，通过 Black(42)构造了 42 号黑色衬衫枚举值。

具有不同参数列表的构造器支持重载。例如，对于性别枚举类型 Sex，可以为男、女两类分别定义不带任何参数和带年龄参数的构造器，代码如下：

```
enum Sex {
    | Male | Female
    | Male(Int64) | Female(Int64) //Int64参数为年龄
}
```

于是，对于性别枚举类型 Sex 来讲，可以通过带参数和不带参数的构造器来构造枚举值，代码如下：

```
let sex1 = Sex.Female    //女性
let sex2 = Sex.Male(22) //男性，22岁
```

上述代码通过不带参数的 Female 构造器构造了女性枚举值，通过带参数的 Male(22)构造器构造了 22 岁男性的枚举值。

2. 在模式匹配中获取带参构造器的参数

在 match 表达式的模式匹配中，通过构造器模式可以解析带参构造器中参数的值。带有参数的构造器模式和构造器的定义类似，包括构造器名称和使用小括号()包裹的参数列表。这里的参数列表中的参数可以通过类似变量模式定义的形式参数在相应分支的语句块中使

用这些形式参数。另外，带参构造器模式不需要在模式前加$。

例如，对于构造器 Male(Int64) 来讲，其构造器模式可以为 Male(sex)。其中，sex 为形式参数，可以是任意的标识符。

【实例 3-23】 定义枚举类型 Sex，并且其构造器可以携带年龄参数，然后通过 match 表达式匹配 Sex 类型的变量并输出相应的结果，代码如下：

```
//code/chapter03/example3_23.cj
enum Sex {
    | Male | Female
    | Male(Int64) | Female(Int64)
}

func main() {
    let sex = Sex.Male(22) //22岁男性
    match (sex) {
        case $Male => print("男性\n")
        case Male(age) => print("${age}岁男性\n")
        case $Female => print("女性\n")
        case Female(age) => print("${age}岁女性\n")
    }
}
```

在 Male(age) 和 Female(age) 这两个模式所对应的语句块中，可以通过 age 参数获取年龄信息。编译并运行程序，输出结果如下：

```
22岁男性
```

对于构造器模式来讲，不加$符号且没有参数的构造器模式会匹配名称相同且任意参数的枚举值。例如，可以通过构造器模式 Male 匹配所有性别为男性的枚举值，代码如下：

```
enum Sex {
    | Male | Female
    | Male(Int64) | Female(Int64)
}

func main() {
    let sex = Sex.Male(22) //22岁男性
    match (sex) {
        case Male => //匹配所有名称为 Male 的枚举值
            print("男性\n")
        case $Female => print("女性\n")
        case Female(age) => print("${age}岁女性\n")
    }
}
```

上述 match 表达式的第 1 个分支能够匹配所有名称为 Male 的枚举值。编译并运行程序，输出结果如下：

男性

到这里，读者应该掌握了 match 表达式和枚举类型的基本用法了。在后面的学习中，会遇到 Option<T>、Result<T> 等众多枚举类型，贯穿仓颉语言编程和应用，而处理这些枚举类型唯一的方法是使用 match 表达式，读者应认真学习并掌握这部分内容。

3.4　循环结构

循环结构是用于抽象重复性工作的手段。在实际生活中，重复工作几乎不可避免。例如，检查每个文件是否都盖好章、检查每个学生的作业是否收齐等，而这些几乎是枯燥的重复性工作。如果在计算机程序中将这些重复性工作直接抽象，就会得到很长的重复代码（可能数据不会重复，但是业务逻辑会重复）。

注意　编程中要尽量地复用（重用）代码，即尽量不要出现相同业务逻辑（相同功能）的代码。对于可能多次出现的代码，可以通过函数等方式将其放入语句块中，并通过函数调用来复用语句块中的代码。循环结构也是为了复用代码，其语句块通常会被多次使用。

循环结构能够将这些重复问题简化，只需告诉计算机重复工作的内容，以及循环条件就可以了。仓颉语言支持 for in、while 和 do…while 共 3 种循环结构，即 3 种不同类型的循环表达式。

本节介绍这 3 种循环结构的基本用法，以及死循环、循环终止（break 和 continue）和循环嵌套等相关内容。

3.4.1　区间类型和 for in 表达式

for in 表达式通常用于遍历数据。所谓遍历，是对某种数据结构做一个完整的访问。在仓颉语言中，遍历的对象通常是区间，以及列表、数组等集合类型。

本节先介绍新的数据类型：区间类型，然后讲解如何通过 for in 表达式遍历区间中的数值。关于集合类型及其遍历方法，读者可参考第 8 章的相关内容。

1. 区间类型

区间也是一种重要的基本数据类型，用于表示一个拥有固定步长的整型数值序列，其关键字为 Range。

1）区间类型变量的定义

通过 Range<T> 的方式可以定义区间变量，其中 T 可以为 Int8、Int16、Int32、Int64 等整型类型。例如，通过 Range<Int64> 定义一个 Int64 整型序列的区间类型，代码如下：

```
var r : Range<Int64>
```

注意 区间类型实际上是一种泛型。关于泛型的概念和用法具体可参见 7.4 节的相关内容。

2）区间类型的字面量

区间类型的字面量为 start..end:step，其中 start 为序列的起始值，end 为序列的结束值，而 step 则是序列的步长。使用区间类型字面量时需要注意以下几方面：

（1）start、end 和 step 必须为整型字面量。

（2）步长 step 可以是正数，也可以是负数，但是不能为 0，但是，如果 start 值大于 end 值，则 step 必须为负数；如果 start 值小于 end 值，则 step 必须为正数。

（3）序列中的数值包括 start 值，但是并不包含 end 值，是一个左闭右开区间。

（4）当步长 step 为 1 时，区间字面量中的:1 可以省略

例如，定义从 0 到 9 的整数数值序列的字面量为 0..10:1，也可以简化为 0..10；定义一个从 1 到 100 的整数序列的区间类型字面量为 1..101（或 1..101:1）。

区间中的序列数值从 start 值开始，不断加上 step 值得到新的数值。在每得到一个新的数值时，都要判断这个数值是否等于或大于 end 值。直到所得到的数值超过了 end 值后，数值序列也就结束了。上述过程中所有数值构成了区间的数值序列。

接下来，通过几个区间定义和初始化例子介绍区间类型的基本用法，代码如下：

```
var r1 : Range<Int64> = 1..10        //序列：1、2、3、4、5、6、7、8、9
var r1 : Range<Int64> = 1..10:1      //序列：1、2、3、4、5、6、7、8、9（同上）
var r1 : Range<Int64> = 1..10:2      //序列：1、3、5、7、9
var r2 : Range<Int64> = 0..11:2      //序列：0、2、4、6、8、10
var r3 : Range<Int64> = 10..-1:-2    //序列：10、8、6、4、2、0
var r4 : Range<Int64> = 10..-10:-4   //序列：10、6、2、-2、-6
```

通过上面的代码发现，左闭右开区间有的看起来不太美观。例如，创建一个 0、2、4、6、8、10 的序列的字面量为 0..11:2，其 end 值必须为 11 或 12。如果这里是左闭右闭区间，则其 end 值可以设置为 10，整个代码就美观且易读多了。

在仓颉语言中，如果要实现左闭右闭区间，只需要在 end 值前加上一个等号=，其字面量形式为 start..=end:step。例如，可以使用 0..=10:2 字面量表示一个 0、2、4、6、8、10 的数值序列，代码如下：

```
var r2 : Range<Int64> = 0..=10:2 //序列：0、2、4、6、8、10
```

通过 for in 循环表达式可以遍历区间序列中所有的数值

2. 通过 for in 遍历序列（以区间为例）

for in 表达式用于遍历序列，其基本形式如下：

```
for (变量 in 序列) {
    //语句块（也被称为循环体）
}
```

在上述 for in 基本形式中，序列可以为区间类型的变量或字面量，也可以是更为复杂的集合类型的字面量、变量或表达式；变量用于临时存储序列中的每个元素，并且可以在语句块中对其进行处理；语句块是每次循环需要执行的代码，因此也被称为循环体。

注意　实现了迭代器 Iterator 接口的数据类型都可以使用 for in 表达式遍历，详情可参见 8.3 节的相关内容。

for in 表达式的执行流程图如图 3-8 所示。

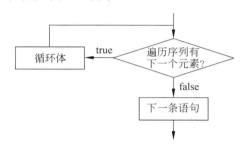

图 3-8　for in 表达式的执行流程图

for in 表达式的类型为 Unit。

【实例 3-24】　通过 for in 表达式输出 1～10 共 10 个数值，代码如下：

```
//code/chapter03/example3_24.cj
func main(){
var range = 1..=10            //创建 1~10 的数值序列
   for (value in range){      //遍历这 10 个数值
      print("数值:${value}\n") //打印这 10 个数值
   }
}
```

range 变量为区间类型，包含了 1～10 这 10 个数值序列，然后通过 for in 结构遍历 range 变量中的数值。由于该区间中包含了 10 个值，所以会循环执行语句块 10 次。每次进入语句块时，变量 value 都会携带一个数值序列中的一个值，因此每次打印出来的文本都是不一样的。第 1 次进入语句块时 value 的值为 1，第 2 次进入语句块时 value 的值为 2，以此类推。遍历完毕后，for in 表达式结束。编译并运行上述程序，程序运行的结果如下：

```
数值:1
数值:2
数值:3
数值:4
数值:5
数值:6
数值:7
数值:8
数值:9
```

数值:10

下一节通过阶乘的实例介绍 for in 表达式的详细用法。

3.4.2 阶乘与复合赋值表达式

本节先通过阶乘实例巩固学习 for in 表达式的用法，然后介绍复合赋值表达式的基本用法，并简化阶乘实例的语法表达。

1. 阶乘实例

整数值 x（$x>0$）的阶乘，是指所有小于和等于 x 的正整数的积，写作 $x!$。$x!$ 的计算公式如下：

$$x! = x \times (x-1) \times \cdots \times 2 \times 1$$

例如，4 的阶乘为 24，运算过程如下：

$$4! = 4 \times 3 \times 2 \times 1 = 24$$

对于很大的正整数值来讲，阶乘的运算就比较复杂了，笔算会非常耗时耗力。下面介绍如何使用仓颉程序计算一个正整数的阶乘。

【实例 3-25】 计算 10 的阶乘，代码如下：

```
//code/chapter03/example3_25.cj
func main(){
    var sum = 1                  //将阶乘值初始化为1
    for(value in 2..=10){        //遍历数值序列2、3、4、5、6、7、8、9、10
        sum = sum * value        //将 sum 依次乘序列中的每个值，然后赋值到 sum 变量本身
    }
    print("sum = ${sum}\n")  //输出阶乘值
}
```

在 main 函数中，变量 sum 用于存储 10 的阶乘的运算结果，并将数值初始化为 1。接下来，通过一个 for in 表达式遍历 2～10 共 9 个值。这里的数值序列是通过区间类型 2..=10 进行定义的。在 for in 表达式的遍历中，语句块每次获得序列中的值时都会用 sum 乘以这个值，并将结果赋值到 sum 变量本身。当循环结束后，sum 变量中存储的值是 $1 \times 2 \times 3 \times 4 \times 5 \times 6 \times 7 \times 8 \times 9 \times 10$ 的运算结果了。编译并运行上述程序，输出结果如下：

sum = 3628800

该程序的运算速度还是很快的，远超过了笔算和使用计算器列式计算的速度。

2. 复合赋值表达式

复合赋值运算是对一个变量自身进行操作（例如加、减、乘、除、幂运算等），并将最后得到的值再赋值到这个变量本身。复合赋值表达式是一种"语法糖"。

注意 语法糖（Syntactic Sugar）是一种方便开发者使用，而对编程语言的功能和性能没有任何影响的简略语法，也称为"糖衣语法"。也就是说，"语法糖"会让程序看起来更加

简洁，但是无论是否使用语法糖，其编译后的结果都是一致的，不会对最终程序产生影响。

复合赋值运算支持算术运算、逻辑运算和位运算等。在算术运算中，复合赋值表达式的操作符包括+=、−=、*=等，如表 3-4 所示。

表 3-4 算术复合赋值操作符及其对应的展开形式

操作符	描述	实例（value 为整型变量）	对应的展开表示
+=	加法	value += 2	value = value + 2
−=	减法	value −= 2	value = value − 2
*=	乘法	value *= 2	value = value * 2
/=	除法	value /= 2	value = value / 2
%=	取余	value %= 2	value = value % 2
**=	幂运算	value **= 2	value = value ** 2

每个复合赋值表达式都有一个对应的展开形式。例如 value += 2 的展开形式为 value = value + 2，这两个表达式的功能是一样的，即将 value 自身加上 2 的值赋值到 value 变量上。对于布尔类型，逻辑与和逻辑或也支持复合赋值操作符，如表 3-5 所示。

表 3-5 布尔复合赋值操作符及其对应的展开形式

操作符	描述	实例（value 为布尔型变量）	对应的展开表示
&&=	逻辑与	value &&= true	value = value && true
||=	逻辑或	value ||= true	value = value || true

可见，逻辑非不支持复合赋值表达式。

通过复合赋值表达式可以简化实例 3-25 的代码。

【实例 3-26】 将实例 3-25 中的表达式 sum = sum * value 改为复合赋值表达式 sum *= value，代码如下：

```
//code/chapter03/example3_26.cj
func main(){
    var sum = 1
    for(value in 2..=10){
        sum *= value //复合赋值表达式，等同于 sum = sum * value 表达式
    }
    print("sum = ${sum}\n")
}
```

该程序的输出结果等同于实例 3-25。

3.4.3　while 表达式

while 表达式也是一种循环结构，其基本形式如下：

```
while(条件测试表达式) {
    //语句块（也被称为循环体）
}
```

while 表达式通过 while 关键字定义，其后的小括号()内包含一个条件测试表达式（也可以是布尔类型的变量或字面量），用于判断是否执行语句块。while 表达式的语句块也称为循环体，即循环执行的代码部分。

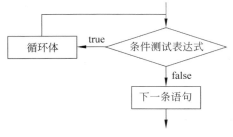

图 3-9　while 表达式的执行流程图

while 中的条件测试表达式类似于 if 表达式中的条件测试表达式，其值的类型必须为布尔类型。while 表达式的循环次数由条件测试表达式决定：当开始进入 while 表达式和每次语句块执行结束后，都会执行条件测试表达式。当条件测试表达式的值为 true 时，进入语句块，否则会结束 while 表达式。while 表达式的执行流程图如图 3-9 所示。

while 表达式的类型为 Unit。

下面通过 while 表达式实现 10 的阶乘，用于对比 while 表达式和 for in 表达式的区别。

【实例 3-27】　通过 while 表达式实现 10 的阶乘，代码如下：

```
//code/chapter03/example3_27.cj
func main(){
    var i = 1          //阶乘临时变量，初始化值为1
    var sum = 1        //阶乘结果变量，初始化值为1
    while(i <= 10){ //计算10的阶乘
        sum *= i//每次获得新的阶乘的临时变量i的值时，用sum乘以i并赋值到sum上
        i ++           //阶乘临时变量加1
    }
    print("sum = ${sum}\n") //输出阶乘结果
}
```

在 main 函数中，首先定义了阶乘临时变量 i 和阶乘结果变量 sum，初始化值均为 1。随后，进入 while 表达式，执行表达式 i <= 10 的结果为 true，所以进入 while 的循环体。在循环体中，sum 乘以 i 以后再赋值到 sum 中，完成了阶乘中的乘法运算。随后，阶乘临时变量 i 的值加 1，因此，每次进入循环体时都要判断 i 的值是否小于或等于 10，而每次退出循环体时 i 的值都要加 1。这样保证了 sum 依次乘以 1～10 这 10 个数的累乘，并得到最后的结果。编译并运行程序，输出结果如下：

```
sum = 3628800
```

可见，while 表达式和 for in 表达式这两种循环结构的用法不同，但是可以实现相同的功能。在 for in 循环中，循环的次数由序列中数值的个数决定，是固定的，而 while 循环的循环次数不一定固定，需要参考 while 中条件测试表达式的判断情况。相对来讲，while 结构会更加灵活，但是常常会使用一些控制变量。for in 表达式的语法非常简洁，通常用于区间、集合等的遍历操作。

3.4.4　do...while 表达式

do…while 表达式的用法和 while 循环结构类似，都通过表达式的方式判断是否执行循环体，但是与 while 循环不同的是，do…while 循环的条件测试表达式在循环体的后面，而 while 循环的条件测试表达式在循环体的前面。do…while 循环的基本形式如下：

```
do {
    //语句块（也被称为循环体）
} while (条件测试表达式)
```

在进入 do…while 表达式时，会先执行一次循环体，然后对表达式的值进行判断，所以 do…while 表达式的循环体至少会被执行一次。如果条件测试表达式的判断结果为 true，则再次执行循环体，直到条件测试表达式的判断结果为 false。do…while 表达式的执行流程图如图 3-10 所示。

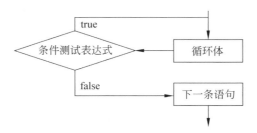

图 3-10　do...while 表达式的执行流程图

do…while 表达式的类型为 Unit。

【实例 3-28】　用 do…while 表达式实现 10 的阶乘，代码如下：

```
//code/chapter03/example3_28.cj
func main(){
    var i = 1      //阶乘临时变量，初始化值为1
    var sum = 1    //阶乘结果变量，初始化值为1
    do {           //计算10的阶乘
        sum *= i   //每次获得新的阶乘的临时变量i的值时，用sum乘以i并赋值到sum上
        i ++       //阶乘变量加1
    } while (i <= 10) //判断i的值是否小于或等于10。如果不是，则退出循环
    print("sum = ${sum}\n") //输出阶乘结果
}
```

这里的程序和 while 循环的程序非常类似。当程序执行到 do...while 循环时，首先执行一次循环体，sum 乘以变量 i（此时为 1）后赋值给 sum，并且变量 i 加 1。下一次进入循环体时 i 的值变成 2，而 sum 每次都会乘以 i 并赋值给 sum。i 的值不断增加，直到 i 的值变为 11，此时条件测试表达式 i<= 10 的结果变为 false，退出 do...while 循环。退出后 sum 的结果是 10 的阶乘，并输出打印。编译并运行程序，输出结果如下：

```
sum = 3628800
```

实际上，在绝大多数场景下，while 和 do...while 是可以相互替换的。究竟使用哪一个循环结构要考虑具体情况，以及结合开发者的使用习惯。通常，如果循环体需要至少执行一次，则可以选择 do...while 表达式。绝大多数情况下，while 表达式更加简洁，使用频率要更高一些。

3.4.5 死循环

死循环是无法终止的循环，也称为无限循环。实际上，当将 while 或者 do...while 的表达式设置为 true 或者表达式（如 1 == 1）永远为 true 时，这个 while 或 do...while 表达式就成为死循环了。

注意　因为 for in 表达式的序列个数始终是有限的，所以无法实现死循环。

【**实例 3-29**】　通过死循环不断输出"加油学习，努力工作！"的文本，代码如下：

```
//code/chapter03/example3_29.cj
func main(){
    do {
        print("加油学习，努力工作！\n")
    } while (true)
}
```

编译并运行程序，屏幕会不断输出上述文本，结果如下：

```
加油学习，努力工作！
加油学习，努力工作！
加油学习，努力工作！
...
```

如果不进行外部干预，这个程序会一直运行。此时，可以通过 Ctrl+C 组合键来强制终止程序。

通过 do...while 表达式实现上述实例，代码如下：

```
func main(){
    while (true) {
        print("加油学习，努力工作！\n")
    }
```

```
    }
```

在绝大多数情况下，要避免死循环的出现，因为程序一旦进入死循环，如果没有循环终止表达式结束循环，则循环表达式后面的所有代码将无法执行。

但是，如果希望程序一直运行下去，就一定要使用死循环。例如，网络状态的监控程序、笔记本电脑电池电量的监测程序等一些服务性应用程序就可以通过死循环的方式常驻内存。这些程序可能从启动以后只需重复一件特定的工作，而不需要自行结束程序。

3.4.6 循环终止：break 和 continue

在循环表达式的循环体中，可以通过循环终止表达式结束整个循环。循环终止表达式包括 break 和 continue。这两个表达式（关键字）都可以应用在 for in、while 和 do…while 这 3 种循环结构中。本节分别介绍这两个循环终止表达式的用法。

1. break 表达式

在许多情况下，程序运行时并不需要完整地运行循环表达式的所有流程。例如，循环遍历某个序列，从中查找具有某些特性的数值或元素，一旦找到就可以退出循环，不必进行完整的遍历。再例如，通过死循环检测网络变化，一旦网络断开就需要退出死循环执行其他代码以提示用户。诸如此类的需求都可以通过 break 表达式实现。

【实例 3-30】 找到大于 100 且既可以被 2 整除，又可以被 3 整除，还可以被 5 整除的最小整数值，代码如下：

```
//code/chapter03/example3_30.cj
func main(){
    var value = 101              //value 用于存储数值，初始化值为 101
    do {
      if (value % 5 == 0         //数值 value 能被 5 整除
          && value % 3 == 0      //数值 value 能被 3 整除
          && value % 2 == 0){    //数值 value 能被 2 整除
          break                  //数值能同时被 2、3、5 整除
      }
      value ++                   //value 值加 1
    } while (true)               //死循环
    print("value = ${value}\n")
}
```

首先定义了变量 value，并初始化为 101，然后进入 do…while 死循环，从 101 开始寻找能同时被 2、3、5 整除的数。被 5 整除的数是指对 5 取余为 0 的数，被 3 整除的数是指对 3 取余为 0 的数，被 2 整除的数也是一样的思路。这里通过将 if 语句嵌套到 do…while 循环体中，判断 value 是否满足同时可以被 2、3、5 整除的条件。一旦满足条件，通过 break 语句退出循环。在 while 循环体的最后，通过 value++表达式来使每次循环结束时的 value 值加 1。退出 do…while 表达式后，打印符合条件的 value 值。编译并运行程序，输出结果如下：

```
value = 120
```

由此可见，break 的作用可以跳出循环结构。

2. continue 表达式

与 break 一样，continue 也可以在循环体中单独使用。当程序执行 continue 表达式时，本次循环体的执行立即结束，即跳过循环体中尚未执行的部分，开始进入下一个循环。与 break 不同，continue 的作用是结束本次循环，而不是退出整个循环。

【实例 3-31】 输出 100 以内，既可以被 2 整除又可以被 3 整除的所有数值，代码如下：

```
//code/chapter03/example3_31.cj
func main(){
    var value = 1              //定义 value 变量，初始化值为 1
    while (value <= 100) {     //判断 value 值是否小于或等于 100
        if (value % 2 != 0 ) { //如果 value 不能被 2 整除
            value ++           //value 值加 1
            continue           //结束本次循环
        }
        if (value % 3 != 0 ) { //如果 value 不能被 3 整除
            value ++           //value 值加 1
            continue           //结束本次循环
        }
        print("${value} ")     //程序运行到这里，说明 value 可以同时被 2 和 3 整除
        value ++               //value 值加 1
    }
    print("\n")                //换行
}
```

这段程序的解析如下：

（1）首先将 value 值定义为 1，然后进入 while 循环。

（2）在 while 循环中，每次循环结束后 value 变量值加 1，并且在循环开头判断 value 值是否小于或等于 100，因此这个循环体能够执行 100 次，并且每次进入循环体时 value 变量值都比上次退出循环体时的 value 值大 1，即 value 变量值从 1 到 100 不断增大。

（3）在 while 循环体中，通过 value % 2 != 0 表达式判断 value 变量值是否能够被 2 整除，如果不能，则将 value 变量值加 1 后通过 continue 退出当前循环，这样循环体后方的代码就不会被执行了。类似地，通过 value % 3 != 0 表达式判断 value 变量值是否能够被 3 整除，如果不能，则将 value 值加 1 后通过 continue 退出当前循环。

（4）如果循环体在执行的过程中，能够顺利执行到 print("${value} ")语句，说明这个 value 既可以被 2 整除，又可以被 3 整除，因此将其打印出来。注意这个 print 语句的最后有一个空格，用于避免和下一个输出的数值混淆。

（5）当 while 表达式执行结束后，通过 print("\n")语句换行。

编译并运行程序，输出结果如下：

```
6 12 18 24 30 36 42 48 54 60 66 72 78 84 90 96
```

这个程序复杂了一些，但是能够完整地展示 continue 的作用，即跳出本次循环并进入下一个循环的作用。

break 和 continue 表达式的类型是 Unit。

3.4.7　循环嵌套

在 3.4.6 节中，实例 3-30 和实例 3-31 分别将 if 表达式嵌套在 do…while 表达式和 while 表达式中。实际上，各种循环表达式和各种条件表达式之间都可以相互嵌套，并且能够实现多层嵌套。

对于循环表达式的嵌套来讲，处于外层的循环表达式称为外层循环，被嵌套的处于内层的循环表达式称为内层循环。

本节通过两个实例介绍循环嵌套的基本用法。

【实例 3-32】　输出星号金字塔。通过仓颉程序输出文本，要求在第 1 行输出一个星号，第 2 行输出两个星号，以此类推，一共输出 5 行星号，代码如下：

```
//code/chapter03/example3_32.cj
func main(){
    for (i in 1..=5) {    //遍历从 1 到 5 共 5 个数值
      for (j in 0..i){    //遍历从 0 到 i 共 i 个数值
        print("*")        //打印星号
      }
      print("\n")         //打印换行符
    }
}
```

上述代码共包括两层 for in 循环。在外层的 for in 循环中，遍历了从 1 到 5 共 5 个数值。在外层循环的循环体中，包含了一个内层的 for in 循环，其遍历的序列值是从 0 到 i-1 共 i 个数值。

在第 1 次执行外层循环时，i 的值为 1，内层循环 1 次，打印 1 个星号。同理，在第 2 次执行外层循环时，内层循环 2 次。以此类推，当第 5 次执行循环时，内层循环 5 次，因此，只需要在每次执行内层循环时打印 1 个星号，在每次执行外层循环时打印 1 个换行符就可以满足需求了。

编译并运行程序，输出结果如下：

```
*
**
***
****
*****
```

在循环表达式中，变量 i 和变量 j 是被循环体使用的，用于控制循环的次数。这种用于控制循环的次数而没有实际的物理意义、没有参与数学计算的变量被称为循环控制变量。当然，并不是所有的循环控制变量都不被循环体所使用，例如可以作为索引、计数等方式使用。

注意 循环控制变量通常使用 i、j、k 等字母表示。

【实例 3-33】 质数是指在大于 1 的自然数中，除了 1 和它本身以外不再有其他因数的自然数。输出 100 以内的质数，代码如下：

```
//code/chapter03/example3_33.cj
func main(){
    for (i in 2..=100) {        //遍历 2~100 的整数值
        var flag = true          //flag 用于标识是否为质数，默认为 true
        for (j in 2..i) {        //遍历比 i 小且大于 1 的数
            if (i % j == 0) {    //判断 i 能否被 j 整除
                flag = false     //如果存在 i 能够被比 i 小且大于 1 的数整除，则为合数
            }
        }
        if (flag) {
            print("${i} ")       //如果为质数，则打印此数值（注意最后的空格）
        }
    }
    print("\n") //打印换行符
}
```

该实例代码依然是通过两个 for in 循环实现的。

首先，外层的 for in 循环通过循环控制变量 i 遍历了从 2~100 的整数值，并且在进入循环时将变量 i 通过 flag 标识为 true，然后，通过内层的 for in 循环遍历比 i 小且比 1 大的数，用 i 依次除以这些数，如果发现存在能够整除的情况，则说明 i 为合数，将 flag 标识改为 false。当内层 for in 循环结束后，如果 flag 仍然为 true，则说明变量 i 的值为质数，并打印输出这个质数。

另外，在程序的结尾，打印一个换行符。编译并运行程序，输出结果如下：

```
2 3 5 7 11 13 17 19 23 29 31 37 41 43 47 53 59 61 67 71 73 79 83 89 97
```

循环嵌套会显著增加算法的时间复杂度（计算时间），所以开发者一定要按需使用循环嵌套的层级。尽量避免不需要的循环嵌套，可以使程序更加简练和高效，从而提高程序的性能。

3.5　本章小结

本章介绍了布尔类型和区间类型的变量使用、逻辑运算和关系运算的方法，以及最为重要的两种程序结构：条件结构和循环结构。结合之前所学的知识，读者应该已经掌握了结构

化编程的 3 种基本结构：顺序、条件和循环结构。

在条件结构中，介绍了 if 表达式和 match 表达式的用法，用于实现程序的分支。if 表达式更加适合于程序分支数量较少的情况，match 表达式则适合于程序分支数量较多的情况。match 表达式的能力也更强。match 表达式除了能够实现模式匹配以外，当涉及枚举类型的处理时，只能选择 match 表达式。if 表达式和 match 表达式的类型和值取决于其语句块的运算结果。

在循环结构中，介绍了 for in、while 和 do...while 这 3 种循环结构。实际上，这 3 种结构是可以互相替换的。开发者可以根据业务逻辑的需要和开发习惯来选择不同的结构。通常来讲，for in 更加适合遍历数据，while 和 do...while 更加适合循环次数不固定的场景，其中do...while 中的循环体至少会被执行一次。for in、while 和 do...while 表达式的类型都是Unit。

3.6 习题

（1）假设变量 a 的值为 1，变量 b 的值为 3，写出下面表达式的值。

① a + 2 == b

② a + 2 != b + 1

③ 1 != 2

④ a == 1 || b != 3

⑤ !(a == 2)

⑥ !(a == 1) || b == 2

⑦ !(a == 1) && b == 3

⑧ if (true) { 3 }

⑨ if (false) { a − b } else { a + b }

⑩ for (i in 0..=3) { i }

（2）通过程序实现求 10 以内的所有正整数的平方和，即 $1^2 + 2^2 + 3^2 + \cdots + 10^2$。

（3）通过程序实现判断一个整数是奇数还是偶数？是质数还是合数？

（4）通过程序实现计算以下函数：

$$f(x) = \begin{cases} x - 10, & x < 2 \\ 2x + 10, & x \geqslant 2 \end{cases}$$

（5）通过程序实现输出一个整数的位数。

（6）通过程序实现输出一个 4 位数的个位数、十位数、百位数和千位数。

（7）通过程序实现输出数字金字塔，其中金字塔边缘的节点都是 1，金字塔内部的节点都由上层两个节点相加计算得来，如图 3-11 所示。

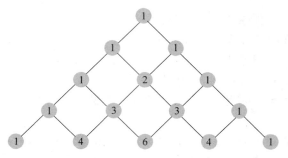

图 3-11 数字金字塔

参考输出结果如下：

```
1
1 1
1 2 1
1 3 3 1
1 4 6 4 1
```

第 4 章

让源代码整齐易读——函数与模块化

应用程序通常包含至少数以万行的代码。大型项目甚至包含百万级或者千万级的代码行数，所以开发者除了编写代码，还必须学会如何有效地组织代码，这样才能保证开发的顺利推进。在仓颉语言中，组织代码的基本方式是模块化。

所谓模块化，是将应用程序拆分成若干个组成部分，其中每个组成部分应尽可能独立。对于规模较大的程序来讲，通过模块化分层分模块的管理方式有利于整个程序的迭代和发展，使整个程序的组织更加有序。模块化代码结构按照粒度大小主要分为 4 个层级，分别是函数（或类、接口等其他顶层定义）、源文件、包、模块，如图 4-1 所示。

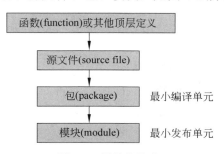

图 4-1　模块化粒度

具有特定名称、输入和输出且具备一定功能的语句块，称为函数（function）。如果一个程序中的函数（及其他顶层定义）很多，可以将这些函数（及其他顶层定义）按照不同的功能分类后放置在不同的源文件（source file）中。具有特定功能或应用方向的多个源文件可以组合成包（package）。多个包可以组合成模块（module）。包是最小编译单元，模块是最小发布单元。

模块化编程有助于提高程序的健壮性、复用性和可扩展性。

（1）健壮性。在代码量很大的情况下，通过将程序拆分成不同的层级，以及不同粒度的模块，可以帮助开发者快速排查程序错误。例如，可以将有用户界面的应用程序分成数据访问层、业务逻辑层、用户表现层等若干层次。第 14 章的博客网站的开发就使用了这种分层架构。每个层次中可以包含多个模块化的代码结构。这些层次和代码结构之间是独立的，可以独立排查可能出现的错误。

（2）复用性。开发者会为能够编写简短而精妙的代码而感到骄傲。特别是在计算机的算力和存储能力还很有限的时代，开发者会尽可能用最少的代码完成开发工作，而如今，随着CPU 和内存的性能不断提高，虽然不会过分要求代码的精简，但是仍然需要在编程中尽可能避免出现相同的代码。如果开发者发现了相同功能的代码结构，则可以将其解耦为一段可以复用的函数，方便调试和代码更新。

（3）可扩展性。模块化、结构化的应用程序具有更好的可扩展性。当模块可以独立更新和抽屉式替换时，我们就可以像搭建积木一样组建应用程序了：开发应用程序可分成两个步骤：制造"积木"（编写代码）和搭建"积木"（组织代码）。

本章的核心知识点如下：

（1）函数的定义、调用、输入和输出。

（2）函数递归。

（3）函数重载。

（4）仓颉模块化编程。

（5）math 标准库的用法。

4.1　函数

函数作为程序逻辑的载体，是仓颉语言中粒度最小的功能模块之一，是提高代码健壮性、复用性和可扩展性的主要方式。

之前介绍的 main、print 和 println 函数都属于此类结构。main 函数是程序的主函数，任何仓颉应用程序的入口都是 main 函数。print 函数和 println 函数用于输出字符串文本。

本节介绍函数的一般形式，包括函数名称、参数和返回的基本概念，详细讲解其基本用法。

4.1.1　函数的定义和调用

函数的本质是具有特定功能的语句块。为了能够使用语句块，需要定义其名称、输入和输出，函数的输入是函数的参数，所以函数包括 4 个组成部分：

（1）函数名称。

（2）函数参数（输入）。

（3）函数返回（输出）。

（4）函数语句块。

函数通过 func 关键字定义，其一般形式如下：

```
func 函数名称(参数) : 返回类型 {
    语句块
```

```
}
```

函数名称后小括号的内部用于定义函数的参数（或参数列表），函数的返回类型通过冒号定义，接在小括号的后方。函数名称、函数参数和函数返回类型被称为函数头（函数签名），函数语句块被称为函数体。

函数参数和返回类型的定义是可选的。在 2.1.1 节中分析了 main 函数的函数头和函数体，并且当时所介绍的 main 函数没有参数和返回类型。没有函数参数和返回类型的函数的形式如下：

```
func 函数名称() {
    语句块
}
```

除了 main 函数以外，开发者可以自定义函数。函数名称通过标识符定义，因此命名规则和变量名的命名规则相同，都是通过标识符进行定义的，读者可以参考 2.2.1 节中关于标识符的相关描述。

注意 处于顶层定义中的变量和函数名称不能相同。

例如，定义一个输出"欢迎光临！"文本的函数，代码如下：

```
func sayHello() {
    print("欢迎光临!\n")
}
```

上述函数的名称为 sayHello，并且函数体中仅包含了 1 条语句，用于打印输出"欢迎光临"4 个字和一个感叹号。

使用函数的方法称为函数的调用，可以通过函数调用表达式实现。函数调用表达式的一般形式为

```
函数名()
```

函数调用表达式只需通过函数名加上小括号()。例如，调用 sayHello 函数，代码如下：

```
sayHello()
```

【**实例 4-1**】 在主函数 main 中调用 sayHello 函数，代码如下：

```
//code/chapter04/example4_1.cj
func main() {
    sayHello()  //函数的调用
}

//定义的新函数sayHello
func sayHello() {
    print("欢迎光临!\n")
}
```

在 main 函数的函数体中调用了 sayHello 函数，所以 main 函数被称为函数的调用方，而 sayHello 函数被称为函数的被调用方，如图 4-2 所示。

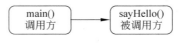

图 4-2　函数的调用

当 main 函数调用 sayHello 函数时，会执行 sayHello 函数体中的代码，输出"欢迎光临！"文本。编译并运行程序，输出结果如下：

欢迎光临！

在同一个仓颉源文件中可以同时存在多个函数，用于实现不同的功能。

【实例 4-2】　创建多个打印不同文本的函数，来模拟人一天的行为，代码如下：

```
//code/chapter04/example4_2.cj
func main() {
    getUp()     //起床
    eat()       //吃饭
    work()      //工作
    goToSleep() //睡觉
}

func getUp() {
    print("起床!\n")
}

func eat() {
    print("吃饭!\n")
}

func work() {
    print("工作!\n")
}

func goToSleep() {
    print("睡觉!\n")
}
```

上述代码分别定义了 getUp、eat、work 和 goToSleep 共 4 个函数，分别代表起床、吃饭、工作和睡觉。在 main 函数中，依次调用了这 4 个函数，并打印出相应的文本。

注意　为了使代码清晰易读，函数和函数之间最好保持至少 1 个空行。

编译并运行程序，输出结果如下：

```
起床!
吃饭!
工作!
睡觉!
```

除了主函数可以调用自定义函数以外，自定义函数之间也可以相互调用。

【实例4-3】 通过自定义函数模拟跑步运动，先进行准备动作（关节运动和肌肉预热），然后跑步，最后进行休息动作（调整呼吸、拉伸）等，代码如下：

```
//code/chapter04/example4_3.cj
func main() {    //主函数
   getReady()    //准备动作
   run()         //跑步
   rest()        //休息
}

func getReady() { //
   getJointReady()   //关节运动
   getMuscleReady()  //肌肉预热
}

func getJointReady() { //关节运动
   print("关节运动!\n")
}

func getMuscleReady() { //肌肉预热
   print("肌肉预热!\n")
}

func run() { //跑步
   print("跑步!\n")
}

func rest() {          //休息
   breathEvenly()      //调整呼吸
   stretchLegs()       //拉伸动作
}

func breathEvenly() { //调整呼吸
   print("调整呼吸!\n")
}

func stretchLegs() { //拉伸动作
   print("拉伸动作!\n")
```

```
}
```

在上面的代码中，getReady 函数负责跑步前的准备动作，分别调用了 getJointReady 和 getMuscleReady 这两个函数，分别模拟跑步前的关节运动和肌肉预热。run 函数模拟了跑步动作。rest 函数模拟了跑步后的休整动作，分别调用了 breathEvenly 和 stretchLegs 这两个函数，分别模拟跑步后的调整呼吸和拉伸动作。这些函数之间的调用关系如图 4-3 所示。

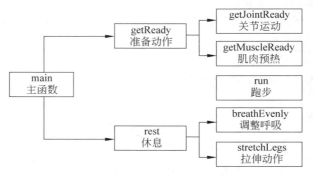

图 4-3　跑步实例中函数的调用关系

编译并运行程序，结果输出如下：

```
关节运动！
肌肉预热！
跑步！
调整呼吸！
拉伸动作！
```

除了函数之间可以相互调用，还可以通过函数的自身调用实现递归，详见 4.1.5 节的相关内容。

4.1.2　函数的参数

在多数情况下，函数在调用时伴随着数据的传递。如函数 A 调用函数 B 时，可能需要传输相关的数据，也需要返回相应的数据。传入数据通过传递参数的方式实现，返回数据通过函数返回的方式实现，如图 4-4 所示。

图 4-4　函数的输入和输出

函数的参数即函数的输入。函数的参数包括两类：形式参数（Formal Parameter）和实际参数（Actual Parameter）。在函数定义中使用形式参数，在函数调用中使用实际参数。本节分别介绍形式参数和实际参数的基本用法。

1. 函数定义中的形式参数

形式参数是定义函数时在函数名称后小括号中声明的参数，用于定义该函数所需要使用的参数及其类型。因为这些参数只定义了类型和名称，并没有真正的数据传进来，所以称为形式参数，简称形参。

具有形参的函数定义的基本形式如下：

```
func 函数名称(arg1, arg2, …, argn) {
    语句块
}
```

小括号内的"arg1, arg2, …, argn"表示形式参数列表，声明的 arg1、arg2 等表示形参，用逗号隔开。函数可以没有形参，也可以有 1 个或者多个形参。形参的定义形式为 value : param，其中 value 为形参名称，param 为形参类型。

例如，定义类型为 Int64，名称为 age 的形参为 age : Int64。定义包含上述形参的 setAge 函数，函数头代码如下：

```
func setAge(age : Int64)
```

再如，包含类型为 Int64 的形参 age 和类型为 Float64 类型的形参 height 的函数 setAgeAndHeight，函数头的代码如下：

```
func setAgeAndHeight(age : Int64, height : Float64)
```

形参 age 和形参 height 之间使用逗号隔开。

例如，定义加法函数 addTwoNumber。由于加法包括加数和被加数两个值，所以需要为该函数定义两个整型类型的参数，分别命名为 a 和 b，代码如下：

```
//加法函数，参数 a 和 b 分别为加数和被加数
func addTwoNumber(a : Int64, b : Int64) {
    var res = a + b //计算 a 和 b 的和，并赋值给 res 结果变量
    print("两数相加后的结果为:${res}\n") //输出相加结果
}
```

在 addTwoNumber 函数的函数体中，可以像使用变量一样使用形参 a 和形参 b：首先计算了表达式 a + b 的值，然后赋值给 res 变量。最后通过输出 res 变量的值来输出 a 和 b 相加的结果。

实际上,形参的本质是定义在函数头中的不可变变量,相当于通过 let 关键字定义的变量。

2. 函数调用中的实际参数

调用函数时，需要传递与形式参数相对应的实际参数。由于函数调用过程中传递的参数

存在固定值，所以称为实际参数，简称实参。调用含有参数的函数，基本形式如下：

```
函数名称(arg1, arg2, …, argn)
```

小括号内的"arg1, arg2, …, argn"表示实际参数列表。函数调用中，实参列表要和定义函数的形参列表相对应，即数量相同、类型相符、顺序一致。实参可以为字面量、变量或者表达式。

例如，调用上述 addTwoNumber 函数，代码如下：

```
addTwoNumber(1, 2)
```

这里为 addTwoNumber 函数传递了两个参数，分别是字面量 1 和字面量 2。将变量作为参数也是允许的，代码如下：

```
addTwoNumber(v1, v2) //v1 和 v2 为两个 Int64 类型的变量
```

表达式也可以作为参数，代码如下：

```
addTwoNumber(v1, v2 + 2) //v1 和 v2 为两个 Int64 类型的变量
```

【实例 4-4】 主函数调用 addTwoNumber 函数，计算 3 和 6 的和，代码如下：

```
//code/chapter04/example4_4.cj
func main() {
    addTwoNumber(3, 6) //调用加法函数
}

//加法函数，参数 a 和 b 分别为加数和被加数
func addTwoNumber(a : Int64, b : Int64) {
    var res = a + b //计算 a 和 b 的和，并赋值给 res 结果变量
    print("两数相加后的结果为:${res}\n") //输出相加结果
}
```

编译并运行程序，输出的结果如下：

```
两数相加后的结果为:9
```

在调用函数时，编译器实际上将实参的值（或引用）赋值给实参。关于引用类型和值类型赋值的区别可详见 7.2 节的相关内容。

由于实参列表需要与形参列表数量相同、类型相符、顺序一致，所以编译器能够很容易判断调用函数时实参和形参的对应关系。调用函数时不必指定将某个实参赋值到某个形参上，因此，这种参数也称为非命名参数。在绝大多数编程语言中，采用非命名参数进行函数间数据传递。

非命名参数的缺点是，一旦定义了形参列表，调用函数就必须严格按照这个形参的数量、顺序和类型传递参数。为了设计函数的可选参数，仓颉语言提供了命名参数的定义和使用。4.1.3 节将介绍命名参数的用法。

4.1.3　命名参数的用法

所谓命名参数，是指函数在调用时，必须为实参指明其形参名称。设置了默认值的命名参数是可选的，即在函数调用中可以传递也可以不传递命名参数。

本节介绍命名参数的基本用法、命名参数的默认值、命名参数和非命名参数的混合应用。

1. 命名参数的基本用法

命名参数需要在参数名后加上一个叹号，其定义形式为 name! : param。例如，将加法函数 addTwoNumber 的参数改为命名参数，代码如下：

```
func addTwoNumber(a! : Int64, b! : Int64) {
    var res = a + b
    print("两数相加后的结果为:${res}\n")
}
```

此时参数 a 和 b 为命名参数。在调用这个 addTwoNumber 函数时，需要为实参指定形参的名称，将形参和实参通过命名的方式一一对应，其形式为"形参: 实参"。例如，为形参 a 传递的实参为 3，为形参 b 传递的实参为 6，代码如下：

```
addTwoNumber(a : 3, b : 6)
```

由于通过命名参数的方式将实参和形参一一对应，所以在函数调用中 a 和 b 参数的顺序就可以随意变化了。例如，调换 addTwoNumber 函数中参数 a 和 b 的位置顺序，代码如下：

```
addTwoNumber(b : 6, a : 3)
```

【实例 4-5】　定义函数 addTwoNumber，其中参数 a 和 b 均为命名参数，代码如下：

```
//code/chapter04/example4_5.cj
func main() {
    addTwoNumber(a : 3, b : 6) //调用加法函数
}

//加法函数，参数 a 和 b 分别为加数和被加数
func addTwoNumber(a! : Int64, b! : Int64) {
    var res = a + b
    print("两数相加后的结果为:${res}\n")
}
```

在 main 函数中调用了 addTwoNumber 函数，并且分别为参数 a 和 b 指定实参 3 和 6。编译并运行程序，结果输出如下：

```
两数相加后的结果为:9
```

命名参数的调用显得比较烦琐，但是其优势在于设置了默认值的命名参数是可选的。

2. 命名参数的默认值

通过赋值操作符可以为命名参数指定默认值，其基本形式为 name!:param = default，其中 name!:param 为命名参数的一般定义形式，default 为默认值。例如，为函数 addTwoNumber 的参数 b 指定的默认值为 3，代码如下：

```
func addTwoNumber(a! : Int64, b! : Int64 = 3) {
    var res = a + b
    print("两数相加后的结果为:${res}\n")
}
```

此时，调用该函数就可以不传递 b 参数的实参了，因此下面的两种调用方式都是正确的：

```
addTwoNumber(a : 3)
addTwoNumber(a : 3, b : 6)
```

如果不传递参数 b 的实参，则在函数体中就会使用参数 b 的默认值。反之，如果传递参数 b 的实参，就会忽略其默认值。

【实例 4-6】 定义函数 addTwoNumber，其中参数 a 和 b 均为命名参数，并且将参数 b 的默认值设置为 3，代码如下：

```
//code/chapter04/example4_6.cj
func main() {
    addTwoNumber(a : 3)              //不传递b的实参，参数b会使用默认值3
    addTwoNumber(a : 2, b : 1)    //传递b的实参，参数b为1
}

//加法函数，参数a和b分别为加数和被加数
func addTwoNumber(a! : Int64, b! : Int64 = 3) {
    var res = a + b
    print("${a}和${b}的相加结果为:${res}\n")
}
```

在 main 函数中两次调用了 addTwoNumber 函数。第一次调用 addTwoNumber 函数时，指定了实参 a 为 3，并且不传递 b 的实参，所以参数 b 会使用默认值 3，此时 a + b 表达式的值为 6。第二次调用 addTwoNumber 函数时，指定实参 a 和 b 分别为 2 和 1，此时 a + b 表达式的结果为 3。编译并运行程序，输出的结果如下：

```
3 和 3 的相加结果为:6
2 和 1 的相加结果为:3
```

绝大多数情况下命名参数要和其默认值结合使用，不然难以发挥命名参数的优点。

3. 命名参数和非命名参数的混合应用

在同一个函数中可以同时存在命名参数和非命名参数，但是需要注意以下两方面：

（1）定义函数时，命名参数的形参要在非命名参数的形参的后面，否则会导致编译

报错。

（2）调用函数时，命名参数的实参也要在非命名参数的实参的后面，不过非命名参数的实参之间的顺序是任意的。

【实例4-7】 创建 addNumbers 函数，用于计算 2～4 个整数的和，代码如下：

```
//code/chapter04/example4_7.cj
func main() {
    addNumbers(1, 2)                    //仅传递参数 a 和 b 的值，两个数相加
    addNumbers(1, 2, c : 3)             //传递参数 a、b、c 的值，3 个数相加
    addNumbers(1, 2, c : 3, d : 4)  //传递参数 a、b、c、d 的值，4 个数相加
}

//加法函数，参数 a、b、c 和 d 相加
func addNumbers(a : Int64, b : Int64, c! : Int64 = 0, d! : Int64 = 0) {
    var res = a + b + c + d
    print("相加后的结果为:${res}\n")
}
```

在定义 addNumbers 函数中，有 a、b、c、d 共 4 个 Int64 类型的整型参数，其中 a 和 b 为非命名参数，放在参数列表的前面；c 和 d 为命名参数，放在参数列表的后面，而且 c 和 d 的默认值均为 0。在函数体中，通过 a + b + c + d 表达式计算这 4 个数的和，并输出运算结果。

在调用 addNumbers 函数时，如果没有指定 c 或 d 的值，则此时 c 或 d 的值为 0，不影响其他参数通过 a + b + c + d 表达式相加的结果，所以该函数具备了求 2 个整数、3 个整数或者 4 个整数的和的功能。

在 main 函数中，通过 3 个函数调用表达式分别传递了 2 个、3 个和 4 个加数值，并分别计算其结果。编译并运行程序，输出结果如下：

```
相加后的结果为:3
相加后的结果为:6
相加后的结果为:10
```

4.1.4 函数的返回

函数的返回即函数的输出。函数的返回用于为函数的调用方提供执行函数的结果。

1. 定义函数的返回

函数的返回包括返回类型和返回值。在函数头中，函数参数列表小括号的后方加上冒号并指定返回类型，其基本形式如下：

```
func 函数名称(arg1, arg2, …, argn) : type {
    语句块
}
```

其中，type 为返回类型，可以替换为 Int64、Float64、Bool 等各种类型。

函数体本身是语句块，语句块的值是函数体的值，即函数的返回值。关于语句块的值可详见 3.2.4 节的相关内容。

另外，还可以通过 return 关键字设置函数的返回值，return 表达式的基本形式如下：

```
return 返回值
```

return 表达式中的返回值可以是字面量、变量或者表达式。

当函数体中存在 return 表达式时，函数的返回值以 return 表达式的值为准；反之，函数的返回值是函数体（语句块）的值。函数体的返回值必须和函数头中的返回类型相符，并且 return 表达式一旦被执行，函数就退出了，此时 return 表达式后方的所有代码就无法执行了。

使用函数的返回需要注意以下几方面：

（1）任何函数都有返回，但是开发者可以不设置函数的返回。对于没有设置返回的函数，仓颉编译器会自动将这类函数的返回类型设置为 Unit，返回值为()。

（2）一旦在函数头定义了返回类型，函数体必须有返回值。函数内部的各个分支都必须有返回值。例如，当条件结构（如 if 表达式、match 表达式等）处于函数体的末尾时，其中的每个分支语句块都负责函数的返回。

修改实例 4-4 的代码，使 addTwoNumber 函数返回加法的计算结果，代码如下：

```
func addTwoNumber(a : Int64, b : Int64) : Int64 {
    a + b
}
```

函数头将函数返回的类型定义为 Int64，而函数体（语句块）中仅包含 a + b 表达式，其值也是函数的返回值。

另外，还可以通过 return 表达式返回加法的计算结果，代码如下：

```
func addTwoNumber(a : Int64, b : Int64) : Int64 {
    var res = a + b
    return res
}
```

在函数体中定义 res 变量，并赋值为 a 和 b 形参的和，然后通过 return 表达式将 res 变量的值作为函数的返回值返回。

return 表达式中 return 关键字后不仅可以跟随字面量或者变量，还可以是表达式，所以这段代码可以简化，即 return 关键字后直接跟上 a + b 的表达式，代码如下：

```
func addTwoNumber(a : Int64, b : Int64) : Int64 {
    return a + b  //返回值为 a + b 表达式的结果
}
```

2. 调用函数时获取函数的返回值

函数调用表达式的值是函数的返回值。比较典型的方法是通过赋值表达式将函数调用表达式的值赋值到一个新的变量中。例如，对于上述定义的 **addTwoNumber** 函数，可以通过一个变量来接收这个函数的返回结果，代码如下：

```
var res = addTwoNumber(10, 27)
```

在上面的代码中，调用该函数时传递了 10 和 27 这两个参数，这个函数的计算结果应该是 37，所以当函数执行完毕后就会将这个结果作为函数的返回值返回，并赋值到 res 变量。随后，addTwoNumber 函数的调用方就可以对这个结果进行进一步处理了，例如将其值输出。

【实例 4-8】　通过 addTwoNumber 函数计算 10 和 27 的和，代码如下：

```
//code/chapter04/example4_8.cj
func main() {
    var res = addTwoNumber(10, 27) //获得 res 返回值
    print("计算结果:${res}\n")
}

func addTwoNumber(a : Int64, b : Int64) : Int64 {
    return a + b
}
```

编译并运行代码，输出结果如下：

```
计算结果:37
```

当仓颉编译器可以自动推断返回值的类型时，在函数头中可以不定义函数的返回类型。

【实例 4-9】　通过半径参数 redius 计算圆的面积的 circleArea 函数，代码如下：

```
//code/chapter04/example4_9.cj
//计算圆的面积
func circleArea(redius : Float64) {
    redius * redius * 3.1415926
}

func main() {
    let redius = 3.0                    //圆的半径
    let area = circleArea(redius)       //计算圆的面积
    println("半径为${redius}的圆的面积为${area}")
}
```

由于 redius * redius * 3.1415926 表达式的结果为浮点型，所以 circleArea 函数的返回值也为浮点型。编译并运行程序，输出结果如下：

半径为 3.000000 的圆的面积为 28.274333

4.1.5 使用元组模拟函数的多返回值

函数的参数可以有很多，但是函数的返回值最多只有一个，即仓颉语言中的函数仅能为单返回值，而不支持函数的多返回值。

但是，许多运算包含多个运算结果。例如，线性回归运算会得到斜率和截距两个值。如果函数的调用方需要函数运算的多个结果，则可以将这些结果封装为一个元组或集合类型（例如数组、字典等），然后将这个元组或集合类型返回。关于集合类型可参见第 8 章的相关内容，本节介绍元组的用法，以及介绍如何通过元组将函数的多个值返回给函数的调用方。

1. 元组

元组（Tuple）可以将一个或者多个不同数据类型的数据组合在一起，形成一个新的数据类型。元组也是仓颉语言的基本数据类型，其数据类型定义的基本形式为 T1*T2*…*TN，其中 T1、T2 等可以是任意的数据类型（也可以是元组类型或自定义类型），这些数据类型之间通过*相连接。

注意 元组中至少由两个数据类型组合而成。

例如，Int64*Int64 表示由两个 Int64 类型组合成的元组数据类型，Int64*Float64 表示由 1 个 Int64 类型和 1 个 Float64 类型组合成的元组数据类型。元组变量的定义和其他基本数据类型的变量定义类似，例如，定义上面 Int64*Int64 和 Int64*Float64 元组类型的变量 tuple1 和 tuple2，代码如下：

```
var tuple1 : Int64*Int64
var tuple2 : Int64*Float64
```

注意 在元组类型的声明中，星号*的两侧可以加上空格，也可以不加。

元组的字面量是通过小括号将多个相应数据类型的字面量组合而成的，其中各个字面量之间用逗号分隔。例如，(10, 20)即为 Int64*Int64 类型的字面量，(3, 3.14)即为 Int64*Float64 类型的字面量。初始化 tuple1 和 tuple2 变量为上述两个字面量的代码如下：

```
var tuple1 : Int64*Int64 = (10, 20)
var tuple2 : Int64*Float64 = (3, 3.14)
```

注意 元组是不可修改的。元组字面量是一个整体，一旦定义后就无法修改其内部的各个值。另外，元组也不支持连接等操作。

元组类型支持嵌套，即组合元组类型的类型也可以是元组类型。例如，定义 Int64*(Int64*Int64)元组类型的变量 tuple3，并赋值为(1, (2, 3))，代码如下：

```
let tuple3 : Int64*(Int64*Int64) = (1, (2, 3))
```

元组不能直接通过 print 函数或 println 函数打印，但是可以逐过 t[index]的方式访问元组中相应位置的值，其中 t 为元组的变量名，index 为位置索引。这里的位置索引是从 0 开始计数的。例如，获取上述 tuple1 元组中的第 1 个值可以通过 tuple[0]访问，而其第 2 个值可以通过 tuple[1]访问。

【**实例 4-10**】　创建一个 Int64*Int64*Float64 类型的元组并初始化为(185, 85, 67.3)，然后依次访问并打印元组中的各个值，代码如下：

```
//code/chapter04/example4_10.cj
func main() {
    var tuple1 : Int64*Int64*Float64 = (185, 85, 67.3)
    print("tuple1 的第 1 个值:${tuple1[0]}\n")
    print("tuple1 的第 2 个值:${tuple1[1]}\n")
    print("tuple1 的第 3 个值:${tuple1[2]}\n")
    var sum = tuple1[0] + tuple1[1]
    print("tuple1 的第 1 个和第 2 个值的和:${sum}\n")
}
```

编译并运行程序，输出结果如下：

```
tuple1 的第 1 个值:185
tuple1 的第 2 个值:85
tuple1 的第 3 个值:67.300000
tuple1 的第 1 个和第 2 个值的和:270
```

元组可以将许多相互关联的数据联系在一起，例如可以用于模拟有序数对、有序数列等。

注意　元组不能直接被 print 函数输出打印。对于上面代码中的 tuple1 变量，使用 print("${tuple1}\n")的输出方式会导致编译错误。

2. 通过元组实现函数的多返回值

有了元组的基本概念，就可以通过元组模拟函数的多返回值了。

【**实例 4-11**】　定义 compute 函数，用于计算两个整型值的和和差，代码如下：

```
//code/chapter04/example4_11.cj
func main() {
    var res = compute(2,1) //传递参数，参数 a 为 2，参数 b 为 1
    print("和:${res[0]}\n")
    print("差:${res[1]}\n")
}

//计算参数 a 与参数 b 的和和差
func compute(a : Int64, b : Int64) : Int64 * Int64 {
    var sum = a + b          //和
    var subtraction = a - b  //差
    return (sum, subtraction)  //将和和差组合为元组并返回
}
```

在 compute 函数中，将 a+b 和 a–b 两个表达式的结果分别赋值给 sum 和 subtraction 变量，分别用于临时存储参数 a 与参数 b 的和和差，然后将这两个值组合成一个 Int64*Int64

元组值并返回。

在 main 函数中，调用了 compute 函数并传递了 2 和 1 这两个参数，然后将 compute 函数的返回值，即 Int64 * Int64 元组值赋值给 res 变量。最后，通过 res[0] 和 res[1] 的方式访问这个元组的两个整型值并输出。编译并运行程序，输出结果如下：

```
和:3
差:1
```

当然，不仅可以利用元组组合结果数据，也可以通过各种集合类型组合结果数据。集合类型的用法可详见第 8 章的相关内容。

4.1.6 使用 Option<T> 作为函数的返回值

基本数据类型不支持空值特性，而 Option<T> 类型可以为基本数据类型增添空值能力。

1. Option<T> 的使用方法

Option<T> 是非常重要的仓颉语言内置的枚举类型，其基本定义如下：

```
enum Option<T> {
    | Some(T)      //表示有值，并且值的类型为 T
    | None         //表示无值
}
```

Option<T> 中 Some(T) 枚举值表示有值，并且值的类型为 T，None 表示无值（空值）。这里的 T 表示任意的数据类型，可以为 Int64、Float64 等。此时，Option<T> 也就成为 Option<Int64>、Option<Float64> 类型。

注意 Option<T> 是泛型。关于泛型可详见 7.4 节的相关内容。

在仓颉语言的标准库中许多函数将 Option<T> 作为函数的返回值。这是因为，许多函数的返回存在有值和无值这两种情况。例如，对于一个除法函数，如果除数为 0，则这个函数的结果就可以通过无值来处理。再例如，将一个字符串解析为一个整型，如果这个字符串的内容为非数值，则可以通过无值来处理。对于某些运算的结果超出了某个数学阈值范围，或者出现了某些异常情况，都可以将其结果作为无值处理。

在数学中，除数不能为 0，否则整个算式是无意义的。在仓颉语言中，如果出现了除数为 0 的情况，则同样无法编译通过。例如，通过仓颉程序计算 100 除以 0，代码如下：

```
func main() {
    let res = 100 / 0
}
```

编译时提示的错误信息如下：

```
/home/dongyu/test.cj:2:15: error: division by 0
    2 |     let res = 100 / 0
      |                   ^
1 error generated
```

编译器虽然可以在一定程度上检查出类似的错误，但是毕竟编译器的能力是有限的。如果除数是从通过文件、网络或者数据库实时读取的，则编译器在编译时可能无法发现这一问题，会在运行时导致错误，所以在除法运算中，开发者就有必要考虑这种情况。

【实例 4-12】创建一个 divide 函数，用于除法的计算，其返回类型为 Option<Float64>，当该函数在计算过程中除数为 0 时返回空值，代码如下：

```
//code/chapter04/example4_12.cj
//除法函数，计算a/b。当除数为0.0时，无值
func divide(a : Float64, b : Float64) : Option<Float64> {
    if (b == 0.0) {
        return None
    }
    return Some(a / b)
}

func main() {
    var value = divide(32.0, 0.0) //32 除以 0
    match (value) {
        case Some(v) =>
            print("${v}\n") //有值，打印出具体的值
        case $None =>
            print("无值\n") //无值
    }
}
```

函数 divide 有两个参数，分别为被除数 a 和除数 b，divide 函数的功能为计算 a 除以 b 的结果。不过，函数的返回类型不是简单的浮点型，而是 Option<Float64>类型。在该函数中，首先判断 b 变量是否为 0，如果为 0，则返回无值 None；如果不为 0，则通过带参构造器 Some(Float64)设置具体的运算结果，并且参数为表达式 a / b 的值。

在 main 函数中，通过调用 divide 函数计算 32 除以 0，并将其 Option<Float64>类型的返回值赋值给 value 变量，然后通过 match 表达式对 value 变量进行模式匹配，从而相应地进行结果处理。

编译并运行程序，输出结果如下：

无值

读者可尝试改变 main 函数中 divide 函数调用的两个实参，并查看输出的结果有什么不同。

2. Option<T>的语法糖

Option<T>的语法糖主要包括两个方面。

（1）Option<T>类型可以简写为?T。例如，定义一个 Option<Float32>变量，代码如下：

```
var val : Option<Float32>
```

可以将其简写为

```
var val : ?Float32
```

（2）当为 Option<T>变量赋值时，可以将 Some(value)简写为 value。

例如，将 Some(32.0)赋值给 Option<Float32>变量 val，代码如下：

```
var val : Option<Float32> = Some(32.0)
```

可以将其简写为

```
var val : Option<Float32> = 32.0
```

当然，也可以进一步简写为

```
var val : ?Float32 = 32.0
```

通过上述语法糖能够使代码更加简洁。对实例 4-12 的除法函数进行简化，代码如下：

```
//除法函数，计算 a/b。当除数为 0.0 时，无值
func divide(a : Float64, b : Float64) : ?Float64 {
    if (b == 0.0) {
        return None
    }
    return a / b
}
```

代码中加粗的部分为简化部分，其函数的功能和实例 4-12 中的 divide 函数相同。

3. 合并表达式

合并表达式即通过合并操作符??对 Option<T>变量进行简化解构处理，其基本形式如下：

```
Option<T>变量?? 默认值
```

其中，默认值应为 T 类型的字面量、变量或表达式。当 Option<T>变量为非 None 时，合并表达式的结果为 Option<T>变量的值；当 Option<T>变量为 None 时，合并表达式的结果为默认值。

【实例 4-13】通过合并表达式解构处理 Option<Float64>类型的变量，将结果打印输出，代码如下：

```
//code/chapter04/example4_13.cj
func main() {
    var value : ?Float64 = None //value 为 None
    let res = value ?? -1.0       //当 value 为 None 时，取默认值-1.0
    print("res: ${res}\n")        //打印 res 结果
}
```

定义 Option<Float64>类型的变量 value，并初始化为 None。由于 value 值为 None，所以表达式 value ?? –1.0 的结果取其默认值–1.0。编译并运行程序，输出结果如下：

```
res ： -1.000000
```

合并表达式也具有其局限性：当 Option<T>变量为 None 时，只能返回一个默认值，不能实现更深一步的处理。

4.1.7　主函数的返回值

仓颉语言的主函数不支持参数输入，但是支持主函数的返回，其返回类型只能为 Unit 类型或整型（Int64 等）。

【实例 4-14】将主函数的返回值类型定义为 Int64，并返回 100 作为返回值，代码如下：

```
//code/chapter04/example4_14.cj
func main() : Int64{
    100
}
```

编译并运行该程序，在 Linux 终端中可以通过 echo $?命令获取该返回值，命令如下：

```
./main    #运行该程序
echo $?   #获取 main 函数的返回值
```

此时，控制台会打印出该返回值，输出结果如下：

```
100
```

主函数的返回值通常用于反映程序的运行结果或者状态。一个约定俗成的规则是，主函数返回 0 表示程序正常退出，而返回 1 表示异常退出。

当主函数没有声明返回类型时，主函数中最后一个表达值的类型只能为 Unit 或 Int64，否则会导致编译错误。例如，main 函数中最后一个表达式的类型为 Float64，并且没有声明 main 函数的返回类型，代码如下：

```
func main() {
    100.00
}
```

以上代码编译时会出错。将主函数类型声明为 Unit，代码如下：

```
func main() : Unit {
    100.00
}
```

以上代码可以正常编译运行。

另外，还可以在 main 函数的最后加上 Unit 的字面量()作为最后一个表达式，代码如下：

```
func main() {
    100.00
    ()
}
```

以上代码也可以正常编译运行。

4.2 函数的递归和重载

本节介绍函数的递归和重载。

4.2.1 函数的递归

函数递归（Recursion）是先递进，再回归，通过函数自己调用自己解决具有规律性的数学问题。数据结构（如二叉树等）和许多数学问题具有递归特性，用递归方式求解会更加简洁方便。下面通过两个例子介绍函数递归的用法和魅力。

【实例 4-15】 打印数值 0～500，代码如下：

```
//code/chapter04/example4_15.cj
func main() {
    printNumbers(0) //从 0 打印到 500
    print("\n")      //换行符
}
//从参数 a 的值开始打印数值，直到 500 结束
func printNumbers(a : Int64) {
    print("${a} ") //打印参数 a，注意后方的空格，用于与下一个产生间隔
    if (a < 500) { //当参数 a 还没有到达 500 时，打印 a + 1 的值
        printNumbers(a + 1)
    }
}
```

通过 printNumbers 函数可以从指定的实参值开始输出数值，直到数值 500 后结束。printNumbers 是一个递归函数，即在 printNumbers 函数的函数体中调用了 printNumbers 函数本身。

下面分析一下整个输出流程：首先，main 函数调用了 printNumbers 函数，并传递了参数 a 的值 0。进入 printNumbers 函数之后，首先打印了参数 a 的值 0，并输出一个空格，与下一次输出保持一个间隔。

然后，判断 a 的值是否小于 500，如果没有达到 500，则递归调用 printNumbers(a + 1) 函数，由于变量 a 的值为 0，表达式 a+1 的值为 1，所以此时调用 printNumbers 函数时的实参值为 1。进入 printNumbers 函数内部，由于参数值变成了 1，输出参数 a 的值 1 和一个空格，继续实现自身函数的调用。这次调用 printNumbers 函数时，参数 a 的值变成了 2，输出

后继续实现自身函数的调用，以此类推。

　　直到变量 a 的值为 500，输出 500 这个值后，a< 500 表达式不再成立，不会再实现自身的调用，所以函数层层退出，程序终止。编译并运行程序，输出结果如下：

```
0 1 2 3 … 499 500
```

　　当然，这个程序是为了演示递归，其性能是非常低效的。函数 printNumbers 在打印 0～500 这 501 个值时，层层实现自身的调用共 501 次。由于函数调用时需要将函数本身放置到内存中执行，函数 printNumbers 在层层调用到第 501 次时，之前所有递归调用的函数仍然占据着内存。读者可以试下将 if 表达式的条件测试表达式改为 a <50000 或者更大的数值，这个程序在运行一段时间后就崩溃了，提示 coredump 错误。当程序超出了所能占据的内存范围时就会自动退出。

　　这是一个比较简单的例子，为了让读者了解递归的基本用法。更加有效的方式是使用循环结构（如 for in 表达式等）实现上述输出功能，但读者仍然需要认真研读上面这段代码，完全理解以后再学习下面的斐波那契数列的输出实例。

　　【实例 4-16】利用函数递归输出斐波那契数列。斐波那契数列（Fibonacci Sequence）是指数列中第 n 个数的值为第 $n-1$ 个和第 $n-2$ 个值的和（数列中的第 1 个和第 2 个值均为 1），即 1、1、2、3、5、8、13、21、34……。通过函数递归输出斐波那契数列的前 20 个值，代码如下：

```
//code/chapter04/example4_16.cj
func main() {
    for (i in 0..20) { //i值从 0 到 19，共 20 个值
        print("${fibonacciSeq(i)} ") //打印斐波那契数列的第 i 个值
    }
    print("\n") //打印换行符
}


//获取斐波那契数列的第 index 个值
func fibonacciSeq(index : Int64) : Int64{
    //如果 index 值为 0 或者 1，则数列值均为 1
    if (index == 0 || index == 1) {
        return 1
    }
//如果 index 值大于 1，则其数列值为前两个数列值的和
    return fibonacciSeq(index - 2) + fibonacciSeq(index - 1)
}
```

　　函数 fibonacciSeq 用于打印第 index 个斐波那契数列的值。该函数分为两部分：第一部分是 if 表达式，当 index 值为 0 或者 1 时，数列值为 1，直接将该值返回即可。此时，由于在 if 表达式中调用了 return 表达式，所以函数退出，后面的语句就不再执行了。如果 index

值不为 0 且不为 1，则计算表达式 fibonacciSeq(index − 2) + fibonacciSeq(index − 1)的值，即第 index −1 和第 index −2 个斐波那契数列值的和。

在 main 函数中，通过 for in 结构遍历 0～19 序列数值，并将这 20 个值作为实参传入 fibonacciSeq 函数中获取相应的数列值并打印输出。最后，打印换行符结束程序。编译并运行程序，输出结果如下：

```
1 1 2 3 5 8 13 21 34 55 89 144 233 377 610 987 1597 2584 4181 6765
```

函数递归有时能够简化代码，但是也存在缺点：

（1）由于函数的自身调用，如果调用层级过高，则会导致内存占用过高。

（2）函数的递归的可读性比较差，特别是对于初学者而言，阅读递归的代码可能比较困难。

4.2.2 函数的重载

仓颉程序不允许存在名称相同且参数列表相同的函数。这是因为在函数调用时，如果存在名称和参数列表都相同的函数会产生歧义。例如，下面的代码就会导致编译错误：

```
func main() {
    addTwoNumber(3, 6)
}

func addTwoNumber(a : Int64, b : Int64) {
    var res = a + b
    print("两数相加后的结果为:${res}\n")
}
func addTwoNumber(a : Int64, b : Int64) : Int64 {
    return a + b
}
```

虽然两个 addTwoNumber 函数的函数体和返回并不相同，但是其函数名称相同且参数列表也相同，这是不允许出现的情况。例如，编译器无法判断表达式 addTwoNumber(3, 6)调用 addTwoNumber 函数时究竟应该使用哪个函数，但是，仓颉程序中允许出现函数名相同，但是参数列表不相同的函数，被称为函数重载，这些函数也被称为重载函数。

【实例 4-17】 创建两个 addTwoNumber 函数，其中一个传递的是 Int64 类型的整型参数，另外一个传递的是 Float64 类型的浮点型参数，代码如下：

```
//code/chapter04/example4_17.cj
func main() {
    var res1 = addTwoNumber(3, 6)          //两个参数均为整型
    print("res1: ${res1}\n")
    var res2 = addTwoNumber(3.0, 6.0)      //两个参数均为浮点型
```

```
        print("res2: ${res2}\n")
}

func addTwoNumber(a : Int64, b : Int64): Int64 {  //传递两个整型参数
    return a + b
}
func addTwoNumber(a : Float64, b : Float64) : Float64 { //传递两个浮点型参数
    return a + b
}
```

两个 addTwoNumber 函数的参数列表不同，分别为 addTwoNumber(a:Int64, b:Int64)和 addTwoNumber(a:Float64, b:Float64)。前者传递的是两个整型参数，后者传递的是两个浮点型参数，这两个函数被称为函数的重载。在 main 函数中，addTwoNumber(3,6)和 addTwoNumber(3.0,6.0) 这两个函数的调用分别调用了上述两个不同参数列表的 addTwoNumber 函数。由于编译器能够分清楚这两个调用表达式的区别，并能够正确地选择合适的函数进行处理，所以函数的重载是允许的。编译并运行程序，输出结果如下：

```
res1: 9
res2: 9.000000
```

值得注意的是，这里的参数列表不相同是指参数列表中的类型不相同。如果参数列表中的类型相同，但是形参名称不相同，也被认为是相同的参数列表。例如，参数名称不同，但是参数类型相同的两个 addTwoNumber 函数，代码如下：

```
func addTwoNumber(a : Int64, b : Int64) {
    var res = a + b
    print("两数相加后的结果为:${res}\n")
}
func addTwoNumber(value1 : Int64, value2 : Int64) {
    var res = a + b
    print("两数相加后的结果为:${res}\n")
}
```

这两个函数虽然形参的名称不同，但是参数的类型都是 Int64，所以这两个函数不能够重载，编译时编译器会报错。

函数重载也适用于存在命名参数的函数，但是，调用存在命名参数的重载函数可能存在歧义。

【实例 4-18】　定义包含两个拥有命名参数的 addTwoNumber 函数，代码如下：

```
//code/chapter04/example4_18.cj
func main() {
    var res1 = addNumbers(3, b : 6, c : 7)
    print("res1: ${res1}\n")
```

```
}

func addNumbers(a : Int64, b! : Int64, c! : Int64 = 0): Int64  {
    return a + b + c
}

func addNumbers(a : Int64, b! : Int64) : Int64 {
    return a + b
}
```

对于函数调用 addNumbers(3, b:6, c:7)来讲，实际上只能调用 addNumbers(a:Int64, b!: Int64, c!:Int64 = 0)函数，所以该代码是可以正常编译运行的，输出结果如下：

```
res1 : 16
```

但是，addNumbers(3, b:6)的函数调用就存在歧义了，代码如下：

```
func main() {
    var res1 = addNumbers(3, b : 6)
    print("res1: ${res1}\n")
}

func addNumbers(a : Int64, b! : Int64, c! : Int64 = 0): Int64  {
    return a + b + c
}

func addNumbers(a : Int64, b! : Int64) : Int64 {
    return a + b
}
```

在这段代码中，addNumbers(3, b:6)似乎调用这两个 addTwoNumber 函数都是可以的，所以存在歧义，因此编译这段代码时会报错。

对于成员函数、嵌套函数等特殊的函数，函数重载还包括一些特殊的规则，这些规则将在 10.5.1 节中介绍。

4.3 组织源代码

一个程序的代码往往成千上万行。虽然可以通过函数的方式将代码整理复用，但是将这些函数都放在同一个仓颉语言代码文件（.cj）中是不可取的，因此，需要将功能相关的代码放置在一个源文件中，形成多个仓颉语言源文件。此时，就需要多文件编译能力来编译仓颉语言程序了。源文件多了，也需要通过目录的方式组织起来，这就是包管理功能。本节介绍如何在大型项目中管理仓颉语言源代码。

4.3.1 多文件编译

本节介绍多文件编译的相关用法。

1. 多文件编译

多文件编译即多个源文件同时编译。和单文件编译一样，使用 cjc 命令编译程序，但是其后可以通过参数的方式对多个文件同时编译，命令的基本形式如下：

```
cjc 源文件 1 源文件 2 … 源文件 n
```

通过将仓颉代码从一个源文件分散到多个源文件中并实施统一编译可以解构代码功能，使程序更加清晰。

【实例 4-19】 将实例 4-4 中 main 和 addTwoNumber 两个函数解构到不同的源文件中。将 main 函数放在 main.cj 文件中，该文件作为程序的入口文件；将 addTwoNumber 函数放置在 functional.cj 文件中，该文件用于放置一些和业务逻辑相关的代码。为了编译方便，将 main.cj 和 functional.cj 文件放置在同一目录下。

main.cj 文件的代码如下：

```
//code/chapter04/example4_19/main.cj
func main(): Unit {
    addTwoNumber(3, 6)
}
```

functional.cj 文件的代码如下：

```
//code/chapter04/example4_19/functional.cj
func addTwoNumber(a : Int64, b : Int64) {
    var res = a + b
    print("两数相加后的结果为:${res}\n")
}
```

main.cj 中的主函数 main 调用了 functional.cj 中的 addTwoNumber 函数，因此，需要同时通过 cjc 命令将这两个文件编译，编译命令如下：

```
cjc main.cj functional.cj -o run
```

只需要在 cjc 命令后将所需要编译的源文件作为命令参数执行即可对多文件编译，参数项-o 后的文件路径参数为输出可执行文件的名称。编译成功后，即可正常执行 run 程序，命令如下：

```
./run
```

该命令的输出结果如下：

```
两数相加后的结果为:9
```

这是多文件编译的用法，但是要注意以下几方面。

（1）为了方便管理，通过 cjc 命令编译的多个源文件最好在同一个目录下，否则就需要以路径的方式去定位文件的位置了。例如，functional.cj 在 main.cj 的所在目录的 test 子目录下，编译命令可变更为

```
cjc main.cj ./test/functional.cj
```

（2）如果没有-o 参数，则最终生成的可执行文件会与命令中编译文件的第 1 个文件名同名。例如，通过以下命令编译 main.cj 和 functional.cj 两个文件：

```
cjc main.cj functional.cj
```

此时所得到的可执行文件的名称为 main，需要通过./main 命令执行。

通过以下命令编译 main.cj 和 functional.cj 两个文件：

```
cjc functional.cj main.cj
```

此时所得到的可执行文件的名称为 functional，需要通过./functional 命令执行。

2. 只能有一个主函数 main

程序的入口为主函数，该主函数的名称为 main，main 函数不能重载，在同一个程序中有且仅有一个 main 函数。

通过 cjc 命令编译单个文件或多个文件时，必须保证这些文件中有且仅有一个 main 函数。对于单文件的程序来讲，main 函数必须存在于源文件之中。对于多文件的程序来讲，只能有一个源文件存在 main 主函数，而且这个源文件中也只能有一个 main 函数。

对于实例 4-19，无法直接通过 cjc 命令单独编译 functional.cj，因为 functional.cj 中没有主函数。单独编译 main.cj 文件会报错，因为无法找到 main 函数中所需要的 addTwoNumber 函数。

如果将 functional.cj 中也加入主函数，则 functional.cj 文件的示例代码如下：

```
func addTwoNumber(a : Int64, b : Int64) {
    var res = a + b
    print("两数相加后的结果为:${res}\n")
}
func main() {
    addTwoNumber(3, 6)
}
```

此时，由于 main.cj 文件和 functional.cj 文件都存在主函数，所以使用以下命令编译源文件时会报错：

```
cjc main.cj functional.cj
```

不过，此时单独编译 functional.cj 则可以通过。

4.3.2　包

1. 包的概念和编译

包（Package）是仓颉编译器最小的编译单元，而包和目录之间的关系是非常紧密的。对于一个大型的项目来讲，程序一定是按照目录的层级来存放源代码的，此时每个目录下的源文件都属于一个包。

包名通过 package 关键字声明，其一般形式如下：

```
package 包名
```

包名要以源文件根目录为起点，以点"."连接当前包所在目录的相对路径。例如，源文件处于以根目录为起点，相对路径为./path0/path1 的位置，那么这个包名必须为 path0.path1，其包的声明代码如下：

```
package path0.path1
```

包名需要注意以下几点：

（1）包名的声明必须处于仓颉源文件的开头。在包名的声明前不能存在任何代码实体（包的导入声明、顶层定义等），但是可以有空行或者注释。

（2）包名与当前包内的顶层声明不能重名。

（3）当前包的顶层声明不能和子目录包名重名。

包是仓颉编译器最小的编译单元，所以每个源文件都必须存在于包内。如果开发者没有为源文件声明包名，则源代码根目录下的包为 default，不需要通过 package 关键字定义。实例 4-19 中同目录下的 main.cj 和 functional.cj 文件属于一个包。

通过 cjc 的-p 参数来同时编译一个包中的所有源文件。对于实例 4-19，进入 main.cj 和 functional.cj 文件所在目录，即可通过以下命令编译这个包中的所有源文件：

```
cjc -p .
```

上述命令中的"."表示当前目录，编译后会生成名为 main 的可执行文件。

注意　虽然使用 4.3.1 和 4.3.2 节中的多文件编译和包编译（通过-p 参数）可以获得相同的编译结果，但是使用这两种方式编译时，源代码的组织方式可以存在差别：多文件编译时参与源编译的文件可以是零散的，这些源文件可以分布在不同的目录中，需要开发者自行组织文件关系。包编译时参与编译的源文件必须组织在文件系统中的同一个目录下，共同完成某些特定的功能，编译时不需要指定文件名，只需指定包的所在位置。对于大型项目而言，推荐使用包管理代码。

2. 多个包同时编译

应用程序通常是由多个包组成的，而其中每个包都具有特定的功能，这时就需要对多个包同时编译。通常情况下，处于根目录的 default 包是程序的入口，其他包可配合完成具体功能。

包与包之间可以跨包调用函数，但跨包调用函数需要注意以下几方面：

（1）跨包调用的函数需要通过 external 关键字修饰。

（2）跨包调用函数前，应通过 import 关键字导入需要调用的函数。

关键字 internal 和 external 用于修饰包中的顶层定义，并且声明顶层定义的可见范围，放在顶层定义的最前面。其中，external 表示其他包可以使用该顶层定义，internal 表示其他包不可以使用该顶层定义。

例如，用 internal 和 external 声明变量，代码如下：

```
internal let str = "123"      //其他包不可以访问该 str 变量
external var value = 100      //其他包可以访问该 value 变量
```

用 internal 修饰的不可变变量 str 不可以被其他包访问，而用 external 修饰的可变变量 value 可以被其他包访问。

再如，用 internal 和 external 声明函数，代码如下：

```
internal func test() {
    println("我不能被跨包调用!")
}

external func test2() {
    println("我可以被跨包调用!")
}
```

用 internal 修饰的 test 函数不能被其他包访问，而用 external 修饰的 test2 函数可以被其他包访问。

下面通过一个实例介绍跨包调用函数的应用。

【实例 4-20】 将 4 个仓颉源文件放置在 src 目录之下，其目录结构如下：

```
//code/chapter04/example4_20/
src
`-- dir0
   |-- dir1
   |   |-- code_a.cj
   |   `-- code_b.cj
   `-- code_c.cj
`-- main.cj
```

如果当前目录为 src，则 code_c.cj 处于相对路径./dir0 之下，其包名应为 dir0；code_a.cj 和 code_b.cj 处于相对路径./dir0/dir1 目录之下，其包名应为 dir0.dir1。main.cj 处于根目录下，所以使用其默认包名 default。

在 code_a.cj、code_b.cj 和 code_c.cj 中分别定义一个函数，并通过 external 关键字声明，以便被其他包的代码调用。code_c.cj 定义了 process_c 函数，代码如下：

```
//code/chapter04/example4_20/src/dir0/code_c.cj
package dir0

external func process_c() {
    println("process_c!")
}
```

code_a.cj 定义了 process_a 函数，代码如下：

```
//code/chapter04/example4_20/src/dir0/dir1/code_a.cj
package dir0.dir1

external func process_a() {
    println("process_a!")
}
```

code_b.cj 定义了 process_b 函数，代码如下：

```
//code/chapter04/example4_20/src/dir0/dir1/code_b.cj
package dir0.dir1

external func process_b() {
    println("process_b!")
}
```

main.cj 定义了程序的主函数 main 函数，并调用上述 3 个函数。使用这 3 个函数前需要导入这些文件所在的包。

导入包使用 import 关键字，后面加上需要导入的包和包内具体的函数，基本形式如下：

```
import 包名.函数名
```

注意 这里的函数名也可以是其他的顶层定义，如变量、类、接口等。

例如，导入 dir0 包中的 process_a 函数，代码如下：

```
import dir0.process_a
```

当然，也可以通过*来代表包中所有的顶层定义，代码如下：

```
import dir0.*
```

导入包中的顶层定义需要注意以下几个问题：

（1）导入包的 import 关键字需要声明在源文件的顶部。如果同时存在 package 关键字声明包和 import 关键字导入包，则 package 声明包要在 import 导入包之前。

（2）import 关键字除了可以导入包中的函数，也可以导入全局变量、类、接口等其他的顶层声明。关于类、接口等顶层声明，后文会逐一介绍。

（3）如果多个包中存在相同的函数，则在调用函数表达式中需要在函数名称前加上包名，并通过点符号"."连接，其基本形式为"包名.函数调用"。

（4）在其中一个源文件导入的顶层定义，也可以在当前包的其他文件中使用。

（5）禁止包间的循环依赖导入。

main.cj 的代码如下：

```
import dir0.*
import dir0.dir1.process_c

func main() {
  process_a()
  process_b()
  process_c()
}
```

通过 as 关键字可以指定函数名称（或其他顶层定义名称）的别名，其基本形式如下：

```
import 包名.函数名 as 函数别名
```

在 main.cj 中，将 dir0.dir1 包中的 process_c 函数名称替换为 c，代码如下：

```
import dir0.*
import dir0.dir1.process_c as c

func main() {
  process_a()
  process_b()
c()
}
```

在 main 函数中，通过函数名 c 即可调用 dir0.dir1 包中的 process_c 函数。

上述实例中的 4 个文件分别属于 default、dir0 和 dir0.dir1 这 3 个包，所以编译时需要在 -p 参数后分别指定这 3 个包的目录。编译命令如下：

```
cjc -p . ./dir0 ./dir0/dir1
```

编译成功后，通过./main 命令即可运行该程序，输出结果如下：

```
process_a!
process_b!
process_c!
```

在这个实例中，default 包中的 main.cj 作为程序入口，可以用于实现程序的主体功能。在 dir0 和 dir0.dir1 包中可以实现程序中的某些特定的功能。读者也可以对这些包中的文件和代码进行添加或者删减，感受一下包管理的优势。

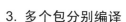

3. 多个包分别编译

下面对实例 4-20 的 3 个包分开编译。先编译 dir0 和 dir0.dir1 包形成两个目标文件，然后在编译 default 包的同时静态连接目标文件，形成应用程序。

在 cjc 编译命令中，通过 -c 参数项可以将包中的代码编译成目标文件。进入实例 4-20 的 src 目录，编译 dir0 和 dir0.dir1 包，命令如下：

```
cjc -c -p ./dir0
cjc -c -p ./dir0/dir1
```

此时，即可在当前目录下生成目标文件 dir0.o 和 dir0.dir1.o。

编译 default 包，并静态连接上述目标文件，命令如下：

```
cjc -p . dir0.o dir0.dir1.o
```

此时，即可生成可执行文件 main。

将包分开编译的好处在于可以有针对性地编译代码，不需要在每次调试时将所有的包全量编译。例如，当 dir0 和 dir0.dir1 包没有变化且只修改了 default 包中的内容时。还可以使用目标文件 dir0.o 和 dir0.dir1.o，并且只需通过上述最后一条命令编译 default 包以便静态连接目标文件。

但是，这种编译方式仍然比较麻烦，需要开发者手动管理代码和目标文件。通过仓颉语言的包管理工具可以对多个包进行自动化编译和连接。4.3.3 节将介绍模块和包管理工具 cpm 的用法。

4.3.3 模块

在仓颉语言中，模块是一个或者多个包的集合，是仓颉程序的最小发布单元。通常，一个模块用于实现特定的功能，其中的代码应当具有紧密联系。CPM（Cangjie's Package Manager）是仓颉的包管理工具，用来管理、维护仓颉模块。通过 cpm 命令可以同时编译多个包中的源代码，通过配置选项可对仓颉模块的多种特征进行统一管理。

通过 cpm 命令即可创建、初始化、构建、清理和分析仓颉模块，分别对应了 5 个子命令，如表 4-1 所示。

表 4-1　cpm 的子命令

命　　令	作　　用
new	创建仓颉模块
init	初始化仓颉模块
build	构建仓颉模块
clean	清理仓颉模块的构建文件
update	根据 module.json 文件对模块进行依赖分析

下面介绍这 5 个子命令的详细用法。

1. 创建仓颉模块

创建仓颉模块前需要准备模块名称和组织名：

（1）模块名称，必须为合法的标识符。模块名称建议使用小写字母，最好做到见名知义，例如 xml、dbconnector 等都是比较好的模块名称。

（2）创建仓颉模块的组织名，必须为合法标识符或者网址。当使用网址作为组织名时，通常将其倒置，最好将模块名称放在最后。例如，组织名为 cangjie.love，那么组织名可以为 love.cangjie.dbconnector 等。

创建仓颉模块的命令如下：

```
cpm new 组织名  模块名称
```

默认情况下，新创建的 src 目录为空目录，开发者可以自行创建代码结构。不过，也可以通过-n 参数来创建实例代码，命令如下：

```
cpm new -n 组织名  模块名称
```

例如，创建一个组织名为 personal、模块名称为 test 的仓颉模块，命令如下：

```
cpm new -n personal test
```

该命令会在当前目录中创建一个 module.json 文件和一个 src 目录：

（1）module.json 文件是模块的配置文件，用于声明模块的名称、版本、相关依赖等。

（2）src 目录为模块的代码目录。

新创建的 module.json 文件的内容如下：

```
{
    "cjc_version": "0.14",
    "organization": "personal",
    "name": "test",
    "description": "nothing here",
    "version": "1.0.0",
    "requires": {},
    "PackageRequires": {},
    "foreign_requires": {},
    "library_type": "",
    "command_option": ""
}
```

配置文件中相关字段的作用如下。

（1）cjc_version：仓颉编译器的版本号，默认为当前 CPM 所使用的仓颉编译器版本号。

（2）organization：创建仓颉模块的组织名。

（3）name：仓颉模块名称。

（4）description：仓颉模块描述。

（5）version：仓颉模块版本号。

（6）requires：模块依赖。

（7）foreign_requires：C 语言库等的外部依赖。

（8）library_type：编译产出的类型，当前只能为空（表示可执行文件）。

（9）command_option：额外的编译选项，多个选项用空格隔开。具体可参考 cjc 命令的选项。

通过-n 参数的创建仓颉模块命令所创建的 src 目录中包含了 MainActivity.cj 文件，代码如下：

```
func main():Int64{
  print("hello world\n")
  return 0
}
```

这是一个打印 hello world 文本的主函数。

2. 初始化仓颉模块

初始化仓颉模块是指在已经存在代码文件（src 目录）的情况下，创建 module.json 文件的过程。有了 module.json 文件，即可方便 CPM 进行模块的构建和清理等操作。

与创建仓颉模块类似，初始化仓颉模块的命令为

```
cpm init 组织名   模块名称
```

在已有 src 子目录的目录中，初始化一个组织名为 personal、模块名称为 test 的仓颉模块，命令如下：

```
cpm init personal test
```

3. 构建仓颉模块

对于已有代码的仓颉模块，可以通过以下命令构建：

```
cpm build
```

命令执行后，当编译成功时会提示"build success"。此时，会在模块的根目录中创建 build 和 bin 目录。build 目录是构建仓颉模块时的临时文件目录（如目标文件等）。bin 目录用于存放编译后的可执行文件，默认为 main 文件。此时，即可通过以下命令执行该程序：

```
./main
```

当开发者修改了 src 目录下的代码时，就不需要通过 cjc 命令进行编译了，只需通过 cpm build 命令构建代码，非常方便。

4. 清理仓颉模块的构建文件

在仓颉模块的根目录中，通过以下命令即可清理仓颉模块的构建文件：

```
cpm clean
```

此时，bin 目录和 build 目录会被删除。

5. 根据 module.json 文件对模块进行依赖分析

在仓颉模块的根目录中，通过以下命令即可根据 module.json 文件对模块进行依赖分析：

```
cpm update
```

此时，cpm 命令会根据 module.json 文件中的内容完成依赖分析，并将分析结果更新到 module-resolve.json 文件中。对于"1. 创建仓颉模块"中创建的模块，module-resolve.json 文件的大致内容如下：

```
{
"resolves": [
        {
            "organization": "personal",
            "name": "test",
            "path": "./",
            "version": "1.0.0",
            "hash": "WyJw…uLOo=",
            "requires": [],
            "packageRequires": {},
            "foreign_requires": {}
        }
    ]
}
```

通过模块中的几个命令，即可非常方便地对仓颉模块进行管理，通过很简单的命令即可完成模块的创建、初始化、构建、清理和依赖分析等工作。

4.3.4　库

库（Library）是具有特定功能且不能独立运行的包，是开发者的"工具箱"。对于开发活动来讲，开发的目标有两类：开发应用程序和开发库。按照仓颉语言库的来源，可以分为标准库和第三方库。标准库是官方提供的库，和仓颉语言一并发布。第三方库是由社区、企业或个人提供的非官方库。

仓颉语言中的主要标准库如附录 D 所示，这些标准库存在于以下内置的仓颉模块。

（1）core 模块：核心模块，包含 core 库。该库在使用时不需要手动导入。

（2）std 模块：标准库模块，包含 convert 库、collection 库、format 库、io 库、log 库、math 库、os 库、time 库、util 库、sync 库等。

（3）ffi 模块：语言交互接口模块，包含 ffi 库，可用于和 C 语言函数相互调用等。

（4）ast 模块：包含 ast 库，用于词法分析，构建抽象语法树等。

这些模块中的库实际上是一系列的包，所以导入库和导入包类似，但是，当导入其他模块的库时，需要通过 from 关键字指明库所在的模块名称。除了 core 库以外，其他所有的标准库在使用前都需要导入，其基本导入方法如下：

```
from 模块 import 库(包).*
```

例如，导入 std 模块中的 io 库，代码如下：

```
from std import io.*
```

这种导入方式会将 io 库中所有的函数导入。当然开发者还可以将*替换为所需要导入的函数名称（或其他顶层定义的名称）。由于标准库的用法和包类似，这里不再赘述。在后文的学习中，会涉及绝大多数标准库的用法。

4.4　math 标准库

math 标准库提供了常用的数学常数和函数，其中常数是通过不可变变量定义的。使用 math 标准库前，需要导入 math 标准库中的常数和函数，代码如下：

```
from std import math.*
```

本节将介绍 math 标准库中常用常数和函数的用法。

4.4.1　常数

在 math 标准库中，包含了自然常数 e、圆周率 π、无穷大值、空值和类型的最大值和最小值等。

1. 自然常数 e

自然常数 e 是自然对数的底数，为无限不循环小数，其值约为 2.7182818284。在 math 标准库中，E64 和 E32 分别为 Float64 和 Float32 类型的自然常数 e，其相应的不可变变量定义如下：

```
//Float64 类型的自然常数 e
external let E64: Float64
//Float32 类型的自然常数 e
external let E32: Float32
```

通过以下表达式输出 E64 常数的大小，代码如下：

```
println(E64)
```

该代码的输出结果如下：

```
2.718282
```

2. 圆周率 π

圆周率 π 也为无限不循环小数，其值约为 3.1415926。类似地，PI64 和 PI32 分别为 Float64 和 Float32 类型的圆周率，其变量定义如下：

```
//Float64 类型的圆周率 π
external let PI64: Float64
//Float32 类型的圆周率 π
external let PI32: Float32
```

通过以下表达式输出 PI64 常数的大小，代码如下：

```
println(PI64)
```

该代码的输出结果如下：

```
3.141593
```

3. 无穷大值和空值

Inf64 和 Inf32 分别为 Float64 和 Float32 类型的无穷大值，其定义如下：

```
//Float64 类型的无穷大
external let Inf64: Float64
//Float32 类型的无穷大
external let Inf32: Float32
```

NaN64 和 NaN32 分别为 Float64 和 Float32 类型的空值（无值），其定义如下：

```
//Float64 类型的空值
external let NaN64: Float64
//Float32 类型的空值
external let NaN32: Float32
```

无论是无穷大值还是空值，都没有具体的数值。例如，输出 Inf64 和 NaN64，代码如下：

```
println(Inf64)
println(NaN64)
```

上述代码的输出结果如下：

```
inf
nan
```

其中，inf 和 nan 分别表示无穷大值和空值，但 inf 和 nan 并不是浮点型字面量，因此不能直接使用。

4. 整型、浮点型的最大值和最小值

每种整型、浮点型都有其所能够表达的最大值和最小值，其常数如表 4-2 所示。

表 4-2　整型、浮点型所能够表达的最大值和最小值常数

常　　数	描　　述	常　　数	描　　述
MinInt8	Int8 类型的最小值	MaxInt8	Int8 类型的最大值
MinInt16	Int16 类型的最小值	MaxInt16	Int16 类型的最大值
MinInt32	Int32 类型的最小值	MaxInt32	Int32 类型的最大值
MinInt64	Int64 类型的最小值	MaxInt64	Int64 类型的最大值
MinUInt8	UInt8 类型的最小值	MaxUInt8	UInt8 类型的最大值
MinUInt16	UInt16 类型的最小值	MaxUInt16	UInt16 类型的最大值
MinUInt32	UInt32 类型的最小值	MaxUInt32	UInt32 类型的最大值
MinUInt64	UInt64 类型的最小值	MaxUInt64	UInt64 类型的最大值
MinFloat32	Float32 类型的最小值	MaxFloat32	Float32 类型的最大值
MinFloat64	Float64 类型的最小值	MaxFloat64	Float64 类型的最大值

【实例 4-21】　输出各个整型所能够代表的最小值和最大值，代码如下：

```
//code/chapter04/example4_21.cj
from std import math.*

func main() {
    println("Int8 范围: ${MinInt8} ~ ${MaxInt8}")
    println("Int16 范围: ${MinInt16} ~ ${MaxInt16}")
    println("Int32 范围: ${MinInt32} ~ ${MaxInt32}")
    println("Int64 范围: ${MinInt64} ~ ${MaxInt64}")
    println("UInt8 范围: ${MinUInt8} ~ ${MaxUInt8}")
    println("UInt16 范围: ${MinUInt16} ~ ${MaxUInt16}")
    println("UInt32 范围: ${MinUInt32} ~ ${MaxUInt32}")
    println("UInt64 范围: ${MinUInt64} ~ ${MaxUInt64}")
}
```

编译并运行程序，输出结果如下：

```
Int8 范围: -128 ~ 127
Int16 范围: -32768 ~ 32767
Int32 范围: -2147483648 ~ 2147483647
Int64 范围: -9223372036854775808 ~ 9223372036854775807
UInt8 范围: 0 ~ 255
UInt16 范围: 0 ~ 65535
UInt32 范围: 0 ~ 4294967295
UInt64 范围: 0 ~ 18446744073709551615
```

该输出结果和表 2-3 中所列的整型所表示整数的范围是相符的。

4.4.2　常用数学函数

在 math 标准库中，几乎每个函数都是重载函数。这是因为无论是整型还是浮点型都包括了多种子类型，所以函数需要对不同类型的参数进行适配。math 标准库中常用的函数如表 4-3 所示。

表 4-3　math 标准库中常用的函数

函数分类	函数名	描　　述
常用数学函数	abs	绝对值
	sqrt	平方根（仅浮点型）
	cbrt	立方根（仅浮点型）
	exp	求以 e 为底数的幂函数（仅浮点型）
	exp2	求以 2 为底数的幂函数（仅浮点型）
	log	求以 e 为底的对数（仅浮点型）
	log2	求以 2 为底的对数（仅浮点型）
	logBase	求以 base 为底的对数（仅浮点型）
	clamp	判断数值是否在某个范围内（仅浮点型）
	max	求最大值
	maxNaN	求最大值，如果存在空值，则返回空值（仅浮点型）
	min	求最小值
	minNaN	求最小值，如果存在空值，则返回空值（仅浮点型）
	gcd	最大公约数（仅整型）
	lcm	最小公倍数（仅整型）
取整函数	ceil	向上取整（仅浮点型）
	floor	向下取整（仅浮点型）
	trunc	截断取整（仅浮点型）
浮点型精度函数	erf	浮点型误差值（仅浮点型）
	gamma	浮点型伽马值（仅浮点型）
二进制操作函数	countOne	求二进制中 1 的个数（仅整型）
	leadingZeros	求二进制从最高位算起连续为 0 的位数（仅整型）
	trailingZeros	求二进制从最低位算起连续为 0 的位数（仅整型）
	reverse	反转二进制（仅整型）
	rotate	位旋转二进制（仅整型）
三角函数和双曲函数	sin/cos/tan	三角函数
	asin/acos/atan	反三角函数
	sinh/cosh/tanh	双曲函数
	asinh/acosh/atanh	反双曲函数

在三角函数和双曲函数中，使用弧度单位。

【实例 4-22】创建函数 qmean，求两个浮点型数值的几何平均数（两个值的积的平方根），代码如下：

```
//code/chapter04/example4_22.cj
from std import math.*

//计算 a 和 b 的几何平均数
func gmean(a : Float64, b : Float64) {
    sqrt(a * b)
}


func main() {
    //计算 2 和 3 的几何平均数
    let res = gmean(2.0, 3.0)
    println(res)
}
```

编译并运行程序，输出结果如下：

```
2.449490
```

【实例 4-23】创建函数 comp，计算 $1-\cos 2x$ 的值，代码如下：

```
//code/chapter04/example4_23.cj
from std import math.*

//计算 1-cos2x，其中 x 为角度
func comp(x : Float64) {
    1.0 - cos(2.0 * x / 180.0 * PI64)
}


func main() {
    let res = comp(45.0)
    println(res)
}
```

在 main 函数中，调用 comp 函数，并传递角度 45°。此时 $1-\cos 2x = 1-\cos 90° = 1$。编译并运行程序，输出结果如下：

```
1.000000
```

如果开发者需要实现比较复杂的数学运算，则离不开 math 标准库的相关常数和函数。

4.5　本章小结

本章介绍了函数的基本用法及代码组织管理的基本方法。管理代码的基本思路是将应用程序模块化，这里讲的模块指具有不同的粒度的模块化代码结构，包括文件、包和模块，而不仅指模块概念本身。尽可能保持模块和模块之间的"距离"，避免"纠缠不清""藕断丝连"。让程序中每个模块都独立起来，可以方便模块的设计、开发、调试、删减和替换。

模块化的精髓不在于形式上的分离，而在于内在逻辑的延续。设计模块要从用户需求和产品规模的角度出发，选择合适的模块化规模。对于简单项目，过于复杂的模块设计会使代码过度包装，会显著增加开发者的工作量。对于复杂项目，过于简陋的模块设计可能会使不相干的代码相互耦合，难以实现部分代码的复用。设计合理的应用程序架构，不仅需要实践经验，还需要认真敏锐的需求分析。

4.6　习题

（1）设计函数，求一个整数的平方，然后由主函数调用所设计的函数，获得并输出该函数的返回结果。

（2）设计函数，用元组表示坐标点，求两个坐标点的和，即$(x_1, y_1) + (x_2, y_2) = (x_1 + y_1, x_2 + y_2)$。

（3）设计函数，输入月份值，返回月份的天数。如果输入的月份值小于 1 或大于 12，则通过 Option<T>类型返回空值。

（4）设计函数，求最少两个数、最多 4 个数的乘积。

（5）设计函数，用递归方法求 $n!$。$n!$的定义为 $n! = n \times (n-1) \times \cdots \times 2 \times 1$。

（6）尝试通过 cpm 命令创建、构建、管理仓颉项目。

（7）设计函数，计算 $1-2\cos x$ 的值。

（8）设计函数，计算 $e^x + 1$ 的值。

（9）设计函数，计算$|x| + |y|$的值。

第 5 章

处理文本——字符与字符串

字符（Char）和字符串（String）是重要的基本数据类型。字符是组成文字的基本单位，例如英文的 a、b、c，中文的"你""我""他"等。字符串是由字符组成的文本结构。在之前的学习中，实际上已经用过字符串类型。通过 print 函数和 println 函数输出文本时，传入的参数是字符串字面量。例如，第 2 章中实例 2.1 输出的"Hello, world!"文本是一个字符串，这个字符串由 H、e、l、o、空格等若干字符组成，如图 5-1 所示。

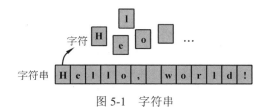

图 5-1　字符串

无论是可视化的图形界面还是命令行界面，显示的文本内容都是通过字符和字符串承载的，是用户通过键盘输入，并在屏幕显示输出的承载者。字符和字符串看似比较简单，但是如果开发者掌握不好就会导致程序的性能问题，所以仓颉语言和仓颉标准库中提供了许多字符和字符串的操作方法。

本章详细介绍字符和字符串的概念和基本用法，并小结仓颉语言中所有的基本数据类型。本章的核心知识点如下：

（1）字符和字符串的类型和字面量。

（2）字符串的常见操作方法。

（3）字符、字符串的类型转换。

（4）小结基本数据类型。

5.1　字符和字符编码

本节先介绍字符、字符码点、字符集和字符编码的基本知识，然后介绍仓颉语言中字符和字符串的使用方法。

5.1.1　字符集和字符编码

计算机是基于二进制存储数据的,所以如果需要计算机处理文本,就必须将文本转换为相应的二进制数值处理。业界普遍接受的方式是将字符和二进制数值一一对应,这样就能使用二进制数值来表达字符了。字符所对应的二进制数值称为码点(Code Point)。一套字符及其所应对的码点(二进制数值)的集合称为字符集(Charset)。

ACSII(美国信息交换标准代码)字符集通过一字节的二进制数值来代表一个字符,即ACSII 的码点为一字节。例如,用二进制 0100 0001(十进制 65)来代表大写字母 A,用二进制 0011 0101(十进制 53)来代表数字 5。即 A 的码点为 0100 0001,数字 5 的码点为0011 0101,但是,1 字节长度的码点最多能够代表 256 个字符,这实在太少了!在 ACSII字符集中,二进制数值的第一位固定为 0,因此 ACSII 的码点最多表示 128 个字符,ACSII标准从 0000 0000 到 0111 1111 这 128 个码点定义了 128 个字符,包括拉丁字母、数字、标点符号、控制字符等。ACSII 字符集对于英文语言体系来讲是足够的,所以 ACSII 至今仍然流行,例如 C、C++等语言的字符类型使用 ACSII 字符集。

但是世界上有 5000 多种语言,文字少说也有 1000 余种,所以在计算机发展的进程中,各个国家、地区和组织指定了属于自己语言的字符集,例如简体中文的 GB2312、GBK,繁体中文的 Big-5,俄文的 KOI8-R,日文的 EUC-JP 等。各个地区计算机所使用的字符集差异为不同地区文本字符集转换带来困难。

注意　有些语言涉及的字符数量很多,例如中文、日文等,所以诸如 GB2312、EUC-JP等字符集采用了多于 1 字节数值作为码点来表示字符。

20 世纪 90 年代,Unicode 字符集(万国码,也称为国际码、统一码)的诞生解决了各个国家标准不一的问题。Unicode 字符集最多采用 4 字节长度的码点表示一个字符(多数字符可以使用 2 字节长度的码点表示)。Unicode 标准包含了世界上绝大多数语言文件的字符,将中文、日文、德文等语言文字全部囊括进来。2010 年,Unicode 甚至还收录了常用的 Emoji表情。目前,Unicode 已经收录了超过 14 万个字符。仓颉语言的字符和字符串都是通过Unicode 字符集来存储和表达文字的。

通过字符集将字符转换为计算机能够存储和读取的内容的过程称为编码。Unicode 是字符集,还需要具体的编码系统支持。Unicode 编码系统众多,包括了 UTF-8、UTF-16、UTF-32等。其中,UTF-32 最为简单,即使用固定的 32 位(4 字节)宽度存储码点,用来表达一个字符,但是由于 Unicode 绝大多数的字符码点在 2 字节长度以内,英文字母和数字的码点在1 字节长度以内,所以 UTF-32 的效率很低。UTF-16 使用固定的 2 字节表示字符,所以不支持完整的 Unicode 字符集。最常用的 Unicode 字符集的编码系统为 UTF-8。

在 UTF-8 编码系统中,码点的存储长度是可变的,如表 5-1 所示。

(1)当码点值长度在 1~7 时,字符采用 1 字节表示,高位空白处补 0。

(2)当码点值长度在 8~11 时,字符采用 2 字节表示。此时,将码点拆分为两个部分,并分别放置在 2 字节中,高位空白处分别补 110 和 10。

（3）当码点值长度在 12～16 时，字符采用 3 字节表示。此时，将码点拆分为 3 部分，并分别放置在 3 字节中，高位空白处分别补 1110、10 和 10。

（4）当码点值长度在 17～21 时，字符采用 4 字节表示。此时，将码点拆分为 4 部分，并分别放置在 4 字节中，高位空白处分别补 11110、10、10 和 10。

表 5-1　不同长度的码点值所对应的 UTF-8 编码

码点值长度/位	Unicode 码点	UTF-8 编码结果
1～7	zzzzzzz	0zzzzzzz
8～11	yyy yyzzzzzz	110yyyyy 10zzzzzz
12～16	xxxxyyyy yyzzzzzz	1110xxxx 10yyyyyy 10zzzzzz
17～21	wwwxx xxxxyyyy yyzzzzzz	11110www 10xxxxxx 10yyyyyy 10zzzzzz

UTF-8 编码结果的长度是可变的。码点值长度较小的字符，编码结果的长度也较小，因此相对于 UTF-16 和 UTF-32，UTF-8 能够在一定程度上在存储和传输过程中节约资源。另外，Unicode 字符集兼容 ASCII 字符集，而且 UTF-8 编码系统兼容 ASCII 编码。

5.1.2　字符

字符（Char）类型的关键字为 Char。例如，定义名为 chr 的字符型变量，代码如下：

```
var chr : Char
```

字符的字面量通过单引号定义，将单个字符包括起来，如'a'、'海'、'δ'。例如，定义字符型变量 chr 并初始化为字符 a，代码如下：

```
var chr : Char = 'a'
```

字符包括普通字符、转义字符和通用字符 3 类。

1. 普通字符

普通字符包括所有的 Unicode 字符，不仅可以是英文字符，还可以是中文等其他语言的字符，甚至可以是 Emoji 字符。与整型、浮点型等类似，字符的字面量和变量也可以通过 print 函数和 println 函数打印输出。

【实例 5-1】　定义并输出几个不同语言文字下的字符，代码如下：

```
//code/chapter05/example5_1.cj
func main() {
    var chr_chinese : Char = '仓' //中文字符'仓'
    print("中文字符: ${chr_chinese}\n")
    var chr_tibetan : Char = 'ཀ' //藏语字符'ཀ'
    print("藏语字符: ${chr_tibetan}\n")
    var chr_jap : Char = 'な' //日语字符'な'
    print("日语字符: ${chr_jap}\n")
```

```
    }
```

编译并运行程序，输出结果如下：

```
中文字符：仓
藏语字符：ཚ
日语字符：な
```

读者还可以尝试输出其他语言的字符，或者 Emoji 字符等。

2. 转义字符

转义字符是不能直接表达或者具有特殊功能的字符，以反斜杠\开头。例如，在 print 函数中经常用的换行字符\n 是典型的转义字符。再如，单引号字符'和双引号字符"用于定义字符和字符串的字面量，不能直接表达，所以需要使用转义字符，单引号、双引号的字符所对应的转义字符分别为\'和\"。常见的转义字符如表 5-2 所示。

表 5-2　常见的转义字符

字符	描述	字符	描述
\0	空字符	\t	水平制表
\\	反斜杠	\v	垂直制表
\b	退格	\'	单引号
\f	换页	\"	双引号
\n	换行	\r	回车

3. 通用字符

通用字符即通过 Unicode 码点表达字符，其基本形式为\u{X}，其中 X 为 1~8 位十六进制数。

注意　Unicode 字符及其对应的码点可以通过 http://www.unicode.org/charts/ 网站查询。

【实例 5-2】 通过通用字符的方式打印"仓颉"文本，代码如下：

```
//code/chapter05/example5_2.cj
func main() {
    var chr_cang : Char = '\u{4ed3}'    //中文字符'仓'
    var chr_jie : Char = '\u{9889}'     //中文字符'颉'
    var chr_newline : Char = '\n'       //换行符
    print("${chr_cang}${chr_jie}${chr_newline}")
}
```

编译并运行程序，输出结果如下：

```
仓颉
```

Unicode 字符集支持可爱的 Emoji 表情。Unicode 中常用的 Emoji 表情可以在 https://home.unicode.org/emoji/emoji-frequency/ 网站查询。一些常用的 Emoji 表情字符如表 5-3 所示。

表 5-3 常用的 Emoji 表情字符（使用频率数字越大越不常用）

使用频率	表　情
0	😛♡
1	😎🥹
2	😊🙏♡🎁😵
3	👍😂😺😁 ❤ 🔥♡♡💔💜😓😶😺😐😕😚😘😳😖😤
4	💜😍😎😷🔫🔪📢‼️💌✂️ ✨😺😼😊😾👿😡♡💜😊♡😐♡😀😄😆💜😬📟😿👇🎵😣😤💍

【实例 5-3】 通过通用字符输出 Emoji 表情，代码如下：

```
//code/chapter05/example5_3.cj
func main() {
    var chr_emoji1 : Char = '\u{1F601}' //Emoji 表情：笑
    print("笑: ${chr_emoji1}\n")
    var chr_emoji2 : Char = '\u{1F602}' //Emoji 表情：哭笑
    print("哭笑: ${chr_emoji2}\n")
}
```

编译并运行程序，输出结果如下：

```
笑: 😁
哭笑: 😂
```

Emoji 表情的显示效果和终端使用的字体有关。

字符支持关系操作符，如大于（>）、相等（==）等。比较字符时，是比较其 Unicode 码点的大小。对于拉丁字母来讲，小写字母的码点大于大写字母的码点，字母表靠后的码点大于靠前字母的码点。

【实例 5-4】 比较字符 a 和字符 m、A、n 之间的关系，代码如下：

```
//code/chapter05/example5_4.cj
func main(){
    let chr_a = 'a' //字符 'a'
    let chr_m = 'm' //字符 'm'
    let chr_A = 'A' //字符 'A'
    println("chr_m > chr_a : ${chr_m > chr_a}") //比较字符 m 和字符 a 的大小
    println("chr_a >= chr_A : ${chr_a>chr_A}")   //比较字符 a 和字符 A 的大小
    println("chr_m == 'n' : ${chr_m == 'n'}")    //比较字符 m 和字符 n 是否相等
}
```

编译并运行程序，输出结果如下：

```
chr_m > chr_a : true
```

```
chr_a >= chr_A : true
chr_m == 'n' : false
```

实际上，通过 ord 函数和 chr 函数可以实现字符和码点值之间的转换，可参见 5.4 节的相关内容。

5.1.3 字符串

字符串（String）类型的关键字为 String。例如，定义名为 str 的字符型变量，代码如下：

```
var str : String
```

下面介绍字符串字面量和字符串插值。

1．字符串的字面量

字符串的字面量包括单行字符串字面量、多行字符串字面量和原始字符串字面量共 3 种类型。

1）单行字符串字面量

单行字符串字面量是通过一对双引号""将组成字符串的字符包括起来的，如"abc" "Hello, world!" "你好"等。字符串中可以包含 0 个、1 个或者多个字符。不含任何字符的字符串称为空字符串，即""。

例如，定义两个字符串变量，并将有多个字符的字符串和空字符串赋值到这两个变量中，代码如下：

```
var str1 : String = "abc"    //包含 3 个字符的字符串
var str2 : String = ""       //空字符串
```

在之前的学习中，print 函数和 println 函数的输入实参是单行字符串字面量。

2）多行字符串字面量

多行字符串字面量是通过字符串前、后的 3 个双引号"""包括起来的。在多行字符串字面量的内部，可以自由换行。例如，定义一个多行字符串字面量，代码如下：

```
"""
你好仓颉，
我是鸿蒙！
"""
```

字符串的内容必须从起始的 3 个双引号"""的下一行开始。例如，不能将上述代码中的"你好仓颉，"一行和起始 3 个双引号"""放在同一行，代码如下：

```
"""你好仓颉，
我是鸿蒙！
"""
```

上述代码会导致编译错误。

但是，可以将结束的 3 个双引号"""和字符串的末尾放置在同一行。下面的代码是正确的：

```
"""
你好仓颉，
我是鸿蒙!"""
```

另外，字符串中的内容不能随意缩进，否则输出的结果也有缩进。

【实例 5-5】　通过多行字符串字面量定义古诗《悯农》，代码如下：

```
//code/chapter05/example5_5.cj
func main() {
    var str_minnong : String = """
锄禾日当午，
汗滴禾下土。
谁知盘中餐，
粒粒皆辛苦?
""" //多行字符串字面量
    print(str_minnong) //输出字符串变量 str_minnong
}
```

编译并运行程序，输出结果如下：

```
锄禾日当午，
汗滴禾下土。
谁知盘中餐，
粒粒皆辛苦?
```

在上述代码中，多行字符串字面量中的每一行都没有使用空白字符缩进，所以会使代码结构看起来比较混乱，所以建议将初始化为多行字符串字面量的变量作为全局变量使用。例如，将上述代码中的 str_minnong 变量设计为全局变量，代码如下：

```
//多行字符串字面量
var str_minnong : String = """
锄禾日当午，
汗滴禾下土。
谁知盘中餐，
粒粒皆辛苦?
"""

func main() {
    //输出字符串变量 str_minnong
    print(str_minnong)
}
```

如此一来，代码看起来简洁了许多。

3）原始字符串字面量

原始字符串字面量是通过 1 个或者多个井号#及 1 个双引号"开头，并通过 1 个双引号"及 1 个或者多个井号#结尾的，其形式为#" … "#、##" … "##等。原始字符串字面量中不支持转义字符和原始字符，其中所包含的所有字符都按照普通字符看待，所以原始字符串字面量中所有的转义字符和原始字符都会按照原样输出。

原始字符串字面量同样支持多行形式，但是原始字符串字面量中的内容不需要像多行字符串初始化那样从下一行起始。

【**实例 5-6**】 通过两个原始字符串字面量初始化字符串变量，代码如下：

```
//code/chapter05/example5_6.cj
func main() {
    var str1 : String = #"\r\n\u{0101}"#//原始字符串
    print(str1)
    var str2 : String = #"
换行符：\n
空字符：\0
"#//多行原始字符串，注意不要随意缩进
    print(str2)
}
```

编译并运行程序，输出结果如下：

```
\r\n\u{0101}
换行符：\n
空字符：\0
```

多行字符串字面量和多行的原始字符串字面量虽然不是很美观，影响了代码的缩进效果，但是使用起来却更加方便，能够达到所见即所得的效果。

2. 字符串插值

字符串可能需要动态地加入一些变量（或字面量、表达式）的值，这个时候就需要使用字符串插值。字符串插值采用一个$符号和一对花括号{}表示，而花括号中的插值代码可以是任意基本数据类型的字面量、变量、表达式或语句块，即其基本结构为${插值代码}。插值代码被称为插值表达式，拥有插值部分的字符串称为插值字符串。插值字符串在之前的学习中实际上已使用很多次了，用法也很简单，所以这里不再详细介绍。

如果字符串插值部分${}中包含了字符串字面量，则字面量中的双引号"不需要转义。因为插值表达式不属于字符串的一部分，插值表达式的结果才是字符串的一部分。

【**实例 5-7**】 创建 flag 变量，在字符串插值中通过 if 表达式根据 flag 的值返回不同的字符串，代码如下：

```
//code/chapter05/example5_7.cj
func main() {
    let flag = true
```

```
        //字符串插值表达式中包含字符串
        println("${if (flag) { "正确" } else { "错误" }}")
}
```

在上述代码中，插值表达式 if (flag) { "正确" } else { "错误" }包含了两个字符串字面量。这两个字面量的双引号"不需要进行转义。编译并运行程序，输出结果如下：

```
正确
```

3. 遍历字符串中的字符

通过 for in 表达式可以遍历字符串中的字符。

【实例 5-8】 遍历字符串"Hello, world!"，输出其中的每个字符，并且字符之间通过空格相隔，代码如下：

```
//code/chapter05/example5_8.cj
func main() {
    let str = "Hello, world!"
    for(ch in str) {
        print("${ch} ") //输出 ch 字符和空格字符
    }
    println("") //添加换行符
}
```

编译并运行程序，输出结果如下：

```
H e l l o ,   w o r l d !
```

通过 toCharArray 等函数还可以将字符串转换为字符数组，详见 8.1.4 节的相关内容。

5.2　操作字符串

本节介绍字符串的常见操作方法，包括字符串的长度、索引、关系比较、包含关系等。

5.2.1　字符串的长度和索引

字符串中字符的数量被称为字符串的长度。字符串的长度可以是 0、1 或者更大。空字符串的长度为 0。以下介绍如何获取字符串的长度，以及空字符串的概念和用法。

1. 字符串的长度

通过字符串的 size 函数可以获得字符串的长度，其返回类型为 Int64。

【实例 5-9】 定义"abc"和"我是字符串"两个字符串，并输出其长度，代码如下：

```
//code/chapter05/example5_9.cj
func main() {
    var str1 : String = "abc"
```

```
    var str2 : String = "我是字符串"
    var size_str1 = str1.size() //获取 str1 字符串的长度
    var size_str2 = str2.size() //获取 str2 字符串的长度
    println("str1 的长度为:${size_str1}")
    println("str2 的长度为:${size_str2}")
}
```

"abc"包含 a、b 和 c 共 3 个字符，所以其长度为 3。"我是字符串"包含我、是、字、符、串共 5 个字符，所以其长度为 5。

在 main 函数中，通过 str1 和 str2 变量承载上述两个字符串，然后，通过 size 函数分别获取这两个字符串的长度值，并分别赋值到 size_str1 和 size_str2 变量。最后，通过 println 函数打印这两个变量的值。编译并运行程序，结果如下：

```
str1 的长度为:3
str2 的长度为:5
```

2. 空字符串

空字符串中没有任何字符，用""表示，其长度为 0。例如，定义 str 变量并初始化为空字符串，代码如下：

```
var str : String = ""
```

【实例 5-10】 通过 size 函数即可获取空字符串的长度，代码如下：

```
//code/chapter05/example5_10.cj
func main() {
    var str : String = ""
    var size_str = str.size()
    println("str 的长度为:${size_str}")
}
```

编译并运行程序，输出结果如下：

```
str 的长度为:0
```

除了 size 函数以外，还可以通过 isEmpty 函数判断字符串是否为空。isEmpty 函数的返回值为布尔型：当返回值为 true 时说明该字符串为空，反之不为空。

注意 对于字符串 str 来讲，表达式 str.size() == 0 和 str.isEmpty 是等价的。

【实例 5-11】 通过 isEmpty 函数判断一个字符串是否为空，代码如下：

```
//code/chapter05/example5_11.cj
func main() {
    var str1 : String = " " //str1 仅包含一个空格
    println("str1 is empty ? ${str1.isEmpty()}")
    var str2 : String = "" //str2 为空字符串
    println("str2 is empty ? ${str2.isEmpty()}")
```

```
}
```

编译并运行程序，输出结果如下：

```
str1 is empty ? false
str2 is empty ? true
```

3. 字符串的索引

字符串中字符的位置称为字符索引。字符索引是字符在字符串中按从左到右的顺序计数，并且从 0 开始计数。例如，"abc"字符串中的 a 字符处于第 0 索引，b 字符处于第 1 索引，而 c 字符处于第 2 索引，如图 5-2 所示。

不难看出，字符串中最后一个字符的索引比字符串长度小 1。也就是说，如果字符串长度为 n，则其最后一个字符串的索引号为 $n-1$，如图 5-3 所示。

图 5-2　字符串"abc"的索引　　　　图 5-3　字符串的索引（*表示任意字符）

通过 charAt(index: Int64)函数可以获得字符串中指定索引处的字符，其中 index 参数为索引号。

【实例 5-12】　获取字符串"abc"中第 0 和第 2 索引处的字符并打印出来，代码如下：

```
//code/chapter05/example5_12.cj
func main() {
    var str = "abc"
    println("abc 中第 0 索引处的字符为${str.charAt(0)}")
    println("abc 中第 2 索引处的字符为${str.charAt(2)}")
}
```

编译并运行程序，输出结果如下：

```
abc 中第 0 索引处的字符为 a
abc 中第 2 索引处的字符为 c
```

除了可以使用 charAt 函数以外，还可以通过索引操作符[]的方式获取指定索引的字符。

【实例 5-13】　通过 str[1]获取字符串变量 str 的第 1 索引处的字符，代码如下：

```
//code/chapter05/example5_13.cj
func main() {
    var str = "abc"
    println("abc 中第 1 索引处的字符为${str[1]}")
}
```

编译并运行程序，输出结果如下：

```
abc 中第 1 索引处的字符为 b
```

5.2.2 字符串的关系运算

字符串类型支持关系运算,用于比较字符串是否相同或者比较其大小关系,如表 5-4 所示。

表 5-4 字符串的关系操作符及其用法

操作符	描 述	用法（当 value 变量的值为 1 时）
==	等于	"abc" == "abc"（结果为 true）
!=	不等于	"abc" != "abc"（结果为 false）
>	大于	"abd">"abc"（结果为 true）
<	小于	"abd"<"abc"（结果为 false）
>=	大于或等于	"abd">= "abc"（结果为 true）
<=	小于或等于	"abd"<= "abc"（结果为 false）

比较字符串,是自左向右逐个比较字符码点。如果字符数量相等且码点全部相等,则字符串相等,否则字符串不等。

注意　除了==和!=操作符,还可以通过 equals 函数判断两个字符串是否相等。对于 str1 和 str2 两个字符串,str1.equals(str2)的效果等同于 str1 == str2。

字符串不相等存在两种情况。

（1）在自左向右的比较过程中,如果出现某个位置的字符码点不同,则字符码点小的字符串小。例如对于"abd"和"abc"这两个字符串,两者第 0 和第 1 索引处的字符相同,但是在比较第 2 索引位置的字符时,由于 d 字符的 Unicode 码点值大于 c 字符的 Unicode 码点值,所以"abd"字符串大于"abc"字符串。

注意　比较字符串时,一旦出现了不相同的字符,那么后面所有的字符都不会对字符串的大小存在影响了。例如"abdaa"大于"abczz",这是因为当比较索引 2 处的 d 和 c 字符时已经可以比较出结果了,其后方的所有字符不再逐个比较。

（2）在自左向右的比较过程中,如果某一个字符串先到达末尾,则先到达末尾的字符串更小。对于"abc"和"abcd"这两个字符串,两者第 0、1、2 索引处的字符相同,但是比较第 3 索引的字符时,由于前者字符串已经截止,所以"abc"字符串小于"abcd"字符串。

【实例 5-14】　比较几个字符串,代码如下:

```
//code/chapter05/example5_14.cj
func main() {
    println("abd == abc ? ${"abd" == "abc"}")   //判断 abd 和 abc 字符串是否相等
    println("abd > abc ? ${"abd">"abc"}")        //判断 abd 是否大于 abc
    println("abdx > abcz ? ${"abdx">"abcz"}")   //判断 abdx 是否大于 abcz
}
```

编译并运行程序,输出结果如下:

```
abd == abc ? false
```

```
abd > abc ? true
abdx > abcz ? true
```

5.2.3　字符串的包含关系

字符串的包含关系主要有以下两类：

（1）字符串与字符的包含关系，即字符串中是否包含某个字符。

（2）字符串与字符串的包含关系，即字符串中是否包含某个字符串。

字符串与字符之间的包含关系可以通过函数 contains(c: Char) 判断，其中参数 c 为需要判断的字符，其返回类型为布尔类型，即最终判断结果：true 为包含，false 为不包含。

如果一个字符串包含了另外一个字符串，此时后者称为前者的子字符串。字符串与字符串之间的包含关系可以通过 contains(str: String) 函数判断，其中参数 str 为需要判断的字符串（是否存在该子字符串），其返回类型为布尔类型，即最终判断结果：true 为包含，false 为不包含。

注意　函数 contains 是重载函数，其参数可以为字符型，也可以为字符串型。

除了 contains 函数以外，如果需要判断字符串是否以某一个子字符串作为开头或结尾，则可以通过 startsWith 和 endsWith 函数进行判断。

字符串包含的字符和子字符串可能不止一个，此时还可以通过 count 函数对这些字符和子字符串进行计数。以上介绍的几个字符串包含关系的函数如表 5-5 所示。

表 5-5　字符串包含关系的函数

函　　数	说　　明
func contains(c: Char): Bool	判断字符串是否包含某个字符
func contains(str: String): Bool	判断字符串是否包含某个子字符串
func startsWith(prefix: String): Bool	判断字符串是否以某个子字符串开头
func endsWith(suffix: String): Bool	判断字符串是否以某个子字符串结尾
func count(c: char): Int64	获取字符串包含某个字符的个数
func count(sub: String) : Int64	获取字符串包含某个子字符串的个数

【实例 5-15】　判断字符串的包含关系，代码如下：

```
//code/chapter05/example5_15.cj
func main() {
    var str1 : String = "abc111edf"
    println("str1 是否包含 e 字符? ${str1.contains('e')}")
    println("str1 是否包含 ed 字符串? ${str1.contains("ed")}")
    println("str1 是否以 mm 开头? ${str1.startsWith("mm")}")
    println("str1 是否以 df 结尾? ${str1.endsWith("df")}")
    println("str1 中包含字符 1 的数量? ${str1.count('1')}")
```

```
        println("str1中包含ed子字符的数量？${str1.count("ed")}")
    }
```

编译并运行程序，输出结果如下：

```
str1是否包含e字符？true
str1是否包含ed字符串？true
str1是否以mm开头？false
str1是否以df结尾？true
str1中包含字符1的数量？3
str1中包含ed子字符的数量？1
```

5.2.4 裁剪和连接

通过字符串裁剪可以获得字符串中的子字符串。通过字符串连接可以将多个字符串合并为1个字符串。

1. 字符串的裁剪

通过substring函数可以获得字符串中的子字符串，其用法如表5-6所示。

表5-6 裁剪字符串的相关函数

函　　　　数	说　　　明
func substring(beginIndex: Int64): String	通过起始索引beginIndex到末尾裁剪字符串
func substring(beginIndex: Int64, length: Int64): String	通过起始索引beginIndex到指定长度length裁剪字符串

【实例5-16】 裁剪字符串"abcdefg"，代码如下：

```
//code/chapter05/example5_16.cj
func main() {
    var str1:String = "abcdefg"
    println(str1.substring(3))    //从第3索引裁剪到末尾
    println(str1.substring(3,3))  //从第3索引向后裁剪3个字符
}
```

字符串的裁剪过程如图5-4所示。

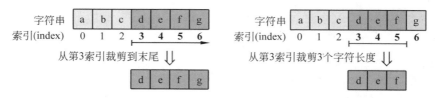

图5-4 字符串的裁剪过程

编译并运行程序，输出结果如下：

```
defg
def
```

除了可以使用 substring 函数，还可以通过索引操作符[]结合区间类型裁剪字符串，裁剪结果是通过区间序列的值获取字符串的字符，然后组成新的字符串。通过这种方式裁剪字符串更加灵活。例如，裁剪 str1 中第 0 到第 2 索引的子字符串，则可以通过 str1[0..3]的方式裁剪。另外，"1234567890"[0..5]的结果为 12345；"1234567890"[0..5:2]的结果为 135。

【实例 5-17】 使用索引字符串，代码如下：

```
//code/chapter05/example5_17.cj
func main() {
    var str1 : String = "abcdefg"
    println(str1[0..4])        //从第 0 索引裁剪到第 4 索引
    println(str1[0..6:2])      //裁剪第 0、2、4 个字符作为新的字符串
}
```

编译并运行程序，输出结果如下：

```
abcd
ace
```

2. 字符串的连接

通过 concat(str: String)函数可以连接字符串。例如，将 str1 和 str2 连接在一起的表达式是 str1.concat(str2)，这个函数的返回值即为连接后的字符串。除了可以使用函数的方法，也可以使用连接操作符+将两个字符串连接在一起，即表达式 str1 + str2。

【实例 5-18】 连接字符串"abc"和"def"，代码如下：

```
//code/chapter05/example5_18.cj
func main() {
    var str1 : String = "abc"
    var str2 : String = "def"
    println(str1.concat(str2))   //将 str1 与 str2 连接
    println(str1 + str2)         //将 str1 与 str2 连接
}
```

字符串的连接过程如图 5-5 所示。

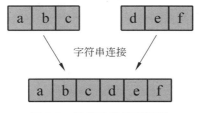

图 5-5 字符串的连接过程

编译并运行程序，输出结果如下：

```
abcdef
abcdef
```

连接操作符+还可以实现字符串和字符之间的连接，以下连接方式是正确的：

```
"abc" + 'd'          //连接后为 abdc
"abc" + 'd' + "e"    //连接后为 abcde
```

连接操作符+的第 1 个操作数必须为字符串，因此，字符串和字符进行连接时，必须字符串在前且字符在后，以下连接方式是错误的：

```
'a' + "bc"  //错误的，无法连接
'a' + 'b'   //错误的，无法连接
```

如果要实现此类连接，则可以通过字符串插值的方式实现。或者在连接表达式前通过空字符串开始连接，代码如下：

```
"" + 'a' + "bc"     //正确的，连接后为 abc
"" + 'a' + 'b'      //正确的，连接后为 ab
```

这个连接方式是正确的。

5.2.5　字符串的高级操作

本节介绍字符串替换、反转、重复、对齐等高级用法。

1. 字符串替换

通过 replace 函数可以替换字符串中的字符或者子字符串，主要包括两个重载函数，如表 5-7 所示。

表 5-7　字符串替换的相关函数

函　　数	说　　明
func replace(oldChar: Char, newChar: Char): String	将字符串中的 oldChar 字符替换为 newChar 字符，返回值为替换后的新字符串
func replace(oldStr: String, newStr: String): String	将字符串中的 oldStr 子字符串替换为 newStr 子字符串，返回值为替换后的新字符串

【实例 5-19】　替换字符串中的字符、字符串，代码如下：

```
//code/chapter05/example5_19.cj
func main() {
    var str = "This is apple."
    println(str.replace('T', 't'))           //将 T 字符替换为 t
    println(str.replace("apple", "pear"))    //将字符串 apple 替换为 pear
```

```
}
```

编译并运行程序，输出结果如下：

```
this is apple.
This is pear.
```

2. 字符串反转

通过 reverse 函数可以实现字符串的反转。字符串的反转是将字符串中的字符索引反转。

【实例 5-20】 将"我吃饭"反转换为"饭吃我"，代码如下：

```
//code/chapter05/example5_20.cj
func main() {
    var str = "我吃饭"
    println(str.reverse()) //字符串反转
}
```

编译并运行程序，输出结果如下：

```
饭吃我
```

3. 字符串重复

字符串重复可以通过以下两种方式实现：

（1）通过 repeat(count: Int64)函数实现，其中 count 为重复次数。

（2）通过乘法操作符*实现，操作符前为字符串，操作符后为重复次数。

【实例 5-21】 将"°☆＼☆*"字符串重复 3 遍后输出，代码如下：

```
//code/chapter05/example5_21.cj
func main() {
    var str = "°☆＼☆*"
    println(str.repeat(3))
    println(str*3)
}
```

表达式 str.repeat(3)和 str*3 实际上是等价的。编译并运行程序，输出结果如下：

```
°☆＼☆*°☆＼☆*°☆＼☆*
°☆＼☆*°☆＼☆*°☆＼☆*
```

4. 字符串对齐

通过 padLeft 和 padRight 函数可以将字符串转换为指定的长度，并实现原有字符串的右对齐和左对齐，如表 5-8 所示。

表 5-8　字符串对齐的相关函数

函　　数	说　　明
func padLeft(totalWidth: Int64, paddingChar!: Char = ' '): String	将字符串的长度设置为 totalWidth，原字符串靠右，左侧使用 paddingChar（默认使用空格）填充
func padRight(totalWidth: Int64, paddingChar!: Char = ' '): String	将字符串的长度设置为 totalWidth，原字符串靠左，右侧使用 paddingChar（默认使用空格）填充

【实例 5-22】　对齐字符串，代码如下：

```
//code/chapter05/example5_22.cj
func main() {
    var str = "dongyu"
    //字符串长度为 20，原字符串靠右，左侧使用空格填充
    println(str.padLeft(20))
    //字符串长度为 20，原字符串靠左，右侧使用空格填充
    println(str.padRight(20))
    //字符串长度为 20，原字符串靠右，左侧使用☆填充
    println(str.padLeft(20, paddingChar : '☆'))
    //字符串长度为 20，原字符串靠左，右侧使用☆填充
    println(str.padRight(20, paddingChar : '☆'))
}
```

编译并运行程序，输出结果如下：

```
              dongyu
dongyu
☆☆☆☆☆☆☆☆☆☆☆☆☆☆dongyu
dongyu☆☆☆☆☆☆☆☆☆☆☆☆☆☆
```

5.2.6　Unicode 标准库

Unicode 标准库为字符和字符串提供了大小写转换，以及字符串修剪和判断字符串是否仅为空白字符的相关方法。

导入 Unicode 标准库的代码如下：

```
from std import unicode.*
```

1. 大小写转换

通过 toLower、toUpper、toAsciiTitle 等函数可以实现文本的大小写转换，具体的使用方法如表 5-9 所示。

表 5-9　字符串大小写转换的相关函数

函　　　数	说　　明
func toLower(): String	将字母转换为小写
func toAsciiLower(): String	将字母（仅 ASCII 中的拉丁字母）转换为小写
func toUpper(): String	将字母转换为大写
func toAsciiUpper(): String	将字母（仅 ASCII 中的拉丁字母）转换为大写
func toAsciiTitle(): String	将字符串转换为标题格式（单词首字母大写）

【实例 5-23】 实现字符串中字符大小写转换，代码如下：

```
//code/chapter05/example5_23.cj
from std import unicode.*
func main() {
    var str = "China is the BEST in the world. 德语字母:äö 希腊字母:α β γ"
    println(str.toLower())          //转小写
    println(str.toAsciiLower())     //转小写（仅 ASCII）
    println(str.toUpper())          //转大写
    println(str.toAsciiUpper())     //转大写（仅 ASCII）
    println(str.toAsciiTitle())     //转标题格式（仅 ASCII）
}
```

字符串 str 不仅含有英文字符，还包括了德语字母和希腊字母字符。通过 toLower 和 toUpper 函数可以实现这些字母的大小写转换，但是不能通过 toAsciiLower 和 toAsciiUpper 函数转换。后两个函数仅能实现拉丁字母（英文字母）的大小写转换。编译并运行程序，输出结果如下：

```
china is the best in the world. 德语字母:äö 希腊字母:α β γ
china is the best in the world. 德语字母:äö 希腊字母:α β γ
CHINA IS THE BEST IN THE WORLD. 德语字母:Äö 希腊字母:A B Γ
CHINA IS THE BEST IN THE WORLD. 德语字母:äö 希腊字母:α β γ
China Is The Best In The World. 德语字母:äö 希腊字母:α β γ
```

对于字符类型，Unicode 标准库也提供了大小写转换的相关方法，读者可参阅 Unicode 库的说明文档。

2. 字符串修剪

通过字符串修剪（trim）可以去除字符串左侧或右侧的空白字符，此功能非常实用。例如，当用户登录某个系统时，在输入用户名时可能会在其左右两侧不小心输入了空格等空白字符，导致系统无法识别这个用户名。通过 trim 函数尝试修剪这些空白字符，可以提高程序的健壮性。字符串修剪的相关函数如表 5-10 所示。

表 5-10 字符串修剪的相关函数

函 数	说 明
func trim(): String	去除字符串左右两侧的空白字符
func trimAscii(): String	去除字符串左右两侧的 ASCII 空白字符
func trimLeft(): String	去除字符串左侧的空白字符
func trimAsciiLeft(): String	去除字符串左侧的 ASCII 空白字符
func trimRight(): String	去除字符串右侧的空白字符
func trimAsciiRight(): String	去除字符串右侧的 ASCII 空白字符
func trimLeft(prefix: String): String	去除字符串左侧的指定字符串
func trimRight(suffix: String): String	去除字符串右侧的指定字符串

【**实例 5-24**】 实现字符串的修剪，代码如下：

```
//code/chapter05/example5_24.cj
from std import unicode.*
func main() {
    var str = "  dongyu1009 "          //左侧两个空格，右侧一个空格
    println(str.trim())               //输出结果为"dongyu1009"
    println(str.trimAscii())          //输出结果为"dongyu1009"
    println(str.trimLeft())           //输出结果为"dongyu1009 "
    println(str.trimAsciiLeft())      //输出结果为"dongyu1009 "
    println(str.trimRight())          //输出结果为"  dongyu1009"
    println(str.trimAsciiRight())     //输出结果为"  dongyu1009"
    println(str.trim().trimLeft("dong"))  //输出结果为"yu1009"
    println(str.trim().trimRight("1009")) //输出结果为"dongyu"
}
```

在上述代码中，str 字符串左右两侧分别有两个空格和一个空格。编译并运行程序，输出结果如下：

```
dongyu1009
dongyu1009
dongyu1009
dongyu1009
  dongyu1009
  dongyu1009
yu1009
dongyu
```

3. 判断字符串是否仅包含空白字符

有些字符串虽然不为空，但是可能仅包含空格（包括全角空格、半角空格）、Tab、换行或回车等空白（whitespace）字符。通过 isBlank 函数可以判断字符串是否为空或者仅包含空

白字符。通过 isAsciiBlank 函数可以判断字符串是否为空，或者仅包含 ASCII 体系下的空白字符。

　　注意　Unicode 字符集中空白字符的码点（十六进制）包括 9、10、11、12、13、20、85、A0、1680、2000、2001、2002、2003、2004、2005、2006、2007、2008、2009、200A、2028、2029、202F、205F、3000 等。其中，码点 9、10、11、12、13、20、85、A0 所代表的字符也同时为 ASCII 字符集中的空白字符码点。

　　下面的实例展示 isEmpty、isAsciiBlank 和 isBlank 这 3 个函数的用法。

　　【实例 5-25】 创建 str1、str2 和 str3 共 3 个字符串变量。其中，str1 包含了一个空格（ASCII 空白字符）和一个 0x2006 通用字符（Unicode 空白字符）；str2 包含了一个空格字符；str3 为一个空字符串，然后，分别通过 isEmpty、isAsciiBlank 和 isBlank 函数判断这 3 个字符串是否为空及是否仅包含空白字符，代码如下：

```
//code/chapter05/example5_25.cj
from std import unicode.*
func main() {
    //str1 包含 1 个空格和 1 个 0x2006 Unicode 空白字符
    var str1 : String = " \u{2006}"
    println("str1 is empty ? ${str1.isEmpty()}")
    println("str1 is ASCII blank ? ${str1.isAsciiBlank()}")
    println("str1 is blank ? ${str1.isBlank()}")
    var str2 : String = "" //str2 仅包含一个空格（ASCII 空白字符）
    println("str2 is empty ? ${str2.isEmpty()}")
    println("str2 is ASCII blank ? ${str2.isAsciiBlank()}")
    println("str2 is blank ? ${str2.isBlank()}")
    var str3 : String = "" //str3 为空字符串
    println("str3 is empty ? ${str3.isEmpty()}")
    println("str3 is ASCII blank ? ${str3.isAsciiBlank()}")
    println("str3 is blank ? ${str3.isBlank()}")
}
```

编译并运行程序，输出结果如下：

```
str1 is empty ? false
str1 is ASCII blank ? false
str1 is blank ? true
str2 is empty ? false
str2 is ASCII blank ? true
str2 is blank ? true
str3 is empty? true
str3 is ASCII blank ? true
str3 is blank ? true
```

函数 isAsciiBlank 和 isBlank 非常有用。例如，当用户在表单输入某些信息时，空字符串和含有空白字符的字符串在肉眼中是不容易分辨的，所以需要借助上述函数来判断某些原本应该是空文本的地方是否混入了空格等空白字符。

5.3　字符串的类型转换

本节介绍字符串与整型、浮点型、布尔型、字符型之间的转换方法。

5.3.1　字符串类型转换的基本思路

字符串的类型转换主要包括两部分。

1）整型、浮点型、布尔型、字符型转换为字符串型

除了元组、区间、Unit 和 Nothing 类型，对于整型、浮点型、布尔型、字符型等基本数据类型来讲，可以通过 toString 函数将其转换为字符串。

在字符串插值中，将插值表达式转换为字符串的过程，实际上是在尝试调用插值表达式结果的 toString 函数。

【实例 5-26】 将整型、浮点型、布尔型、字符型转换为字符串型，代码如下：

```
//code/chapter05/example5_26.cj
func main() {
    var intValue : Int64 = 300        //整型
    var fltValue : Float64 = 20.4     //浮点型
    var boolValue : Bool = false      //布尔型
    var charValue : Char = 'a'  //字符型
    println("intValue: " + intValue.toString())        //整型转字符串型
    println("fltValue: " + fltValue.toString())        //浮点型转字符串型
    println("boolValue: " + boolValue.toString())      //布尔型转字符串型
    println("charValue: " + charValue.toString())      //字符型转字符串型
    println("intValue: ${intValue}")      //整型转字符串型
    println("fltValue: ${fltValue}")      //浮点型转字符串型
    println("boolValue: ${boolValue}")    //布尔型转字符串型
    println("charValue: ${charValue}")    //字符型转字符串型
}
```

表达式"intValue: " + intValue.toString()和插值字符串"intValue: ${intValue}"是等价的。编译并运行程序，输出结果如下：

```
intValue: 300
fltValue: 20.400000
boolValue: false
charValue: a
intValue: 300
fltValue: 20.400000
```

```
boolValue: false
charValue: a
```

但是，这种转换方式没有办法控制转换的格式。例如，浮点型值 20.4 转换为字符串型为 20.400000，其进制类型和有效位数都无法控制。通过格式化类型转换方法可以设置转换字符串结果的进制、有效位数等。在仓颉语言中，format 标准库专门用于实现此类转换，这将在 5.3.2 节中详细介绍。

在许多编程语言中，可以直接通过连接操作符连接字符串型和其他的类型。例如，在 Java 中将 intValue 变量转换为字符串，即可通过"" + intValue 的方式实现转换，但由于仓颉是一个典型的静态强类型语言，所以不支持这种转换。另外，使用 String()强制类型转换的方式目前也是不允许的，下面的各种转换方式均为错误的：

```
"" + intValue              //编译错误
String(intValue)           //编译错误
"desc : " + String(value)  //编译错误
```

2）字符串型转换为整型、浮点型、布尔型、字符型

通过字符串解析可以将字符串类型转换为整型、浮点型、布尔型、字符型等基本数据类型。在仓颉语言中，convert 标准库专门用于实现此类解析和转换，这将在 5.3.3 节中详细介绍。

5.3.2 格式化转换

格式化转换可以通过 format 标准库实现，可以实现将整型、浮点型和字符型的格式转化为字符串型。

注意 布尔型无法进行格式化类型转换（也没有必要），开发者只能通过字符串插值的方式实现此类型的转换。

导入 format 标准库，代码如下：

```
form std import format.*
```

format 标准库中的 format 函数可以将整型、浮点型和字符型转换为字符串型，函数 format(fmt: String)中的 fmt 参数为格式化参数，其返回值是格式化后的字符串型了。

fmt 格式化参数主要由 4 部分构成：样式标识（flags）、字符串长度（width）、精度（precision）和进制标识（specifier），其具体格式为

```
[flags][width].[precision][specifier]
```

（1）样式标识用于指定对齐方式、进制标识和空位补 0 等功能。

（2）字符串长度用于指定格式化字符串的最小长度。

（3）精度主要针对浮点型字符串，用于指定其小数的保留位数。

（4）进制标识用于指定字符串中数值的进制。

接下来分别介绍整型、浮点型和字符型的格式化用法。

1. 整型的格式化

1）字符串长度

对于 fmt 格式参数来讲，通过字符串长度（width）可以指定格式化后的最小字符串长度。

【实例 5-27】 定义浮点型变量 intValue 并将其值初始化为 20，然后通过 format 函数将其格式化为字符串型，最小字符串长度为 10，代码如下：

```
//code/chapter05/example5_27.cj
from std import format.*
func main() {
    var intValue : Int64 = 20          //整型
    println(intValue.format("10"))     //将整型格式化字符串型，最小字符串长度为 10
}
```

编译并运行程序，输出结果如下：

```
        20
```

这里输出的字符串长度为 10，整型的值右对齐，左侧使用空格填充。注意这里的字符串长度为最小字符串长度，如果将整型值改为 300000，并将最小字符串长度设置为 4，代码如下：

```
from std import format.*
func main() {
    var intValue : Int64 = 300000 //整型
    println(intValue.format("4")) //将整型格式化字符串型，最小字符串长度为 4
}
```

编译并运行程序，输出结果如下：

```
300000
```

需要长度为 6 的字符串用于完整显示整个整型数值，由于超出了设定的最小字符串长度，所以实际结果的字符串长度为 6。

2）样式标识

在 fmt 参数的最前面可以加入样式标识。样式标识主要包括–、+、#和 0 共 4 种。

（1）–：表示字符串左对齐。默认无此标识时为右对齐。

（2）+：针对数值类型，表示当为正数时在正数前面加上正号+。默认无此标识时仅在负数时加上负号–。

（3）#：针对进制打印时是否输出进制的标识，对于二进制打印会补充一个 0b 或者 0B，对于八进制打印会补充一个 0o 或者 0O，对于十六进制打印会补充 0x 或者 0X。默认无此标识时不会打印进制的前缀。该标识在下文介绍进制时再详细介绍。

（4）0：表示空位补 0，即用 0 填充空位。默认无此标识时空位用空格填充。

注意　上述样式标识只能单独使用，不能同时使用。

【**实例5-28**】将整型54321格式化为字符串型，并为格式化参数设置样式标识–、+和0，代码如下：

```
//code/chapter05/example5_28.cj
from std import format.*
func main() {
    var intValue : Int64 = 54321        //整型
    println(intValue.format("20"))      //右对齐，正数无+号，用空格补齐空位
    println(intValue.format("-20"))     //左对齐，正数无+号，用空格补齐空位
    println(intValue.format("+20"))     //右对齐，正数有+号，用空格补齐空位
    println(intValue.format("020"))     //右对齐，正数无+号，用0补齐空位
}
```

编译并运行程序，输出结果如下：

```
               54321
54321
              +54321
00000000000000054321
```

3）关于进制

格式化输出数值时，允许指定输出的进制。具体的方法是在fmt参数的末尾加上b、B、o、O、x或X：

（1）b和B表示二进制。

（2）o和O表示八进制。

（3）x和X表示十六进制。

默认情况下，输出结果并不会在开头加上进制的标识。需要通过fmt参数的#表示打印出来。进制标识的大小写（例如0x还是0X）取决于fmt参数末尾指定进制时的大小写。

【**实例5-29**】将整型数值54321转换为各种进制的表达形式，代码如下：

```
//code/chapter05/example5_29.cj
from std import format.*
func main() {
    var intValue : Int64 = 54321        //整型
    println(intValue.format("20b"))  //输出二进制，不带进制标识
    println(intValue.format("#20b")) //输出二进制，带进制标识
    println(intValue.format("20o"))  //输出八进制，不带进制标识
    println(intValue.format("#20o")) //输出八进制，带进制标识
    println(intValue.format("20"))   //输出十进制，不带进制标识
    println(intValue.format("20x"))  //输出十六进制，不带进制标识
    println(intValue.format("#20x")) //输出十六进制，带进制标识
    println(intValue.format("20X"))  //输出十六进制，不带进制标识（且字母大写）
```

```
        println(intValue.format("#20X"))//输出十六进制，带进制标识（且字母大写）
}
```

编译并运行程序，输出结果如下：

```
1101010000110001
  0b1101010000110001
            152061
          0o152061
            54321
            d431
           0xd431
            D431
           0XD431
```

进制的相关设置仅适用于整型，不支持浮点型。

2. 浮点型的格式化

1）字符串长度和精度

对于字符串长度的设置，浮点型和整型的设置方法类似。

【实例 5-30】 定义浮点型变量 fltValue 并将其值初始化为 20.4，然后通过 format 函数将其格式化为字符串型，并将最小字符串长度设置为 20，代码如下：

```
//code/chapter05/example5_30.cj
from std import format.*
func main() {
    var fltValue : Float64 = 20.4 //浮点型
    println(fltValue.format("20")) //将浮点型格式化为字符串型，最小字符串长度为 20
}
```

编译并运行程序，输出结果如下：

```
          20.400000
```

上述代码输出的字符串长度为 20，浮点型的值右对齐，左侧使用空格填充。字符串长度为最小字符串长度，如果将其设置为 5，代码如下：

```
from std import format.*
func main() {
    var fltValue : Float64 = 20.4 //浮点型
    println(fltValue.format("5")) //将浮点型格式化字符串，最小字符串长度为 5
}
```

编译并运行程序，输出结果如下：

```
20.400000
```

由于字符串默认输出时需要保留一定的精度，所以超出了我们设定的最小字符串长度。

注意　无论是 Float32 还是 Float64 类型，将浮点型转换为小数形式的字符串型，默认保留 6 位小数。

可以通过设置输出精度的方式来强制设置浮点型的保留位数。具体的方法是，在 fmt 参数的后方加入小数点和具体的保留位数。例如，将输出的最小字符串长度设置为 8，保留 3 位小数，那么其 fmt 参数为 "8.3"。

【实例 5-31】 将浮点型变量格式化为字符串型，并且保留 3 位小数，代码如下：

```
//code/chapter05/example5_31.cj
from std import format.*
func main() {
    var fltValue : Float64 = 20.4    //浮点型
    println(fltValue.format("8.3")) //最小字符串长度为 8，小数保留位数为 3
}
```

编译并运行程序，输出结果如下：

```
 20.400
```

2）样式标识

浮点型输出时样式标识的使用和整型的类似，但不支持进制标识#。

【实例 5-32】 将浮点型 20.2 格式化为字符串型，并为格式化参数设置样式标识-、+和 0，代码如下：

```
//code/chapter05/example5_32.cj
from std import format.*
func main() {
    var fltValue : Float64 = 20.2      //浮点型
    println(fltValue.format("20"))    //右对齐，正数无+号，用空格补齐空位
    println(fltValue.format("-20"))   //左对齐，正数无+号，用空格补齐空位
    println(fltValue.format("+20"))   //右对齐，正数有+号，用空格补齐空位
    println(fltValue.format("020"))   //右对齐，正数无+号，用 0 补齐空位
}
```

编译并运行程序，输出结果如下：

```
        20.200000
20.200000
       +20.200000
0000000000020.200000
```

3. 字符型的格式化

字符型的格式化仅支持-标识和字符串长度的设置。+、#、0 标识及精度、进制的设置不支持字符型的格式化输出。

【实例 5-33】 将字符型'a'格式化为字符串型，代码如下：

```
//code/chapter05/example5_33.cj
from std import format.*
func main() {
    var chr = 'a'
    println(chr.format("20"))    //字符串长度为20，右对齐
    println(chr.format("-20"))   //字符串长度为20，左对齐
}
```

编译并运行程序，输出结果如下：

```
                   a
a
```

通过格式化转换，可以将整型、浮点型等数据整齐地输出到终端或其他用户界面。

5.3.3 字符串型转其他类型

通过 convert 标准库可实现将字符串型转换为布尔型、整型、浮点型、字符型等多种基本数据类型，也可以实现 Hex 编码、Base64 编码的字符串型和普通的字符串型之间的转换。

将字符串型转换为布尔型、整型、浮点型、字符型的相关函数如表 5-11 所示。

表 5-11 字符串型转换为布尔型、整型、浮点型、字符型的相关函数

函 数	说 明
func parseBool(v: String): Option<Bool>	将字符串型转换为布尔型
func parseInt8(v: String): Option<Int8>	将字符串型转换为 Int8 型
func parseInt16(v: String): Option<Int16>	将字符串型转换为 Int16 型
func parseInt32(v: String): Option<Int32>	将字符串型转换为 Int32 型
func parseInt64(v: String): Option<Int64>	将字符串型转换为 Int64 型
func parseUInt8(v: String): Option<UInt8>	将字符串型转换为 UInt8 型
func parseUInt16(v: String): Option<UInt16>	将字符串型转换为 UInt16 型
func parseUInt32(v: String): Option<UInt32>	将字符串型转换为 UInt32 型
func parseFloat32(v: String): Option<Float32>	将字符串型转换为 Float32 型
func parseFloat64(v: String): Option<Float64>	将字符串型转换为 Float64 型
func parseChar(v: String): Option<Char>	将字符串型转换为字符型

通过 convert 标准库将字符串型转换为其他类型，主要包括以下几个步骤：

（1）导入 convert 标准库中的函数，代码如下：

```
from std import convert.*
```

（2）通过 parseInt64、parseFloat64 等函数将字符串型转换为对应数据类型的 Option<T>类型。

（3）处理 Option<T>类型，将其转换为具体的数据类型。

【**实例 5-34**】 将"30.0"字符串转换为 Float64 浮点型值，代码如下：

```
//code/chapter05/example5_34.cj
from std import convert.* //导入 convert 库中的函数

func main() {
    //通过 parseFloat64 函数将"30.0"字符串转换为 Option<Float64>变量 optValue
    var optValue: Option<Float64> = parseFloat64("30.0")
    //通过 match 表达式将 optValue 转换为 Float64 类型的 value 变量，当 Option 为无值时
    //浮点型为-1.0
    var value: Float64 = match(optValue){
        case Some(flt) => flt
        case None => 0.0
    }
    print("${value}\n") //打印 value 变量
}
```

编译并运行程序，输出结果如下：

```
30.000000
```

由于字符串中包含了浮点型的数值结构，所以能够正常解析为浮点型值。如果待转换的字符串不包含浮点型数值结构，则 parseFloat64 函数将会返回 None。读者可以尝试修改字符串的内容，观察输出的结果。

【**实例 5-35**】 将字符串型转换为布尔类型，代码如下：

```
//code/chapter05/example5_35.cj
from std import convert.*

func main() {
    var optValue: ?Bool = parseBool("true")
    let res = optValue ?? false
    print("转化结果: ${res}\n")
}
```

该代码运用了 Option 类型的语法糖，并使用了??表达式对 Option<Bool>类型的变量做了简化处理。编译并运行程序，输出结果如下：

```
转化结果: true
```

对于包含整型、字符型等数值结构的字符串来讲，也可以通过类似的方式转换为具体类型的值。因其使用方法和上述两个实例类似，不再赘述。

5.4 字符和码点值的转换

本节介绍如何实现字符和 Unicode 码点值（UInt32 类型）之间的转换。

1. 将字符转换为码点

通过 ord 函数即可将字符转换为 Unicode 码点值，返回 UInt32 类型的数值。

【实例 5-36】 将"仓""颉"这两个字符转换为 Unicode 码点值并输出，代码如下：

```
//code/chapter05/example5_36.cj
from format import format.*

func main() {
    let cang: Char = '仓'     //仓字符
    let jie: Char = '颉'      //颉字符
    let cang_int : UInt32 = ord(cang)     //将字符"仓"转换为整型
    let jie_int : UInt32 = ord(jie)       //将字符"颉"转换为整型
    println("仓:" + cang_int.format("x"))  //输出"仓"字符 Unicode 十六进制数值
    println("颉:" + jie_int.format("x"))   //输出"颉"字符 Unicode 十六进制数值
}
```

为了使输出的码点值采用十六进制数值表达，这里使用了格式化转换方法。编译并运行程序，输出结果如下：

```
仓 : 4ed3
颉 : 9889
```

2. 将码点转换为字符

通过 chr 函数即可将 Unicode 码点值转换为字符类型，返回 Char 类型的字符。

【实例 5-37】 将"仓""颉"这两个字符十六进制 Unicode 码点值转换为字符类型，并输出转换结果，代码如下：

```
//code/chapter05/example5_37.cj
from format import format.*

func main() {
    let cang : Char = chr(0x4ed3)    //字符"仓"
    let jie : Char = chr(0x9889)     //字符"颉"
    println("${cang}${jie}")
}
```

编译并运行程序，输出结果如下：

```
仓颉
```

5.5 基本数据类型大家庭

在 2.2.1 节中介绍了仓颉语言中的基本数据类型，如表 2-1 所示。前文已经介绍了除 Unit 和 Nothing 以外的所有基本数据类型了。本节先简述 Unit 和 Nothing 的地位和作用，然后小结仓颉语言中的基本数据类型。

5.5.1 Unit 和 Nothing

本节介绍 Unit 和 Nothing 这两种基本数据类型。

1. Unit 数据类型

Unit 是一种特殊的数据类型，该类型只有一个值，为()。例如，定义一个 Unit 数据类型的变量 u，并赋值为()，代码如下：

```
var u : Unit=()
```

显然，这个值没有任何实际意义，不能够参与数值计算，也不能用于逻辑运算。定义一个 u 变量也没有任何作用，一般也不会这么定义。

注意 除了赋值、判等（==）和判不等（!=）以外，Unit 类型不支持其他操作。

在仓颉语言中，Unit 类型用于不关心值的某些函数和表达式。

1）在函数中使用 Unit 类型

当函数不需要返回值时，函数默认会返回 Unit 类型的值()。对于主函数 main 来讲，可以为其指定为整型的返回值，也可以不指定。对于没有指定返回值的主函数 main，其返回值为()。由于所有函数都有返回值，只不过没有指定返回值的函数会自动返回()，而这个值又没有任何实际意义。

【实例 5-38】 定义不执行任何操作的 test 函数，但不定义其返回类型，然后在 main 函数中调用该函数，获取其返回值并赋值给 res 变量，最后判断 res 变量的值是否为()，代码如下：

```
//code/chapter05/example5_38.cj
//test 函数不执行任何操作，并且不指定返回值
func test() {
}

func main() {
    var res = test() //获取 test 函数的返回值
    if (res == ()) { //判断 res 变量是否为()
        println("test 函数的返回值为()")
    }
}
```

编译并运行程序，输出结果如下：

```
test 函数的返回值为()
```

另外，内置函数 print、println 等的返回值都是()。

注意　Unit 类型的用法类似于 C 语言中的 void 空类型。不过，Unit 类型是有()值的。

在函数中，也可以将函数的返回值类型指定为 Unit，并返回()，代码如下：

```
func test() : Unit {
    return ()
}
```

return 关键字后可以不加()，即单独使用 return 关键字作为表达式，代码如下：

```
func test() : Unit {
    return
}
```

当然，也可以通过()表达式作为函数的返回值，代码如下：

```
func test() : Unit {
    ()
}
```

当函数体的返回值为()时，可以不在函数头中声明返回类型 Unit，代码如下：

```
func test() {
}
```

上述 4 个 test 函数都是正确且等价的。

2）在表达式中使用 Unit 类型

对于某些不关系值的表达式来讲，其值都是 Unit 类型值()。具体来讲，赋值表达式、复合赋值表达式、自增自减表达式、循环表达式（for in、while、do … while 等）的值都是()。

2. Nothing 数据类型

Nothing 数据类型是一种非常特殊的数据类型，不包含任何值、不能够显式定义和赋值，仓颉语言也没有为开发者提供 Nothing 的任何用法。

Nothing 是所有类型的子类型，也是 break、continue、return 和 throw 表达式的类型，当程序执行到这些表达式时，它们之后的代码将不会被执行。实际上，Nothing 的存在是为了让编译器通过任何地方的类型检查，方便于 if 表达式、while 表达式等的构建。对于普通开发者而言，不用了解其具体技术细节。

5.5.2　基本数据类型小结

仓颉基本数据类型包括 9 种基本数据类型，分别为整数类型、浮点类型、布尔类型、字符类型、字符串类型、Unit 类型、元组类型、区间类型、Nothing 类型。

相信读者已经基本了解了这些类型的用法。下面再做一个简单的小结。

（1）整数类型、浮点类型和区间类型。这些类型和数值相关。整数类型和浮点类型分别代表了整数和具有一定精度的小数（或指数），通过这两种类型可以进行基本的数学运算。区间类型可以代表具有一定规律的整型序列，通常用于 for in 循环结构及字符串（或集合类型）的裁剪等相关操作中。

（2）布尔类型。布尔类型包括真和假两个值，常用于关系运算、逻辑运算和逻辑判断中。

（3）字符类型和字符串类型。通过这两种类型可以对语言文字进行表达。

（4）元组类型。元组类型通常用于组合多个功能相关的数据类型。例如，当函数需要返回多个数据结果时，元组类型就派上用场了。

（5）Unit 类型。Unit 类型仅包含()值，用于不关心值的函数和表达式。

（6）Nothing 类型。Nothing 类型是一个没有任何值的类型，一般开发者无须了解其技术细节。

不知道读者发现没有，除了比较特殊的区间类型以外，其他的基本数据类型根据所包含值的数量是具有一定层次的。

（1）Nothing 类型：Nothing 类型不包含任何值。

（2）Unit 类型：Unit 类型仅包含一个值，即()。

（3）单值类型：整数类型、浮点类型、布尔类型、字符类型、字符串类型都可以包含 1 个值，只是值的功能和用途不同罢了。在使用中，可以在这些值上加上一个括号，例如整型 1 可以写作(1)，字符型"我爱仓颉"可以写作("我爱仓颉")。

（4）元组类型：通过括号的方式可以组合多个不同类型的值，例如(1, "我爱仓颉")、(3.1415926, true, "圆周率")等。

其实所有的值都可以通过小括号()包裹。这个小括号内可以包含 0 个、1 个或者多个值，用于算术运算或数据处理。只不过，根据括号内的值的数量和类型的不同，其数据类型也不相同，但是都属于基本数据类型。

通过基本数据类型可以完成绝大多数的程序功能。之前介绍的自定义类型（枚举类型）是非必需的，实际上其功能可以通过整型或其他数据类型代替，只不过代码的可读性可能会降低很多。

在仓颉语言中，自定义类型用于完成更加复杂的数据结构，但是其内部结构的定义离不开基本数据类型和函数。

5.6 本章小结

本章介绍了字符和字符串的基本用法，字符串由若干字符组成。字符串的地位更加重要。从本书开发的第 1 个程序开始，字符串就几乎无法离开开发者的视野。在今后的学习中，文件读写、网络访问等都离不开字符串。正则表达式是另外一种操作字符串的重要工具，在

9.5 节会介绍正则表达式的用法。

　　字符串是不可变的,其字面量一旦保存在内存中,就无法修改它的长度和字符。对于 5.2 节所介绍的裁剪、连接等字符串操作,其本质都是按照原有的字符串和某种操作规则创建新的字符串。在仓颉语言中,可以通过字符流 StringStream 实现"可变字符串",详见 9.3.2 节。

　　在 5.5 节已经介绍并小结了仓颉语言中的所有基本数据类型。从第 6 章开始将会逐步介绍自定义类型,如类、接口和记录等,并介绍面向对象的编程思想。这是一种全新的思维方式,让我们继续努力学习吧!

5.7　习题

　　(1)遍历字符串,统计字符串中字符 a 的数量。
　　(2)用尽可能精简的程序,输出以下文本:

```
    *
   * *
  * * *
 * * * *
* * * * *
 * * * * * *
  * * * *
   * * *
    * *
     *
```

　　(3)按照 10 行 10 列的方式输出 1～100 的整数值,注意每一列的数字右对齐,输出结果如下:

```
  1   2   3   4   5   6   7   8   9  10
 11  12  13  14  15  16  17  18  19  20
 21  22  23  24  25  26  27  28  29  30
 31  32  33  34  35  36  37  38  39  40
 41  42  43  44  45  46  47  48  49  50
 51  52  53  54  55  56  57  58  59  60
 61  62  63  64  65  66  67  68  69  70
 71  72  73  74  75  76  77  78  79  80
 81  82  83  84  85  86  87  88  89  90
 91  92  93  94  95  96  97  98  99 100
```

　　(4)不使用 Unicode 标准库,将字符串中所有的小写英文字母转换为大写。

提 高 篇

第6章

虚拟的小宇宙——面向对象编程

仓颉语言支持面向对象编程（Object-Oriented Programming，OOP）。面向对象编程不仅是编程范式，也是一种重要的编程思想。面向对象编程就像真实世界一样，当开发者需要解决某个具体问题的时候，需要对涉及该问题的概念进行抽象，形成各种各样的类。整个程序是一个虚拟的小宇宙，类是抽象的，它可以被实例化为一个又一个具体的对象。通过类和对象等系列操作，就可以用真实世界中的思维来设计和编写程序了。

相对于传统的结构化编程，面向对象编程所写的程序往往更容易被理解，有利于团队内的沟通、交流和配合，也有利于开发者阅读多年以前自己编写的程序。可以说，面向对象编程思想更加符合人的思维习惯，是有感情的人类思维和冰冷的计算机算法之间的契合点。

随着 Java、C++等语言的广泛应用，使用面向对象编程思想编写的程序不断增加。特别是对于大型项目而言，面向对象编程几乎是不可或缺的。在比较新颖的编程语言（如 Python、Go 等）中，几乎包含面向对象编程的特性，所以开发者有必要将面向对象编程的学习放在重要位置上。在仓颉语言中，许多内置的标准库使用了面向对象编程的方法，例如集合类型库、网络库等。如果开发者不了解类和对象的基本概念，则在学习和使用这些功能的时候难免会出现疑惑。

传统的面向对象编程有三大基本特征：封装、继承和多态。本章将分为 3 节介绍这些特征，以及仓颉所支持的相关语法。在现代的许多面向对象编程语言中，出现了"面向接口编程而不是面向实现编程""组合优于继承"等新的理念，通过仓颉语言中的接口和扩展特性能够将这些理念有效实践。接口和扩展的使用方法将会在 6.4 节中详细介绍。

本章的核心知识点如下：

（1）面向对象编程的基本思想：封装、继承和多态。

（2）类和对象的用法，以及各种成员的用法。

（3）属性的基本用法。

（4）抽象类和接口。

（5）多态的实现方法：通过继承和重写实现；通过接口实现。

（6）扩展方法。

（7）组合优于多态的编程思想。

6.1 封装

在真实世界中，每个人都会使用手机，但是绝大多数只会使用而已，其内部的实现是非常复杂的，普通用户很难理解也无须了解其原理。手机实际上对内部运行结构和过程进行了屏蔽，只将用户所需要的功能暴露出来，这是封装。

封装是面向对象编程的第一步：面向一个事物，将相关联的变量和函数组合在一起而形成一个固定结构，而这个固定结构被称为类（Class）。这个类并不是随意创建的，通常具有一定的意义。在面向对象编程中，类往往是真实世界中对某种事物的抽象。

类隐藏内部实现，向外部暴露能力。开发者使用一个类，只需会使用其对外暴露的变量、属性和函数，无须了解类内部的实现。当开发者开发完成一个类的时候，是一个阶段性的胜利。因为这个类是一个开发好的"车轮子"可以复用。开发者再去使用这个类的时候，无须再分析内部的实现，只需调用这个类的函数和方法。

复用一个类的功能时，往往要创建出这个类的实例（Instance），也称为对象（Object）。对象是真实世界中对某个具体事物的抽象。在编程中，可以将人、狗、计算机这些概念抽象为类，那么一个具体的人（我、小区的门卫、隔壁的老王等）、具体的狗（我家的狗、物业养的那条狗、楼上的旺财等）、具体的计算机（我单位的计算机等）是具体的对象，如图 6-1 所示。

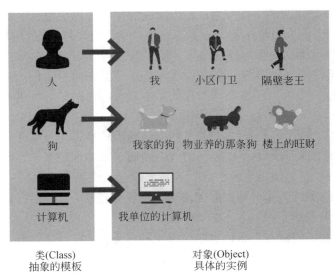

图 6-1　类和对象

这是面向对象编程中对象概念的由来。类是对象的模板，对象是类的实例。在面向对象编程中，大致的思路如下：通常要先定义类，然后通过类实例化为各种对象，最后操作这些对象实现相应的功能。

在本节中，介绍类、对象、成员、属性等概念和用法。

6.1.1 类与对象

本节介绍类与对象的基本用法，通过最简单、最直观的方式打开面向对象编程的大门。

1. 类

在仓颉语言中，类通过 class 关键字定义，其基本形式如下：

```
class 类名{
    //类的定义体
}
```

在 class 关键字后为类名（类的名称），然后通过一个花括号包含了类的定义体。合法的标识符都可以作为类名使用，但是类名的首字母通常为大写。例如，Person、Dog、Computer 等都是合适的类名。

注意 类名通常用英文单词的单数表示。例如，狗的类名建议使用 Dog 而不是 Dogs，计算机的类名建议使用 Computer 而不是 Computers。

类的定义体用于对这个类进行抽象。一般来讲，将一个事物抽象为类的过程分为两部分：

（1）将事物的状态抽象为类的变量，称为成员变量。事物的状态是指用于描述该事物的一些基本信息。

（2）将事物的行为抽象为类的函数，称为成员函数。事物的行为是指该事物所具备的一些功能。

例如对于人来讲，可以包含姓名、性别、年龄、身高、体重等状态，这些状态可以用变量来描述。人可以做很多事情，例如吃饭、睡觉、工作等，这些都可以使用函数来抽象。成员函数也可以称为成员方法，简称方法。成员变量和成员函数统称成员。在类中，成员变量、成员函数的名称都必须是唯一的，成员之间（包括成员变量和成员函数之间）的名称不能相同。

注意 在本书中，如果没有特别的说明，则成员变量指实例成员变量，成员函数指实例成员函数。实例成员是静态成员的相关概念，详见 6.1.3 节的相关内容。

下面将人抽象为 Person 类，代码如下：

```
class Person {
    //成员变量 name 和 age
    var name : String = "董昱"    //姓名
    var age : Int8 = 30           //年龄

    //成员函数 eat()和 sleep()
    func eat() { //吃饭
        println("Eat!")
```

```
        }

    func sleep() { //睡觉
        println("Sleep!")
    }
}
```

在上面的代码中，定义了用于表示人的 Person 类。Person 类中包含了两个成员变量，分别为 name 和 age：name 变量表示姓名，用字符串类型表示；age 变量表示年龄，用整型表示。Person 类还包含了两个成员函数 eat 和 sleep，分别抽象了人的吃饭和睡觉行为，如图 6-2 所示。eat 函数和 sleep 函数也可以称为 eat 方法和 sleep 方法。

注意　由于该类中不存在构造函数，所以所有的成员变量必须在定义时初始化，否则编译时会报错。关于构造函数的说明详见 6.1.2 节。

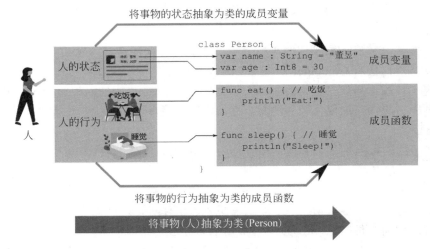

图 6-2　类的抽象

这里创建的 Person 类就可以作为一个数据类型来使用了，将 Person 类实例化为对象后便是具体的人了。

2. 对象

对象是类的实例，通过类创建对象的过程称为实例化（instantiate）。对于 Person 类来讲，默认可以通过 Person()表达式将 Person 类实例化为一个对象，然后将这个对象赋值给 Person 类型的变量，其类的变量的定义方法和基本数据类型的变量的定义方法类似。例如，定义一个 Person 类的变量 zhangsan，然后初始化为一个 Person 类的实例，代码如下：

```
var zhangsan : Person = Person() //创建 Person 类的对象 zhangsan
```

与使用之前介绍的基本数据类型类似，当编译器可以自动判断初始化值的类型时，可以省略变量的类型声明，让编译器通过初始化语句自动判断变量的类型，代码如下：

```
var zhangsan = Person()
```

此时，zhangsan 是 Person 类的对象，通过 zhangsan 对象就可以使用其内部的成员变量和成员方法了。访问对象的成员需要使用成员访问操作符“.”，其具体的方法如下：

（1）通过“对象名.成员变量名”的方式访问内部的成员变量。

（2）通过“对象名.成员函数名(实参列表)”的方式调用内部的成员函数。

例如，通过 zhangsan.name 和 zhangsan.age 就可以访问 zhangsan 对象的姓名和年龄了，通过 zhangsan.eat()和 zhangsan.sleep()就可以实现 zhangsan 对象的吃饭和睡觉功能了。

【实例 6-1】　实例化 Person 类并访问其成员变量和成员函数，代码如下：

```
//code/chapter06/example6_1.cj
class Person {
    //成员变量 name 和 age
    var name : String = "董昱"      //姓名
    var age : Int8 = 30            //年龄

    //成员函数 eat()和 sleep()
    func eat() {
        println("吃饭!")
    }

    func sleep() {
        println("睡觉!")
    }

}

func main() {
    //创建 Person 类的对象 zhangsan
    var zhangsan = Person()
    //将 zhangsan 对象成员变量 name 赋值为"张三"
    zhangsan.name = "张三"
    //将 zhangsan 对象成员变量 age 赋值为 20
    zhangsan.age = 20
    //输出 zhangsan 对象的成员变量
    println("姓名: ${zhangsan.name} 年龄: ${zhangsan.age}")
    //使用 zhangsan 对象的成员函数 eat
    zhangsan.eat()
}
```

在 main 函数中，创建了 Person 类的对象 zhangsan，并分别对 zhangsan 对象的成员变量 name 和 age 进行了赋值操作，然后将这两个成员变量的值进行了输出，最后调用了该对象的 eat 函数。编译并运行程序，输出结果如下：

姓名：张三　年龄：20
吃饭！

上述代码描述了真实世界中这么一个场景：30 岁的张三吃饭了。

实际上，在 main 函数中还可以创建多个不同的 Person 实例，用于表示多个不同的人。开发者可以为他们取名、设置不同的年龄，还可以让他们完成不同的行为（吃饭、睡觉等）。虽然这里的吃饭、睡觉动作等都是通过打印字符串模拟的，但是一旦程序有了用户界面或者图形库，开发者就可以为它们增添更加直观的表现形式。当然，开发者还可以根据需要为 Person 这个类继续添加更多的行为和状态，实现更为复杂的功能，这是面向对象编程的魅力。

3. this 关键字

在类的内部 this 关键字表示对象本身，因此在类的内部可以通过 this 变量和成员访问操作符"."访问对象的成员：

（1）在类的内部，通过"this.成员变量名"的方式访问成员变量。

（2）在类的内部，通过"this.成员函数名(实参列表)"的方式调用成员函数。

在没有冲突的情况下，可以省略"this."部分，即直接通过成员变量名和成员函数名使用类的成员。对于实例 6-1 来讲，在类的内部通过 name 或者 this.name 两种方式均可以访问 name 成员变量，在类的内部通过 eat() 或者 this.eat() 两种方式均可以调用 eat 成员函数。

【**实例 6-2**】在实例 6-1 的基础上，使用 this 关键字实现输出对象信息 toString 函数，并且在 eat 函数和 sleep 函数中输出文本信息时带上姓名信息，代码如下：

```
//code/chapter06/example6_2.cj
class Person {
    var name : String = "董昱"    //姓名
    var age : Int8 = 30          //年龄

    //输出对象信息
    func toString() : String {
        let strAge = if (this.age < 0) { "未知" } else { "${this.age}" }
        return "姓名:${this.name} 年龄:${strAge}"
    }

    func eat() {
        println(this.name + "吃饭!")
    }

    func sleep() {
        println(this.name + "睡觉!")
    }
}

func main() {
```

```
    var zhangsan = Person()
    zhangsan.name = "张三"
    zhangsan.age = 20
    println("输出 zhangsan 对象信息: ${zhangsan.toString()}")
    zhangsan.eat()
    zhangsan.sleep()
}
```

在 toString、eat 和 sleep 函数中均使用了 this 关键字访问 name 和 age 成员变量。在 main 函数中，分别调用了 zhangsan 对象的 toString、eat 和 sleep 函数，输出信息并执行相应的动作。编译并运行程序，输出结果如下：

```
输出 zhangsan 对象信息: 姓名:张三年龄:20
张三吃饭!
张三睡觉!
```

toString 函数是非常常见的，在仓颉的内置库中许多类拥有 toString 函数。通常，toString 函数用于输出对象的基本信息。这个函数名是一个约定俗成的函数名。

注意　实际上 toString 函数是由 ToString 接口定义的，参见 6.4.1 节的相关内容。建议开发者先实现 ToString 接口，再实现 toString 函数。

可以将实例 6-2 中所有的 this.name 和 this.age 替换为 name 和 age 的访问方式，程序仍然可以正常运行，但是，当成员函数中的参数或内部的局部变量和成员变量的名称重复时，只能通过 this 关键字的方式访问成员变量。例如，如果 setName 函数中的参数和类的成员中都存在 name 变量，则此时必须通过 this.name 访问成员变量 name，代码如下：

```
class Person {
    var name : String = "董昱"
    //设置姓名
    func setName(name : String) {
        this.name = name //将参数 name 赋值给成员变量 name
    }
}
```

在上面的代码中，setName 函数中仅包含 1 条语句，通过 this.name = name 将参数 name 赋值给成员变量 name。其中的 name 表示形参，this.name 表示成员变量。

4. 成员函数的重载

成员函数支持重载。成员函数重载规则和一般函数的重载规则相同，详见 4.2.2 节。

【**实例 6-3**】　通过 Person 类完成下面一个场景：如果有现成的食物，则人会吃现成的食物，如果没有现成的食物，就自己做饭（制作米饭和肉）来吃：

（1）首先通过函数实现做饭行为，吃饭时如果没有饭就先做饭，此时吃饭函数可以调用做饭函数。

（2）由于吃饭行为包括了吃现成的食物和吃自己做的饭，所以吃饭函数可以通过重载实现。

通过成员函数的相互调用和成员函数的重载实现这一功能，代码如下：

```
//code/chapter06/example6_3.cj
class Person {
    var name : String = "董昱"      //姓名
var age : Int8 = 30              //年龄
…
    //做饭（米饭和肉）
    func makeFood() : String {
        return "米饭、肉"
    }
    //吃饭（现做现吃）
    func eat() {
        let food = makeFood() //做饭
        println(name + "吃" + food + "!")
    }
    //吃饭（吃现成的食物），food 参数为现成的食物
    func eat(food : String) {
        println(name + "吃" + food + "!")
    }
}

func main() {
    var zhangsan = Person()
    zhangsan.name = "张三"
    zhangsan.age = 20
    zhangsan.eat()           //张三做饭后吃饭
    zhangsan.eat("面包") //张三吃面包
}
```

makeFood 函数用来做饭，其做饭结果通过 String 类型的返回值返回。eat 函数包含了以下两个重载函数。

（1）eat()：该函数会调用 makeFood()函数来做饭，然后吃饭。

（2）eat(food:String)：该函数的 food 参数用于传递具体的食物，然后吃该食物。

在 main 函数中，分别调用了 eat 的两个重载函数，实现上述功能。编译并运行程序，输出结果如下：

```
张三吃米饭、肉！
张三吃面包！
```

6.1.2　构造函数

在上述实例中，Person 类中的两个成员变量（name 和 age）在定义的同时被初始化，分别为姓名和年龄变量赋值了"董昱"字符串和 30 整型值。事实上，对于类来讲这种做法是不常见的，因为类是抽象的模板，不应该带有如此具体的信息。正确的做法是，在创建对象时确定这些具体信息（因为不同人的姓名和年龄都不一样），通过构造函数就能够解决这个问题。

构造函数是将类实例化为对象时自动调用的方法。在实际开发中，构造函数用于对象的初始化操作，例如可以传入一些参数，赋值给成员变量。构造函数本身可以认为是一种特殊的成员函数，所以构造函数也可以称为构造方法。

在仓颉语言中，构造函数分为普通构造函数和主构造函数。以下分别介绍这两种构造函数的用法。

1. 普通构造函数

普通构造函数的特点如下：

（1）普通构造函数通过 init 关键字定义。

（2）普通构造函数可以构成重载。

（3）如果类中没有任何构造函数（包括主构造函数），则仓颉编译器会自动生成一个无参数的普通构造函数 init()。

下面介绍普通构造函数的用法，并分析上述这些特点。

1）普通构造函数的定义

普通构造函数的基本形式如下：

```
init(参数列表) {
    //函数体
}
```

普通构造函数虽然被称为函数，但是由于用专门的 init 关键字定义，所以无须（也不能）使用 func 关键字。默认的普通构造函数无参数列表。

在 Person 类中创建两个普通构造函数：一个是无参数的构造函数，另一个是包含姓名和年龄参数的构造函数，代码如下：

```
class Person {
    var name : String    //姓名
    var age : Int8       //年龄

    init() {
        name = "未命名"    //默认姓名为"未命名"
        age = -1          //默认年龄为-1，表示无效值
    }
```

```
    init(name : String, age : Int8) {
        this.name = name
        this.age = age
    }
}
```

上述这两个普通构造函数之间构成了重载。在无参数的 init() 构造函数中，将 name 和 age 成员变量分别初始化为"未命名"和 -1（表示无效值）。

在 init(name:String, age:Int8) 构造函数中，包含了 name 和 age 两个形参。这两个形参分别用于对 Person 类中的 name 和 age 成员变量初始化，所以在该构造函数中，成员变量通过 this 关键字指代，而形参可直接使用。this.name = name 语句表示将参数 name 的值赋值给该对象的成员变量 name。

因为在创建对象时会通过普通构造函数初始化这些成员变量，所以成员变量在定义时就不需要初始化了。

注意 对于任何一个成员变量来讲，如果某个构造函数中不存在相应的初始化语句，就必须在定义时进行初始化，否则会导致编译错误。

如果读者不习惯使用 this 关键字，则可以将形参的变量名称进行微调，例如在各个形参后加上数字 1，以示区分，代码如下：

```
init(name1 : String, age1 : Int8) {
    name = name1
    age = age1
}
```

有些开发者认为这样的代码可读性更强，并且避免了同名变量及 this 关键字的使用。

2）普通构造函数的使用

与其他成员函数不同，普通构造函数是自动调用的。当实例化对象时的实参列表与普通构造函数的形参列表相呼应时，会自动调用相应的普通构造函数。

在之前的例子中，都是通过类名加上小括号的方式来实例化对象，例如通过 Person() 将 Person 类实例化为一个对象。实际上，小括号内可以包含实参列表。根据这些参数的不同，会自动选用不同的普通构造函数：

（1）通过 Person() 创建对象时，会自动调用 init() 普通构造函数。

（2）通过 Person(name:String, age:Int8) 创建对象时，会自动调用 init(name:String, age:Int8) 普通构造函数。

注意 在没有任何构造函数的情况下，编译器会自动生成一个空的无参数的普通构造函数 init()。这是为什么在实例 6-1、实例 6-2 中能够使用 Person() 的方式创建对象，但是，一旦开发者在类中定义了任何构造函数，那么无参数的构造函数就不会自动生成了。

【实例 6-4】 通过两种不同的普通构造函数创建两个 Person 对象，并分别打印其成员变量，代码如下：

```
//code/chapter06/example6_4.cj
class Person {
    var name : String    //姓名
    var age : Int8       //年龄

    init() {
        name = "未命名"
        age = -1
    }

    init(name : String, age : Int8) {
        this.name = name
        this.age = age
    }

}

func main() {
    //通过默认的 init 构造函数创建对象 anonymous
    var anonymous = Person()
    println("anonymous 姓名:${anonymous.name} 年龄:${anonymous.age}")
    //通过含两个参数的 init 构造函数创建对象 zhangsan
    var zhangsan = Person("张三", 20)
    println("zhangsan 姓名:${zhangsan.name} 年龄:${zhangsan.age}")

}
```

在 main 函数中，创建了两个 Person 类的对象 anonymous 和 zhangsan，这两个对象分别使用了不同的普通构造函数对成员变量进行了初始化。随后，输出 anonymous 和 zhangsan 对象中成员变量信息。编译并运行程序，输出结果如下：

```
anonymous 姓名:未命名年龄:-1
zhangsan 姓名:张三年龄:20
```

2．主构造函数

主构造函数是通过类名的方式定义的构造函数，可以将成员变量的定义结合到构造函数之中，让代码更加简洁。主构造函数的特点如下：

（1）主构造函数通过类名定义。

（2）一个类中最多只有一个主构造函数，并且其参数列表不能和已存在的普通构造函数的参数列表相同，但是可以和参数列表不同的普通构造函数构成重载。

（3）主构造函数中可以包含通过 var/let 定义的参数，这些参数既是主构造函数的参数，也是成员变量。

普通构造函数的基本形式如下：

```
类名(参数列表) {
    //函数体
}
```

为 Person 类定义一个传递 name 和 age 变量的主构造函数，代码如下：

```
Person(name : String, age : Int8) {
    this.name = name
    this.age = age
}
```

该主构造函数等同于参数列表相同的普通构造函数。主构造函数的优势在于可以为这些参数添加 var/let 关键字，此时这些参数就不仅是参数了，而且是类的成员变量，这种参数被称为成员变量参数。

为 Person 类定义一个包含成员变量 name 和 age 的主构造函数，代码如下：

```
Person(var name : String, var age : Int8) {}
```

该代码等同于一个普通构造函数，以及两个成员变量的定义，如图 6-3 所示。

```
class Person {
    Person(var name : String, var age : Int8) {}
}
```

这两段代码等价

```
class Person {
    var name : String
    var age : Int8
    init(name : String, age : Int8) {
        this.name = name
        this.age = age
    }
}
```

图 6-3　主构造函数可以等价于普通构造函数和成员变量的定义

当然，主构造函数中也可以同时包含普通参数和成员变量参数，但是，普通参数必须在成员变量参数的前面。为上述 Person 主构造函数添加一个普通参数 id，代码如下：

```
Person(id : Int64, var name : String, var age : Int8) {}
```

此时，id 参数将作为普通参数使用，可以在主构造函数的函数体中进行处理，但是不作为成员变量使用。name 和 age 参数扮演了形参和构造函数的参数双重功能。

6.1.3 静态成员

静态成员是通过 static 关键字修饰的成员变量或者成员函数。所谓"静态"，是指其成员的内容不因对象的变化而变化。静态成员属于类，只能通过类调用，而不能通过对象调用。相对应地，没有通过 static 关键字定义的成员称为实例成员，包括实例成员变量和实例成员函数。

注意 由于静态成员属于类，所以静态成员也称为类成员。

之前介绍的成员变量和成员函数都属于实例成员，实例成员属于对象，只能通过对象调用。关于成员的分类如表 6-1 所示。

表 6-1 成员的分类

成员的归属	成员	
	成员变量（对状态的抽象）	成员函数（对行为的抽象）
属于类的（静态的）	静态成员变量	静态成员函数
属于对象的（实例的）	实例成员变量	实例成员函数

几种不同的成员的应用场景（如图 6-4 所示）如下。

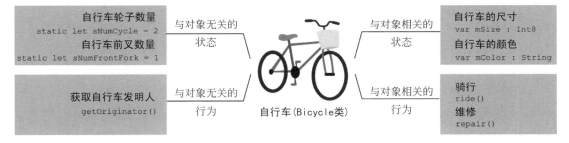

图 6-4 自行车类

（1）静态成员变量：如果一种状态属于类，与具体的实例无关，则可通过静态成员变量来抽象该状态。如果把自行车抽象为 Bicycle 类，则自行车有两个轮子和 1 个前叉。自行车的这些状态与具体的自行车是无关的，所以可以把这些状态抽象为静态成员变量。

（2）静态成员函数：如果一个行为属于类，与具体的实例无关，则可通过静态成员函数来抽象该行为。如果把自行车抽象为 Bicycle 类，自行车是被德莱斯发明的，则获取自行车发明人的人名的函数就可以抽象为静态成员函数，因为这与具体的自行车是无关的。

（3）实例成员变量：如果一种状态属于对象，不同对象的状态不同，则可通过实例成员变量来抽象该状态。例如，自行车的尺寸、颜色等都和具体的自行车有关，此时需要将这些状态抽象为实例成员变量。

（4）实例成员函数：如果一个行为属于对象，不同对象的行为不同，则可通过实例成员函数来抽象该行为。例如，自行车的骑行、维修都和具体的自行车有关，此时需要将这些行为抽象为实例成员函数。

静态成员通过关键字 static 定义，在成员变量和成员函数前加上 static 关键字即可。静态成员变量和静态成员函数的基本使用方法如下。

（1）静态成员变量的声明结构如下：

```
static let 变量名: 变量类型= 初始化字面量
```

定义和使用静态成员变量需要注意以下几点：

❑ 静态成员变量必须赋初值，即必须在定义时通过字面量初始化，否则会导致编译错误。

❑ 定义不可变变量的 let 关键字可以替换为定义可变变量的 var 关键字。虽然使用 var 定义的静态成员变量是可以修改的，但是不建议开发者这么做。

❑ 在类的内部和外部，都可以通过"类名.静态成员变量名"的方式访问静态成员变量。除此之外，在类的内部还可以直接通过变量名访问静态成员变量。

（2）静态成员函数的声明结构如下：

```
static func 函数名(参数列表) : 返回类型 {
    //函数体
}
```

可见，只需要在一个普通的成员函数前加上 static 即为静态成员函数了。类似地，定义和使用静态成员函数需要注意以下几点：

❑ 在静态成员函数中，无法直接访问实例成员。

❑ 在类的内部和外部，都可以通过"类名.函数调用"的方式调用静态成员函数。除此之外，在类的内部可以直接调用静态成员函数。

【实例 6-5】 将自行车抽象为 Bicycle 类，代码如下：

```
//code/chapter06/example6_5.cj
//自行车类
class Bicycle {
    static let sNumCycle = 2          //轮子数量为2
    static let sNumFrontFork = 1      //前叉数量为1

    var mSize : Int8                  //尺寸
    var mColor : String               //颜色

    //构造函数
    init(size : Int8, color : String) {
        this.mSize = size
```

```
            this.mColor = color
        }

        //获取自行车发明人
        static func getOriginator() {
            return "德莱斯"
        }

        //骑行
        func ride() {
            println("骑行")
        }

        //维修
        func repair() {
            println("维修")
        }
    }

func main() {

        //对静态成员的访问
        println("自行车轮子数量: ${Bicycle.sNumCycle}")
        println("自行车前叉数量: ${Bicycle.sNumFrontFork}")
        println("自行车发明人: ${Bicycle.getOriginator()}")

        //对实例成员的访问
        var bike1 = Bicycle(23, "红色")
        println("bike1 的尺寸: ${bike1.mSize}")
        println("bike1 的颜色: " + bike1.mColor)
        bike1.ride()
        bike1.repair()

    }
```

在 Bicycle 类中，以 s 开头的变量表示静态成员变量，以 m 开头的变量表示实例成员变量。在许多编程语言中，这是一种约定俗成的写法。在 main 函数中，通过 Bicycle 类对静态成员进行了访问，通过 bike1 实例对实例成员进行了访问。编译并运行程序，输出结果如下：

```
自行车轮子数量: 2
自行车前叉数量: 1
自行车发明人: 德莱斯
bike1 的尺寸: 23
bike1 的颜色: 红色
```

骑行
维修

在实际开发中，通常静态成员都是围绕着类本身来设计的，例如通过静态成员变量声明类的类型信息、版本信息等。

【实例 6-6】 通过静态成员变量 typeInfo 定义 Person 类的类型信息，通过静态成员函数 printType 输出 Person 类的类型信息，代码如下：

```
//code/chapter06/example6_6.cj
class Person {
    var name : String      //姓名
    var age : Int8         //年龄

    static var typeInfo = "Person" //静态成员变量

    //静态成员函数，输出 Person 类的类型信息
    static func printType() {
        println("This class type is ${typeInfo}.")
    }

    init(name : String, age : Int8) {
        this.name = name
        this.age = age
    }

    //输出对象信息，使用了 typeInfo 静态成员变量
    func toString() : String {
        let strAge = if (this.age < 0) { "未知" } else { "${this.age}" }
        return typeInfo + " [ 姓名:${this.name} 年龄:${strAge} ]"
    }

}

func main() {
    var zhangsan = Person("张三", 20)
    println("Person 类型 : ${Person.typeInfo}")
    Person.printType()
    println(zhangsan.toString())
}
```

静态成员变量 typeInfo 保存了类名的描述信息。该静态变量不仅可以在类的外部访问，也可以在类的内部访问：在静态成员函数 printType 和实例成员函数 toString 中，输出 typeInfo 变量表示的类型信息。编译并运行程序，输出结果如下：

```
Person 类型 : Person
This class type is Person.
Person [ 姓名:张三年龄:20 ]
```

6.1.4　属性

属性是成员变量的 getter 函数和 setter 函数的封装。那么什么是 getter 和 setter 呢？为什么要使用属性呢？本节先介绍 getter 函数和 setter 函数的用法和意义，然后介绍属性的基本用法和应用。

1. getter 函数和 setter 函数

getter 函数和 setter 函数的作用是封装成员变量，使其不能在类的外部直接访问，屏蔽类中的实现细节。屏蔽成员的主要方法是通过 private 关键字修饰。使用 private 关键字修饰的成员在外部是不可见的，private 修饰的函数在外部不可调用，private 修饰的变量在外部不能被访问。关于 private 的具体用法会在 6.2.3 节中详细介绍。

对于一个变量来讲，getter 函数用于获取变量值，setter 函数用于赋值变量。

【实例 6-7】　定义 Person 类，其中成员变量 age 用于表示年龄（使用−1 表示无效值），并使用 private 关键字修饰，此时 age 变量将无法从外部访问，然后定义 getAge 和 setAge 函数分别用于获取 age 变量和赋值 age 变量的值，代码如下：

```
//code/chapter06/example6_7.cj
class Person {
    var mName : String        //姓名
    private var mAge : Int8 //年龄，只能从类的内部访问

    init(name : String, age : Int8) {
        this.mName = name
        this.mAge = age
    }

    //age 的 getter 函数
    func getAge() {
        mAge
    }

    //age 的 setter 函数
    func setAge(age : Int8) {
        this.mAge = age
    }
}

func main() {
```

```
    var dongyu = Person("董昱", 30)
    let age = dongyu.getAge() //董昱的年龄
    println("董昱的年龄为:${age}")
}
```

此时，getAge 函数为 age 变量的 getter 函数，setAge 函数为 age 变量的 setter 函数。在 main 函数中，通过实例 dongyu 的 getAge 函数获取了董昱的年龄 30，然后将其打印输出。编译并运行程序，输出结果如下：

董昱的年龄为:30

对于变量来讲，getter 的命名通常为 get 加上首字母大写的变量名，例如 foo 变量的 getter 函数名称通常为 getFoo；setter 的命名通常为 set 加上首字母大写的变量名，例如 foo 变量的 setter 函数名称通常为 setFoo，如图 6-5 所示。另外，getter 通常没有参数，而 setter 通常包括一个与变量类型相同的形参，用于设置变量的值。

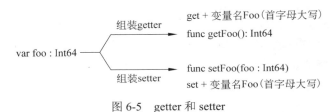

图 6-5　getter 和 setter

可能读者会觉得很奇怪，为什么要为 age 变量设置 getter 和 setter 函数？不修饰 age 变量（或者使用 public 关键字修饰），不就可以实现 age 变量的外部访问了吗？

实际上，使用 getter 和 setter 可以提高成员变量的安全性和可扩展性。试想以下两个场景：

（1）场景 1：年龄是一个人非常敏感的信息，在后续的软件开发中更改了需求，修改 Person 类无法在外部获取 age 变量的值。如果使用了 getter 和 setter 函数封装了 age 变量的访问，则可直接对 getAge 函数进行修改，返回无效值-1，代码如下：

```
//age 的 getter 函数
func getAge() {
    -1
}
```

这样一来，所有使用 getAge 函数的程序都无法访问真实年龄了，非常安全可靠，但是，如果之前程序一直通过外部可见的 age 变量的方式获取年龄，就需要对所有出现的访问 age 变量的程序进行修改和调整，不仅麻烦而且容易漏掉，从而导致程序出错。

注意　此时 age 变量可以通过 setter 函数赋值，但是不能通过 getter 随意获取 age 变量值的大小。对于一个内部可见（private）变量来讲，如果仅拥有 setter 函数而没有 getter 函数，就实现了一个可以被修改而不能被随意获取的变量。这也是 getter 和 setter 函数的应用之一。

（2）场景 2：因为数据录入的错误，有些 Person 对象的年龄大于 150 岁，在后续软件开发中需要修正这一个错误，当获取 age 变量时，如果该值大于 150，则将其更改为无效值-1。如果使用 getter 和 setter 函数封装了 age 变量的访问，则可直接对 getAge 函数进行修改，如果该值大于 150，则返回-1 即可，代码如下：

```
//age 的 getter 函数
func getAge() {
    if (age > 150) { -1 } else { age }
}
```

这样就能够非常轻松地修正这个错误了，但是，如果之前程序一直通过外部可见的 age 变量获取年龄，就需要对所有出现的访问 age 变量的程序进行修改和调整。

在上面的两个场景中，场景 1 和场景 2 分别展示了如何使用 getter 和 setter 提高类的安全性和可扩展性，因此，在软件开发中，不建议开发者在外部直接访问成员变量，而是通过 getter 和 setter 方法对成员变量的访问进行控制。这样能大大提高变量访问的安全性和可扩展性，从而提高程序的健壮性，这是使用 getter 和 setter 的意义。

2. 属性的基本用法

属性通过 prop 关键字定义，由属性头（包括 prop 关键字、变量声明 var/let 关键字、属性名、属性类型等）和属性体（get 和 set 函数）组成。使用 var 定义的属性，基本形式如下：

```
prop var 属性名 : 属性类型 {
    get() {
        //获取属性值
    }
    set(v) {
        //为属性赋值
    }
}
```

在 prop 关键字之后，"var 属性名: 属性类型"这一部分类似于变量的定义，属性名相当于变量名，属性类型相当于变量类型。在这之后，是一个花括号括起来的属性体，包括 get 函数和 set 函数，分别对应了该属性的 getter 和 setter。在 set 函数中，v 表示 setter 中传入的形参。

注意　属性体中的 get 函数和 set 函数是必选的，不可省略其中的任何一个。

使用 let 定义的属性，基本结构如下：

```
prop let 属性名 : 属性类型 {
    get() {
        //获取属性值
    }
}
```

let 定义的属性不允许修改，所以在属性体中不能存在对应的 set 函数。

访问属性非常简单，和访问成员变量类似，通过"对象名.属性名"的方式即可访问属性。对属性赋值时，实际上会调用相应的 set 函数赋值，而当获取属性值时，实际上会调用 get 函数获取。

【实例 6-8】 将 Person 类中年龄变量封装为属性，代码如下：

```
//code/chapter06/example6_8.cj
class Person {
    var mName : String         //姓名
    private var mAge : Int8 //年龄内部可见
    //属性 age 对 mAge 进行封装
    prop var age : Int8 {
        get() {
            mAge
        }
        set(v) {
            mAge = v
        }
    }

    init(name : String, age : Int8) {
        this.mName = name
        this.mAge = age
    }
}

func main() {
    var dongyu = Person("董昱", 30)
    let age = dongyu.age //董昱的年龄
    println("董昱的年龄为:${age}")
}
```

mAge 是内部可见的成员变量，用于表示年龄。age 属性封装了成员变量 mAge 的 getter 和 setter 函数，从而实现在外部通过 age 属性访问 mAge 成员变量。在 main 函数中，通过 dongyu 实例的属性名 age 就能获取 mAge 成员变量的值了。编译并运行程序，输出结果如下：

董昱的年龄为:30

属性比 getter 和 setter 更方便和简洁。

注意 属性一般不单独使用，通常封装一个或者多个成员变量的访问。

属性也是类的成员，可以称为成员属性。与其他成员一样，成员属性也支持实例成员属性和静态成员属性。

【实例 6-9】 定义静态成员属性 name，然后封装，代码如下：

```
//code/chapter06/example6_9.cj
class Road {
    private static var sName : String = "Road"
    //属性 age 对 mAge 进行封装
    static prop var Name : String {
        get() {
            sName
        }
        set(v) {
            sName = v
        }
    }
}

func main() {
    println(Road.Name) //访问 Road 类的静态成员属性 Name
}
```

在 main 函数中，通过 Road.Name 访问 Road 类的静态成员属性 Name。编译并运行程序，输出结果如下：

```
Road
```

注意 除了类以外，属性还可以应用在接口、记录、枚举、扩展等类型中。

3. 属性的应用

属性除了可以封装已有成员变量的 getter 函数和 setter 函数，还可以通过属性来对成员变量进行更加高级的控制。

【实例 6-10】 创建正方形类 Square，其中成员变量 mLength 表示边长。此时，除了可以通过 length 属性封装 mLength 变量，还可以通过属性 perimeter 表示周长，代码如下：

```
//code/chapter06/example6_10.cj
class Square {
private var mLength : Float64 //边长

    init(length : Float64) {
        this.mLength = length
    }

    //border 属性对 mBorder 进行封装
    prop var length : Float64 {
        get() {
```

```
            mLength
        }
        set(v) {
            mLength = v
        }
    }
    //perimeter 属性表示周长
    prop var perimeter : Float64 {
        get() {
            mLength * 4.0
        }
        set(v) {
            mLength = v / 4.0
        }
    }
}

func main() {
    var sq = Square(20.0)  //边长为 20 的正方形
    println("正方形的边长:${sq.length}")
    println("正方形的周长:${sq.perimeter}")
    sq.perimeter = 40.0 //将正方形的周长设置为 40
    println("正方形的边长:${sq.length}")
    println("正方形的周长:${sq.perimeter}")
}
```

length 属性和 perimeter 属性分别代表正方形的边长和周长。对于 length 属性非常简单，是对成员变量 mLength 的封装。对于 perimeter 属性来讲，既可以通过 perimeter 属性获取正方形的周长（边长乘以 4），也可以通过赋值周长的方式赋值边长（周长除以 4）给 mLength 成员变量。

在 main 函数中首先定义了一条边长为 20 的正方形 sq，然后输出其边长和周长，接着通过 perimeter 属性将 sq 的周长设置为 40，此时其边长为 10。最后，再次输出正方形 sq 的边长和周长。编译并运行程序，输出结果如下：

```
正方形的边长:20.000000
正方形的周长:80.000000
正方形的边长:10.000000
正方形的周长:40.000000
```

在上面的例子中，通过 length 属性和 perimeter 属性实现了正方形的边长和周长的联动。虽然这两个属性都是对成员变量 mLength 的封装，但是 perimeter 属性不仅是简单的封装，而且实现了对正方形的边长进行了更加精妙的控制，这是属性的魅力。

6.2　继承

事物之间存在联系，类和类之间也存在许多不同层次的联系，其中从属关系最为重要。因为拥有从属关系的类之间往往具有相同的特征。例如，在编程中抽象了人和男人这两个类，人所具有特征男人也具有。人会打呼噜，男人也会。人会吃饭，男人也会。在没有继承概念的情况下，抽象的人和男人这两个类就要分别实现打呼噜、吃饭等众多能力，这就导致了同样的能力需要多次实现，从而使代码的复用性降低。通过继承可以设计类之间的从属关系，继承的类拥有被继承的类的特征，可提高代码的复用性。

6.2.1　类的继承

继承用于描述类和类之间的从属关系。例如，男人属于人，兔子属于哺乳动物等。在继承中，如果 A 类从属于 B 类，则 A 称为 B 的子类，B 称为 A 的父类（超类），如图 6-6 所示。

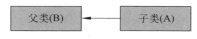

图 6-6　父类和子类

图 6-6 中箭头通常用来表示继承关系，子类用箭头指向父类。子类 A 拥有父类 B 的特征。如果人 Person 类实现了吃饭的能力，而男人 Man 类继承了 Person 人类，男人 Man 类也就有了吃饭的能力。

那么在代码中如何让两个类拥有继承关系呢？这就需要分别对父类和子类进行设计了。

（1）对于父类来讲，必须满足以下条件之一才可以被继承：

❑　使用 open 关键字修饰的类。

❑　类中包含了 open 关键字修饰的成员，详见 6.2.2 节的相关内容。

❑　抽象类，详见 6.3.2 节的相关内容。

使用 open 关键字修饰的类，其基本形式如下：

```
open class 类名{
    //类的定义体
}
```

关键字 open 表示这种类型可以拥有子类型。

（2）对于子类来讲，需要在类名后通过<:符号连接需要继承的父类名称，基本结构如下：

```
class 类名<: 父类名{
    //类的定义体
```

```
    }
```

符号<:表示子类型关系,详见 7.3.2 节的相关内容。

注意 符号<:不属于操作符。

【实例 6-11】 定义用于表示汽车的父类 Car 及用于表示宝马汽车的子类 BMW,并且 BMW 类继承于 Car 类,代码如下:

```
//code/chapter06/example6_11.cj
//父类 Car
open class Car {
    //类型信息
    let typeInfo = "Car"
    //驾驶函数
    func drive() {
        println("drive the car!")
    }
}

//子类 BMW
class BMW <: Car {
    //继承父类的成员
}

func main() {
    var bmw = BMW()                     //子类 BMW 的对象 bmw
    bmw.drive()                         //调用父类的方法
    println("bmw 类型 : " + bmw.typeInfo)//访问父类的变量
}
```

父类 Car 定义了成员变量 typeInfo 和成员函数 drive。子类 BMW 的定义体中不包含任何代码,但是,由于 BMW 继承于 Car,所以 BMW 继承了 Car 类的成员变量 typeInfo 和成员函数 drive。

在 main 函数中创建了 BWM 的对象 bmw,可以轻松使用 BWM 继承而来的 drive 函数和 typeInfo 变量。编译并运行程序,输出结果如下:

```
drive the car!
bmw 类型 : Car
```

在仓颉语言中,类仅支持单继承,不支持多继承。所谓多继承,是指一个子类拥有多个直接父类,这是不支持的,如图 6-7 所示。

一个子类只能有一个直接父类,但是一个父类可以有多个子类,因此,类的继承关系可以通过树状图表示。例如动物类可以拥有哺乳动物、鸟类等多个子类,而哺乳动物还可以拥有猫、狗等多个子类等,如图 6-8 所示。

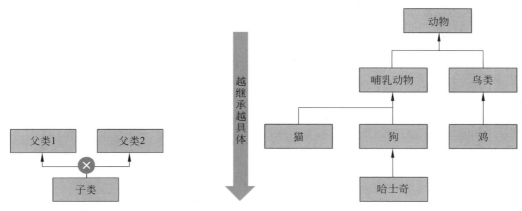

图 6-7　多继承是不支持的　　　　　　　　图 6-8　一个典型的继承关系

父类和子类是相对的概念，对于哺乳动物来讲，是狗的父类，但又是动物的子类。在树形关系中，一个子类虽然只能有一个父类，但是可以间接地存在多个父类。例如，哈士奇子类的直接父类是狗，但是哺乳动物、动物等都是哈士奇的父类。由于子类拥有父类的特征，所以在一个继承关系链条中，处于继承关系底层的类往往比处于顶部的类更加具体，可实现的功能也更多。例如，哈士奇类就比动物类所实现的功能多而且具体。

在仓颉语言中，有一个特殊的类 Object，但是 Object 中不包含任何成员。如果一个类没有指定父类，则这个类的直接父类是 Object，所以 Object 类是所有类（除了 Object 类本身）的父类。

6.2.2　重写和重定义

重写（override）也称为复写或重载，可以覆盖从父类继承而来的实例成员函数（或实例属性），重定义（redefine）用于覆盖从父类继承而来的静态成员函数（或静态属性）。无论是重写还是重定义，都是对从父类继承而来的成员函数或属性进行覆盖，从而改变子类的某些特征。重写和重定义会在一定程度上打破已有的类的继承关系，使子类和父类的行为有所不同。

注意　重写和重定义都是针对成员函数或属性而言的，成员变量不能被重写或重定义，因为没有任何意义。

本节介绍重写和重定义的基本方法。

1. 重写

成员函数（或属性）的重写需要满足两个条件：

（1）在父类中，成员函数（属性）需要被 open 关键字声明才能被子类重写。

（2）在子类中，重写父类的成员函数（属性）需要使用 override 关键字声明。

注意　无论是 open 还是 override 关键字，都要放在 func（或 prop）关键字之前。

【实例 6-12】创建动物 Animal 类、哺乳动物 Mammal 类和狗 Dog 类，并依次存在继承关系。这些类均包含 move 函数，Mammal 类重写 Animal 类的 move 函数，Dog 类重写 Mammal 类的 move 函数，代码如下：

```
//code/chapter06/example6_12.cj
//动物 Animal 类
open class Animal {
    open func move() {
        println("动物移动!")
    }
}

//哺乳动物 Mammal 类
open class Mammal <: Animal {
    override open func move() {
        println("哺乳动物移动!")
    }
}

//狗 Dog 类
class Dog <: Mammal {
    override func move() {
        println("狗移动!")
    }
}

func main() {
    let animal = Animal()      //Animal 实例
    animal.move()              //调用 Animal 定义的 move 函数
    let mammal = Mammal()      //Mammal 实例
    mammal.move()              //调用 Mammal 重写的 move 函数
    let dog = Dog()            //Dog 实例
    dog.move()                 //调用 Dog 重写的 move 函数

}
```

对于 Mammal 类的 move 函数，不仅重写了父类 Animal 的 move 函数，也被子类 Dog 的 move 函数重写，所以需要同时使用 override 和 open 关键字（这两个关键字的先后顺序可以颠倒）。

在 main 函数中，分别创建了 Animal、Mammal、Dog 这几个类的对象，并分别调用 move 函数。编译并运行程序，输出结果如下：

```
动物移动!
哺乳动物移动!
```

狗移动!

由于 Animal 类和 Mammal 类中包含了 open 修饰的成员,所以不用 open 修饰类也能够被继承,这两个类的定义代码如下:

```
//动物 Animal 类
class Animal {
    open func move() {
        println("动物移动!")
    }
}

//哺乳动物 Mammal 类
class Mammal <: Animal {
    override open func move() {
        println("哺乳动物移动!")
    }
}
```

结合上述 Dog 类和 main 函数,程序也可以正常运行。

对于一个成员函数,重写可以改变调用父类和多个子类该成员函数的处理方法,从而实现多态,详情可见 6.3.1 节的相关内容。

除了实例成员函数以外,实例成员属性也可以重写。

【实例 6-13】 创建动物 Animal 类并实现 typeInfo 属性,然后创建继承于 Animal 类的哺乳动物 Mammal 类,并重写父类的 typeInfo 属性,代码如下:

```
//code/chapter06/example6_13.cj
//动物 Animal 类
class Animal {
    open prop var typeInfo : String {
        get() {
"Animal"
        }
        set(v) {
            println("Type : " + v)
        }
    }
}

//哺乳动物 Mammal 类
class Mammal <: Animal {
    override prop var typeInfo : String {
        get() {
"Mammal"
```

```
        }
        set(v) {
            println("Type : " + v)
        }
    }
}

func main() {
    let animal = Animal()      //Animal 实例
    println(animal.typeInfo)  //输出 Animal 实例的 typeInfo 属性
    let mammal = Mammal()      //Mammal 实例
    println(mammal.typeInfo)  //输出 Mammal 实例的 typeInfo 属性
}
```

在 main 函数中，分别创建并调用了 Animal 和 Mammal 实例的 typeInfo 属性，从而获得了不同的结果。编译并运行程序，输出结果如下：

```
Animal
Mammal
```

由于 Animal 类中包含 open 关键字修饰的成员，所以无论是否使用 open 关键字修饰 Animal 类，该类均可被继承。

2. super 关键字

通过 super 关键字可以以父类的方式使用对象。如果子类重写了父类的成员，并且子类仍然需要调用父类被重写前的成员，则可以通过 super 关键字访问父类的成员。如果子类重写了父类的成员函数，则可以在子类中通过"super.函数调用"的方式访问重写前的成员函数。属性与此类似，可以在子类中通过"super.属性"的方式访问重写前的成员函数。

【实例 6-14】Dog 类继承于 Mammal 类，而且 Dog 类重写了 Mammal 类的 move 函数。此时在 Dog 类中即可通过 this.move()的方式（或直接通过 move()的方式）调用重写后的 move 函数，可通过 super.move()的方式调用重写前的 move 函数，代码如下：

```
//code/chapter06/example6_14.cj
//哺乳动物 Mammal 类
class Mammal {
    open func move() {
        println("哺乳动物移动!")
    }
}

//狗 Dog 类
class Dog <: Mammal {
    override func move() {
        println("狗移动!")
```

```
    }

    func runAsDog() {
        this.move()
    }

    func runAsMammal() {
        super.move()
    }
}

func main() {
    let dog = Dog()
    dog.runAsDog()
    dog.runAsMammal()
}
```

在子类Dog中，runAsDog函数和runAsMammal函数分别调用了重写前后的move函数，所以输出打印的结果不同。编译并运行程序，输出结果如下：

```
狗移动!
哺乳动物移动!
```

3. 子类不能继承父类的构造函数

构造函数只服务于当前类，不能被子类继承。子类中的构造函数会在调用前自动调用父类的无参构造函数。

【实例6-15】Mammal类继承于 Animal 类，其中 Mammal 类的构造函数会输出"Mammal"文本，Animal 类的构造函数会输出"Animal"文本，代码如下：

```
//code/chapter06/example6_15.cj
openclass Animal { //父类:动物 Animal 类
    init() {
        println("Animal")
    }
}

class Mammal <: Animal { //子类:哺乳动物 Mammal 类
    init() {
        println("Mammal")
    }
}

func main() {
    let mammal = Mammal() //Mammal 实例
```

```
}
```

在 main 函数中通过无参构造函数创建了 Mammal 实例，所以会输出"Mammal"文本，但是，由于调用 Mammal 实例的无参构造函数调用前会自动调用父类 Animal 的无参构造函数，所以在输出"Mammal"文本前会输出"Animal"文本。编译并运行程序，输出结果如下：

```
Animal
Mammal
```

通过 super 关键字可以调用父类的构造函数。例如，在 Mammal 类中通过 super()表达式可以调用父类 Animal 的无参构造函数，所以在上述代码中的 Mammal 类等价于如下代码：

```
class Mammal <: Animal {
    init() {
        super()
        println("Mammal")
    }
}
```

删除 Mammal 类中的构造函数，代码如下：

```
class Mammal <: Animal {
}
```

由于编译器会自动为 Mammal 类生成无参构造函数，所以创建 Mammal 类时仍然会调用父类 Animal 的无参构造函数。此时，代码的输出结果如下：

```
Animal
```

开发者可以通过 super 关键字自行设计子类的有参构造函数调用父类的构造函数。子类的构造函数必须调用父类的构造函数，否则会导致编译报错。

【实例 6-16】 Mammal 类继承于 Animal 类，子类的构造函数在 init (name : String)中通过 super 关键字调用父类相应的构造函数，代码如下：

```
//code/chapter06/example6_16.cj
open class Animal {
    init (name : String) {
        println("Animal : " + name)
    }
}

class Mammal <: Animal {
    init (name : String) {
        super(name)
        println("Mammal : " + name)
    }
}
```

```
}

func main() {
    let mammal = Mammal("jerry")
}
```

创建 Mammal 实例时，调用了 Mammal 类的构造函数。在该构造函数中，首先通过 super 关键字调用父类的相应构造函数，输出"Animal:jerry"文本，然后输出"Mammal:jerry"文本。编译并运行程序，输出结果如下：

```
Animal : jerry
Mammal : jerry
```

如果删除 Mammal 构造函数中的 super(name)语句，则代码如下：

```
class Mammal <: Animal {
    init (name : String) {
        println("Mammal : " + name)
    }
}
```

此时，子类的构造函数会自动尝试调用父类的无参构造函数，但是，由于父类 Animal 中已经包含了有参构造函数，所以编译器并不会生成无参构造函数，此时会导致编译出错。解决方案有两个：

（1）创建父类的无参构造函数，子类的构造函数会自动调用这个无参构造函数。

（2）在子类的构造函数中，通过 super 关键字调用父类中指定的构造函数。

读者可以自行尝试这两个解决方案。

4. 重定义

在子类中，通过 redef 关键字可以重定义父类的静态成员函数（或静态属性）。与重写不同，静态成员函数（或静态属性）的重定义不需要在父类中进行任何声明，只需要在子类中通过 redef 关键字修饰重定义后的静态成员函数（或静态属性）。

注意　redef 关键字要放在 static func（或 static prop）关键字之前。

【实例 6-17】定义 Mammal 类和 Dog 类，其中 Mammal 是 Dog 的父类。在 Mammal 类中定义静态成员函数 getClassType 和静态属性 typeInfo，然后在 Dog 类中重定义 getClassType 和 typeInfo，代码如下：

```
//code/chapter06/example6_17.cj
//哺乳动物 Mammal 类
open class Mammal {
    static func getClassType() {
        println("Class Type : Mammal")
    }
```

```
    static prop var typeInfo : String {
        get() {
            "Mammal"
        }
        set(v) {
            println("Type : " + v)
        }
    }
}

//狗 Dog 类
class Dog <: Mammal {
    redef static func getClassType() {
        println("Class Type : Dog")
    }
    redef static prop var typeInfo : String {
        get() {
            "Dog"
        }
        set(v) {
            println("Type : " + v)
        }
    }
}

func main() {
    Mammal.getClassType()     //调用 Mammal 类中的静态成员函数 getClassType
    println(Mammal.typeInfo) //访问 Mammal 类中的静态属性 typeInfo
    Dog.getClassType()        //调用 Dog 类中重定义的静态成员函数 getClassType
    println(Dog.typeInfo)     //访问 Dog 类中重定义的静态属性 typeInfo
}
```

在 main 函数中，分别调用 Mammal 和 Dog 类的静态成员函数 getClassType 和静态属性 typeInfo。由于在 Dog 类中，对上述成员变量和属性进行了重定义，因此可以输出不同的结果。编译并运行程序，输出结果如下：

```
Class Type : Mammal
Mammal
Class Type : Dog
Dog
```

重写和重定义可以改变子类从父类继承而来的特征，是实现多态的重要方法，详见 6.3.1 节的相关内容。

6.2.3 成员的可见修饰符

成员的可见标识符包括 public、protected 和 private 关键字。这些标识符可用于声明类的成员，包括成员变量、成员属性、构造函数和成员函数。每个成员只能使用一个可见标识符，用于声明该成员的可见性。上述关键字的含义如下：

（1）使用 public 修饰的成员在类内部（包括子类）和外部均可访问。

（2）使用 protected 修饰的成员只能在类内部（包括子类）访问。

（3）使用 private 修饰的成员只能在类内部（不包括子类）访问。

【实例 6-18】 定义 Animal 类，并分别通过 public、protected 和 private 关键字定义成员变量和成员函数。在 Animal 类、Animal 的子类 Dog 和 main 函数（类的外部）中尝试使用这些不同可见修饰符修饰的成员，代码如下：

```
//code/chapter06/example6_18.cj
//父类：动物 Animal 类
open class Animal {
    //3 个不同可见修饰符修饰的变量
    public let a = 1001
    protected let b = 1002
    private let c = 1003

    //3 个不同可见修饰符修饰的函数
    public func test1() {
        println("test1")
    }

    protected func test2() {
        println("test2")
    }

    private func test3() {
        println("test3")
    }

    //类内部测试函数
    func animalTest() {
        println("a : ${a}")
        println("b : ${b}")
        println("c : ${c}")
        test1()
        test2()
        test3()
```

```
        }
    }

    //子类: 狗 Dog 类
    class Dog <: Animal {

        //子类内部测试函数
        func dogTest() {
            println("a : ${a}")
            println("b : ${b}")
            //println("c : ${c}")      //无法访问 c 变量，会报错
            test1()
            test2()
            //test3()                  //无法调用 test3()，会报错
        }
    }

    func main() {
        let animal = Animal()
        //类外部访问测试
        println("a : ${animal.a}")
        //println("b : ${animal.b}")   //无法访问 b 变量，会报错
        //println("c : ${animal.c}")   //无法访问 c 变量，会报错
        animal.test1()
        //animal.test2()               //无法调用 test2()，会报错
        //animal.test3()               //无法调用 test3()，会报错

        //类内部访问测试
        animal.animalTest()

        //子类内部访问测试
        let dog = Dog()
        dog.dogTest()
    }
```

Animal 类中的成员变量 a、b 和 c 分别由 public、protected 和 private 修饰。对于变量 a 来讲，在 Animal 类的成员函数中，在其子类 Dog 的成员函数中，以及在 main 函数中，都可以访问。对于变量 b 来讲，不能在 main 函数中访问，但是可以在 Animal 类及其子类 Dog 的成员函数中访问。对于变量 c 来讲，只能在 Animal 类的成员函数中访问，不能在子类 Dog 的成员函数及 main 函数中访问。

Animal 类中的成员函数 test1、test2 和 test3 分别由 public、protected 和 private 修饰。这些函数的可见性和相应修饰符的成员变量类似，不再赘述。

编译并运行程序，输出结果如下：

```
a : 1001
test1
a : 1001
b : 1002
c : 1003
test1
test2
test3
a : 1001
b : 1002
test1
test2
```

在使用可见修饰符时需要注意以下几个问题：

（1）如果成员没有被任何可见修饰符修饰，则默认为 public。

（2）构造函数也可以使用可见修饰符修饰。可以通过这一特性创建单例类等，详见 6.2.4 节的相关内容。

（3）可见修饰符可以修饰静态成员，效果如下：

❑ 使用 public static 修饰的静态成员在类内部（包括子类）和外部均可访问。

❑ 使用 protected static 修饰的静态成员只能在类内部（包括子类）访问。

❑ 使用 private static 修饰的静态成员只能在类内部（不包括子类）访问。

（4）使用 private 修饰的成员不能被重写，使用 private static 修饰的成员也不能被重定义（编译器会报错）。

6.2.4 单例类

所谓单例类是指只能拥有单个实例的类，实属面向对象编程中永远的"单身狗"！在许多应用场景中，许多类只需一个实例。例如对于应用程序而言，可能只需一个窗口，或者只需一个设置界面等，那么相应的窗口类、设置界面类等在整个应用程序的运行中只需一个实例。为了方便管理、节约资源，可以使用单例类来保证最多只能有一个类的实例。

单例类的特性如下：

（1）使用 private 修饰构造函数，使其外部不可见，从而使开发者无法在外部随意创建类的实例。

（2）在单例类中，使用 static 修饰单例变量，用于承载该类的实例。

（3）在单例类中，使用 static 修饰单例函数，用于获取（2）中所述的实例。

单例类的基本结构如下：

```
//单例模式
```

```
class Singleton {
    //无法从外部访问构造函数
    private init() {}
    //单例对象
    private static let instance : Singleton = Singleton()
    //获取单例对象
    static func getInstance() : Singleton {
        return instance
    }
}
```

这样，当需要使用单例类时，只需使用 getInstance()方法获取类的实例，外部无法通过其他方式获取或实例化这个类。

6.2.5 转型

所谓转型，是转换对象的类型。例如，Dog 类（狗）继承于 Mammal 类（哺乳动物），此时对于一个 dog 对象（Dog 类的实例）来讲，既可以通过狗的方式操作 dog，也可以通过哺乳动物的方式操作 dog，因此，可以将 Dog 类的对象转换为 Mammal 类，也可以再次转换为 Dog 类，前者为向上转型，后者为向下转型。

类似地，从子类向父类转换类型称为向上转型，从父类向子类转换类型称为向下转型。

1. 向上转型

向上转型非常简单，不需要任何操作符，只需将子类的对象直接赋值给父类的变量便可完成向上转型。需要注意的是，向上转型转的是类型而不是对象本身。虽然类型转换了，但是对象还是原先的对象。例如，子类重写了父类的函数，当子类的对象向上转型为父类的对象后，执行该函数时调用的仍然是子类重写后的函数。

【实例 6-19】 狗 Dog 类继承于哺乳动物 Mammal 类，将 Dog 类的实例 dog 向上转型为 Mammal 类，代码如下：

```
//code/chapter06/example6_19.cj
//哺乳动物 Mammal 类
open class Mammal {
    open func speak() {
        println("哺乳动物叫!")
    }
}
//狗 Dog 类
class Dog <: Mammal {
    override func speak() {
        println("汪汪汪!")
    }
}
```

```
func main() {
    let dog : Dog = Dog()          //狗
    let mammal : Mammal = dog      //将 dog 对象向上转型为 mammal 对象
    mammal.speak()
}
```

Dog 类重写了 Mammal 类中的 speak 函数。当 Dog 类的实例 dog 向上转型为 Mammal 类时，由于对象还是原先的 dog 对象，所以执行 speak 函数时仍然会执行 Dog 类的 speak 函数。编译并运行程序，输出结果如下：

汪汪汪

2. 向下转型

向下转型需要使用 as 操作符。as 操作符可以将对象从父类转换为子类，as 表达式的基本结构如下：

对象名 as 类名

该表达式的类型为 Option<T>，其中 T 为转型后的类名，和 as 表达式后的类名相同。和向上转型类似，向下转型转换的是类型而不是对象本身，因此只有当对象原本就属于子类的情况下才可以实现向下转型，否则转型会失败。当转型失败时，as 表达式的结果为 None。

【实例 6-20】　狗 Dog 类继承于哺乳动物 Mammal 类。测试将 Dog 类的实例 dog 向上转型为 Mammal 类的变量 mammal，然后将 mammal 向下转型，最后测试将 Mammal 类的实例 mammal2 转型为 Dog 类，代码如下：

```
//code/chapter06/example6_20.cj
//哺乳动物 Mammal 类
open class Mammal {
    func isMammal() {
        println("I am a mammal.")
    }
}

//狗 Dog 类
class Dog <: Mammal {
    func isDog() {
        println("I am a dog.")
    }
}

func main() {
    //Dog 类型的变量 dog
    let dog = Dog()
```

```
    dog.isMammal()
    dog.isDog()

    //向上转型:将 Dog 类型转型为 Mammal 类型
    let mammal : Mammal = dog
    mammal.isMammal()
    //mammal.isDog() //无法执行

    //向下转型:将 Mammal 类型转型为 Dog 类型
    let dogOpt = mammal as Dog
    match (dogOpt) {
        case Some(v) =>
            v.isDog()
        case $None =>
            print("向下转型失败\n")
    }

    //创建一个 Mammal 类型的对象, 向下转型为 Dog 类型(会失败)
    let mammal2 = Mammal()
    let dogOpt2 = mammal2 as Dog
    match (dogOpt2) {
        case Some(v) =>
            v.isDog()
        case $None =>
            print("向下转型失败\n")
    }
}
```

Mammal 类的实例 mammal2 本身并不是 Dog 类, 所以不能转型为 Dog 类, 从而导致转型失败。编译并运行程序, 结果如下:

```
I am a mammal.
I am a dog.
I am a mammal.
I am a dog.
向下转型失败
```

除了类的继承关系以外, 仓颉语言中的所有子类型关系都可以使用类似的方式转型, 读者可以参见 7.3.4 节的相关内容。

6.3 多态

继承不仅实现了代码的复用, 更为重要的是为多态的实现带来了可能。多态是面向对象编程中最重要的概念之一, 也是面向对象编程的核心。多态是指代码可以根据类型的具体实现采取不同行为的能力。

　　简单地说，多态是指不同的类拥有相同的函数，但执行这些函数却可以得到不同的结果。例如，对于哺乳动物来讲，都有发声的能力，但是具体到不同的哺乳动物，其发出的声音是不一样的。猫能发出的声音是"喵喵喵"，狗能发出的声音是"汪汪汪"，而羊能发出的声音是"咩咩咩"。当开发者调用这些不同动物的发出声音的函数时，这些对象所能够发出的声音是不一样的，这就是多态，如图 6-9 所示。

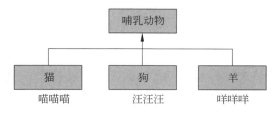

图 6-9　不同的哺乳动物叫声不一样

实现多态主要有两种方式：

（1）通过继承和重写实现多态，将在 6.3.1 节详细介绍。

（2）通过接口实现多态，将在 6.4.2 节详细介绍。

　　对于许多类来讲，其成员可能是非常抽象的。例如在上面的例子中，哺乳动物类就非常抽象，哺乳动物的叫法可能多种多样，所以其叫法实现的函数不应该在哺乳动物类中出现。这时候就可以使用抽象类的特性了。在 6.3.2 节中将会详细介绍抽象类的使用方法。

6.3.1　通过继承和重写实现多态

通过继承和重写能够很轻易地实现多态，其基本方法如下：

（1）在父类中定义需要实现多态的函数。

（2）在子类中重写需要实现多态的函数。

【实例 6-21】　定义哺乳动物 Mammal 类，然后实现其子类 Cat、Dog 和 Sheep，并在子类中分别重写 Mammal 类的 speak 函数，代码如下：

```
//code/chapter06/example6_21.cj
//哺乳动物 Mammal 类
open class Mammal {
    open func speak() {
        println("哺乳动物叫!")
    }
}

//猫 Cat 类
class Cat <: Mammal {
    override func speak() {
```

```
        println("喵喵喵!")
    }
}
//狗 Dog 类
class Dog <: Mammal {
    override func speak() {
        println("汪汪汪!")
    }
}
//羊 Sheep 类
class Sheep <: Mammal {
    override func speak() {
        println("咩咩咩!")
    }
}

func main() {
    let dog : Mammal = Dog()        //狗
    dog.speak()                     //狗叫
    let cat : Mammal = Cat()        //猫
    cat.speak()                     //猫叫
    let sheep : Mammal = Sheep()    //羊
    sheep.speak()                   //羊叫
}
```

在 main 函数中，分别创建 Dog、Cat 和 Sheep 类的对象，并向上转型为 Mammal 类的变量，此时分别调用这 3 个对象的 speak 函数，可以返回不同的结果。编译并运行程序，输出结果如下：

```
汪汪汪!
喵喵喵!
咩咩咩!
```

在上面的代码中，通过 Mammal 类的变量调用不同对象的 speak 函数，但是输出的结果却各不相同。这是多态的精髓，也是面向对象编程的精髓。

6.3.2 抽象类

抽象类是不能直接实例化的类，使用 abstract 关键字声明，其基本形式如下：

```
abstract class 类名 {
    //类的定义体
}
```

虽然抽象类不能直接被实例化，但是可以创建构造函数。抽象类的构造函数只能在其子类中调用。

抽象类有以下几个基本特点：

（1）抽象类可以被继承，无须（也不能）使用 open 关键字声明。

（2）抽象类中可以包含抽象的成员函数或成员属性。所谓"抽象的"成员，即只声明而不实现的成员。例如，只有函数头没有函数体的成员函数，只有属性头没有属性体的成员属性等。这种"抽象的"成员函数或成员属性也称为抽象函数、抽象属性。

注意　抽象类中可以包含抽象函数、抽象属性，也可以包含具体的成员函数、成员属性等。

例如，定义哺乳动物的抽象类 Mammal，代码如下：

```
//哺乳动物 Mammal 抽象类
abstract class Mammal {
    func speak() : Unit //无返回值的函数需要将其返回类型声明为 Unit
}
```

抽象函数必须定义返回类型，如果不需要具体的返回值，则可以将其类型声明为 Unit。

【**实例 6-22**】哺乳动物的叫声是根据具体的动物的不同而不同的，因此抽象的哺乳动物类可以只抽象叫声函数 speak，但不实现。Mammal 类的子类 Dog、Cat 和 Sheep 类通过重写的方式实现各自不同的 speak 函数，代码如下：

```
//code/chapter06/example6_22.cj
//哺乳动物 Mammal 抽象类
abstract class Mammal {
    func speak() : Unit //无返回值的函数需要将其返回类型声明为 Unit
}

//狗 Dog 类
class Dog <: Mammal{
    func speak() {
        println("汪汪汪!")
    }
}
//猫 Cat 类
class Cat <: Mammal{
    func speak() {
        println("喵喵喵!")
    }
}
//羊 Sheep 类
class Sheep <: Mammal{
    func speak() {
        println("咩咩咩!")
```

```
        }
    }

func main() {
    let dog : Mammal = Dog()        //狗
    dog.speak()                     //狗叫
    let cat : Mammal = Cat()        //猫
    cat.speak()                     //猫叫
    let sheep : Mammal = Sheep()    //羊
    sheep.speak()                   //羊叫
}
```

创建 Mammal 类的子类 Dog、Cat、Sheep 的对象，向上转型并赋值给 Mammal 类的变量 dog、cat 和 sheep。虽然，Mammal 类的 speak 函数是抽象的，但是具体的对象却实现了各自不同的 speak 函数。通过调用 dog、cat 和 sheep 变量的 speak 函数，能够得到不同的叫声输出结果。编译并运行程序，输出结果如下：

```
汪汪汪！
喵喵喵！
咩咩咩！
```

抽象成员（包括成员函数或成员属性）不能使用 private 修饰，也不能使用 static 修饰，因为没有任何意义。

6.4 接口和扩展

通过接口和扩展同样能够实现多态，并且接口很容易解耦代码，使代码的扩展性更强。本节介绍接口和扩展的基本用法。

6.4.1 接口

接口（interface）是非常重要的概念。实际上，接口是一种抽象的约束，是对某些具体的相关的功能进行抽象的载体。很多人说，面向接口编程而不是面向实现编程。"面向接口编程"是先设计对外接口，然后通过类实现接口中的具体功能。

1. 接口是一种约束

接口通过 interface 定义，包括接口名、接口的定义体等部分，其基本形式如下：

```
interface 接口名{
    //接口的定义体
}
```

在接口的定义体中，可以定义各种成员，也可以实现成员。另外，接口不能被实例化，所以不能含有任何构造函数。

例如，定义一个可移动的接口 Movable，代码如下：

```
interface Movable {
    func move() : Unit
}
```

在上述代码中，Movable 接口中包含了抽象的 move 函数。

类可以实现接口，其实现的方法与继承类似，使用<:符号表示实现。例如，Rabbit 类实现 Movable 接口，代码如下：

```
class Rabbit<: Movable {
    func move() {
        println("rabbit move!")
    }
}
```

如果用类实现接口，就必须实现接口中所有的抽象函数与抽象属性，否则会导致编译报错，所以接口是对类的一种约束，约束了类必须实现的成员。另外，可以使用接口的方式操作实现该接口的类的对象，即将类的对象转型为接口的对象。

【实例 6-23】 Rabbit 类实现了 Movable 接口，所以可以使用 Movable 接口来调用 Rabbit 对象的 move 函数，代码如下：

```
//code/chapter06/example6_23.cj
interface Movable {
    func move() : Unit
}

class Rabbit<: Movable {
    func move() {
        println("rabbit move!")
    }
}

func main() {
    let rabbit = Rabbit()            //Rabbit 类的对象 rabbit
    rabbit.move()
    let movable : Movable = rabbit   //使用 Movable 接口操作 rabbit 对象
    movable.move()
}
```

在 main 函数中，将 Rabbit 的实例 rabbit 向上转型为 Movable 类型，并赋值给 movable 变量。通过 movable.move()表达式调用了 Rabbit 类中实现的 move 函数。编译并运行程序，输出结果如下：

```
rabbit move!
rabbit move!
```

类只支持单继承，但是支持同时实现多个接口。因为继承和实现接口均使用<:符号，所以继承的父类要放在实现的接口的前面，并且父类与接口、接口与接口之间均使用&符号隔开。

【实例 6-24】 定义哺乳动物 Mammal 抽象类，兔子 Rabbit 类继承于 Mammal 类，并且实现了可移动的 Movable 接口和可跳跃的 Jumpable 接口，代码如下：

```
//code/chapter06/example6_24.cj
interface Movable {      //可移动接口
    func move() : Unit   //移动
}

interface Jumpable {     //可跳跃接口
    func jump() : Unit   //跳跃
}

//抽象类，哺乳动物 Mammal 类
abstract class Mammal {

}

//兔子 Rabbit 类继承于 Mammal 类，并实现了 Movable 和 Jumpable 接口
class Rabbit <: Mammal & Movable & Jumpable{
    func move() { //实现移动函数
        println("rabbit move!")
    }

    func jump() { //实现跳跃函数
        println("rabbit jump!")
    }
}

func main() {
    let rabbit = Rabbit()    //兔子 Rabbit 类的对象
    rabbit.move()            //兔子移动
    rabbit.jump()            //兔子跳跃
}
```

编译并运行程序，输出结果如下：

```
rabbit move!
rabbit jump!
```

　　和抽象类类似，接口中的抽象成员函数或成员属性不能使用 private 修饰，也不能使用 static 修饰，因为没有任何意义。

2. 接口的继承

接口可以继承，并且可以多继承。

【**实例 6-25**】 定义接口 Flyable、Runnable 和 Movable，其中 Movable 继承于 Flyable 和 Runnable，然后定义 Bird 类并实现 Movable 接口，代码如下：

```
//code/chapter06/example6_25.cj
interface Flyable {
    func fly(): Unit
}

interface Runnable {
    func run(): Unit
}

interface Movable <: Flyable & Runnable {

}

class Bird <: Movable {
    func fly() {
        println("Bird flying!")
    }
    func run() {
        println("Bird running!")
    }
}

func main() {
    let bird = Bird()
    bird.fly()
    bird.run()

}
```

　　在上述代码中，Movable 接口为多继承，同时继承于 Flyable 和 Runnable 接口，并分别继承了 fly 函数和 run 函数。在 Bird 类中实现了上述两个函数。

　　在 main 函数中，创建 Bird 的实例并调用 fly 函数和 run 函数。编译并运行程序，输出结果如下：

```
Bird flying!
Bird running!
```

3. 接口成员的默认实现

接口中的函数或属性不一定是抽象的，也可以有具体实现，此时这些函数或属性的实现称为成员的默认实现。当用类实现接口时，可以通过重写改变这些实现，也可以不重写而保留默认实现。

【实例 6-26】 在 Flyable 接口中定义 fly 函数和 flyHeight 属性，并定义其默认实现。Bird 类实现了 Flyable 接口，并使用了 fly 函数和 flyHeight 属性的默认实现，代码如下：

```
//code/chapter06/example6_26.cj
interface Flyable {
    func fly() { //fly 函数的默认实现
        println("flying!")
    }
    //flyHeight 属性的默认实现
    prop let flyHeight : Int64 {
        get() {
            200
        }
    }
}

class Bird <: Flyable {

}

func main() {
    let bird = Bird()
    bird.fly()
    println("飞行高度: ${bird.flyHeight}")
}
```

在 main 函数中，调用 fly 函数和 flyHeight 属性时会使用 Flyable 接口的默认实现。编译并运行程序，输出结果如下：

```
flying!
飞行高度: 200
```

非抽象类、抽象类和接口的关系如表 6-2 所示。

表 6-2 非抽象类、抽象类和接口的关系

类型	能否定义成员?	能否实现成员?	能否多继承?
非抽象类	√	√(必须实现)	×

续表

类型	能否定义成员?	能否实现成员?	能否多继承?
抽象类	√	√(可以实现)	×
接口	√	√(可以实现)	√

接口类似于抽象类，两者都可以约束类，而且都不能直接实例化，但是接口更加灵活：

（1）通过接口实现多态能够避免继承的概念，从而解耦父类和子类的关系。

（2）接口可以应用在面向对象编程体系中，支持数值类型、字符型、字符串型、记录、枚举、元组、函数等各种数据类型。

（3）接口能够实现多继承，并且一个数据类型可以实现多个接口。

6.4.2 通过接口实现多态

由于接口可以定义抽象函数，所以实现接口的多个类可以通过不同的方式实现抽象函数。当使用接口来调用抽象函数时，实则会调用这个抽象函数的具体实现，其运行结果可能不同，这是通过接口实现多态的原理。

【实例6-27】 定义 Flyable 接口并定义 fly 抽象函数。Bird、Bat 和 Airplane 类分别实现 Flyable 接口并实现 fly 函数。函数 gofly 调用 Flyable 接口对象的 fly 抽象函数，代码如下：

```
//code/chapter06/example6_27.cj
interface Flyable {
    func fly(): Unit //抽象函数fly
}

class Bird <: Flyable { //鸟Bird，实现Flyable接口
    func fly(): Unit {   //抽象函数fly的具体实现，输出"Bird flying"
        println("Bird flying")
    }
}

class Bat <: Flyable {  //蝙蝠Bat，实现Flyable接口
    func fly(): Unit {   //抽象函数fly的具体实现，输出"Bat flying"
        println("Bat flying")
    }
}

class Airplane <: Flyable { //飞机Airplane，实现Flyable接口
    func fly(): Unit {        //抽象函数fly的具体实现，输出"Airplane flying"
        println("Airplane flying")
    }
}
```

```
//调用 Flyable 接口对象的 fly 抽象函数
func gofly(item: Flyable): Unit {
    item.fly()
}

func main() {
    let bird = Bird()
    let bat = Bat()
    let airplane = Airplane()
    gofly(bird)
    gofly(bat)
    gofly(airplane)
}
```

在 main 函数中，创建了 Bird、Bat 和 Airplane 类的实例，并通过 gofly 函数将这些对象转换为 Flyable 接口的变量，并调用其 fly 函数。由于 fly 函数在上述类中的实现方法不同，所以其输出结果会呈现多态性。编译并运行程序，输出结果如下：

```
Bird flying
Bat flying
Airplane flying
```

接口用于约束类型的能力，扩展则用于拓展类型的能力。

6.4.3　扩展

扩展可以增加已有的类型的特性。除了函数、元组和接口以外，扩展可以为包括类、记录、枚举在内的各种类型添加新的能力。

1. 扩展类的功能

扩展的关键字为 extend，包括类型名、扩展的定义体等组成部分，其基本形式如下：

```
extend 类型名{
    //扩展的定义体，用于新增功能或特性
}
```

这里的类型名可以是类名，也可以是其他类型的名称。

【实例 6-28】　创建狗 Dog 类，然后通过扩展的方式为 Dog 类添加 move 函数，代码如下：

```
//code/chapter06/example6_28.cj
class Dog { //狗 Dog 类
    //狗吠函数
    func bark() {
        println("汪汪汪!")
    }
```

```
    }

    extend Dog {  //通过扩展为狗 Dog 类新增功能
        //移动函数
        func move() {
            println("Dog Move!")
        }
    }

    func main() {
        //创建狗的实例
        let dog = Dog()
        dog.bark()  //狗吠
        dog.move()  //狗移动
    }
```

Dog 类中原本有 bark 函数，经过扩展添加了 move 函数，此时 Dog 类包含了 bark 和 move 这两个函数。在 main 函数中，创建 Dog 类的实例，并分别调用这两个函数。编译并运行程序，输出结果如下：

```
汪汪汪!
Dog Move!
```

2. 扩展其他类型的功能

扩展不仅可以扩展类的功能，还可以扩展除了函数、元组和接口以外的各种类型的功能。

【**实例 6-29**】 扩展 Int64 类型，添加计算平方的函数 square，代码如下：

```
//code/chapter06/example6_29.cj
extend Int64 {
    //平方函数
    func square() {
        this * this
    }
}

func main() {
    let value : Int64 = 8      //Int64 整型变量 value 的值为 8
    let sq = value.square()  //计算 value 的平方并赋值给 sq 变量
    println("value 的平方 : ${sq}")
}
```

在 main 函数中，变量 value 为 Int64 类型，通过 square 函数计算 value 变量的平方，并赋值给 sq 变量，最后输出打印 sq 变量的值。编译并运行程序，输出结果如下：

```
value 的平方 : 64
```

3. 通过扩展实现接口

通过扩展可以实现接口,这是一种非常常见的实现接口的方式。扩展实现接口的意义很大,可以方便对类的功能进行解耦,从而使代码更加清晰易读。

【实例 6-30】 创建 Breaker 接口和 Car 类,并通过扩展的方式让 Car 类实现 Breaker 接口,代码如下:

```
//code/chapter06/example6_30.cj
interface Breaker { //刹车功能
    func dobreak() : Unit //刹车
}
//汽车 Car 类
class Car {

}
//通过扩展的方式让 Car 类实现 Breaker 接口
extend Car <: Breaker {
    func dobreak() : Unit {
        println("break the car!")
    }
}


func main() {
    var car = Car() //Car 类的实例 car
    car.dobreak()    //刹车

    let breakable : Breaker = car     //使用 Breaker 接口的方式操作 car 实例
    breakable.dobreak()               //刹车
}
```

在 main 函数中,不仅可以通过 Car 类来操作 car 实例,还可以通过 Breaker 接口的变量来操作 car。编译并运行程序,输出结果如下:

```
break the car!
break the car!
```

在上述实例中,接口用于定义约束,扩展用于实现功能,而类是两者的纽带。接口和扩展最大程度上做到了接口和实现的解耦。建议开发者以这种方式来解决面向对象中的实际问题。

另外,接口和扩展所能够应用的类型非常广泛,不仅可以作用在类上,还可以作用于仓颉语言中绝大多数的类型,实属仓颉语言中的两大神器。

6.4.4　组合优于继承

"组合优于继承"是一种非常重要的面向编程思想。无论是自然界还是人工制品，组合是非常常见的。例如，现代许多机械和电子产品是由部件组成的，手机包括屏幕、主板、电池等部件。在自然环境中组合也很常见，人是由循环系统、神经系统、内分泌系统、生殖系统等组成的，原子是由原子核和电子组成的。

在面向对象编程中，组合的概念也非常重要。一种类型由其他更加微小的类型组合而成。例如，四旋翼无人机包括了动力、通信、飞控等若干模块，这些模块分别由其他类型进行封装，但是，如果使用继承的方式来设计无人机的类，就需要定义飞行器、无人机、四旋翼无人机等类，还需要维护这些类之间的关系，会使代码非常烦琐，如图 6-10 所示。

图 6-10　组合优于继承

【实例 6-31】　创建相机 Camera 接口，并创建实现 Camera 接口的两个类：可见光相机 CameraVisible 和近红外相机 CameraIR，然后创建由相机等其他部件组成的无人机 Drone 类，所以在 Drone 类中添加了 mCamera 接口的变量，并设计了相应的构造函数、设置函数等，代码如下：

```
//code/chapter06/example6_31.cj
interface Camera { //相机接口
    func capturePhoto() : Unit   //拍照
    func recordVideo() : Unit    //录像
}


//可见光相机
class CameraVisible <: Camera {
    func capturePhoto() {
        println("可见光相机拍照!")
    }

    func recordVideo() {
        println("可见光相机录像!")
    }
}
```

```
    }

    //近红外相机
    class CameraIR <: Camera {
        func capturePhoto() {
            println("近红外相机拍照!")
        }

        func recordVideo() {
            println("近红外相机录像!")
        }
    }

    //无人机
    class Drone {
        var mCamera : Camera              //相机

        init() {
            mCamera = CameraVisible()    //默认为可见光相机
        }
    //拍照
        func capturePhoto() {
            mCamera.capturePhoto()
        }
     //设置相机
        func setCamera(camera : Camera) {
            mCamera = camera
        }
    }

    func main() {
        let drone = Drone()
        drone.capturePhoto()
        drone.setCamera(CameraIR())
        drone.capturePhoto()
    }
```

　　默认情况下，无人机上安装的是可见光相机（由构造函数创建），也可以通过 setCamera 函数设置不同的相机。在 main 函数中，创建了无人机的实例 drone 并拍照，将相机改为近红外相机后再次拍照。编译并运行程序，输出结果如下：

```
可见光相机拍照!
近红外相机拍照!
```

当然，读者还可以在 Drone 类中添加无人机的其他组件，这里为了演示方便只包含相机组件。通过这种组合的方式能够使代码更清晰易读，建议读者仔细品味组合的优点。

6.5 本章小结

从传统的面向对象编程角度来看，面向对象编程包括了封装、继承和多态 3 个主要特性。在一定程度上可以这么说，封装是基础，继承是核心，多态是目的。多态才是面向对象编程的核心所在。如果没有多态，则封装的意义并不是很大，而继承会使代码的耦合度加强，并不是编程的最佳实现。多态的意义在于基于对象所属类的不同，外部对同一个函数的调用实际执行的逻辑不同。在许多学者的眼中，调用对象的函数实际上是对对象发送消息，而对象会根据自身的实现对消息进行不同的处理。

不知道读者发现没有，类和类的关系是非常重要的，主要包括：

（1）类的从属关系：继承。

（2）类的包含关系：组合。

（3）类的相互调用关系：调用（发送消息）。

掌握了这些类之间的关系就基本理解面向对象编程的意义和用法了。

近年来，面向对象编程的概念正在不断延伸和发展。传统的面向对象编程非常容易出现过度设计、耦合度高等问题，而出现这些问题的根源在于继承，所以越来越多的开发者逐渐摒弃继承概念，开始使用接口和扩展。相对于继承来讲，接口和扩展更加强调解耦，也给面向对象编程带来了更多可能，是一种更加开放和推荐使用的技术。在新兴的编程语言（如Go、Swift 等）中，面向接口编程越来越成为主流。

本章仅仅从语法上介绍了面向对象编程的基础知识，实际上面向对象编程还包含更多的用法，例如设计模式等，需要读者在实践中逐渐积累经验。

6.6 习题

（1）什么是类？什么是对象？分析静态成员和实例成员的关系。

（2）简述封装、继承和多态的含义。

（3）简述如何实现多态。

（4）设计 Person 类并为其设计一些成员，然后设计 Police、Teacher 和 Worker 等子类，并继承 Person 类的成员。尝试重写、重定义、可见修饰符、转型、多态等的用法。

（5）设计计数单例类，每次调用该类的某个函数时计数值加 1，并返回当前的计数值。

（6）设计可驾驶的 Drivable 接口，然后设计 Car、Truck 等类实现 Drivable 接口，并输出一些独特的字符串。

（7）扩展 String 类型，创建为其添加中括号[]的函数。例如，对于字符串"abc"来讲，函数的运行结果为"[abc]"。

第 7 章

类型的故事——记录与类型系统

前文已经介绍了整型、字符、字符串、枚举、类、接口等众多数据类型。回顾在 2.2.1 节中介绍的仓颉语言数据类型，目前只剩下记录没有介绍了。记录是自定义类型，可以容纳各种成员变量和成员函数。相对于类来讲，记录更加轻量化，而且访问速度更快，但同时也失去了引用类型和面向对象编程的特征。本节介绍记录的基本用法。

在全面学习了所有数据类型的基础上，本章重点讨论仓颉语言的类型系统。类型是高级语言实现抽象编程的基础，而且仓颉语言是强类型的静态语言，所以开发者理解仓颉语言的类型系统非常重要，能够避免许多编译错误。本章的核心知识点如下：

（1）记录类型。

（2）值类型和引用类型。

（3）接口的高级用法。

（4）子类型关系、类型判断、类型转换、类型别名。

（5）泛型。

7.1 记录类型

记录类型（record）可以将多种不同数据类型的变量组合起来，形成一个新的类型。例如，用于表述一本书的数据类型一般需要书名、作者、出版社、出版年份等信息。书名、作者、出版社可以用字符串表示，而出版年份可以用整型表示。记录类型即可将上述这 3 个字符串和 1 个整型变量组合为一个新的自定义类型。

虽然元组也能实现多种不同数据类型的组合，但是并不能形成一个新的数据类型，没有新的类型名称，其内部的各类数据类型也没有变量名称。相对来讲，记录类型不仅可以形成新的数据类型，还可以方便开发者通过变量名称描述其内部各个数据类型的意义，而且记录内部具备包含成员函数等更加高级的能力，因此，记录类型比元组更加高级。通过后文的学习读者能体会到记录类型的魅力。

在使用上，记录类型类似于面向对象中的类，可以拥有各类成员和构造函数，也可被实例化。记录和类的主要区别如下：

（1）记录是值类型，类是引用类型。

（2）记录不能继承，类可以继承。

本节介绍记录的基本用法。

7.1.1　记录及其构造函数

记录通过 record 关键字定义，其基本形式如下：

```
record 名称{
    //记录的定义体
}
```

record 关键字后为记录名称，然后通过一个花括号包含了记录的定义体。合法的标识符都可以作为记录名称，但是其首字母通常为大写。记录定义体中可以包含多个不同类型的变量。

例如，定义包含用于表示书名、作者、出版社、出版年份等变量的图书记录类型 Book，代码如下：

```
record Book {
    var name : String = "仓颉语言程序设计"      //书名
    var author : String = "董昱"               //作者
    var publisher : String = 清华大学出版社" //出版社
    var year : Int32 = 2022                    //出版年份
}
```

在上述代码中，name、author、publisher 和 year 变量分别代表了图书的名称、作者、出版社和出版年份。由于这些变量处于记录类型的内部，所以这些变量称为记录类型的成员变量。

成员变量必须初始化。在上面的代码中，在定义时初始化变量的方法似乎并不好。因为 Book 类型作为一种类型而言，其内部的各个变量应该是抽象的，不应拥有具体的值。此时可以通过构造函数进行初始化。

构造函数是特殊的函数，其函数名为 init，并且由于 init 为仓颉关键字，因此不需要（也不能）使用 func 关键字声明函数。下面为 Book 记录类型添加一个构造函数，传入 4 个相应的参数，用于初始化 Book 记录类型中的 4 个成员变量，代码如下：

```
record Book {
    var name : String
    var author : String
    var publisher : String
    var year : Int32
```

```
            //构造函数，初始化 4 个成员变量
            init(name : String, author : String,
                    publisher : String, year : Int32) {
                this.name = name
                this.author = author
                this.publisher = publisher
                this.year = year
            }
    }
```

在构造函数中，关键字 this 表示当前记录类型的实例，而 this.name 表示当前记录类型实例中的 name 成员变量。赋值表达式 this.name = name 表示将构造函数的参数 name 的值赋值到实例成员变量 name 上。该构造函数中的其他 3 个语句的含义类似。

构造函数支持重载，即可包含多个参数列表不同的构造函数。例如，在上述代码的基础上，添加一个无参数的构造函数，并在其中对 4 个成员变量进行初始化：为所有字符串类型的变量赋值为空字符串，为年份变量赋值为−1（表示无效值），代码如下：

```
record Book {
    var name : String
    var author : String
    var publisher : String
    var year : Int32

    init() {
        this.name = "仓颉语言程序设计"
        this.author = "董昱"
        this.publisher = "清华大学出版社"
        this.year = 2022
    }

    init(name : String, author : String,
            publisher : String, year : Int32) {
        this.name = name
        this.author = author
        this.publisher = publisher
        this.year = year
    }
}
```

在记录类型中，如果在任何一个构造函数中没有对某个成员变量进行初始化，则必须在定义该变量时同时完成初始化。如果记录类型没有构造函数，则所有的成员变量都需要在定义时同时完成初始化。

记录的构造函数的成员函数的基本用法和类类似，读者可以比对学习。

7.1.2　记录的实例

记录类型拥有自定义的记录名称。通过这个记录名称即可声明记录变量。例如，定义 Book 记录类型的变量 book1，代码如下：

```
var book1 : Book
```

通过记录类型的构造函数即可创建实例，但是，构造函数的调用并非是直接调用，而是通过记录名称调用的。例如，上述 Book 记录类型中包含了以下两个构造函数：

```
init()
init(name: String, author: String, publisher: String, year: Int32)
```

这两个构造函数的调用分别为

```
Book()
Book(name: String, author: String, publisher: String, year: Int32)
```

上述两个表达式的返回值为相应的 Book 实例。

注意　如果开发者没有设计任何构造函数，则仓颉编译器会自动为其生成一个无参数的默认构造函数 init()。例如，对于没有构造函数的记录类型 Book，可以通过表达式 Book() 的方法构造 Book 的实例。

定义两个 Book 类型的变量 book1 和 book，然后创建 Book 类型的两个实例并赋值到上述变量中，代码如下：

```
var book1 : Book = Book()
var book2 : Book = Book("鸿蒙应用程序开发", "董昱", "清华大学出版社", 2021)
```

在这两个实例中，成员变量的值是不同的。此时可以通过成员访问操作符"."访问记录的成员变量，即通过"记录变量名.成员变量名"的形式访问成员变量。例如，book.name 表示访问 book1 实例中的 name 成员变量。

【实例 7-1】　创建两个 Book 类型的实例并打印各自的书名，代码如下：

```
//code/chapter07/example7_1.cj
record Book {
    var name : String
    var author : String
    var publisher : String
    var year : Int32

    init() {
        this.name = "仓颉语言编程之旅"
        this.author = "董昱"
        this.publisher = "清华大学出版社"
```

```
        this.year = 2022
    }

    init(name : String, author : String,
         publisher : String, year : Int32) {
        this.name = name
        this.author = author
        this.publisher = publisher
        this.year = year
    }
}

func main() {
    //book1 表示《仓颉语言程序设计》
    var book1 : Book = Book()
    println("book1 : ${book1.name}") //打印 book2 的书名
    //book2 表示《鸿蒙应用程序开发》
    var book2 : Book = Book("鸿蒙应用程序开发", "董昱", "清华大学出版社", 2021)
    book2.name = "鸿蒙应用程序开发教程" //修改 book2 的书名
    println("book2 : ${book2.name}") //打印 book2 的书名
}
```

在 main 函数中，创建了两个 Book 类型的实例，分别为 book1 和 book2。这两个实例分别是通过 Book 实例的两个构造函数进行初始化的，因此 book1 和 book2 中的成员变量的值不相同。随后，main 函数通过访问 name 成员变量输出这两本书的书名。在输出 book2 的书名前，对该书的书名做了修改。编译并运行程序，输出结果如下：

```
book1 : 仓颉语言程序设计
book2 : 鸿蒙应用程序开发教程
```

7.1.3　记录的成员函数与 mut 关键字

记录不仅可以包含变量，还可以包含函数。记录中的函数称为成员函数。成员函数可以访问记录中的成员变量，用于实现特定的功能。

【实例 7-2】为 Book 记录类型设计 toString 函数，用于输出实例中各个成员变量的信息，代码如下：

```
//code/chapter07/example7_2.cj
record Book {
    var name : String
    var author : String
    var publisher : String
    var year : Int32
```

```
    init(name : String, author : String,
         publisher : String, year : Int32) {
        this.name = name
        this.author = author
        this.publisher = publisher
        this.year = year
    }

    func toString() {
        "书名: " + this.name
            + " 作者: " + this.author
            + " 出版社: " + this.publisher
            + " 年份: ${this.year}"
    }
}

func main() {
    var book = Book("仓颉语言程序设计", "董昱", "清华大学出版社", 2022)
    println(book.toString()) //输出图书的信息
}
```

函数 toString 组合了 Book 类型中 name、author、publisher 和 year 等成员变量的信息，并返回包含这些信息的字符串。

在 main 函数中，创建了 Book 类型的实例 book，并通过 toString 成员函数输出图书的信息。编译并运行程序，输出结果如下：

书名: 仓颉语言程序设计　作者: 董昱　出版社: 清华大学出版社　年份: 2022

默认情况下，记录中的成员变量是不能被成员函数修改的。如果需要修改成员变量的值，则需要满足以下几个条件：

（1）成员变量通过可变变量（var 关键字）的方式声明。

（2）修改成员变量的成员函数需要使用 mut 关键字修饰。

（3）记录的实例需要通过可变变量（var 关键字）的方式声明。

【实例 7-3】 为 Book 记录类型添加 modifyName 函数，并实现修改书名的功能，代码如下：

```
//code/chapter07/example7_3.cj
record Book {
    var name : String
    var author : String
    var publisher : String
    var year : Int32
```

```
    init(name : String, author : String,
         publisher : String, year : Int32) {
        this.name = name
        this.author = author
        this.publisher = publisher
        this.year = year
    }

    func toString() {
        "书名: " + this.name
            + " 作者: " + this.author
            + " 出版社: " + this.publisher
            + " 年份: ${this.year}"
    }

    mut func modifyName(name : String) {
        this.name = name
    }
}

func main() {
    var book = Book("仓颉语言程序设计", "董昱", "清华大学出版社", 2022)
    println(book.toString())
    book.modifyName("仓颉语言编程之旅")
    println(book.toString())
}
```

函数 modifyName 通过 mut 关键字修饰；Book 实例中的成员变量 name 通过 var 关键字声明；main 函数中的 book 变量通过 var 关键字声明，所以函数 modifyName 可以修改成员变量 name 的值。编译并运行程序，输出结果如下：

```
书名: 仓颉语言程序设计    作者: 董昱    出版社: 清华大学出版社    年份: 2022
书名: 仓颉语言编程之旅    作者: 董昱    出版社: 清华大学出版社    年份: 2022
```

使用 mut 关键字声明的成员函数称为 Mut 函数。

7.1.4　静态成员

记录类型中不仅可以使用实例成员，还可以包含静态成员。在记录类型中，使用修饰符 static 修饰的变量或者函数称为静态成员变量或静态成员函数。静态成员需要通过记录类型本身调用或访问，不能通过记录的实例访问。

【实例 7-4】 为 Book 记录类型创建静态成员变量 typeInfo，表示其类型信息；创建静态成员函数 printType，用于输出类型信息，代码如下：

```
//code/chapter07/example7_4.cj
record Book {
    var name : String
    var author : String
    var publisher : String
    var year : Int32

    static var typeInfo = "Book" //静态成员变量

    //静态成员函数，输出 Book 记录类型信息
    static func printType() {
        println("This record type is ${typeInfo}")
    }

    init(name : String, author : String,
            publisher : String, year : Int32) {
        this.name = name
        this.author = author
        this.publisher = publisher
        this.year = year
    }

    func toString() {
        typeInfo + " [ 书名: " + this.name
            + " 作者: " + this.author
            + " 出版社: " + this.publisher
            + " 年份: ${this.year} ]"
    }

}

func main() {
    var book = Book("仓颉语言程序设计", "董昱", "清华大学出版社", 2022)
    println("Book 类型 : ${Book.typeInfo}")
    Book.printType()              //输出 Book 的类型
    println(book.toString()) //在 toString()函数中引用了 typeInfo 静态成员变量
}
```

通过 Book.typeInfo 和 Book.printType()表达式可以访问 typeInfo 静态成员变量和静态成员函数。在 Book 类型内部，也可以在实例成员函数 toString 中访问静态成员。编译并运行程序，输出结果如下：

```
Book 类型：Book
This record type is Book
Book [ 书名：仓颉语言程序设计   作者：董昱   出版社：清华大学出版社   年份：2022 ]
```

由于静态成员属于记录本身，所以无论是在实例成员函数和静态成员函数中，还是在记录的外部，都可以修改由 var 关键字定义的静态成员变量的值，所以静态成员函数不能用 mut 关键字修饰，因为没有任何意义。

在上述实例中，可以通过 Book.typeInfo 的方式修改 typeInfo 变量的值，读者可以自行尝试。

7.1.5　成员的可见修饰符

在记录类型中，成员的可见修饰符包括 public 和 private 关键字。

注意　由于记录不支持继承，所以成员不能使用 protected 修饰符修饰。

如果成员没有被任何可见修饰符修饰，则默认为 public。这两个可见修饰符的基本功能如下：

（1）使用 public 修饰的成员在 record 定义的内部和外部均可见。

（2）使用 private 修饰的成员仅在 record 定义的内部可见，外部无法访问。

【实例 7-5】　在 Test 记录类型中，创建由 public 和 private 修饰的成员变量和成员函数，并测试其内部和外部的可见性，代码如下：

```
//code/chapter07/example7_5.cj
record Test {

    private var foo1 = 100          //内部可见成员变量
    private static var foo2 = 200   //内部可见静态成员变量
    public var foo3 = 300           //外部可见成员变量
    public static var foo4 = 400    //外部可见静态成员变量

    //内部可见成员函数
    private func test1() {
        println("This is a private func!")
    }

    //内部可见静态成员函数
    private static func test2() {
        println("This is a private static func!")
    }

    //外部可见成员函数
    public func test3() {
        test1()                     //调用内部可见成员函数
```

```
            println("foo1 : ${foo1}")        //访问内部可见成员变量
            println("This is a public func!")
        }

        //外部可见静态成员函数
        public static func test4() {
            test2()                            //调用内部可见静态成员函数
            println("foo2 : ${foo2}")          //访问内部可见静态成员变量
            println("This is a public static func!")
        }
    }

func main() {
    var test = Test()
    println("foo3 : ${test.foo3}")    //访问外部可见成员变量
    println("foo4 : ${Test.foo4}")    //访问外部可见静态成员变量
    test.test3()                      //调用外部可见成员函数
    Test.test4()                      //调用外部可见静态成员函数
}
```

成员 foo1 和 foo2 为 private 修饰的成员变量，foo3 和 foo4 为 public 修饰的成员变量。其中，foo2 和 foo4 为静态成员变量。成员 foo1 和 foo2 只能在记录内部访问，分别在 test3 和 test4 函数中尝试访问。成员 foo3 和 foo4 既可以在成员内部访问，也可以在成员外部访问，不仅能够在 test3 和 test4 函数中访问，还可以在 main 函数中访问。

成员 test1 和 test2 为 private 修饰的成员函数，test3 和 test4 为 public 修饰的成员函数。其中，test2 和 test4 为静态成员函数。成员 test1 和 test2 只能在记录内部调用，分别在 test3 和 test4 函数中调用。成员 test3 和 test4 既可以在记录内部调用，又可以在记录外部调用。在 main 函数中，调用了 test3 和 test4 函数。

编译并运行程序，输出结果如下：

```
foo3 : 300
foo4 : 400
This is a private func!
foo1 : 100
foo3 : 300
This is a public func!
This is a private static func!
foo2 : 200
foo4 : 400
This is a public static func!
```

总体来讲，记录类型的使用方法和类很相似。两者最大的区别在于记录是值类型，而类是引用类型。7.2 节将以这两种类型为例子，比较值类型和应用类型的用法差异。

7.2 值类型与引用类型

按照变量持有数据的方式，可以将变量类型划分为值类型和引用类型：

（1）值类型包括基本数据类型、枚举类型和记录类型等。

（2）引用类型包括类和接口等。

值类型和引用类型在内存中的根本区别是：值类型变量可直接存储数据，在赋值时会复制值，放入另一个内存空间中；引用类型的变量持有数据的引用，在赋值时不会复制对象，而是复制对象的引用。

记录是典型的值类型，而类是典型的引用类型，因此本节通过对比记录和类之间持有数据和赋值的区别，使读者可以直观理解值类型和引用类型之间的关系。

【实例 7-6】 定义记录类型 Book，分析记录类型的变量持有数据的方式，代码如下：

```
//code/chapter07/example7_6.cj
record Book {
    var name : String
    var author : String

    init(name : String, author : String) {
        this.name = name
        this.author = author
    }
}

func main() {
    var book = Book("仓颉语言程序设计", "董昱")
    var book2 : Book = book //值类型的赋值，将数据复制
    book2.name = "仓颉语言编程之旅"
    println(book.name)        //输出图书的信息
}
```

在 main 函数中，声明 Book 类型的变量 book 并实例化，然后将该实例赋值到另外一个变量 book2 中，改变 book2 变量所持有实例的内容，打印 book1 变量所持有实例的内容。编译并运行程序，输出结果如下：

仓颉语言程序设计

由于 Book 为值类型，所以当将 book 变量所持有的数据赋值给 book2 时，实际上是将数据复制了一份，此时 book 变量和 book2 变量分别持有数据，改变 book2 变量的数据时 book 变量中的数据不会变化，如图 7-1 所示。

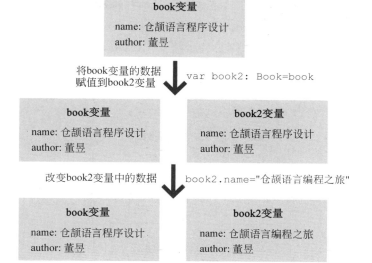

图 7-1 值类型的数据持有和赋值方式

【实例 7-7】 定义 Book 类，分析记录类型的变量持有数据的方式，代码如下：

```
//code/chapter07/example7_7.cj
class Book {
    var name : String
    var author : String

    init(name : String, author : String) {
        this.name = name
        this.author = author
    }
}

func main() {
    var book = Book("仓颉语言程序设计", "董昱")
    var book2 : Book = book //引用类型的赋值，将引用复制
    book2.name = "仓颉语言编程之旅"
    println(book.name)          //输出图书的信息
}
```

在 main 函数中，声明 Book 类型的变量 book 并实例化，然后将该实例赋值到另外一个变量 book2 中，改变 book2 变量所持有实例的内容，打印 book1 变量所持有实例的内容。编译并运行程序，输出结果如下：

仓颉语言编程之旅

由于 Book 为引用类型，所以当将 book 变量所持有的数据赋值给 book2 时，实际上是将数据的引用赋值给 book2，此时 book 变量和 book2 变量持有的是同一份数据，当改变 book2 变量的数据时 book 变量中的数据也会跟随变化，如图 7-2 所示。

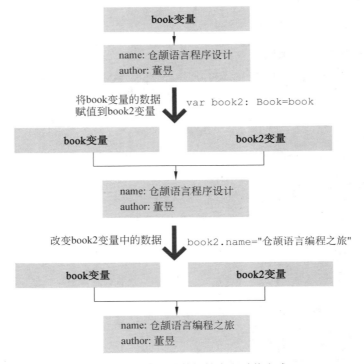

图 7-2　引用类型的数据持有和赋值方式

在上述两个实例中，唯一区别在于 Book 的数据类型不同。实例 7-6 的 Book 类型使用 class 关键字声明，实例 7-7 的 Book 类型使用 record 关键字声明。这就导致了这两个实例中的变量持有数据的方式存在重大差异。开发者要随时关注这些差异，时刻对变量的持有方式保持清醒的头脑，否则可能会引起难以排查的错误。

这两种持有数据的方式各有利弊。由于值类型在每次赋值的时候都会复制数据本身，所以如果数据在多个函数之间传参、赋值，则可能会引起内存压力。引用类型在多个函数之间传参、赋值时有可能会存在数据的安全性问题，所以开发者需要根据不同的场景选用值类型或引用类型。

7.3　关于数据类型的高级操作

我们已经学习完所有的仓颉数据类型了，本节介绍数据类型的高级操作。

7.3.1　再探接口与 Any 类型

在仓颉语言中，接口不仅是面向对象编程中的概念，其使用方法非常宽泛。本节介绍接口在其他类型中的应用，以及 Any 类型的作用。

1. 在值类型中使用接口

包括基本数据类型、枚举、记录在内的数据类型都可以实现接口，并且均使用<:符号实现接口。

注意　基本数据类型不能自定义其子类型，所以只能通过扩展实现接口。

【**实例 7-8**】　定义 Printable 接口，并定义抽象函数 printInfo，然后分别在枚举类型 RGBColor、记录类型 Book 和基本数据类型 Int64（使用扩展实现接口的方式）中实现 Printable 接口，代码如下：

```
//code/chapter07/example7_8.cj
//接口定义
interface Printable {
    func printInfo() : Unit
}

//枚举类型实现接口
enum RGBColor <: Printable{
    | Red | Green | Blue
    func printInfo() : Unit { //实现接口中的抽象函数 printInfo
        println("RGBColor")
    }
}

//记录类型实现接口
record Book <: Printable {
    func printInfo() : Unit { //实现接口中的抽象函数 printInfo
        println("Book")
    }
}

//基本数据类型实现接口（通过扩展实现接口）
extend Int64 <: Printable {
    func printInfo() : Unit { //实现接口中的抽象函数 printInfo
        println("Int64")
    }
}

func main() {
```

```
        //使用枚举类型的接口函数
        let wt : RGBColor = RGBColor.Red
        wt.printInfo()
        //使用记录类型的接口函数
        let book : Book = Book()
        book.printInfo()
        //使用基本数据类型的接口函数
        let value : Int64 = 20
        value.printInfo()
}
```

在 main 函数中，分别实例化实现 Printable 接口的类型，然后调用 printInfo 方法输出类型信息。编译并运行程序，输出结果如下：

```
RGBColor
Book
Int64
```

接口可以应用于所有的仓颉数据类型，这就可以将多态的概念从类推广到所有的仓颉数据类型中，非常灵活。

在应用中需要注意以下几点：

（1）接口是引用类型，通过引用存储数据。

（2）虽然接口是引用类型，但是当将值类型的值赋值给接口变量时，仍然会复制数据。此时，更改接口引用的数据时，并不会影响原先值类型中的数据。

（3）如果在接口中定义了 mut 关键字的函数，类在实现该接口时无须使用 mut 关键字，但记录实现该接口时需要保留 mut 关键字。即在记录和接口中，mut 关键字必须匹配使用。

【实例 7-9】 定义 Nameable 接口，并定义设置名称函数 setName 和打印名称函数 printName，然后定义 Book 记录类型，以便实现 Nameable 接口，代码如下：

```
//code/chapter07/example7_9.cj
interface Nameable { //可命名的

    mut func setName(name : String) : Unit  //设置名称
    func printName() : Unit              //打印名称
}

//图书Book记录类型
record Book <: Nameable{

    var name : String                    //书名
    var author : String                  //作者

    //构造函数
```

```
    init(name : String, author : String) {
        this.name = name
        this.author = author
    }

    mut func setName(name : String) : Unit {
        this.name = name
    }

    func printName() : Unit {
        println(this.name)
    }
}

func main() {
    let book : Book = Book("仓颉语言程序设计", "董昱")
    let nameable : Nameable = book      //将 book 转型为 Nameable 类型
    nameable.setName("仓颉语言编程之旅")   //改名称
    nameable.printName()                //打印名称
    book.printName()                    //打印书名
}
```

main 函数中声明并初始化了 Book 类型的变量 book，并将其转型为 Nameable 类型的变量 nameable。通过 nameable 变量修改名称，并不会影响原先 book 变量中的数据。这是因为将 book 转型为 Nameable 类型时，会将其数据复制一份，即 nameable 和 book 各持有一份数据。编译并运行程序，输出结果如下：

```
仓颉语言编程之旅
仓颉语言程序设计
```

当类实现 Nameable 接口的 setName 函数时，不再需要使用 mut 关键字修饰 setName 函数。

2. Any 类型

Any 类型是一个接口类型，其定义如下：

```
interface Any {}
```

仓颉中所有的接口都默认继承 Any，所有的非接口都默认实现 Any，所以仓颉语言中的所有类型都可以向上转型为 Any 类型，Any 类型相当于一个通用的类型。

可以将任何的实例赋值 Any 类型的变量，代码如下：

```
let a : Any = 1
let b : Any = 'a'
var c : Any = "this is a string"
```

```
c = 100
c = 'b'
```

上述代码是合法的，可以正常编译和运行。

7.3.2　子类型关系

如果类型 A 包含了类型 B 的所有特征，则称类型 A 是类型 B 的子类型，类型 B 是类型 A 的父类型，用 A<: B 表示。可见，类的继承、接口的实现都会产生子类型。

理解子类型关系非常重要，有助于开发者进行类型判断、类型转换操作，这主要包括以下两点：

（1）子类型可以向上转型为父类型，此时可以通过父类型的方式操作子类型。

（2）父类型可以向下转型为子类型。

在仓颉语言中，继承、接口实现等方式都可以产生子类型关系，以下分别介绍这些子类型关系。

1）由继承产生的子类型关系

子类属于父类的子类型，详见 6.2.1 节的相关内容。如果类 A 是类 B 的子类，则类 A 是类 B 的子类型。

2）由传递性产生的子类型关系

一种类型的子类型的子类型也是这种类型的子类型。如果类型 A 是类型 B 的子类型，类型 B 是类型 C 的子类型，则类型 A 也是类型 C 的子类型，即当 A<: B 且 B<:C 时，A<:C。

3）由接口产生的子类型关系

由接口产生的子类型关系包括两方面：

（1）由接口继承产生的子类型。

如果接口 A 继承于接口 B，则接口 A 是接口 B 的子类型。由于接口支持多继承，所以一个接口的子类型可以存在多个直接父类型。

定义接口 A、B、C，接口 C 继承于接口 A 和 B，代码如下：

```
interface A { }
interface B { }
interface C <: A & B { }
```

此时，C 不仅是 A 的子类型，还是 B 的子类型。

（2）由接口实现产生的子类型

实现接口的类型是接口的子类型。如果类型 A 实现了接口 B，则类型 A 是接口 B 的子类型。

定义接口 A 和 B，接口 B 继承于接口 A，然后定义实现了接口 B 的类型 C，并通过扩展使 Int64 实现接口 B，代码如下：

```
interface A{ }
```

```
interface B <: A { }
class C <: B { }
extend Int64 <: B { }
```

此时，C 是 B 的子类型，C 也是 A 的子类型；Int64 是 B 的子类型，Int64 也是 A 的子类型。

4）元组中的子类型关系

对于元素数量相同的元组 A 和元组 B，如果元组 A 中的元素是元组 B 中对应元素的子类型，则元组 A 是元组 B 的子类型。

例如，C2 是 C1 的子类型，C4 是 C3 的子类型，代码如下：

```
open class C1 { }
class C2 <: C1 { }
open class C3 { }
class C4 <: C3 { }
```

此时，元组 C2 * C4 是元组 C1 * C3 的子类型。

5）永远成立的子类型关系

在仓颉语言中，存在一些永远成立的子类型关系（T 表示任意类型）：

（1）类型永远是类型本身的子类型，即 T<: T。

类型 T 是类型 T 的子类型，Int64 类型是 Int64 类型的子类型。

（2）Nothing 是任何类型的子类型，即 Nothing<: T。

Nothing 是一种基本数据类型，是任何类型的子类型，用于编译器的类型推断。

（3）任何类型都是 Any 类型的子类型，即 T<: Any。

（4）任何类都是 Object 类型的子类型。

泛型类型还包括相应的子类型关系规则，读者可参见 7.4.1 节的相关内容。

7.3.3　类型判断

类型判断是判断某个变量属于何种类型，主要包括两种方法：

（1）通过 is 表达式进行类型判断。

（2）通过 match 表达式进行类型判断。

下面分别对这两种类型判断方法进行介绍。

1. 通过 is 表达式进行类型判断

通过 is 表达式可以判断某个实例是否属于某种类型，其表达式的基本形式如下：

```
变量 is 类型
```

其中，变量还可以是任意字面量或表达式。该表达式的结果为布尔型，true 表示类型匹配，即变量属于此种类型，反之 false 表示类型不匹配。

【实例 7-10】 定义哺乳动物类 Mammal 和狗类 Dog，并且 Dog 继承于 Mammal。实例化 Dog 类为 dog，判断 dog 是否属于 Mammal 和 Dog 类型，并判断 Int64 类型的实例是否属于 Dog 类型，代码如下：

```
//code/chapter07/example7_10.cj
open class Mammal {}     //哺乳动物类
class Dog <: Mammal {}   //狗类

func main() {
    let dog : Dog = Dog()
    //判断 dog 是否属于 Dog
    let res = dog is Dog
    println("dog is Dog ? ${res}")
    //判断 dog 是否属于 Mammal
    let res2 = dog is Mammal
    println("dog is Mammal ? ${res2}")
    //判断 Int64 类型的实例是否属于 Dog
    let res3 = 3 is Dog
    println("3 is Dog ? ${res3}")
}
```

编译并运行程序，输出结果如下：

```
dog is Dog ? true
dog is Mammal ? true
3 is Dog ? false
```

2. 通过 match 表达式进行类型判断

通过 match 表达式的类型模式可以判断变量的类型，详见 3.3.1 节的相关内容。通过 match 表达式可以判断某种类型属于某组互斥类型中的一个。

【实例 7-11】 定义 Bird 和 Dog 类，分别实现 Flyable 和 Runnable 接口，代码如下：

```
//code/chapter07/example7_11.cj
interface Flyable {}     //会飞的
interface Runnable {}    //会跑的

class Bird <: Flyable {}    //鸟 Bird 类
class Dog <: Runnable {}    //狗 Dog 类

func main() {
    let dog = Dog()             //实例化 Dog 对象
    match (dog) {
        case a: Flyable => println("It can fly!")
        case a: Runnable => println("It can run!")
        case _ => println("Other Type!}\n")
```

```
        }
    }
```

在 main 函数中，实例化 dog 对象，通过 match 表达式的类型模式判断 dog 的类型，并输出相应的结果。编译并运行程序，输出结果如下：

```
It can run!
```

当判断某个变量是否符合某个单一类型时，is 表达式更加简洁；当需要根据变量的类型来执行不同的代码时，match 表达式更加适合。

7.3.4　类型转换

类型转换也称为转型。从子类型向父类型转换称为向上转型，而从父类型向子类型进行转换称为向下转型。在 6.2.5 节中已经介绍过类的转型问题。实际上，对于其他类型来讲，转型的方法是类似的。

1. 向上转型

向上转型不需要任何操作符，直接将子类型的数据赋值到父类型即可。

【实例 7-12】　实现 Bird 记录类型到 Flyable 接口的向上转型，代码如下：

```
//code/chapter07/example7_12.cj
interface Flyable {
    func fly() : Unit
}

record Bird <: Flyable {
    func fly() : Unit {
        println("bird fly!")
    }
}

func main() {
    let bird = Bird()
    let flyable : Flyable = bird //向上转型
    flyable.fly()
}
```

在 main 函数中，实例化 Bird 记录并将其向上转型为 Flyable 类型变量 flyable，并执行接口方法 fly。编译并运行程序，输出结果如下：

```
bird fly!
```

向上转型的方法比较简单，但是要注意向上转型时变量的数据持有方式。例如，在上述实例中，从记录类型（值类型）转换成接口类型（引用类型）时其数据会被复制一份，bird

变量和 flyable 变量分别持有一份数据。

转型（包括向下转型）时变量持有关系的变化如下：

（1）当值类型向值类型转型时，数据会被复制一份，分别由两种类型直接持有数据。

（2）当值类型向引用类型转型时，数据会被复制一份，值类型直接持有数据，引用类型通过引用方式持有数据。

（3）当引用类型向引用类型转型时，数据不会进行复制，两种类型通过引用的方式持有相同的数据。

2. 向下转型

向下转型需要使用 as 操作符。和对象的向下转型类似，as 表达式的基本形式如下：

变量名 as 类型名

该表达式的转型结果为 Option<T>类型，其中 T 为转型后的类型名。当转型失败时，结果为 None。向下转型需要注意的是，只有变量的数据原本就属于待转型的类型时才可以实现转型，否则会转型失败。

【实例 7-13】 定义 Bird 记录，实现 Flyable 接口，然后实现从 Flyable 到 Bird 的向下转型，代码如下：

```
//code/chapter07/example7_13.cj
interface Flyable {
    func fly() : Unit
}

record Bird <: Flyable {
    func fly() : Unit {
        println("bird fly!")
    }
}

func main() {
    let bird = Bird()
    let flyable : Flyable = bird          //向上转型
    var bird2 = flyable as Bird           //bird2 为 Option<Bird>类型
    match (bird2) {
        case Some(v) => v.fly()           //向下转型成功
        case _ => println("类型转换失败!") //向下转型失败
    }
}
```

在 main 函数中，通过 flyable as Bird 表达式实现了从 flyable 到 Bird 类型的向下转型。由于该表达式的返回结果为 Option<Bird>类型，所以还需要通过 match 表达式判断其转换结果。编译并运行程序，输出结果如下：

```
bird fly!
```

因为变量的类型必须原本就属于待转型的类型才可以向下转型，所以向下转型存在一些缺点：一方面，待转型的变量的实际数据类型可能随运行时的变化而变化，向下转型有时会存在风险。另一方面，使用向下转型的代码比较复杂，不是很美观。

在很多情况下，可以使用泛型的方式来避免转型风险，并且使代码更加优雅，可参考7.4节的内容。

7.3.5　类型别名

通过类型别名可以为类型设置另外的名称，使用 type 关键字，其基本结构如下：

```
type 类型别名= 类型名
```

该语句以 type 关键字开头，然后接需要设置的类型别名，最后通过等号=连接类型名。例如，将 String 类型的类型别名设置为 Str，代码如下：

```
type Str = String
```

注意　类型别名为顶层定义，不能在函数、类等中使用。类型别名也可以通过 external 或 internal 等关键字修饰。

【**实例 7-14**】将 String 类型别名设置为 Str，然后通过 Str 定义字符串并输出，代码如下：

```
//code/chapter07/example7_14.cj
type Str = String

func main() {
    let a : Str = "test"
    println(a)
}
```

编译并运行程序，输出结果如下：

```
test
```

类型别名并不能创建新的类型，只是为已有的类型创建了别名而已。

7.4　泛型

泛型是指参数化类型。所谓参数化类型，是指在声明时类型未知并且需要在使用时指定类型的类型。换句话说，泛型是指一种类型中存在一个可变的部分，它可以是整型、浮点型等。泛型中的可变部分通常用尖括号<>表示。之前介绍的区间类型 Range<T>、枚举类型 Option<T>就属于泛型。另外，常见的集合类型都是泛型，详见第 8 章的相关内容。列表 List<T>可能是整型列表 List<Int64>，也可能是字符串列表 List<String>等。

本节介绍泛型的基本用法，以及其子类型关系和泛型约束的用法。

7.4.1 泛型的基本用法

基本数据类型中只有元组 Range<T>支持泛型，并且在 4.1.5 节已经介绍了其基本用法。自定义类型均支持泛型，如类（class）、接口（interface）、枚举（enum）和记录（record）都可以是泛型。

1. 泛型的定义和使用

泛型类型的名称是在自定义类型的名称的基础上，通过尖括号<>声明泛型形参。泛型形参是泛型中参数化的部分，一个泛型可以有 1 个或者多个泛型形参。例如，Test<T>、Buffer<T>、Pair<M, N>、Node<K, V>等都是合法的泛型类型，其中 T、M、N、K、V 等为泛型形参。泛型形参可以随意命名（满足仓颉标识符的要求即可），但是通常使用一个大写字母表示，如 T、K、V 等。

注意　在泛型形参的命名上有一些约定俗成的规则，例如 T 表示通用类型、N 表示数值类型、K 表示键-值对的键、V 表示键-值对的值、E 表示集合中的元素等。

在泛型的定义体中可使用泛型形参，被称为泛型变元。例如，定义 Test<T>类，并在类的定义体中通过 T 标识符使用该泛型形参，代码如下：

```
class Test<T> {
    var value : T //T 类型的成员变量 value
    init(value : T) { //构造函数
        this.value = value
    }
    func getValue() : T { //返回 T 类型的 value 值
        return value
    }
}
```

在 Test<T>的定义体中，使用了 3 次 T 标识符：

（1）定义了 T 类型的成员变量 value。

（2）在构造函数中使用 T 类型的 value 形参。

（3）函数 getValue 的返回类型为 T。

这些都是泛型变元。

在定义 Test<T>类型的变量时，开发者可根据实际需求使用具体的类型作为 T 类型的实参，例如 Test<Int64>、Test<String>、Test<Char>等类型。这里的 Int64、String、Char 被称为泛型实参。

【实例 7-15】　定义泛型类 Test<T>，然后创建 Test<Int64>的变量并实例化，代码如下：

```
//code/chapter07/example7_15.cj
class Test<T> {
```

```
    var value : T //T 类型的成员变量 value
    init(value : T) { //构造函数
        this.value = value
    }
    func getValue() : T { //返回 T 类型的 value 值
        return value
    }
}
func main() {
    let test = Test<Int64>(20)
    println("the value is ${test.getValue()}")
}
```

在 main 函数中，通过 test 实例的 getValue 函数获取成员变量 value 的值。编译并运行程序，输出结果如下：

```
the value is 20
```

在上文中，出现了 3 个主要概念，总结如下：

（1）泛型形参：定义泛型时的可变部分，用标识符表示。

（2）泛型变元：在定义体中，使用泛型形参引用类型的部分。

（3）泛型实参：当声明或实例化泛型时，将泛型形参具体化为某个具体的类型，称为泛型实参。

2. 泛型类的继承

泛型类是可以继承的，并且可以分成两种情况：

（1）子类不再是泛型类，继承时使用泛型实参确定类型。

（2）子类仍然是泛型类，继承时不确定类型（或只确定部分类型）。

1）子类不再是泛型类

继承泛型类时，如果使用泛型实参确定类型，子类就可以不再是泛型类了。例如，定义泛型类 Test<T>，然后定义 TestChild 类，继承于 Test<Int64>类，代码如下：

```
open class Test<T> {}

class TestChild <: Test<Int64> {}
```

在该继承关系中，Test<Int64>已经通过泛型实参将 T 的类型确定为 Int64，所以 TestChild 类就不再是泛型类了。

2）子类仍然是泛型类

如果在继承时不确定类型（或者只确定部分类型），则子类仍然是泛型类。例如，定义泛型类 Test<T>，然后定义 TestChild<T>，继承于 Test<T>类，代码如下：

```
open class Test<T> {}
```

```
class TestChild<T><: Test<T> {}
```

如果父类存在多个泛型形参，则子类可以通过泛型实参的方式明确部分参数，子类仍然保留部分泛型形参，子类仍然是泛型类。例如，定义泛型类 Test<M,N>，然后定义 TestChild<M>类，继承于 Test<M, Int64>类，代码如下：

```
open class Test<M, N> {}

class TestChild<M><: Test<M, Int64> {}
```

【实例 7-16】 定义泛型类 Test<T>和 TestChild<T>，并且 TestChild<T>继承于 Test<T>，代码如下：

```
//code/chapter07/example7_16.cj
open class Test<T> {
    var t : T
    init(t : T) {
        this.t = t
    }
}

class TestChild<T><: Test<T> {
    init(t : T) {
        super(t)
    }
}

func main() {
    let test = TestChild<String>("你好，仓颉!")
    println(test.t)
}
```

编译并运行程序，输出结果如下：

你好，仓颉!

如果已经通过泛型实参的方式确定了父类的泛型类型，则子类就一定不能泛型类了。例如，下面的代码是错误的：

```
open class Test<T> {}

class TestChild1<T><: Test<Int64> {}        //错误

class TestChild2<Int64><: Test<Int64> {}    //错误
```

注意 对于任意的接口 I<T>来讲，如果存在 M <:N，但不意味着 I<M><:I<N>。这是因为在仓颉语言中，用户定义的类型构造器在其类型参数处是不型变的。

3. 多个泛型形参

泛型的形参可以不止一个。如果存在多个泛型形参，则需要在尖括号<...>中分别定义泛型形参的标识符，并使用逗号隔开。

【**实例 7-17**】 定义数对 Pair<M,N>泛型，代码如下：

```
//code/chapter07/example7_17.cj
class Pair<M, N>{
    var m : M
    var n : N

    init(m : M, n : N) {
        this.m = m
        this.n = n
    }
}

func main() {
    let pair = Pair<Int64, Int64>(20, 10)
    println("m : ${pair.m}, n : ${pair.n}")
}
```

在 main 函数中，实例化 Pair<Int64, Int64>类型并打印其中的 *m* 值和 *n* 值。编译并运行程序，输出结果如下：

```
m : 20, n : 10
```

泛型的意义在于能够使类中的某些类型是可变的，当用户使用的时候再确定其类型。在设计通用类时，通过泛型可以定义一个不确定类型的成员变量，当用户使用的时候再确定，可以在一定程度上避免不必要的类型设计和函数设计。例如，在没有泛型的情况下，如果需要对不同的类型设计相同的功能类，就需要设计 ClassForInt64、ClassForString、ClassForTuple 等多种类型。如果有泛型的支持，就可以使用 Class<T>来统一上述这些类型设计了。

4. 泛型接口

和类类似，可以在接口中定义泛型形参，并使用泛型变元。

【**实例 7-18**】 定义泛型接口 Processable<T>，定义继承于 Processable<Int64>接口的类 Int64Processor，定义 Processable<T>接口的类 Processor<T>，代码如下：

```
//code/chapter07/example7_18.cj
interface Processable<T> {
    func process(t : T) : Unit
}

class Int64Processor <: Processable<Int64> {
```

```
    func process(t : Int64) : Unit {
        println("process : ${t}")
    }
}

class Processor<T><: Processable<T> {
    func process(t : T) : Unit {
        //TODO : processing method
        println("process")
    }
}

func main() {

    let pr1 = Int64Processor()
    pr1.process(20)

    let pr2 = Processor<String>()
    pr2.process("test")
}
```

在 main 函数中，分别创建了 Int64Processor 和 Processor<String>实例，分别可以用于处理 Int64 类型数据和 String 类型的数据。编译并运行程序，输出结果如下：

```
process : 20
process
```

容器的迭代器 Iterator<T>是常见的泛型接口，将在 8.3 节介绍。

5. 泛型枚举

Option<T>是最常见的泛型枚举。默认情况下，各个基本数据类型都不包含空值。例如，Int64 一旦初始化就一定会带有一个具体的值。在之前的很多例子中使用−1 这样特殊的值来代表无效值，实际上最好不这么做。Option<T>的运用可以使用 None 来表达空值或者无效值，使代码更加健壮。

在实例 7-15 中，成员变量 t 必须通过构造函数初始化。如果希望变量 t 可以被初始化，则在定义时可以先不初始化，此时可以将变量 t 的类型修改为 Option<T>，然后初始化为 None。

【实例 7-19】 定义类 Test<T>，创建 Option<T>类型的成员变量 value，并创建相应的构造函数和 getValue 函数，代码如下：

```
//code/chapter07/example7_19.cj
class Test<T> {
    var value : Option<T> = Option<T>.None
    init() { }
```

```
    init(value : T) {
        this.value = value
    }
    func getValue() : Option<T> {
        return value
    }
}

func main() {
    let test = Test<Int64>(20)
    match(test.getValue()) {
        case Some(v) => println("the value is ${v}.")
        case $None => println("the value is invalid!")
    }
}
```

在 main 函数中，创建 Test<Int64>实例，并通过构造函数的方式将 value 值设置为 20，然后通过 getValue 函数和 match 表达式输出 value 值。编译并运行程序，输出结果如下：

```
the value is 20.
```

将 main 函数中的 Test<Int64>(20)表达式修改为 Test<Int64>()，那么 test 实例中的 value 值为 None，此时输出结果如下：

```
the value is invalid!
```

6. 泛型记录

泛型记录的用法和泛型类的用法类似，只不过泛型记录不支持继承。

【实例 7-20】 定义泛型记录类型 Test<T>，然后定义 T 类型的成员变量 value，以及相应的构造函数和 getValue 函数，代码如下：

```
//code/chapter07/example7_20.cj
record Test<T> {
    var value : T //T类型的成员变量value
    init(value : T) { //构造函数
        this.value = value
    }
    func getValue() : T { //返回T类型的value值
        return value
    }
}

func main() {
    let test = Test<Int64>(20)
    println("the value is ${test.getValue()}")
```

```
    }
```

在 main 函数中，创建 Test<Int64>类型的实例 test，并通过构造函数的方式将 value 的值设置为 20，最后通过 getValue 函数获取 value 的值并打印输出。编译并运行程序，输出结果如下：

```
the value is 20
```

该实例和实例 7-15 中唯一不同的是 Test<T>的类型，其余的代码是完全一致的，所以泛型类和泛型记录的使用方法是异曲同工的。

7. 泛型的子类型关系

泛型的子类型关系来源于类的继承，以及接口的继承和实现。

（1）通过泛型类或泛型接口继承产生子类型关系。和普通类的继承关系一样，在泛型类的继承关系中，子类是父类的子类型。泛型接口的继承关系和泛型类的继承关系一样，子接口是父接口的子类型。

（2）通过泛型接口实现产生子类型关系。实现泛型接口的类是泛型接口的子类型。

7.4.2　泛型约束

泛型约束是泛型的精髓，用于限定泛型形参的范围。在之前的学习中，因为并不能限定泛型形参的类型，所以没有办法对泛型变元进行处理。有了泛型约束以后，一切都好办了。泛型约束可以约束泛型形参的类型，从而只有符合某些固定特征的泛型形参才可以使用。

泛型约束通过 where 关键字定义，在自定义类型的类型声明和类型的定义体之间，使用 where 和约束语句进行泛型约束，其基本形式如下：

```
类型名 where 泛型约束语句 {
    //类型的定义体
}
```

泛型约束语句是通过<:符号约束泛型形参是否实现了某个接口，或者某种类型的子类型。如果存在多个泛型约束，则需要通过逗号隔开。

泛型约束的类型包括接口约束和子类型约束两类，以下分别介绍这两类泛型约束的用法。

1. 接口约束

接口约束是只当且仅当实现了接口的参数才能用于泛型实参。在仓颉语言中，最常见的接口约束是 ToString 接口。所有实现该接口的类型都可以使用 toString 函数输出信息，其定义如下：

```
external interface ToString {
    func toString() : String
}
```

【实例 7-21】 定义 Test<T>泛型类，并且其中 T 类型必须实现 ToString 接口。在 Test<T>

泛型类的定义体中定义了 T 类型的变量 value，由于 value 变量实现了 ToString 接口，所以可在 printValue 函数中通过 value 的 toString 方法将其信息输出，代码如下：

```
//code/chapter07/example7_21.cj
class Test<T> where T <: ToString {
    var value : T //T类型的成员变量 value
    init(value : T) { //构造函数
        this.value = value
    }
    func printValue() { //输出 value 值
        println("The value is " + value.toString())
    }
}


func main() {
    let test = Test<Int64>(20)
    test.printValue()
}
```

编译并运行程序，输出结果如下：

```
The value is 20
```

如果存在多个约束，则在约束之前使用逗号连接。下面举一个使用多个泛型约束的例子。

【实例 7-22】　定义 Pair<M, N>泛型类，其中 M 和 N 必须实现 ToString 接口，并且 Pair<M, N>也实现 ToString 接口，并在定义体中实现 toString 方法输出 *m* 变量和 *n* 变量的信息，代码如下：

```
//code/chapter07/example7_22.cj
class Pair<M, N><: ToString where M <: ToString, N <: ToString {
    var m : M
    var n : N

    init(m : M, n : N) {
        this.m = m
        this.n = n
    }

    func toString() : String {
        "Pair [" + m.toString() + ", " + n.toString() + "]"
    }
}

func main() {
```

```
    let pair = Pair<Int64, Int64>(20, 10)
    println(pair.toString())
}
```

编译并运行程序，输出结果如下：

```
Pair [20, 10]
```

2. 子类型约束

接口约束是指某种类型的子类型才能用于泛型实参。

【**实例 7-23**】 定义宠物 Pet 抽象类，并创建狗 Dog 和猫 Cat 子类，实现 Pet 类的 eat 方法。随后创建 PetKeeper<T>泛型类，通过子类型约束的方式约束 T 必须为 Pet 类的子类，代码如下：

```
//code/chapter07/example7_23.cj
abstract class Pet {
    func eat() : Unit
}

class Dog <: Pet{
    func eat() : Unit {
        println("dog eat!")
    }
}

class Cat <: Pet{
    func eat() : Unit {
        println("cat eat!")
    }
}

class PetKeeper<T> where T <: Pet {
    let pet : T
    init(pet : T) {
        this.pet = pet
    }
    func feed() {
        println("start feed!")
        pet.eat()
    }
}

func main() {
```

```
    let dog = Dog()
    let petkeeper = PetKeeper<Dog>(dog)
    petkeeper.feed()
}
```

在 PetKeeper 类的定义体中，feed 函数用于宠物的喂养。由于 pet 变量是 T 类型，而 T 类型是 Pet 类的子类，所以可以调用 pet 的 eat 方法。编译并运行程序，输出结果如下：

```
start feed!
dog eat!
```

无论是接口约束还是子类型约束，其本质是一样的。无论是通过接口实现关系还是类的继承关系约束，都是将泛型形参固定在某种类型的子类型下面。

7.5　本章小结

本章首先介绍了记录类型，并总结了值类型和引用类型的关系和区别，然后介绍了关于数据类型的高级用法及泛型的详细用法。通过本章的学习，读者应该具备数据类型系统的完整知识体系了。仓颉语言除了数据类型以外，还包括函数类型，两者共同组成了仓颉语言的类型系统。关于函数类型的用法将在第 10 章详细介绍。

在随后的章节中，各个知识点都是建立在之前所学的数据类型的基础之上的。第 8 章将介绍集合类型。仓颉语言中所有的集合类型都是泛型，让我们来深入学习泛型的实际应用吧。

7.6　习题

（1）什么是值类型？什么是引用类型？

（2）类、接口、枚举和记录中都可以包括哪些成员？在使用上有什么区别？

（3）设计并创建学生、老师记录，用于描述学校中学生和老师的信息，并分别设计学习和教学的成员方法。

（4）设计泛型类，用于将各种类型转换为字符串类型。

同类数据排排队—— 集合类型

集合类型用于组织相同类型的多个数据，其中的每个数据称为元素。集合类型由 0 个、1 个或者多个元素组成。这些元素可能是有序的，也可能是无序的。对于有序集合类型，每个元素都是通过索引的方式进行管理的。对于无序集合类型，可以通过键-值对的方式管理，也可以直接散列管理。通过集合类型可以将同种类型的数据收纳起来，统一调用和操作，有利于使代码更加整洁规范。

具体的集合类型包括列表 List、数组 Array、缓冲区 Buffer、HashSet 和 HashMap 等。这些集合类型都是泛型，并且继承于 Collection<T>类，其基本关系如图 8-1 所示。

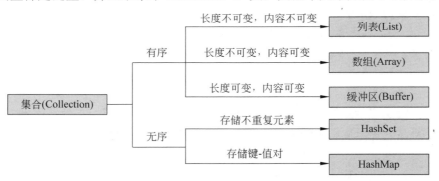

图 8-1　集合类型的分类

在这些集合类型中，List 和 Array 属于基本集合类型，存在于 core 标准库中，可以直接使用。Buffer、HashSet 和 HashMap 类型存在于 collection 标准库中，使用这些类型前必须导入 collection 库，代码如下：

```
from std import collection.*
```

本章介绍这些集合类型的基本用法，核心知识点如下：

（1）有序集合类型 List、Array 和 Buffer 的基本用法。

（2）无序集合类型 HashSet、HashMap 的基本用法。

（3）将字符串转换为数组的基本方法。

（4）多维有序集合。

（5）迭代器 Iterator 和 for in 表达式的关系。

8.1　有序集合类型

有序集合类型包括列表（List）、数组（Array）和缓冲区（Buffer）。这 3 种集合类型的用法非常类似，其区别主要体现在集合的长度、内容的可变性上。上述这 3 种类型的主要区别如表 8-1 所示。

表 8-1　列表、数组和缓冲区之间的区别

类型	集合长度是否可变?	集合内容是否可变?
列表（List）	×	×
数组（Array）	×	√
缓冲区（Buffer）	√	√

本节分别介绍这 3 种有序集合类型的基本用法。

8.1.1　列表

列表（List）是长度和内容均不可变的有序集合类型，用 List<T>表示，其中 T 可以为整型、浮点型等基本数据类型。List<T>可以包含 0 个、1 个或多种类型为 T 的值，称为列表的元素。列表的长度和内容均不可变：

（1）长度不可变。列表的长度是指列表中元素的个数。如果列表中没有元素，则其长度为 0。列表一旦创建，其长度是固定的。

（2）内容不可变。列表中的元素是固定的，不能改变元素的值。

列表的字面量可以通过方括号[]定义，在方括号中列举元素，多个元素使用逗号隔开。列表字面量的基本形式如下：

```
[元素 1,元素 2, … 元素 n]
```

例如，包含 2、3、4 共 3 个整型元素的列表，代码如下：

```
[2, 3, 4]
```

由于列表的元素是有序的，所以创建列表时要注意前后的顺序，列表[2, 3, 4]和列表[2, 4, 3]属于不同的列表。列表中的元素从 0 开始标记位置，通常称为索引或者下标。对于列表[2, 4, 3]来讲，其列表长度为 3，其中索引 0 的元素为 2，索引 1 的元素为 4，索引 2 的元素为 3，如图 8-2 所示。

一般地，对于拥有 n 个元素的列表，最后一个元素的索引为 $n-1$，其各个元素的索引位

置如图 8-3 所示。

图 8-2 列表[2, 4, 3]的索引和长度

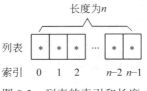

图 8-3 列表的索引和长度

下面分别介绍列表的定义、初始化、元素获取、遍历等基本操作。

1. 列表的定义和初始化

列表是泛型类，通过 List<T>定义。例如，分别定义一个 Int64 类型和 Float64 类型的列表，代码如下：

```
var list : List<Int64>  //Int64 类型的列表
var list2 : List<Float64>  //Float64 类型的列表
```

列表可以通过列表字面量或者构造函数初始化。列表的构造函数如下：

❑ init()：创建空列表。

❑ init(elements: Array<T>)：通过数组创建列表。

❑ init(list: List<T>)：通过列表创建列表。

❑ init(collection: Collection<T>)：通过集合类型创建列表。

❑ init(size: Int64, initElement: (Int64)−>T)：通过 Lambda 表达式创建列表。

因此，常见的列表初始化有以下几种方法：

（1）通过列表字面量初始化列表。这种初始化的方式比较直观，在方括号中列举元素，并使用逗号隔开即可。例如，创建元素为 2、5、8 的列表，代码如下：

```
var list : List<Int64> = [2, 5, 8]
```

（2）通过 List<T>()创建空列表。表达式 List<T>()通过 List<T>的无参构造函数创建列表，可以直接创建一个空列表。例如，创建并初始化一个 Int64 类型的空列表，代码如下：

```
var list : List<Int64> = List<Int64>()  //空列表
```

List<T>()等同于[]，代码如下：

```
var list : List<Int64> = []  //空列表
```

（3）通过 Lamdba 表达式创建列表。该构造方法主要用于创建具有一定规律的列表，需要两个参数：第 1 个参数为一个 Int64 的整型值，用于指明该列表的长度；第 2 个参数为一个 Lambda 表达式。该 Lambda 表达式分为两个部分，用=>隔开，前面的变量用于指明下标，而后面的变量用于指定在处于该下标的具体元素的值。

注意 关于 Lamdba 表达式的详细用法可参见 10.1.2 节的相关内容。

例如，创建包含 0、2、4 共 3 个元素的列表，代码如下：

```
var list : List<Int64> = List<Int64>(3, { i => i * 2}) //列表为 0 2 4
```

其中，构造函数第 1 个参数 3 表示列表的长度为 3，第 2 个参数中 *i* 表示列表下标，而处于第 *i* 个下标的元素值为 *i* * 2。列表下标是从 0 开始计数的，所以下标 0 的元素为 0，下标 1 的元素为 2，下标 2 的元素为 4，因此，该列表中的元素为 0、2、4。

再如，创建一个长度为 4 且所有元素均为 100.0 的浮点型列表，代码如下：

```
var list : List<Float64> = List<Float64>(4, { i => 100.0})
```

（4）通过集合类型创建列表。可以通过数组、列表或其他集合类型创建相应元素的列表。例如，通过列表字面量[2, 5, 8]创建列表对象，代码如下：

```
var list : List<Int64> = List<Int64>([2, 5, 8])
```

2. 获取列表的元素

可以通过以下两种方式获取列表元素：

（1）通过索引操作符获取元素。例如，通过 list[2]即可获取 list 列表变量中索引 2 的元素。

（2）通过 get 函数获取元素。例如，通过 list.get(2)即可获取 list 列表变量索引 2 的元素。

下面通过两个实例分别演示这两种方法的应用。

【**实例 8-1**】　通过索引操作符获取元素：定义一个元素为 2.3、7.8、5.6 的浮点型列表，然后打印其中索引 1 的元素，代码如下：

```
//code/chapter08/example8_1.cj
func main() {
    let list = [2.3, 7.8, 5.6]
    let ele_1 = list[1]
    println("list 中索引 1 的元素:${ele_1}")
}
```

编译并运行程序，输出结果如下：

```
list 中索引 1 的元素:7.800000
```

由于列表的内容不能改变，所以不能对 list[1]赋值，否则会报错。另外，开发者需要注意索引不能越界，否则会抛出异常。

【**实例 8-2**】通过 get 函数获取元素。get 函数的函数头为 func get(index: Int64): Option<T>，注意这里的返回值是一个 Option 类型。get 函数的优势在于能够方便地处理索引越界的情况，代码如下：

```
//code/chapter08/example8_2.cj
func main() {
    let list = [2.3, 7.8, 5.6]
```

```
    let ele_1 = list.get(1)
    match (ele_1) {
        case Some(v) =>
            print("list 中索引 1 的元素:${v}\n")
        case $None =>
            print("索引 1 越界\n")
    }
}
```

编译并运行程序，输出结果如下：

```
list 中索引 1 的元素:7.800000
```

虽然 get 函数获取元素的代码复杂了一些，但是能够处理数组越界的情况，可以在一定程度上提高代码的健壮性。

3. 列表的遍历

通过 for in 表达式可以很方便地遍历列表。

【实例 8-3】 定义一个长度为 10 的奇数列表，然后遍历打印其中所有的元素，代码如下：

```
//code/chapter08/example8_3.cj
func main() {
    //定义奇数列表 list
    var list : List<Int64>  = List<Int64>(10, { i => i * 2 + 1})
    //遍历列表 list
    for (i in 0..10) {
        let element = list[i]     //获取 list 的第 i 个元素
        print("${element}")       //打印 list 的第 i 个元素
    }
    println("")  //打印换行符
}
```

编译并运行程序，输出结果如下：

```
1 3 5 7 9 11 13 15 17 19
```

通过 for in 表达式可以直接遍历列表中的所有元素。在上述代码中的 for in 表达式可以替换为如下代码：

```
for (element in list) {
    print("${element} ") //打印 list 的第 i 个元素
}
```

列表类型实现了 toString 接口，所以还可以通过 toString 方法将列表转换为字符串，然后输出列表信息，代码如下：

```
func main() {
```

```
    //定义奇数列表 list
    var list : List<Int64> = List<Int64>(10, { i => i * 2 + 1})
    println(list.toString())
}
```

编译并运行程序，输出结果如下：

```
List [1, 3, 5, 7, 9, 11, 13, 15, 17, 19]
```

4. 列表的关系运算

列表类型支持等于（==）和不等于（!=）的关系运算。列表相等是指列表中各个元素都对应相等。列表中元素的顺序不同，或者某一个元素对应不相等，则列表就不相等。

【实例8-4】 创建 compareLists 函数，通过等于操作符判断两个 Int64 类型的列表是否相等，代码如下：

```
//code/chapter08/example8_4.cj
//判断列表 list1 和 list2 是否相等
func compareLists(list1 : List<Int64>, list2 : List<Int64>) {
    if (list1 == list2) {
        println("列表相等!")
    } else {
        println("列表不等!")
    }
}

//主函数
func main() {
    let list1 = [1, 2, 3]
    let list2 = [1, 2, 3]
    compareLists(list1, list2)        //判断 list1 和 list2 是否相等
    compareLists(list1, [3, 4, 5])    //判断 list1 和[3,4,5]列表是否相等
}
```

在 main 函数中，分别调用 compareLists 函数对两对列表进行实验：list1 和 list2 列表中的各个元素是对应相等的，所以 list1 和 list2 相等，主函数中的 compareLists(list1, list2)表达式会输出"列表相等!"文本。list1 和[3,4,5]列表中的元素对应不相等，所以会输出"列表不等!"文本。编译并运行程序，输出结果如下：

```
列表相等!
列表不等!
```

5. 列表的截取

可以通过索引操作符和函数的方式截取列表。

（1）通过索引操作符方式：在中括号中使用区间指定需要截取列表元素的索引。

（2）通过函数方式：通过 slice 函数截取列表，参数为区间类型。

无论使用哪种方式，都需要使用区间数据类型（Range）来指定索引（下标）。使用这两种方式截取列表的结果是相同的。

【实例 8-5】创建一个 list 列表，通过这两种方式分别截取第 1 索引到第 4 索引的元素，以及第 0、2、4、6、8 索引的元素并形成新的列表，代码如下：

```
//code/chapter08/example8_5.cj
func main() {
    var list : List<Int64> = List<Int64>(10, { i => i})
    println("原始列表为:" + list.toString())

    //截取第 1 索引到第 4 索引的元素后组成新的列表
    var list2 = list[1..5]
    println("第 1 索引到第 4 索引的元素列表为:" + list2.toString())

    //截取第 0、2、4、6、8 索引的元素后组成新的列表
    var list3 = list.slice(0..10:2)
    println("第 0、2、4、6、8 索引的元素列表为:" + list3.toString())
}
```

编译并运行程序，输出结果如下：

```
原始列表为:List [0, 1, 2, 3, 4, 5, 6, 7, 8, 9]
第 1 索引到第 4 索引的元素列表为:List [1, 2, 3, 4]
第 0、2、4、6、8 索引的元素列表为:List [0, 2, 4, 6, 8]
```

6. 列表的拼接

拼接是列表独有的功能。通过 spread 语法可将多个列表拼接在一起。在仓颉语言中，spread 语法是指通过*符号将列表进行平铺展开。例如，对于拥有 2、4、5 这 3 个元素的列表 list 来讲，*list 是指将 2、4、5 这 3 个元素平铺展开。*arr 可以放入列表的指定位置，用于列表的拼接。

【实例 8-6】将列表 list1 的所有元素平铺展开，拼接在列表 list2 中，代码如下：

```
//code/chapter08/example8_6.cj
func main() {
    var list1 = [1, 2, 3]          //待拼接的列表
    var list2 = [*list1, 4, 5]     //将 list1 平铺展开作为 list2 的开头，然后加入 4 和
                                   //5 两个元素
    println(list2)                 //打印 list2 列表
}
```

编译并运行程序，输出结果如下：

```
List [1, 2, 3, 4, 5]
```

数组的拼接还可以通过函数实现，可以参见下一部分的内容，但是使用 spread 语法会非常直观清楚，代码很易读。谁能拒绝一个漂亮的语法和清晰的表达呢？

7. 列表的重要函数

对于列表来讲，仓颉语言还内置了许多重要的函数，如表 8-2 所示。

表 8-2　列表的重要函数

函　　数	说　　明
func size(): Int64	获取列表的长度
func isEmpty(): Bool	判断列表是否为空
func get(index: Int64): Option<T>	获取相应索引的元素
func set(index: Int64, element: T): List<T>	给相应索引的元素赋值，并返回新的列表
func append(element: T): List<T>	在列表后增加新的元素，并返回新的列表
func appendAll(collection: Collection<T>): List<T>	在列表后加入集合中的元素，并返回新的列表
func insert(index: Int64, element: T): List<T>	在列表的指定位置插入新的元素，并返回新的列表
func insertAll(index: Int64, elements: Collection<T>): List<T>	在列表的指定位置插入集合中的元素，并返回新的列表
func remove(index: Int64): List<T>	删除指定位置的元素，并返回新的列表
func removeIf(predicate: (T)–> Bool): List<T>	通过条件判断删除指定位置的元素，并返回新的列表
func reverse(): List<T>	反转列表，并返回新的列表
func slice(range: Range<Int64>): List<T>	裁剪列表，并返回新的列表
func toArray(): Array<T>	将列表转换为数组
func sort(): List<T>	升序排列列表，并返回新的列表
func sortDescending(): List<T>	降序排列列表，并返回新的列表

由于在仓颉语言中，列表是长度和内容均不可变的集合类型，所以通过 set、insert、remove 等函数对列表进行操作时，实际上并不是直接对列表进行修改，而是会创建一个新的列表作为这些函数的返回值。

【实例 8-7】　通过 toString、size、isEmpty、set、reverse 等函数对列表进行操作，代码如下：

```
//code/chapter08/example8_7.cj
func main() {
    //创建 10 个元素的列表 list
    var list : List<Int64> = List<Int64>(10, { i => i })
    println("列表 list 为: ${list.toString()}")
    println("列表 list 的长度为: ${list.size()}")

    var list2 : List<Float32> = [] //list2 为空列表
    println("列表 list2 的长度为: ${list2.size()}")
```

```
        println("列表 list2 是否为空列表？ ${list2.isEmpty()}")
        //创建 3 个元素均为 true 的布尔类型的列表
        var list3 : List<Bool> = [true, true, true]
        //将列表的索引 1 位置的元素修改为 false，并将此值赋值给 list3
        list3 = list3.set(1, false)
        println("列表 list3 为${list3.toString()}")
        //list4 为 6 个元素的 Uint8 列表
        var list4 : List<UInt8> = [10, 7, 9, 3, 0, 22]
        println("列表 list4 为${list4.toString()}")
        let list5 = list4.reverse() //反转 list4,赋值给 list5
        println("列表 list5(反转 list4)为${list5.toString()}")
        let list6 = list4.sort()      //升序排列 list4 中的元素，赋值给 list6
        println("列表 list6(升序排列 list4)为${list6.toString()}")
        let list7 = list4.sortDescending() //降序排列 list4 中的元素，赋值给 list7
        println("列表 list7(降序排列 list4)为${list7.toString()}")
}
```

编译并运行程序，输出结果如下：

```
列表 list 为: List [0, 1, 2, 3, 4, 5, 6, 7, 8, 9]
列表 list 的长度为: 10
列表 list2 的长度为: 0
列表 list2 是否为空列表? true
列表 list3 为 List [true, false, true]
列表 list4 为 List [10, 7, 9, 3, 0, 22]
列表 list5(反转 list4)为 List [22, 0, 3, 9, 7, 10]
列表 list6(升序排列 list4)为 List [0, 3, 7, 9, 10, 22]
列表 list7(降序排列 list4)为 List [22, 10, 9, 7, 3, 0]
```

由此可见，每次修改列表中的内容时都会创建一个新的列表。例如，在上面的代码中，通过 set 函数修改了 list3 中的一个元素值，set 函数会通过返回值创建新的列表。创建列表会非常消耗计算和内存资源。为了性能考虑，如果需要经常修改集合类型中的元素值，则可以选择使用元素值可变的集合类型：数组。

8.1.2 数组

数组（Array）是长度不可变，但是内容可变的有序集合类型。数组类型为泛型类，用 Array<T>表示，其中 T 可以为整型、浮点型等。Array<T>可以包含 0 个、1 个或多个类型为 T 的值，称为数组的元素。数组的长度不可变，但是内容是可变的：

（1）长度不可变。数组的长度是指数组中元素的个数。如果数组中没有元素，则其长度为 0。数组一旦创建，其长度是固定的。

（2）内容可变。数组中的元素是可以修改的。

数组的定义和列表的定义非常相似，定义时需要指定泛型实参。例如，可以分别通过

Array<Int64>和 Array<Float64>定义 Int64 类型和 Float64 类型的数组，代码如下：

```
var arr : Array<Int64>          //Int64 类型的数组
var arr2 : Array<Float64>       //Float64 类型的数组
```

数据可以通过列表初始化，也可以通过构造函数的方法初始化。数组的构造函数如下：
- ❑ init()：创建空数组。
- ❑ init(size: Int64, value: T)：创建指定长度 size 且固定值 value 的数组。
- ❑ init(elements: Collection<T>)：通过集合类型创建数组。
- ❑ init(size: Int64，initElement: (Int64)->T)：通过 Lambda 表达式创建数组。

常见的数组初始化有以下几种方法：

（1）通过数组字面量的方式初始化数组。数组的字面量的基本形式如下：

```
@{元素 1,元素 2, … 元素 n}
```

例如，字面量@{1, 2, 3}表示包含 1、2、3 共 3 个元素的数组，代码如下：

```
var arr : Array<Int64>  = @{1, 2, 3}
```

（2）通过 Array<T>()创建空列表。Array<T>()表达式通过 Array<T>的无参构造函数创建空数组。例如，创建并初始化一个 Int64 类型的空数组，代码如下：

```
var arr : Array<Int64>  = Array<Int64>()  //空数组
```

（3）通过列表或其他集合类型初始化数组。例如，将列表作为数组构造函数的参数初始化数组，代码如下：

```
var arr : Array<Int64> = Array<Int64>([2, 5, 8])  //通过列表创建数组
```

（4）通过 Lambda 表达式创建数组。该构造方法主要用于创建具有一定规律的数组，其基本的使用方法和列表类似，这里不再赘述。

例如，创建一个 1、3、5 共 3 个元素的数组，代码如下：

```
var arr : Array<Int64> = Array<Int64>(3, { i => i * 2 + 1}) //数组为 1 3 5
```

1. 数组的基本操作

与列表类似，获取数组元素的方式包括以下两种：

（1）通过索引操作符获取元素。例如，通过 arr[2]即可获取 arr 列表变量中索引 2 的元素。

（2）通过 get 函数获取元素。例如，通过 arr.get(2)即可获取 arr 列表变量索引 2 的元素。

上述两种获取元素的效果相同，表达式 arr[1]和 arr.get(1)能够获得相同的结果。数组也支持通过区间的方式截取数组，例如 arr[0..3]表示从 arr 数组中截取从第 0 索引到第 2 索引的元素，然后组成新的数组。

除了上述的元素获取、截取以外，数组还支持遍历等基本操作，这些操作的使用方法和

列表类似，这里不再赘述。

【实例8-8】 实现数组遍历、截取等基本操作，代码如下：

```
//code/chapter08/example8_8.cj
func main() {
    //定义数组 arr1
    var arr1 = Array<Int64>([1, 2, 3])
    //遍历数组 arr1
    for (i in 0..arr1.size()) { //区间的最大值为 arr1 的长度
        let element = arr1[i]    //获取 arr1 的第 i 个元素
        print("${element} ")     //打印 arr1 的第 i 个元素
    }
    println("")                  //打印换行符
    println("arr1 : " + arr1.toString()) //通过 toString()函数打印数组 arr1

    var arr2 = arr1[0..2]        //数组截取
    println("arr2 : " + arr2.toString())
}
```

遍历 arr1 所用到的区间为 0..arr1.size()，而 arr1.size()表示 arr1 的长度，其值为 3，所以该区间包括了 0、1、2 共 3 个值，正好对应了 arr1 中 3 个元素的索引。编译并运行程序，输出结果如下：

```
1 2 3
arr1 : Array:[1, 2, 3]
arr2 : Array:[1, 2]
```

通过 for in 表达式可以直接遍历数组中的所有元素。在上述代码中的 for in 表达式可以替换为如下代码：

```
for (element in arr1) {
    print("${element} ") //打印 arr1 的第 i 个元素
}
```

目前，数组并不支持等于（==）、不等于（!=）等关系运算。

2. 改变数组中元素的值

相对于列表来讲，数组的最大特点是内容可变，在程序中可以随时改变数组元素的值。具体的方式是，通过索引操作符[]对相应的元素赋值即可。例如，将 arr 数组的第 2 索引元素改为 3，则可以使用赋值表达式 arr[2] = 3。

【实例8-9】 改变数组中元素的值，代码如下：

```
//code/chapter08/example8_9.cj
func main() {
    //定义数组 arr
```

```
    var arr = Array<Int64>([1, 2, 3])
    println("arr 的第 1 索引元素 : ${arr[1]}")
    arr[1] = 4    //改变 arr 的第 1 索引元素
    println("改变后的 arr 数组 : " + arr.toString())
}
```

编译并运行程序，输出结果如下：

```
arr 的第 1 索引元素 : 2
改变后的 arr 数组 : Array:[1, 4, 3]
```

除了可以使用索引表达式[]操作数组元素以外，还可以通过数组的 get 和 set 函数操作数组，这两个函数的函数头和用法如下：

（1）func get(index: Int64): Option<T>：该函数用于获取元素值，其中 index 参数为索引。

（2）func set(index: Int64, element: T): Unit ：该函数用于设置元素的值，其中 index 参数为索引，element 参数为元素值。

读者可以自行尝试这两个函数的用法，这里不再赘述。

8.1.3　缓冲区

缓冲区（Buffer）是长度可变，内容可变的有序集合类型。Buffer 是泛型类，其类名称为 Buffer<T>。Buffer 位于 collection 标准库中，因此使用 Buffer 前需要在源文件的开头导入该库，代码如下：

```
from std import collection.*
```

当然，也可以仅导入 Buffer，代码如下：

```
from std import collection.Buffer
```

1. Buffer 的基本用法

创建 Buffer 和创建数组类似，可以通过构造方法创建空 Buffer，也可以通过列表或者 Lambda 表达式等方式创建 Buffer，但是 Buffer 没有相应的字面量。Buffer 的构造函数如下：

- ❑ init()：创建空的 Buffer。
- ❑ init(capacity: Int64)：创建储备容量为 capacity 的 Buffer。
- ❑ init(size: Int64, initElement: (Int64)->T)：通过 Lambda 表达式创建 Buffer。
- ❑ init(elements: List<T>)：通过列表创建 Buffer。
- ❑ init(elements: Collection<T>)：通过集合类型创建 Buffer。

通过上述构造函数，创建几个不同的 Buffer，代码如下：

```
//定义一个空 Buffer
var buf1 : Buffer<Int64>  = Buffer<Int64>()
//通过列表定义 Buffer
var buf2 : Buffer<Int64>  = Buffer<Int64>([2, 5, 8])
```

```
//通过 Lambda 表达式定义 Buffer
var buf3 : Buffer<Int64> = Buffer<Int64>(3, { i => i * 2 + 1})
```

除此之外，还可以通过数组创建 Buffer，代码如下：

```
let list = [2, 5, 8]            //创建列表
let arr = Array<Int64>(list)   //通过列表创建数组
let buf = Buffer<Int64>(arr)   //通过数组创建 Buffer
```

作为集合类型，Buffer 和数组、列表的用法也很类似，支持以下操作：

（1）支持使用索引操作符或者 get、set 函数的方式引用和赋值元素。

（2）支持 for in 等循环结构的遍历操作。

【实例 8-10】 通过 Lambda 表达式创建一个 Buffer，然后遍历该 Buffer 并打印其所有的元素，代码如下：

```
//code/chapter08/example8_10.cj
from std import collection.Buffer

func main() {
  //通过 Lambda 表达式定义 Buffer
  var buf : Buffer<Int64> = Buffer<Int64>(3, { i => i * 2 + 1})

  //遍历数组 buf
  for (i in 0..buf.size()) {   //区间的最大值为 arr1 的长度
     let element = buf[i]       //获取 arr1 的第 i 个元素
     print("${element} ")       //打印 arr1 的第 i 个元素
  }
  println("") //打印换行符
}
```

编译并运行程序，输出结果如下：

```
1 3 5
```

关于 Lambda 表达式的详细用法可参见 10.1.2 节的相关内容。

和数组一样，Buffer 暂时不支持等于（==）、不等于（!=）等关系运算。

2. Buffer 是可伸缩的集合类型

Buffer 的优势在于可改变长度，可以通过 Buffer 中的函数添加、插入、删除元素，其主要函数如表 8-3 所示。

表 8-3　修改 Buffer 的相关函数

函　　数	说　　明
func add(element: T): Unit	在 Buffer 的末尾添加元素
func addAll(elements: Collection<T>): Unit	在 Buffer 的末尾按顺序添加指定集合类型中的元素

续表

函　　数	说　　明
func insert(index: Int64, element: T): Unit	在 Buffer 的指定位置插入元素
func insertAll(index: Int64, elements: Collection<T>): Unit	在 Buffer 的指定位置按顺序插入指定集合类型中的元素
func remove(index: Int64): Unit	删除 Buffer 指定位置的元素
func removeIf(predicate: (T)—> Bool): Unit	遍历 Buffer 的元素，如果某个元素满足 Lambda 表达式，则删除该元素
func clear(): Unit	清空 Buffer 中的所有元素

【实例 8-11】 对缓冲区进行修改操作，代码如下：

```
//code/chapter08/example8_11.cj
from std import collection.Buffer

func main() {
    //定义 buf 缓冲区，元素为 0 1 2 7 8
    var buf : Buffer<Int64> = Buffer<Int64>([0, 1, 2, 7, 8])
    //此时的 buf 为 0 1 2 7 8
    buf.add(9)                   //在 buf 的末尾追加 9
    println("buf : " + buf.toString())
    //此时的 buf 为 0 1 2 7 8 9
    buf.addAll([10, 11, 12])     //在 buf 的末尾追加 10 11 12
    println("buf : " + buf.toString())
    //此时的 buf 为 0 1 2 7 8 9 10 11 12
    buf.insert(3, 3)              //在 buf 索引 3 的位置插入 3
    println("buf : " + buf.toString())
    //此时的 buf 为 0 1 2 3 7 8 9 10 11 12
    buf.insertAll(4, [4, 5, 6]) //在 buf 索引 4 的位置插入 4 5 6
    println("buf : " + buf.toString())
    //此时的 buf 为 0 1 2 3 4 5 6 7 8 9 10 11 12
    buf.remove(0)                     //删除 buf 索引 0 位置的元素
    println("buf : " + buf.toString())
    //此时的 buf 为 1 2 3 4 5 6 7 8 9 10 11 12
    //删除所有偶数元素
    buf.removeIf({ element => if (element % 2 == 0) {true} else {false} })
    println("buf : " + buf.toString())
    //此时的 buf 为 1 3 5 7 9 11
    buf.clear()
    println("buf : " + buf.toString())
    //此时的 buf 为空缓冲区
}
```

编译并运行程序，输出结果如下：

```
buf : [0, 1, 2, 7, 8, 9]
buf : [0, 1, 2, 7, 8, 9, 10, 11, 12]
buf : [0, 1, 2, 3, 7, 8, 9, 10, 11, 12]
buf : [0, 1, 2, 3, 4, 5, 6, 7, 8, 9, 0, 0, 0]
buf : [1, 2, 3, 4, 5, 6, 7, 8, 9, 0, 0, 0]
buf : [1, 3, 5, 7, 9]
buf : []
```

3. Buffer 的储备容量

缓冲区是长度可变的集合类型。这就意味着，缓冲区所占据的内存空间是不固定的，可能会出现时而大时而小的情况，然而，内存空间的再分配会使程序的性能降低。为了保障程序性能，可以在创建 Buffer 时设置其储备容量。如果随后的操作均在储备容量的范围内进行，就不会出现内存再分配的情况，也会使程序的性能提高。

创建一个最小储备容量为 80 个元素的空缓冲区，代码如下：

```
var buf : Buffer<Int64>  = Buffer<Int64>(80)
```

在创建了缓冲区后，在随后的程序中还可以通过 reserve(additional:Int64)函数追加储备容量，可以通过 capacity()函数获取当前的储备容量。

【实例 8-12】　在储备容量为 80 个元素的空缓冲区中加入 20 个元素的储备容量，代码如下：

```
//code/chapter08/example8_12.cj
from std import collection.Buffer

func main() {
    var buf : Buffer<Int64>  = Buffer<Int64>(80)
    println("当前 buf 的储备容量: ${buf.capacity()}")
    buf.reserve(120)
    println("当前 buf 的储备容量: ${buf.capacity()}")
}
```

编译并运行程序，输出结果如下：

```
当前 buf 的储备容量: 80
当前 buf 的储备容量: 120
```

在储备容量范围内操作缓冲区的元素，可以提高程序的性能。

注意　reserve 函数中的储备容量参数是追加后的最小储备容量。也就是说，通过 reserve 函数将储备容量扩容后，实际的容量可能比 reserve 函数的参数中设置的容量要大。

8.1.4 将字符串转换为数组

通过 toCharArray 等函数可以将字符串转换为数组，其相关的函数如表 8-4 所示。

表 8-4 将字符串转换为数组的相关函数

函 数	说 明
func toCharArray(): Array\<Char\>	将字符串转换为字符数组
func toCArray(): CPointer\<UInt8\>	将字符串转换为 CPointer 类型数组
func toUtf8Array(): Array\<UInt8\>	将字符串转换为 UTF-8 编码值数组
func toUtf16Array(): Array\<UInt16\>	将字符串转换为 UTF-16 编码值数组
func toUtf32Array(): Array\<UInt32\>	将字符串转换为 UTF-32 编码值数组

关于 CPointer 类型可参见 13.1 节的相关内容。toUtf8Array、toUtf16Array 和 toUtf32Array 函数可用于将字符串写入文本文件中，可参见 9.3 节的相关内容。

相对于字符串，开发者通过操作字符数组可以实现更加高级的功能。

【实例 8-13】 将字符串转换为字符数组，并删除其中所有的逗号字符，代码如下：

```
//code/chapter08/example8_13.cj
from std import collection.Buffer

func main() {
    //定义字符串 str
    var str = "今日到账人民币1,000,000,000元."
    let strarr = str.toCharArray()              //将字符串转换为数组
    var strbuf = Buffer<Char>(strarr)           //将数组转换为缓冲区
    strbuf.removeIf({ chr => chr == ','})       //删除所有的逗号字符
    str = String(strbuf)                        //将缓冲区转换为 String 类型
    println(str)                                //输出修改后的字符串结果
}
```

在上述代码中，将字符串 str 转换为缓冲区 strbuf 类型，并删除缓冲区 strbuf 中所有的逗号字符元素。最后，通过 String 的构造函数将 strbuf 转换为字符串类型。编译并运行程序，输出结果如下：

```
今日到账人民币1000000000元.
```

字符串类型有构造函数 init(elements: Collection\<Char\>)，可以将任意的字符集合类型转换为字符串类型。

8.1.5 多维有序集合

列表、数组、缓冲区等类型均支持类型的嵌套，因此可以实现多维列表、多维数组、多维缓冲区。

例如，定义并输出一个 2*2 的多维列表，代码如下：

```
let list = [[1,2], [3,4]]
println(list)
```

list 变量为多维列表，其类型为 List<List<Int64>>，外层列表中包含两个元素，其中每个元素的类型均为 List<Int64>。上述代码的输出结果如下：

```
List [List [1, 2], List [3, 4]]
```

对于 list 变量来讲，如果希望获取 list 列表中的整型元素，则需要两个索引，其中第 1 个索引为外层列表的索引号，第 2 个索引为内层列表的索引号。如果将这个 List<List<Int64>> 类型比作为数学中的矩阵，则外层列表的索引可以认为是矩阵的行，而内层列表的索引可以认为是矩阵的列。只不过矩阵的行号、列号是从 1 开始计数的，而多维列表的行号、列号是从 0 开始计数的。

例如，通过 list[0][0]可以获取 list 变量中第 0 行第 0 列的元素，通过 list[1][1]可以获取 list 变量中第 1 行第 1 列的元素。以行号、列号为索引还可以遍历列表中所有的元素。

【实例 8-14】 遍历多维列表中所有的元素，代码如下：

```
//code/chapter08/example8_14.cj
func main() {
    //多维列表
    let list = [[1,2], [3,4]]
    println(list[0][0]) //第 0 行第 0 列的元素
    println(list[1][1]) //第 1 行第 1 列的元素
    //遍历多维列表
    for (i in 0..2) {
        for (j in 0..2) {
            println("第${i}行第${j}列的元素:${list[i][j]}")
        }
    }
}
```

编译并运行程序，输出结果如下：

```
1
4
第 0 行第 0 列的元素:1
第 0 行第 1 列的元素:2
```

```
第 1 行第 0 列的元素:3
第 1 行第 1 列的元素:4
```

通过 Lambda 表达式也可以创建多维有序集合。例如,创建一个 3*3 的二维数组,代码如下:

```
let arr = Array<Array<Int64>>(3, {i => Array<Int64>(3, {j => (i + 1) * (j +
1)})})
println(arr)
```

上述代码的输出结果如下:

```
Array [Array [1, 2, 3], Array [2, 4, 6], Array [3, 6, 9]]
```

有了这些理论基础后,通过多维数组等还可以实现更加复杂的矩阵运算功能。

【实例 8-15】 实现矩阵相加函数 add,代码如下:

```
//code/chapter08/example8_15.cj
from std import collection.Buffer

//计算两个整型矩阵的和
func add(a : Array<Array<Int64>>, b : Array<Array<Int64>>) : Option<Array
<Array<Int64>>>{

    //行数不同,返回 None
    if (a.size() != b.size()) { return None }
    //定义用于存储结果的 Buffer
    var buf : Buffer<Array<Int64>> = Buffer<Array<Int64>>()

    for (i in 0..a.size()) {
        //获取第 i 行的数据
        let a_1 : Array<Int64> = a[i]
        let b_1 : Array<Int64> = b[i]
        //列数不同,返回 None
        if (a_1.size() != b_1.size()) { return None }
        //定义存储,存储每一行结果的 Buffer
        var buf_1 : Buffer<Int64> = Buffer<Int64>()
        for (j in 0..a_1.size()) {
            //获取第 j 行的数据
            let a_1_1 : Int64 = a_1[j]
            let b_1_1 : Int64 = b_1[j]
            //元素相加
            let res = a_1_1 + b_1_1
            //将元素相加后的结果添加到 buf_1 中
            buf_1.add(res)
```

```
        }
        //将每一行相加后的结果添加到 buf 中
        buf.add(Array<Int64>(buf_1))
    }
    //返回结果
    return Array<Array<Int64>>(buf)
}

func main() {
    //第 1 个矩阵 arr1
    let arr1 = Array<Array<Int64>>(3, {i => Array<Int64>(3, {j => (i + 1) *
(j + 1)})})
    println("arr1 :" + arr1.toString())
    //第 2 个矩阵 arr2
    let arr2 = Array<Array<Int64>>(3, {i => Array<Int64>(3, {j => i * j})})
    println("arr2 :" + arr2.toString())
    //矩阵相加
    let res = add(arr1, arr2)
    //输出相加后的结果
    match (res) {
        case Some(v1) => println(v1)
        case None => println("相加错误，矩阵行数或列数不相等!")
    }
}
```

在 main 函数中定义了两个矩阵 arr1 和 arr2，并通过 add 函数计算了这两个矩阵的和，即

$$\begin{bmatrix} 1 & 2 & 3 \\ 2 & 4 & 6 \\ 3 & 6 & 9 \end{bmatrix} + \begin{bmatrix} 0 & 0 & 0 \\ 0 & 1 & 2 \\ 0 & 2 & 4 \end{bmatrix} = \begin{bmatrix} 1 & 2 & 3 \\ 2 & 5 & 8 \\ 3 & 8 & 13 \end{bmatrix}$$

编译并运行程序，输出结果如下：

```
arr1 :[[1, 2, 3], [2, 4, 6], [3, 6, 9]]
arr2 :[[0, 0, 0], [0, 1, 2], [0, 2, 4]]
[[1, 2, 3], [2, 5, 8], [3, 8, 13]]
```

在第 13 章中还需要使用多维矩阵来表达 2048 小游戏的棋盘，供读者学习。

8.2　无序集合类型

无序集合类型包括 HashSet 和 HashMap，本节分别介绍这两种类型的用法。

8.2.1 HashSet

HashSet 是用于存储不重复元素的集合。与有序集合类型之间最大的差别是 HashSet 当中的元素之间是没有任何位置关系的（没有顺序），也不存在索引或下标的概念。

由于 HashSet 存在于仓颉库 collection 中，所以使用前需要在仓颉代码文件中导入 HashSet，代码如下：

```
from std import collection.HashSet
```

下面介绍 HashSet 的常见用法。

1. HashSet 的定义和初始化

HashSet 是泛型类，使用 HashSet<T>定义。例如，分别定义一个 HashSet<Int64>类型和 HashSet<String>类型的 HashSet，代码如下：

```
var hs1 : HashSet<Int64>     //Int64 类型的 HashSet
var hs2 : HashSet<String>    //String 类型的 HashSet
```

HashSet 的构造函数如下。

❑ init()：创建一个空的 HashSet。

❑ init(elements: Collection<T>)：通过集合类型创建 HashSet。

❑ init(elements: List<T>)：通过列表创建 HashSet。

❑ init(capacity: Int64)：创建储备容量为 capacity 的 HashSet。

❑ init(size: Int64, initElement: (Int64)->T)：通过 Lambda 表达式创建 HashSet。

常见的 HashSet 初始化有以下几种方法：

（1）通过 HashSet<T>()创建空的 HashSet。创建一个 Int64 类型的空 HashSet，代码如下：

```
var hs: HashSet<Int64> = HashSet<Int64>()
```

（2）通过列表或其他集合类型创建 HashSet。创建一个包含 3 个字符串的 HashSet，代码如下：

```
var hs : HashSet<String> = HashSet<String>(["仓颉", "鸿蒙", "欧拉"])
```

由于这个 HashSet 包含了 3 个元素，所以其长度为 3。上述字符串列表中的元素是有顺序的，而 HashSet 中的元素是没有顺序的，因此在上述代码中相对于列表，HashSet 中的元素顺序信息丢失了。另外，HashSet 中只能存在不能重复的元素，如果一旦出现重复的元素，则在 HashSet 中这种重复的元素只会保留一个。

例如，创建包含 2、3 元素的 HashSet，代码如下：

```
var hs : HashSet<Int64> = HashSet<Int64>([2, 3, 3])
```

在该代码中，列表中存在两个值为 3 的元素，所以创建 HashSet 时只会保留一个值为 3

的元素，因此这个 HashSet 的长度为 2，包括了 2 和 3 两个元素。

（3）通过 Lambda 表达式创建 HashSet。例如，创建一个 0、2、4 共 3 个元素的 HashSet，代码如下：

```
var hs: HashSet<Int64> = HashSet<Int64>(3, { i => i * 2}) //0 2 4
```

通过 size 函数可以获得 HashSet 的长度。

2. 获取 HashSet 的元素

由于 HashSet 中的元素是没有顺序的，所以不能通过索引的方式来获得其中的指定元素。如果开发者想了解 HashSet 中的元素有哪些，则可以通过 toString 函数输出 HashSet 中的内容。另外，还可以通过 for in 表达式遍历 HashSet 类型。

【实例 8-16】 通过 toString 函数和遍历的方式输出 HashSet 中所有的元素，代码如下：

```
//code/chapter08/example8_16.cj
from std import collection.HashSet

func main() {
    var set : HashSet<Int64> = HashSet<Int64>([2, 3, 6])
    // (1) 通过 toString 函数输出 HashSet 中所有的元素
    println(set.toString())
    // (2) 通过遍历输出 HashSet 中所有的元素
    for (element in set) {   //这里的 element 变量即为 set 中的元素
        print("${element} ") //打印 element 变量
    }
    println("") //换行
}
```

编译并运行程序，输出结果如下：

```
[2, 3, 6]
2 3 6
```

3. 判断 HashSet 是否含有某个元素

通过 contains 函数和 containsAll 函数可以判断 HashSet 是否包含某个元素。

（1）func contains(element: T): Bool：判断 HashSet 是否包含 element 元素。

（2）func containsAll(elements: Collection<T>): Bool：判断 HashSet 是否包含 elements 中的所有元素。

【实例 8-17】 创建一个 HashSet<String>实例 hs，判断该实例是否包含 abc 字符串，以及是否包含["abc", "ghi"]列表中所有的元素，代码如下：

```
//code/chapter08/example8_17.cj
from std import collection.HashSet
```

```
func main() {
    var hs : HashSet<String> = HashSet<String>(["abc", "def", "ghi"])
    if (hs.contains("def")) {
        println("hs 中包含 def 字符串")
    }
    if (hs.containsAll(["abc", "ghi"])) {
        println("hs 中包含 abc 和 ghi 字符串")
    }
}
```

编译并运行程序，输出结果如下：

```
hs 中包含 def 字符串
hs 中包含 abc 和 ghi 字符串
```

4. HashSet 的遍历

HashSet 支持 for in 表达式的遍历操作。

【实例 8-18】 创建 HashSet 实例并遍历其中所有的元素，代码如下：

```
//code/chapter08/example8_18.cj
from std import collection.HashSet

func main() {
    var hs = HashSet<String>(["青龙", "白虎", "朱雀", "玄武"])
    //遍历 HashSet
    for (element in hs) {
        println(element)
    }
}
```

编译并运行程序，输出结果如下：

```
白虎
玄武
朱雀
青龙
```

由于 HashSet 中的元素是没有顺序的，所以其输出顺序也是不固定的。在上面的代码中，输出的字符串顺序和创建时列表中元素的顺序是不一致的。

5. 改变 HashSet 中的元素

仓颉为 HashSet 提供了添加元素、删除元素和仅保留指定元素的能力。

1）添加元素

通过 put()函数和 putAll()函数可以为 HashSet 添加一个或者多个元素。

（1）func put(element: T): Unit：为 HashSet 添加一个元素。

（2）func putAll(elements: Collection<T>): Unit：为 HashSet 添加多个元素。

如果通过添加的元素已经包含在 HashSet 中，则添加操作是无效的。这是因为 HashSet 中不能存在两个相同的元素。

【实例 8-19】 为 HashSet<Int64>实例 hs 添加 1、2、3 这 3 个元素，然后添加列表[2, 4, 5, 6]中的元素，代码如下：

```
//code/chapter08/example8_19.cj
from std import collection.HashSet

func main() {
    var hs : HashSet<Int64>  = HashSet<Int64>()
    hs.put(1)
    hs.put(2)
    hs.put(3)
    hs.put(3)                    //添加无效
    hs.putAll([2, 4, 5, 6]) //添加元素 2 无效
    println(hs.toString())
}
```

在上面的代码中分别重复添加了元素 2 和 3，但是由于重复添加的元素是无效的，所以最终 hs 中只保留 1 份元素 2 和 3。编译并运行程序，输出结果如下：

```
[1, 2, 3, 4, 5, 6]
```

2）删除元素

通过以下函数可以为 HashSet 删除一个或者多个元素。

（1）func remove(element: T): Unit：删除 HashSet 中的元素。

（2）func removeAll(elements: Collection<T>): Unit：删除 HashSet 中的多个元素。

（3）func removeIf(predicate: (T)–> Bool): Unit：遍历 HashSet 并删除满足 Lambda 表达式条件的元素。

如果删除的元素并不存在于 HashSet 中，则删除是无效的。这是因为该元素并不存在，所以不会影响 HashSet 的构成。

【实例 8-20】 删除 HashSet<Int64>实例 hs 中的元素，代码如下：

```
//code/chapter08/example8_20.cj
from std import collection.HashSet

func main() {
    var hs : HashSet<Int64>  = HashSet<Int64>([1, 2, 3, 4, 5])
    hs.remove(1)
    hs.remove(2)
    hs.remove(2)                //删除无效
    hs.removeAll([5, 6])  //删除元素 6 无效
```

```
    println(hs.toString())
}
```

编译并运行程序，输出结果如下：

```
[3, 4]
```

3）仅保留指定元素

通过 retainAll(elements: HashSet<T>)函数可以求得 HashSet 和指定 HashSet 之间的交集。

【实例 8-21】 求两个 HashSet 之间的交集，代码如下：

```
//code/chapter08/example8_21.cj
from std import collection.HashSet

func main() {
    var hs : HashSet<Int64> = HashSet<Int64>([1, 2, 3, 4, 5])
    hs.retainAll(HashSet<Int64>([4, 5, 6])) //求两个 HashSet 的交集
    println(hs.toString())
}
```

编译并运行程序，输出结果如下：

```
[4, 5]
```

6. HashSet 的关系运算

HashSet 支持等于（==）和不等于（!=）的关系运算。在两个 HashSet 中，如果其中任何一个 HashSet 中各个元素都能在另外一个 HashSet 中找到，则这两个 HashSet 相等。

【实例 8-22】 创建 compareHashSets 函数，用于判断两个 HashSet<Int64>的变量是否相等，代码如下：

```
//code/chapter08/example8_22.cj
from std import collection.HashSet

//判断 hs1 和 hs2 是否相等
func compareHashSets(hs1 : HashSet<Int64>, hs2 : HashSet<Int64>) {
    if (hs1 == hs2) {
        println("HashSet 相等!")
    } else {
        println("HashSet 不等!")
    }
}

//主函数
func main() {
    let hs1 = HashSet<Int64>([1, 2, 3])
```

```
    let hs2 = HashSet<Int64>([1, 2, 3])
    let hs3 = HashSet<Int64>([1, 3, 2])
    let hs4 = HashSet<Int64>([1, 2, 4])
    compareHashSets(hs1, hs2)   //判断 hs1 和 hs2 是否相等
    compareHashSets(hs1, hs3)   //判断 hs1 和 hs3 是否相等
    compareHashSets(hs1, hs4)   //判断 hs1 和 hs4 是否相等
}
```

显然 hs1 和 hs2 是相等的。虽然创建 hs1 和 hs3 所采用的列表顺序可能不同，但是仍然是相等的。由于 hs1 和 hs4 中的元素不能互相在对方中找到，所以 hs1 和 hs4 不相等。编译并运行程序，输出结果如下：

```
HashSet 相等!
HashSet 相等!
HashSet 不等!
```

7. HashSet 的重要函数

对于 HashSet 来讲，仓颉语言还内置了许多有用的函数，如表 8-5 所示。

表 8-5　HashSet 的重要函数

函数	说明
func clear(): Unit	清除 HashSet 中的所有元素
func reserve(additional: Int64): Unit	设置 HashSet 的储备容量
func capacity(): Int64	获取 HashSet 的储备容量
func size(): Int64	获取 HashSet 的长度
func isEmpty(): Bool	判断 HashSet 是否为空

储备容量的用法和缓冲区 Buffer 的用法是类似的。这些函数的用法非常简单，不再赘述。

8.2.2　HashMap

HashMap 用于存储 Key-Value（键-值对）。HashMap 是泛型类，其类型名称为 HashMap<K,V>。HashMap 包括了两个泛型参数，其中 K 表示键-值对中的键（Key），V 表示键-值对中的值（Value）。通过特定的键可以获取特定的值。和 HashSet 一样，HashMap 是无序的。

注意　HashMap 中的键可以理解为索引，但是这种索引是无序的。

由于 HashMap 存在于仓颉库 collection 中，所以使用前需要在仓颉代码源文件的开头导入 HashMap 类，代码如下：

```
from std import collection.HashMap
```

本节介绍 HashMap 的常见用法。

1. HashMap 的定义和初始化

HashMap 用 HashMap<K,V>定义。该泛型存在泛型约束 K<:Hashable, K<:Equatable<K>。例如，定义以 String 类型为键，以 Int64 类型为值的 HashMap，代码如下：

```
var hm : HashMap<String, Int64>
```

HashMap 的构造函数如下。

- ❑ init()：创建空的 HashMap。
- ❑ init(elements: Collection<K*V>)：通过元素类型为 K*V 的集合类型创建 HashMap。
- ❑ init(elements: List<K*V>)：通过元素类型为 K*V 的列表创建 HashMap。
- ❑ init(capacity: Int64)：创建储备容量为 capacity 的 HashMap。
- ❑ init(size: Int64, initElement: (Int64)–>K*V)：通过 Lambda 表达式创建 HashMap。

常见的 HashMap 初始化有以下几种方法：

（1）通过 HashMap<K,V>()或者 HashMap<K,V>(capacity : Int64)创建空的 HashMap。创建一个以 String 类型为键，以 Int64 类型为值的 HashMap，代码如下：

```
var hm : HashMap<String, Int64>= HashMap<String, Int64>()
```

如果希望在创建 HashMap 时预留储备容量，则可以使用 capacity 参数设置。例如，预留 16 个储备容量，代码如下：

```
var hm : HashMap<String, Int64>= HashMap<String, Int64>(16)
```

注意　如果创建 HashMap 时没有指定储备容量，则默认的储备容量为 16。

（2）通过列表或其他集合类型创建 HashMap，此时集合类型中的元素必须为 K*V 元组类型。例如，创建一个包含两个键-值对的 HashMap，代码如下：

```
var hm = HashMap<String, Int64>([("亮度", 50), ("对比度", 70)])
```

这里的列表中包含了两个元组，其中每个元组都代表了一个键-值对，其中第 1 个字符串为键，第 2 个整型值为值。

（3）通过 Lambda 表达式创建 HashMap。例如，创建包含 3 个元素的 HashMap，代码如下：

```
var hm = HashMap<String, Int64>(3, { i =>(i.toString(), i * 2)})
```

2. 为 HashMap 设置键-值对

HashMap 中最为重要的操作是对键-值对的增、删、改、查，这些操作所涉及的函数如表 8-6 所示。

这些函数的使用比较简单，许多函数的用法和 HashSet 等集合类型中的用法比较类似，所以这里不再赘述，但是需要注意以下两个问题：

（1）put 函数不仅能够设置一个新的键-值对，还能够修改现有的键-值对。

表 8-6　HashMap 中的重要函数

函　　数	说　　明
func get(key: K): Option<V>	通过键获取指定的值
func put(key: K, value: V): Option<V>	设置键-值对
func putAll(elements: Collection<K * V>): Unit	设置集合中的键-值对
func contains(key: K): Bool	判断 HashMap 中是否包含某个键
func containsAll(keys: Collection<K>): Bool	判断 HashMap 中是否包含集合中所有的键
func remove(key: K): Unit	通过键删除一个键-值对
func removeAll(keys: Collection<K>): Unit	删除集合中所有的键所对应的键-值对
func removeIf(predicate: (K, V)−> Bool): Unit	根据条件删除特定的键-值对
func keys(): HashSet<K>	获取 HashMap 中所有的键
func values(): List<V>	获 HashMap 中所有的值
func size(): Int64	获取 HashMap 中键-值对的数量
func isEmpty(): Bool	判断 HashMap 是否为空
func clear(): Unit	清空 HashMap 中所有的键-值对

（2）get 函数的返回类型为 Option<V>类型，需要通过 match 关键字等方法进行处理。
下面通过实例演示 HashMap 的基本用法。

【实例 8-23】 创建 HashMap<String, Int64>类型的变量 hm，然后为其设置、修改、删除
键-值对，代码如下：

```
//code/chapter08/example8_23.cj
from std import collection.HashMap

//打印当前温度
func printTemperature(temp : Option<Int64>) {
    match(temp) {
        case Some(v) => println("当前温度:${v}")
        case None => println("温度获取失败")
    }
}

func main() {
    var hm = HashMap<String, Int64>()
    hm.put("温度", 29)                //设置键-值对
    printTemperature(hm.get("温度"))  //通过键获取值
    hm.put("温度", 24)                //修改键-值对
    printTemperature(hm.get("温度"))  //通过键获取值
    hm.remove("温度")                 //删除键-值对
    printTemperature(hm.get("温度"))  //通过键获取值
```

```
    hm.put("湿度", 50)
    println("hm 的键-值对个数:${hm.size()}")
    println("hm 是否为空? ${hm.isEmpty()}")
}
```

编译并运行程序，输出结果如下：

```
当前温度:29
当前温度:24
温度获取失败
hm 的键-值对个数:1
hm 是否为空? false
```

HashMap 同样支持通过 reserve 和 capacity 函数设置和获取储备容量，其用法和缓冲区类似，这里不再详细介绍。

3. HashMap 的遍历

HashMap 支持 for in 表达式的遍历操作，遍历中每个键-值对都是通过元组的方式表示的。例如，对于 HashMap<String, Int64>类型来讲，遍历时所获取的键-值对是 String*Int64 类型。

【实例 8-24】　遍历 HashMap 并输出所有的键-值对信息，代码如下：

```
//code/chapter08/example8_24.cj
from std import collection.HashMap

func main() {
    var hm = HashMap<String, Int64>()
    hm.put("温度", 29)
    hm.put("湿度", 50)
    hm.put("风速", 2)
    hm.put("风向", 45)
    //遍历 HashMap
    for (kv in hm) {
        println("${kv[0]} : ${kv[1]}")
    }
}
```

在 for in 表达式中，kv 是 String*Int64 类型的元组，分别代表了键-值对的键和值。编译并运行程序，输出结果如下：

```
温度 : 29
风向 : 45
风速 : 2
湿度 : 50
```

8.3 迭代器

在仓颉语言中，所有能够通过 for in 表达式遍历的类型都是通过迭代器（Iterator）实现的。本章介绍的所有集合类型都有相应的迭代器。对于自定义类型来讲，如果开发者希望通过 for in 遍历某种类型，就需要实现该类型的迭代器。实现迭代器的方法如下：

（1）创建被迭代类型的迭代器并实现 Iterator<T>接口。

（2）被迭代的类型需要实现 Iterable<T>接口，并返回该类型的迭代器。

接口类型 Iterable<T>的定义如下：

```
interface Iterable<T> {
    func iterator(): Iterator<T>
}
```

实现了 Iterable<T>接口的类型可以通过 iterator 函数返回该类型的迭代器。接口 Iterator<T>的定义如下：

```
interface Iterator<T><: Iterable<E> {
    mut func next(): Option<T>
}
```

通过迭代器的 next 函数可以获取下一个遍历元素。由于 Iterator<T>是 Iterable<E>的子类型，所以实现迭代器的类型也必须实现 iterator 函数。

【实例 8-25】 通过 AlphaBateIterator 类的迭代器，然后通过 for in 表达式遍历大写拉丁字母，代码如下：

```
//code/chapter08/example8_25.cj
//迭代器
class AlphaBateIterator <: Iterator<AlphaBate> {
    //索引
    var index = -1
    //迭代下一个对象
    func next(): Option<AlphaBate> {
        index ++
        if (index < 26) {
            return AlphaBate(chr(65 + UInt32(index)))
        } else {
            return None
        }
    }

    //获取当前迭代器对象
    func iterator(): Iterator<AlphaBate> {
```

```
            return this
        }
    }

    //字母表类
    class AlphaBate <: Iterable<AlphaBate>& ToString {
        //字母字符，默认为A
        private var char : Char = 'A'

        //默认构造器
        private init() { }

        //获取默认构造器的对象
        static func default() : AlphaBate {
            return AlphaBate()
        }

        //通过字母字符创建字母表类
        init(char : Char) {
            this.char = char
        }

        //获取迭代器
        func iterator(): Iterator<AlphaBate> {
            return AlphaBateIterator()
        }

        //转换成字符串
        func toString() {
            return char.toString()
        }
    }

    func main() {
        //通过for in结构遍历大写拉丁字母
        for (letter in AlphaBate.default()) {
            print(letter.toString() + "")
        }
        print("\n")
    }
```

在 AlphaBate 的迭代器 AlphaBateIterator 中定义了 index 索引。当该索引处于 0~26 时，创建并返回代表拉丁字母表中的大写字母的 AlphaBate 对象。在 main 函数中，将这些

AlphaBate 对象转换成字符串并打印到终端。编译并运行程序，输出结果如下：

```
A B C D E F G H I J K L M N O P Q R S T U V W X Y Z
```

for in 表达式实际上是 while 表达式对迭代器操作的封装。例如，上面实例中的 main 函数等价于以下代码：

```
func main() {
    var iterator = AlphaBate.default().iterator()
    while (true) {
        match (iterator.next()) {
            case Some(letter) => print(letter.toString() + "")
            case $None => break
        }
    }
    print("\n")
}
```

显然，通过 for in 结构进行遍历操作会更加简洁，更加容易被开发者理解。

8.4　本章小结

本章介绍了仓颉语言中集合类型的基本用法，这些集合类型的本质都是泛型类。理解这几种集合类型的区别和联系是重中之重。对于有序集合类型来讲，缓冲区虽然能够改变数据内容的长度，但是开发者要对其分配的内存资源负责：对于比较小的缓冲区要预留合适的储备容量，对于比较大的缓冲区要设计合理的扩容机制，从而保证程序的高效运行。对于无序集合类型来讲，HashMap 是通过键-值对的方式存取元素的，而 HashSet 存取元素的方式则更加粗暴，没有相应的索引。开发者可以将 HashSet 理解为自动生成键的 HashMap。可以看出，在仓颉语言的集合类型中，只有 HashSet 类型没有索引，其他的集合类型都有索引。HashMap 的索引是键，有序集合类型的索引是下标。

集合类型是仓颉标准库中的内容，开发者不必盲目使用。有兴趣的开发者也可以实现符合自身需求的集合类型。

8.5　习题

（1）简述几种有序集合类型之间的区别和联系。简述 HashSet 和 HashMap 的区别。

（2）定义包含一年中所有月份名称的列表，遍历列表并输出所有的元素。

（3）计算 100 以内所有的质数，并保存在列表中，然后输出列表中的所有的元素。

（4）将字符串“hello???world??!??”转换为字符数组，然后删除其中所有的问号字符，再将其转换为字符串，最后输出结果。

（5）将字符串转换为字符数组，然后反转数组中的元素，再转换为字符串，并输出结果。

（6）使用多维有序集合的方式保存 3×3 行列式，并计算行列式的值。

（7）将字符串转换为字符数组，然后分别将数组中的字符元素放置到 HashSet 和 Buffer 中，并输出结果。观察当字符串出现重复字符时两者输出结果的差异。

（8）考试中张三、李四和王五的考试成绩分别为 50、80 和 92。将上述数据保存到 HashMap 中，然后输出成绩合格（成绩分数大于 60）同学的姓名和分数。

（9）设计生肖迭代器类，通过 for in 遍历其对象时可以输出所有的生肖。

第 9 章

读写文件——异常处理
与输入输出

为了提高程序的健壮性，开发者要处理程序中的一些特殊情况。这些特殊情况包括网络丢包、文件读写失败、用户输入信息不合法等。异常处理能在程序遇到特殊情况时及时做出相应的处理，来提升用户体验，保证程序的稳健运行。大家可能遇到过许多应用程序出现"卡死"或"闪退"的情况，出现这种情况可能的原因是在某些特殊情况下没有做好异常处理。应用程序在遇到问题时，长时间等待就会出现"卡死"情况，无法处理时就会出现"闪退"情况。通过异常处理能够给予合理反馈，让用户了解当前的特殊情况，并做出正确的选择。

在学习了异常处理的基础上，学习仓颉语言输入输出中流（Stream）的概念。流包括字符流（StringStream）和文件流（FileStream）。通过字符流可以实现更加高级的字符串处理工作，通过文件流可以实现文件的读写。由于文件流的本质是字节流，虽然能够读写文件，但是不能直接将文件的字节流转换为字符串数据。本章介绍通过位运算的方式实现字符和字节之间的转换，从而实现文本文件的读写。最后，本章介绍正则表达式，并通过模拟用户登录的实例巩固所学的知识点。

本章的核心知识点如下：

（1）异常处理的基本思路，以及常见异常类的继承关系。

（2）使用 Result<T>和 Option<T>类型处理异常的基本方法。

（3）文件读写和标准输入。

（4）位运算。

（5）正则表达式。

9.1　异常处理

异常处理具有独立的语法，即由 try、catch、finally、throw 等关键字构成的语法结构。本节介绍异常的基本概念，以及处理异常的两个基本方法：捕获异常和抛出异常，最后介绍自定义异常的基本方法。

9.1.1 异常

异常（Exception）是一类可以被程序捕获并处理的错误，是程序执行时出现的一系列不正常行为的统称。在仓颉语言中，异常用 Exception 类表示，是 Throwable 的子类。除了 Exception 以外，Throwable 还拥有 Error 子类。

与 Exception 不同，Error 通常用于开发者无法处理的严重错误，通常是系统级错误，由系统负责处理而不是由开发者处理，所以不在本章讨论的范围之内。Exception 和 Error 的区别如图 9-1 所示。

图 9-1 Exception 与 Error

在仓颉语言中，异常 Exception 的子类主要包括 RuntimeException 和 IOException 等。其中，运行时异常（RuntimeException）用于处理在编译时无法检测到的异常情况；IO 异常（IOException）通常用于处理输入及输出数据时出现的异常情况。

注意 Exception 不是抽象类，可以直接被实例化，并用于具体的异常。

Throwable、Error、Exception 及子类之间的继承关系如图 9-2 所示。

9.1.2 捕获异常

捕获异常通常需要 try、catch 和 finally 关键字共同组成的代码结构，本节介绍这种结构的基本用法，以及资源自动管理和 Catch 模式匹配的高级用法。

1. 捕获异常的基本用法

捕获异常需要使用 try、catch、finally 关键字组成的 try-catch-finally 结构，其基本形式如下：

```
try {
    //Try 语句块，包含可能出现异常的代码
} catch(Catch 模式匹配) {
    //Catch 语句块，捕获 Try 语句块中出现的异常，并进行处理
} finally{
    //Finally 语句块，无论是否出现异常，一定会执行的代码
}
```

在该代码结构中，包含了 3 个语句块：

（1）Try 语句块：在 Try 语句块中可以放置可能存在异常的代码。当 Try 语句块中的某个语句出现异常时，其后方的代码将不会被执行。此时，会进入 Catch 模式匹配，并进入相应的 Catch 语句块。如果匹配失败，则将直接进入 Finally 语句块中。

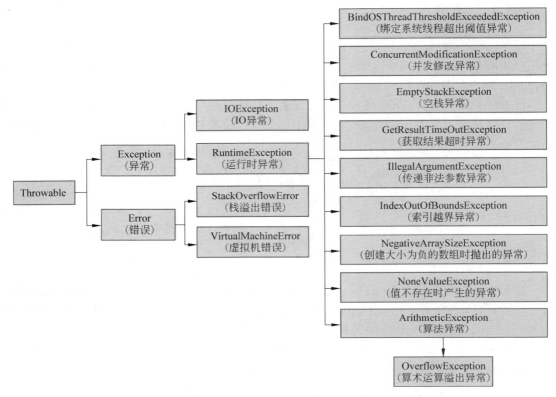

图 9-2　Throwable 的子类继承关系

（2）Catch 语句块：匹配异常并处理异常。在 Catch 语句块和 catch 关键字之间的括号中为 Catch 模式匹配。每个 Catch 语句块都对应了一个 Catch 模式匹配部分。当且仅当 Catch 模式匹配部分匹配了 Try 语句块中出现的异常，才会进入相应的 Catch 语句块中。

Catch 模式匹配通常用"异常对象名: 异常类名"表示，用于捕获相应的异常类的异常。

注意　如果 Catch 模式匹配为 "e : Exception"，则相应 Catch 语句块会捕获所有类型的异常，并且可以通过 e 变量获取详细的信息用于处理。开发者也可以通过类型判断和类型转换的相关方法将其向下转型到具体的异常类型。

Catch 语句块可以存在多个，用于捕获不同类型的异常。当 try-catch-finally 结构存在多个 Catch 语句块时，程序运行时会从上到下依次匹配相应的 Catch 模式匹配部分，一旦匹配成功，其后方的 Catch 语句块将被忽略。

（3）Finally 语句块：无论 Try 语句块中是否出现了异常，Finally 语句块都会在最后执行。Finally 语句块通常用于关闭数据库、关闭连接、释放资源等操作。

try-catch-finally 结构中的 catch 结构和 finally 结构是可选的，但是这两个结构必须至少存在一个。即开发者可以根据实际情况进行精简，形成 try-catch 结构或 try-finally 结构。

下面通过几个实例来演示异常的捕获方法。

【实例9-1】 当除法运算的除数为 0 时，处理 ArithmeticException 异常，代码如下：

```
//code/chapter09/example9_1.cj
func main() {
    try {
        let num = 0
        let res = 7 / num        //除数是0，所以抛出异常
    }
    catch(e : ArithmeticException) {
        println(e)                      //捕获异常，打印异常结果
    }
}
```

在 Try 语句块中，由于 7 / num 表达式中的 num 变量的值为 0，所以该运算不成立。此时，该表达式会出现 ArithmeticException 异常。由于 Catch 模式匹配中捕获了这一异常，并且用 e 变量来表示这一异常，因此会进入 Catch 语句块。在 Catch 语句块中通过打印 e 变量来给用户相应的提示。编译并运行程序，输出结果如下：

```
Exception RuntimeException ArithmeticException Divided by zero !
```

注意 由于 Exception 的父类 Throwable 实现了 ToString 接口，所以可以直接通过 println 函数输出 Exception 的详细信息。

【实例9-2】 处理集合类索引越界异常 IndexOutOfBoundsException，代码如下：

```
//code/chapter09/example9_2.cj
func main() {
    try{
        var list = [1, 3, 4]
        //由于list的最大下标为2，所以此处访问数组时越界，抛出异常
        let num = list[3]
    } catch(e : Exception) {//捕获所有类型异常
        println(e)                      //捕获异常，打印异常结果
    } finally {
        println("all done!")
    }
}
```

在上述代码中，list 的长度为 3，所以其最大下标为 2，然而，在 Try 语句块中，使用 list[3] 表达式越界访问数组内容，此时会出现 IndexOutOfBoundsException 异常。在 Catch 模式匹配中，"e : Exception" 可以匹配并捕获所有类型的异常，进入 Catch 语句块并输出 e 变量的内容。无论 Try 语句块中是否会出现异常，Finally 语句块都会在最后执行，所以最后会输出 "all done!" 文本。编译并运行程序，输出结果如下：

```
Exception RuntimeException IndexOutOfBoundsException
all done!
```

【**实例 9-3**】 使用 try-finally 结构处理创建大小为负数的数组时抛出的异常 NegativeArraySizeException，代码如下：

```
//code/chapter09/example9_3.cj
from collection import collection.Buffer

func main() {
    try{
        let a : Buffer<Int64> = Buffer<Int64>(-2, { i => i * 2 + 1})
    } finally {
        println("all done!")
    }
}
```

在 Try 语句块中，创建了一个大小为 -2 的缓冲区，此时会出现 NegativeArraySizeException 异常。try-finally 结构并没有捕获异常，执行 Finally 语句块后该异常依然存在，最终导致程序异常退出，并产生错误提示。编译并运行程序，会输出类似提示信息（用省略号忽略了部分输出内容）：

```
all done!
An exception has already occurred:
Exception RuntimeException NegativeArraySizeException
        at default.Function_default::…(…/Buffer.cj:117)
        at default.Function_default::main()(/projects/test.cj:4)
```

当程序运行时出现 An exception has already occurred 时，说明该程序异常没有被捕获，异常退出。作为开发者一定要避免此类现象的发生，把所有可能出现的异常妥善处理。对于上述代码，正确的方法是通过 Catch 语句块来处理异常。

2. 深入 Catch 模式识别

Catch 模式识别可以同时捕获多个不同类型的异常，异常之间通过符号|隔开。例如，"e:IndexOutOfBoundsException ｜ NegativeArraySizeException" 即可同时捕获上述 IndexOutOfBoundsException 和 NegativeArraySizeException 这两种异常。

【**实例 9-4**】 使用多个 Catch 语句块捕获不同类型的异常，并且通过符号|在一个 Catch 模式识别中捕获两种不同类型的异常，代码如下：

```
//code/chapter09/example9_4.cj
from std import collection.HashMap

func main() {
    try{
```

```
        var hm = HashMap<String, Int64>()
        var res = hm["v1"] //键 v1 不存在, 抛出 NoneValueException 异常
    }
    catch(e : ArithmeticException) {
        //捕获 ArithmeticException 异常
        println("ArithmeticException : " + e.toString())
    }
    catch(e : NoneValueException | NegativeArraySizeException) {
        //捕获 NoneValueException 和 NegativeArraySizeException 异常
        println("Exception : " + e.toString())
    }
    catch(e : GetResultTimeOutException) {
        //捕获 GetResultTimeOutException 异常
        println("GetResultTimeOutException : " + e.toString())
    }
    finally {
        println("all done!")
    }
}
```

在 Try 语句块中, hm 并不存在键 v1, 所以 hm["v1"]会抛出 NoneValueException 异常。对于存在多个 Catch 语句块的 **try-catch-finally** 结构, 程序运行时会依次将 Try 语句块中出现的异常和相应的 Catch 模式匹配部分进行匹配。

首先, 将 Try 语句块中出现的异常和 " e:ArithmeticException " 匹配。由于 NoneValueException 不是 ArithmeticException 子类, 所以匹配失败。

然后, 将 Try 语句块中出现的异常和 "e : NoneValueException | NegativeArraySizeException" 匹配。由于该模式匹配部分中包含了 NoneValueException, 所以匹配成功, 进入相应的 Catch 语句块, 输出异常信息。由于 NoneValueException 异常已经匹配成功了, 所以不再对后面的 "e : GetResultTimeOutException" 进行模式匹配。

最后, 进入 Finally 语句块, 输出 "all done!" 字符串。编译并运行程序, 输出结果如下:

```
Exception : Exception RuntimeException NoneValueException Value does not
exist!
all done!
```

Catch 模式识别中还包括一个特别的模式匹配类型: 通配符模式。通配符为下画线, 通配符模式会匹配所有的异常, 类似于 "e : Exception" 的效果。

【实例 9-5】 使用通配符模式匹配所有类型的异常, 代码如下:

```
//code/chapter09/example9_5.cj
from std import collection.HashMap

func main() {
```

```
    try{
        var hm = HashMap<String, Int64>()
        var res = hm["v1"]   //抛出 NoneValueException 异常
    }
    catch(_) {                  //通配符模式
        println("Exception!")
    }
}
```

在上述代码中，Catch 语句块会匹配 Try 代码中任何类型的异常，并输出"Exception!"文本。编译并运行程序，输出结果如下：

```
Exception!
```

细心的读者可能已经发现了一个问题。通配符模式虽然能够捕获任何类型的异常，但是并不能在 Catch 语句块中获取异常的信息，所以通配符模式可以用于异常捕获的"兜底"。在绝大多数场景下，不建议开发者使用通配符模式来匹配异常。因为即使通过通配符模式捕获了异常，也无法提供足够的信息处理异常。

9.1.3 抛出异常

9.1.1 节介绍了在使用仓颉语言中可能出现的比较常见的异常。这些异常的出现都是由仓颉语言及其库设计好的。对于开发者来讲，在开发一个功能模块时，也可以让某个函数在外部调用时出现一个异常，这就是异常的抛出。

1. 抛出异常

抛出异常，是指产生一个异常，用 throw 关键字加上异常对象即可，其基本形式如下：

```
throw 异常对象
```

例如，抛出一个算法异常的代码如下：

```
throw ArithmeticException()
```

【实例 9-6】 在 main 函数中抛出一个异常，代码如下：

```
//code/chapter09/example9_6.cj
func main() {
    throw Exception("异常")
}
```

在 main 函数中产生了一个 Exception 异常。由于该异常并没有捕获处理，所以程序异常退出。编译并运行程序，输出结果如下：

```
An exception has occurred:
Exception 异常
     at default.Function_default::main()(/cangjie/project/test.cj:2)
```

当某个函数抛出异常时，在异常后方的代码将不会被执行，该函数会带着异常退出。例如，在抛出异常的后方添加一段代码，代码如下：

```
func main() {
    throw Exception("异常")
    println("无法执行的代码！")
}
```

编译该程序时会出现"unhandled items after throw expr"警告，并且执行结果与上面的代码相同，println 语句无法执行。

注意　绝大多数的异常类包含了两个构造函数：一个是无参构造函数，另一个是包含了一个字符串的构造函数。这个字符串参数被称为预定义信息。在通过 toString 等函数输出异常信息时，这个预定义信息也会被输出。

在仓颉程序中，如果某个函数抛出了异常，则这个函数的调用方有义务对这个异常进行关注并处理。如果调用方仍然无法处理，就需要调用方的调用方进行处理。由于 main 函数是程序的入口，所以程序出现的异常至少要在 main 函数中进行处理，否则程序就会异常退出。总之，开发者要对程序中可能出现的异常充分考虑，以合适的方式进行有效处理。

【实例 9-7】在 test 函数中抛出异常，并在其调用方 main 函数中处理该异常，代码如下：

```
//code/chapter09/example9_7.cj
//当调用 test 函数时，如果实参 value 为 0，则会抛出异常
func test(value : Int64) {
    if (value == 0) {
        throw Exception("value不能为0")
    } else {
        println("value值为:${value}")
    }
}

func main() {
    try {
        test(0)        //调用 test 函数
    }
    catch(e : Exception) {
        println(e)     //输出异常信息
    }
}
```

test 函数的功能为当传入的 value 值为 0 时，会抛出异常；反之则打印 value 的值。在 main 函数中，调用 test 函数，并传入 value 值 0。此时，main 函数会通过 try-catch 结构捕获 test 函数中抛出的异常，并输出异常信息。编译并运行程序，输出结果如下：

```
Exception value 不能为 0
```

只有 Catch 语句块能够捕获并处理异常。当 Catch 语句块捕获并处理了某个异常时，这个异常的"生命"也就结束了。

2. 异常的堆栈信息

如果某个函数中出现了异常，并且这个异常没有被处理，此时异常就会向函数的调用方抛出，直到被 Catch 语句块捕获处理或者到达 main 函数异常退出。这个过程是异常的传递过程。在传递过程中，各个函数的调用顺序，以及在各个函数中异常出现的位置是异常的堆栈信息。

在上面的代码中，均使用异常对象的 toString 函数获取异常信息。实际上，异常还包括以下函数，用于获取异常信息（这些函数在 Throwable 类中定义）。

（1）getMessage(): String：获取异常的预定义信息。该预定义信息的输出和 toString()方法是类似的。预定义信息是指创建一个异常时传递的字符串信息，在实例 9-7 中创建 Exception 异常时传递的"value 不能为 0"字符串是一个预定义信息。

（2）printStackTrace(): Unit：打印异常产生的堆栈信息。

（3）getStackTrace(): Array<StackTraceElement>：获取异常堆栈信息数组。

通过 printStackTrace 函数和 getStackTrace 函数可以分别对异常的堆栈信息进行打印和获取。

【实例 9-8】 打印异常的堆栈信息，代码如下：

```
//code/chapter09/example9_8.cj
func gamma() {
    throw Exception()
}

func beta() {
    gamma()
}

func alpha() {
    beta()
}

func main() {
    try {
        alpha()
    } catch(e : Exception) {
        e.printStackTrace() //打印异常堆栈信息
    }
}
```

在上述代码中，main 调用 alpha，alpha 调用 beta，beta 调用 gamma，即函数的调用顺序为 main→alpha→beta→gamma。在 gamma 函数中抛出 Exception 异常，而该异常会沿着函数的调用顺序传递到 main 函数中，并在 main 函数中捕获处理：打印其堆栈信息。编译并运行程序，输出结果如下：

```
An exception has occurred:
Exception
        at default.Function_default::gamma()(/.../hello.cj:3)
        at default.Function_default::beta()(/.../hello.cj:7)
        at default.Function_default::alpha()(/.../hello.cj:11)
        at default.Function_default::main()(/.../hello.cj:16)
```

其中，加粗部分/.../为代码的目录，这里将其省略。

对于上述的输出信息，以 at 开头的最上方一行表示异常出现的位置，并且从上到下每个 at 开头的行表示异常的传递顺序。不仅标明了函数的名称（用下画线表明），而且还在括号中展示了异常出现（传递）的源代码文件及其所在的行号。如果开发者对于异常的出现摸不到头脑，则 printStackTrace 函数是分析代码的绝佳工具。通过 printStackTrace 函数可以很清晰地定位异常出现的位置，开发者可以根据这些信息修复程序错误。

9.1.4　自定义异常

除了仓颉语言中提供的异常以外，开发者还可以通过继承 Exception 的方式来自定义一个异常。

【实例 9-9】　自定义运行时异常 CustomException，代码如下：

```
//code/chapter09/example9_9.cj
class CustomException <: RuntimeException {

}

func main() {
    try{
        throw CustomException()
    } catch(e : Exception) {
        println(e)
    }
}
```

在 main 函数中，抛出并捕获处理 CustomException 异常，在 Catch 语句块中输出 CustomException 异常信息。编译并运行程序，输出结果如下：

```
Exception RuntimeException
```

在模块开发时，自定义模块非常常见。对于自定义异常来讲，还可以重写 toString、getMessage 等函数，以便于更加清晰地输出异常信息，开发者可以自行设计完成，这里不再演示。

9.2 使用 Result<T>和 Option<T>处理异常

通过枚举类型 Result<T>和 Option<T>也可以处理异常。

9.2.1 使用 Result<T>承载异常

异常的抛出会让一个原本拥有返回值的函数失去返回值。许多拥有"强迫症"的开发者受不了这种程序结构，他们会认为异常的概念让一个函数的执行变得不可预知。通过 Result<T>作为一个函数的返回值可以用来解决这个问题。

注意 许多人认为异常的概念使程序也变得更加复杂了，事实上确实如此，但是，异常的概念能让程序的运行更加符合人的思维逻辑，对于许多人来讲又是一个非常有效的工具。

Result<T>是泛型枚举类型，其定义如下：

```
enum Result<T> {
    Ok(T) |
    Err(Throwable)
}
```

当 Result<T>作为一个函数的返回值时，Ok(T)通常表示无异常产生，并带有返回结果，而 Err(Throwable)表示有异常产生，并带有异常对象信息。

【实例 9-10】 创建推导年龄阶段函数 agePeriod，返回类型为 Result<String>。通过 printResult 函数处理 Result<String>类型的结果数据，代码如下：

```
//code/chapter09/example9_10.cj
//通过年龄推导年龄阶段
func agePeriod(age : Int8) : Result<String> {
    match {
        case age <= 0 => return Err(Exception("年龄超出范围."))
        case age < 18 => return Ok("未成年")
        case age < 45 => return Ok("青年")
        case age < 60 => return Ok("中年")
        case age < 120 => return Ok("老年")
        case _ => return Err(Exception("年龄超出范围."))
    }
}

//输出年龄阶段结果
func printResult(res : Result<String>) {
```

```
    match (res) {
        case Ok(v) => println(v)
        case Err(e) => println(e)
    }
}

func main() {
    let res = agePeriod(20)    //20 岁的年龄阶段是青年
    printResult(res)
    let res2 = agePeriod(-2)  //-2 岁: 年龄超出范围
    printResult(res2)
}
```

在 agePeriod 函数中，Ok("未成年")、Ok("青年")等作为无异常的返回值；Err(Exception("年龄超出范围."))作为异常出现时的返回值。

在 main 函数中，两次调用 agePeriod 函数，并传入参数 20 和-2，前者无异常，能够返回正常的结果，而后者因为数值超出范围而返回异常结果。在 printResult 函数中，通过 match 表达式处理 Result<String>类型的结果数据：如果无异常，则直接输出结果；如果存在异常，则输出异常信息。编译并运行程序，输出结果如下：

```
青年
Exception 年龄超出范围.
```

从上面的代码可以看出，枚举类型 Result<T>可以创建并承载异常。通过 match 表达式方式可以处理 Result<T>。不同于异常的捕获和抛出，Result<T>可以保证函数一定有返回值，并且可以强制开发者处理相关异常，防止因为遗忘处理而导致的程序问题。

不过，通过 match 表达式方式处理 Result<T>较为复杂，仓颉语言中包含了用于处理 Result<T>类型的"语法糖"，用于精简程序，也提供了 getOrThrow 函数，用于抛出 Result<T>中的异常。

1. 合并表达式

和 Option<T>一样，Result<T>也可以用合并操作符??进行处理。合并表达式的基本形式如下：

```
Result<T>变量?? 默认值
```

当 Result<T>变量为 Ok 时，该表达式的值为 Ok 中 T 的值；当 Result<T>变量为 Err 时，该表达式的值为默认值。

【实例 9-11】 定义 Result<Float64>类型的变量 value，并初始化为 Err(Exception())，然后通过合并表达式处理 value 变量，将默认值设置为-1，代码如下：

```
//code/chapter09/example9_11.cj
func main() {
    var value : Result<Float64> = Err(Exception())
```

```
    let res = value ?? -1.0 //当value为Err时，取得的默认值为-1.0
    println("res : ${res}") //打印res结果
}
```

由于 value 变量值为 Err(Exception)，所以表达式 value ?? -1.0 的结果为-1.0。编译并运行程序，输出结果如下：

```
res : -1.000000
```

2. !表达式

"!表达式"是 Result<T>类型变量和操作符 "!" 的组合，其基本结构如下：

```
变量!
```

"!表达式"的使用必须符合两个基本条件：

（1）"!表达式"中的变量必须为 Result<T>类型。

（2）"!表达式"所在的函数的类型为 Result<T>。

当 "!表达式" 中的变量值为 Ok(value)时，表达式的值为 value；当 "!表达式" 中的变量值为 Err(e)时，该表达式会直接将 Err(e)作为所在函数的返回值返回。

对于 Result<T>类型的变量 res，"res!" 等价于以下代码：

```
match (res) {
    case Ok(v) => v
    case Err(e) => return Err(e)
}
```

【实例 9-12】 测试 "!表达式" 的用法，代码如下：

```
//code/chapter09/example9_12.cj
func test() : Result<String> {
    let value = Result<String>.Ok("result")
    let res = value!      //由于value为Ok("result")，所以value!为"result"
    println(res)
    let value2 = Result<String>.Err(Exception())
    let res2 = value2!  //由于value2包含异常，所以函数返回
    return Ok(res2)      //不执行
}

func main() : Unit {
    let res = test() ?? "存在异常"
    println(res)
}
```

在 test()函数中，value 和 value2 变量均为 Result<String>类型，并且值分别为 Ok("result") 和 Err(Exception())。"!表达式" 对这两个不同类型的值有不同的处理办法：对于 value 来讲，

"!value"的值为"result"；对于value2来讲，"!value2表达式"会将Err(Exception())作为函数的值返回。在main函数中，通过合并表达式返回默认值"存在异常"，最后输出该字符串。编译并运行程序，输出结果如下：

```
result
存在异常
```

3. getOrThrow 函数的用法
通过 Result<T>类型包含函数 getOrThrow，其定义如下：

```
func getOrThrow() : T{
    match (this) {
        case Ok(v) => return v
        case Err(e) => throw e
    }
}
```

当 Result<T>类型变量的值为 Ok(v)枚举值时，函数返回 v 值；当 Result<T>类型变量的值为 Err(e)枚举值时，抛出异常 e。

【实例9-13】　测试 getOrThrow 函数的用法，代码如下：

```
//code/chapter09/example9_13.cj
func main() : Unit {
    let res = Result<Bool>.Ok(true)
    //由于res的值为Ok(true)，所以value值为true
    let value = res.getOrThrow()
    println("value : ${value}")

    let res2 = Result<Bool>.Err(Exception("异常"))
    try {
        //由于res2为Err(Exception("异常"))，所以getOrThrow()抛出异常
        let value2 = res2.getOrThrow()
    } catch (e : Exception) {
        println(e)
    }
}
```

res 变量和 res2 变量的值分别为 Ok(true)和 Err(Exception("异常"))。res 变量调用 getOrThrow 函数的返回值为 true，而 res2 变量调用 getOrThrow 函数时会抛出异常。编译并运行程序，输出结果如下：

```
value : true
Exception 异常
```

上述几种方法可以对 Result<T>变量进行处理，当变量的枚举值为 Ok(v)时，其返回值

都是 v，其区别主要在于对异常的处理方法：当 Result<T>变量的枚举值包含异常时，合并表达式会返回默认值，"!表达式"会返回异常，而 getOrThrow 函数会抛出异常，如表 9-1 所示。

表 9-1　几种处理 Result<T>的表达式

模式	当枚举值为 Ok(v)时	当枚举值为 Err(e)时
合并??表达式	表达式的值为 v	表达式的值为默认值
!表达式	表达式的值为 v	函数返回，返回值为 Err(e)
getOrThrow 函数	表达式的值为 v	抛出异常 e

9.2.2　Option<T>抛出异常

与 Result<T>类似，Option<T>也有 getOrThrow 函数，并且有以下两个重载函数。

（1）func getOrThrow(): T：如果 Option<T>变量为 Some，则返回 Option<T>变量的值；如果 Option<T>变量为 None，则抛出 NoneValueException 异常。

（2）func getOrThrow(exception: ()−>Exception): T：如果 Option<T>变量为 Some，则返回 Option<T>变量的值；如果 Option<T>变量为 None，则抛出特定的异常。

()−>Exception 是函数类型，详见 10.1.1 节。

【实例 9-14】当 Option<T>变量为 None 时,通过 getOrThrow 函数抛出 NoneValueException 异常，代码如下：

```
//code/chapter09/example9_14.cj
func main() {
    try {
        let a = Option<Int64>.None    //a 的值为 None
        let res = a.getOrThrow()      //抛出 NoneValueException 异常
    } catch (e : Exception) {
        println(e)
    }
}
```

编译并运行程序，输出结果如下：

```
Exception RuntimeException NoneValueException
```

【实例 9-15】 当 Option<T>变量为 None 时，通过 getOrThrow 函数抛出特定的异常，代码如下：

```
//code/chapter09/example9_15.cj
func main() {
    try {
        let a = Option<Int64>.None //a 的值为 None
```

```
        let res = a.getOrThrow({Exception()}) //抛出 Exception 异常
    } catch (e : Exception) {
        println(e)
    }
}
```

编译并运行程序，输出结果如下：

```
Exception
```

9.3 输入与输出

在仓颉语言中，io 库提供了输入和输出的基本方法，包括流（Stream）和标准输入（Console）等。流是指有序的数据序列，包括缓冲区流（BufferStream）、文件流（FileStream）和字符串流（StringStream），并均继承于 Stream 类，如图 9-3 所示。

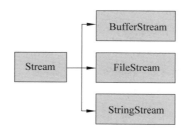

图 9-3 流的继承关系

其中，Stream 类实现了 StreamPermission、ReadCloseStream 和 WriteStream 接口，其中 ReadCloseStream 是 ReadStream 和 CloseStream 的子类型。这些接口的功能如表 9-2 所示。

表 9-2 流的相关接口

接　　口	描　　述
StreamPermission	用于查询目前流是否支持读写、查找、超时功能
ReadStream	用于流的读取
CloseStream	用于流的关闭
ReadCloseStream	继承于 CloseStream 和 ReadStream
WriteStream	用于流的写入

图 9-3 中的流分别用于不同的功能，其中 StringStream 可以承载字符和字符串，可以作为可变的字符串使用。FileStream 可以读写存储在磁盘中的文件，是学习输入与输出的重点内容。

本节分别介绍文件信息类 FileInfo、目录信息类 DirectionInfo，以及 StringStream 和

FileStream 的基本用法。

9.3.1 文件信息类和目录信息类

本节介绍文件信息类（FileInfo）和目录信息类（DirectoryInfo）的基本用法。

1. 文件信息类

通过 FileInfo 可以实现文件的创建、删除、移动、获取信息等。FileInfo 的构造函数如下。

（1）init()：创建一个 FileInfo。

（2）init(name:String)：通过文件名（可包含路径）创建一个 FileInfo。

通常使用带 name 参数的构造函数创建 FileInfo 对象。通过 FileInfo 对象即可进行与文件相关的操作。

（1）func create(): Bool：创建文件。

（2）func delete(): Bool：删除文件。

（3）func exist(): Bool：判断文件是否存在。

（4）func getCanonicalPath(): String：获取文件的绝对路径。

（5）func getParentDirectory(): DirectoryInfo：获取所在目录 DirectoryInfo 对象。

（6）func getPath(): String：获取文件的相对路径。

（7）func isReadOnly(): Bool：判断文件是否为只读。

（8）func moveTo(destFileName: String, overwrite: Bool)：FileInfo：将文件移动到 destFileName 位置。当 overwrite 为 true 时，会自动覆盖已经存在的文件。该函数会返回移动后更新的 FileInfo 对象。

【实例 9-16】 通过 FileInfo 对文件进行基本操作，代码如下：

```
//code/chapter09/example9_16.cj
from std import io.*
func main() {
    //创建 FileInfo 对象
    let file = FileInfo("./test.txt")
    file.create() //创建 test.txt 文件
    //获取 test.txt 文件的绝对路径
    println("test.txt 绝对路径:" + file.getCanonicalPath())
    //获取 test.txt 文件的相对路径
    println("test.txt 相对路径:" + file.getPath())
    //判断 test.txt 文件是否为只读
    println("test.txt 是否为只读:${file.isReadOnly()}")
    file.moveTo("./test.txt.bk", true) //移动文件

    //创建 FileInfo 对象
    let file2 = FileInfo("./test2.txt")
    file2.create()//创建 test2.txt 文件
```

```
    if(file2.exist()) {  //判断 test2.txt 文件是否存在
        file2.delete()   //删除 test2.txt 文件
    }

    let dir = file.getParentDirectory()  //文件所在目录
    //输出 dir 目录的绝对路径
    println("目录位置:" + dir.getCanonicalPath())
}
```

编译并运行程序，输出结果如下：

```
test.txt 绝对路径:/cangjie/ftp/project/src/test.txt
test.txt 相对路径:./test.txt
test.txt 是否为只读:false
目录位置:/cangjie/ftp/project/src
```

2. 目录信息类

通过 DirectoryInfo 可以实现目录的创建、删除、移动、获取信息等。DirectoryInfo 的构造函数如下。

（1）init()：创建一个 DirectoryInfo。

（2）init(path: String)：通过目录名（可包含路径）创建一个 DirectoryInfo。

通常，使用带 pathpath 参数的构造函数创建 DirectoryInfo。创建完成后，即可通过以下函数进行与目录相关的操作。

（1）func create(): Bool：创建目录。

（2）func createSubdirectory(path : String): DirectoryInfo：创建子目录。

（3）func delete(recursive : Bool): Bool：删除目录。

（4）func exist(): Bool：判断目录是否存在。

（5）func getCanonicalPath(): String：获取目录的绝对路径。

（6）func getDirectories(): Array<DirectoryInfo>：获取目录的子目录数组。

（7）func getFiles(): Array<FileInfo>：获取目录中文件（不包含子目录中的文件）数组。

（8）func getParentDirectory(): DirectoryInfo：获取上一级目录 DirectoryInfo 对象。

（9）func getPath(): String：获取目录的相对路径。

（10）func moveTo(destDirName: String): DirectoryInfo：将目录移动到 destDirName 位置。函数会返回移动后更新的 DirectoryInfo 对象。

目录信息类和文件信息类的用法类似，这里略去不表。

9.3.2　字符流

字符流（StringStream）是由有序的字符序列组成的流，可以理解为可变的字符串。相对于字符串来讲，通过字符流操作文本内容会更加灵活和方便。

注意 和字符串一样，字符流支持所有的 Unicode 编码字符。

1. 字符流的基本操作

StringStream 没有无参数的构造函数，只有构造函数 init(s: String)，因此只能通过一个现有的字符串来创建字符流。例如，创建一个包含字符串"abcd"的字符流，代码如下：

```
let strStream = StringStream("abcd")
```

此时，strStream 字符流包含了 a、b、c、d 这 4 个字符，并且是有顺序的，所以本质上字符流在承载数据方面和字符串没有什么区别。

创建一个空的 StringStream 需要传入一个空字符串，代码如下：

```
let strStream = StringStream("")
```

和集合类型类似，字符流有长度（length）和储备容量（capacity）。长度是指当前字符流中字符的数量，通过 length 函数即可获取字符流的长度。储备容量是指字符流能够容纳的字符数量，通过 capacity 函数即可获取当前的储备容量。当字符流的长度超出储备容量时，储备容量会自动增加（再分配）。虽然储备容量可以再分配，但是频繁地分配储备容量会降低程序性能，所以最好能够一次性地为字符流提供足够的储备容量，在后续的各项操作中保持储备容量不发生变化。

另外，手动为字符流分配储备容量的方法为 ensureCapacity(minCapacity: Int64)，其中 minCapacity 为设置的最小可用储备容量。

【**实例 9-17**】获取字符流的长度、储备容量，并手动为字符流设置储备容量，代码如下：

```
//code/chapter09/example9_17.cj
from std import io.*
func main() {
    let strStream = StringStream("abcd")//创建 StringStream 对象
    let length = strStream.length()        //获取长度
    var capacity = strStream.capacity()  //获取储备容量
    println("strStream 长度:${length},储备容量:${capacity}")

    strStream.ensureCapacity(100)          //将最小储备容量设置为 100
    capacity = strStream.capacity()        //获取储备容量
    println("strStream 储备容量:${capacity}")
}
```

字符流 strStream 包含了 4 个字符 a、b、c 和 d，所以长度为 4。当创建 strStream 时，仓颉运行时会自动为这个字符流预留一个比长度大的储备容量。如果这个容量不够用，或者有具体的需求，则可以通过 ensureCapacity 函数设置更大的储备容量。在上述代码中，通过 ensureCapacity 函数将储备容量设置为 100，然后打印储备容量。编译并运行程序，输出结果如下：

```
strStream 长度:4,储备容量:20
```

strStream 储备容量:100

通过以下方法可以将字符流转换为字符串或者字符数组：

（1）func toString(): String：将字符流转换为字符串。

（2）func subString(start : Int64): String：从 start 起始位置开始，将字符流转换为字符串。

（3）func subString(start: Int64, end: Int64): String：从 start 起始位置开始到 end 结束位置为止，将字符流转换为字符串。

（4）func getChars(): Array<Char>：将字符流转换为字符数组。

【实例 9-18】 将字符流转换为字符串和字符数组，代码如下：

```
//code/chapter09/example9_18.cj
from std import io.*
func main() {
    let strStream = StringStream("abcdefg") //创建 StringStream 对象
    println("转换为字符串:" + strStream.toString())
    println("从下标 2 位置转换字符串:" + strStream.subString(2))
    println("从下标 2 到下标 4 位置转换为字符串:" + strStream.subString(2, 4))
    let arr = strStream.getChars()
    println("转换为字符数组:" + arr.toString())
}
```

编译并运行程序，输出结果如下：

```
转换为字符串:abcdefg
从下标 2 位置转换字符串:cdefg
从下标 2 到下标 4 位置转换为字符串:cd
转换为字符数组:Array [a, b, c, d, e, f, g]
```

2. 字符流的追加

通过 appends 函数可以将字符、字符数组、字符串或其他字符流追加到字符流的末尾，包含以下 5 个重载函数。

（1）func appends(c: Char): StringStream：将字符追加到 StringStream 的末尾。

（2）func appends(str: Array<Char>): StringStream：将字符数组追加到 StringStream 的最后位置。

（3）func appends(str: Array<Char>, off: Int64, cnt: Int64): StringStream：将字符数组中从 off 下标开始的 cnt 个字符追加到 StringStream 的最后位置。

（4）func appends(str: String): StringStream：将字符串追加到 StringStream 的末尾。

（5）func appends(strStream: StringStream): StringStream：将另一个 StringStream 的内容追加到 StringStream 的最后位置。

【实例 9-19】 通过 appends 函数将字符、字符数组、字符串或其他字符流追加到字符流的末尾，代码如下：

```
//code/chapter09/example9_19.cj
from std import io.*

func main() {
    //创建长度为0的字符流
    let strStream = StringStream("")

    //追加字符
    strStream.appends('a')
    //追加字符数组
    strStream.appends(Array<Char>(['b', 'c']))
    //追加字符数组（指定位置和长度）
    let arr = "11defghijk222".toCharArray();
    strStream.appends(arr, 2, 8) //追加字符从下标为2的字符开始，到第8个字符
    //追加字符串
    strStream.appends("lm")
    //追加字符流
    strStream.appends(StringStream("nopq"))
    //输出结果
    println(strStream.toString())
}
```

编译并运行程序，输出结果如下：

```
APIlmnopq
```

由于字符流本身是有序的字符序列，通常在其末尾进行追加字符，因此字符流的追加方法是字符流最为常用的方法之一。

3. 字符流的插入

通过 insert 函数可以在字符流中插入字符、字符数据或字符串。insert 函数包含以下 4 个重载函数。

（1）func insert(index: Int64, c: Char): StringStream：在 index 位置插入字符。

（2）func insert(index: Int64, str: Array<Char>): StringStream：在 index 位置插入字符数组。

（3）func insert(index: Int64, str: Array<Char>, off: Int64, cnt: Int64): StringStream：在 index 位置插入字符数组中从 off 下标开始的 cnt 个字符。

（4）func insert(index: Int64, str: String): StringStream：在 index 位置插入字符串。

【实例 9-20】 通过 insert 函数在字符流中插入字符、字符数组、字符串，代码如下：

```
//code/chapter09/example9_20.cj
from std import io.*


func main() {
```

```
    var strStream = StringStream("仓颉编程语言。")
    //插入字符
    strStream.insert(2, '是')
    println(strStream.toString())
    //插入字符数组
    strStream.insert(3, Array<Char>(['一', '门']))
    println(strStream.toString())
    //插入字符串
    strStream.insert(5, "静态")
    println(strStream.toString())
}
```

编译并运行程序，输出结果如下：

```
仓颉是编程语言。
仓颉是一门编程语言。
仓颉是一门静态编程语言。
```

由于字符流的字符序列是固定的，所以可以很轻松地追加字符，但是，字符流的插入并不是在修改字符流对象本身，而是在原来的字符流和插入的内容的基础上创建了新的字符流，所以 insert 函数会返回新的字符流对象。

4. 字符流的删除

通过以下方法可以删除字符流中的字符或者字符串。

（1）func delete(index: Int64, cnt: Int64): StringStream：删除字符流中从下标 index 位置开始的 cnt 个字符。

（2）func deleteCharAt(index: Int64): StringStream：删除字符流中下标 index 位置的字符。

【实例 9-21】 删除字符流中的部分字符，代码如下：

```
//code/chapter09/example9_21.cj
from std import io.*

func main() {
    var strStream = StringStream("仓颉语言是一静态编程语言。")
    //删除某个字符
    strStream.deleteCharAt(5)
    println(strStream.toString())
    //插入字符数组
    strStream.delete(5, 2)
    println(strStream.toString())
}
```

编译并运行程序，输出结果如下：

```
仓颉语言是静态编程语言。
仓颉语言是编程语言。
```

5. 字符流中字符和字符串的查找

以下函数可以用于查找字符流中的字符或字符串。

（1）func indexOf(c: Char) : Option<Int64>：查找字符流中第一次出现的字符位置。

（2）func indexOf(str: String) : Option<Int64>：查找字符流中第一次出现的字符串位置。

（3）func lastIndexOf(c: Char): Option<Int64>：查找字符流中最后一次出现的字符位置。

（4）func lastIndexOf(str: String): Option<Int64>：查找字符流中最后一次出现的字符串位置。

【实例 9-22】 查找字符流中的字符和字符串，代码如下：

```
//code/chapter09/example9_22.cj
from std import io.*

func main() {
    var strStream = StringStream("响水池中池水响，黄金谷里谷金黄。")

    let chr1 = strStream.indexOf('池').getOrThrow()
    println("第一次出现'池'的位置:${chr1}")
    let str1 = strStream.indexOf("黄金").getOrThrow()
    println("第一次出现"黄金"的位置:${str1}")

    let chr2 = strStream.lastIndexOf('金').getOrThrow()
    println("最后一次出现'金'的位置:${chr2}")
    let str2 = strStream.lastIndexOf("池水").getOrThrow()
    println("最后一次出现"池水"的位置:${str2}")
}
```

编译并运行程序，输出结果如下：

```
第一次出现'池'的位置:2
第一次出现"黄金"的位置:8
最后一次出现'金'的位置:13
最后一次出现"池水"的位置:4
```

6. 字符流的反转和替换

通过以下几个函数可以对字符流中的字符进行反转或替换。

（1）func reverse(): StringStream：反转字符流中的字符序列。

（2）func setCharAt(index: Int64, c: Char): Unit：替换字符流中的某个位置的字符。

（3）func replace(str: String, start: Int64, end: Int64): StringStream：将字符流中从 start 到 end 下标位置的字符序列替换为 str 字符串中的字符序列。

【实例 9-23】 反转字符流和替换字符流中的字符和字符序列，代码如下：

```
//code/chapter09/example9_23.cj
from std import io.*

func main() {
    var strStream = StringStream("枯眼望遥山隔水，往来曾见几心知")
    strStream.reverse()                      //反转字符流
    println(strStream.toString())
    strStream.setCharAt(11, '远')            //替换字符
    println(strStream.toString())
    strStream.replace("讯音无雁寄回迟", 0, 7)  //替换字符串
    println(strStream.toString())
}
```

编译并运行程序，输出结果如下：

```
知心几见曾来往，水隔山遥望眼枯
知心几见曾来往，水隔山远望眼枯
讯音无雁寄回迟，水隔山远望眼枯
```

9.3.3 文件流

通过文件流（FileStream）可以以字节序列的方式读写文件。本节分别介绍通过 FileStream 写文件和读文件的方法。

1. 通过文件流写文件

通过文件流写文件主要包括以下几个步骤：

（1）创建 FileStream 对象，并通过 openfile 函数打开文件。

（2）构建需要写入的字节数组。

（3）通过 write 函数写入字节数组。

（4）通过 flush 函数清空缓冲区。

（5）通过 close 函数关闭文件。

下面以此介绍这些步骤，并最终通过一个实例来综合这些流程写文件。

1）创建 FileStream 对象，并通过 openfile 函数打开文件

创建 FileStream 对象时，需要指定打开的文件、读写模式和打开模式。读写模式用于指明文件打开后可以执行的读写操作，由 AccessMode 枚举类型声明，包括只读（ReadOnly）、只写（WriteOnly）和读写（ReadWrite）3 种模式，如表 9-3 所示。打开文件时，如果没有指定读写模式，则以当前程序运行的系统角色和文件本身的读写属性为准。

在 Windows 系统中，可以通过文件属性窗口查看当前用户角色的文件读写权限，如图 9-4 所示。

表 9-3 AccessMode 枚举类型的值

模　式	描　述
ReadOnly	只读，仅能读文件，而不能写文件
WriteOnly	只写，仅能写文件，而不能读文件
ReadWrite	可以读写文件

图 9-4　查看文件的读写权限

打开模式用于指定文件的打开方式，用 OpenMode 枚举类型声明，其包含的打开模式如表 9-4 所示。打开文件时，如果没有指定打开模式，则默认为 OpenOrCreate 模式。在 OpenOrCreate 模式下，写入数据时会覆盖原有的数据。

表 9-4　OpenMode 枚举类型的打开模式

模　式	描　　述
Append	追加字节流。如果文件存在，则会创建一个在文件末尾追加数据的文件流；如果文件不存在，则会创建文件后返回文件流
Create	创建文件。如果文件存在，则会抛出 RuntimeException 异常；如果文件不存在，则会创建文件后返回文件流
ForceCreate	强制创建文件。如果文件存在，则原文件内容会被清除后返回文件流；如果文件不存在，则会创建文件后返回文件流
Open	打开文件。如果文件存在，则返回文件流并且新写入的数据会覆盖原有的数据；如果文件不存在，则会抛出 RuntimeException 异常
OpenOrCreate	打开或创建文件。如果文件存在，则返回文件流并且新写入的数据会覆盖原有的数据；如果文件不存在，则会创建文件后返回文件流
Truncate	截断文件。如果文件存在，则原文件内容会被清除后返回文件流；如果文件不存在，则会抛出 RuntimeException 异常

FileStream 类的构造函数如下。

（1）init(file: FileInfo)：通过 FileInfo 对象 file 打开文件。

（2）init(pn: String)：通过文件路径 pn 打开文件。

（3）init(pn: String, am: AccessMode)：通过文件路径 pn 打开文件，并指定读写模式 am。

（4）init(pn: String, om: OpenMode)：通过文件路径 pn 打开文件，并指定打开模式 om。

（5）init(pn: String, am: AccessMode, om: OpenMode)：通过文件路径 pn 打开文件，并指定读写模式 am 和打开模式 om。

（6）init(pn: String, am: AccessMode, om: OpenMode, db: Bool)：通过文件路径 pn 打开文件，并指定读写模式 am 和打开模式 om。如果 db 为 false，则需要缓冲区操作文件。

创建 FileStream 对象时，其实文件并没有立即被打开，还需要通过 openFile 函数打开文件。openFile 函数的返回值为布尔类型，当返回值为 true 时文件打开成功，反之打开失败。例如，打开程序当前目录下的 test.txt 文件，代码如下：

```
let fs = FileStream("./test.txt") //创建 FileStream 对象
let res = fs.openFile() //打开文件
println( if(res) { "文件打开成功" } else { "文件打开失败" })
```

使用 openFile 函数需要注意以下两点：

（1）根据打开模式的不同，openFile 有可能会抛出异常，所以一般使用 try-catch-finally 结构捕获可能出现的异常。

（2）文件的打开和关闭函数通常成对使用，这样能够更好地保证数据的完整性。关闭文件 close 函数可以放在 Finally 语句块中，无论在操作文件流的过程中是否出现异常，文件都能够正常被关闭。

【实例 9-24】　通过 FileStream 打开或关闭文件，代码如下：

```
//code/chapter09/example9_24.cj
from std import io.*
func main() {
    let fs = FileStream("./test.txt") //创建 FileStream 对象
    try {
        if (fs.openFile()) { //打开文件
            println("文件打开成功")
            //执行具体的文件操作
        }
    } catch(e : Exception) {
        println(e)
    } finally {
        fs.close() //关闭文件
    }
}
```

编译并运行程序，输出结果如下：

文件打开成功

程序运行结束后，打开程序所在目录，可以发现此时程序已经创建了一个空的 test.txt 文件了。实际上，当程序调用了 openFile 函数时，该文件就已经创建了。

2）写入字节数据

文件是通过字节存储数据的，所以文件流实际上是字节流，在写入文件之前，就要将需要写入的字节数据组织好，而字节数据可以通过字节数组 Array<UInt8>承载。构建需要写入的字节数组也非常简单，直接创建并初始化 Array<UInt8>数组即可，然后就可以通过 write 函数将字节数组写入文件中。write 函数的重载函数如下。

（1）func write(arrayToWrite:Array<UInt8>):Int64：将字节数组 arrayToWrite 写入文件中，返回值为实际写入的字节数。

（2）func write(arrayToWrite:Array<UInt8>, off:Int64, cnt:Int64)：将字节数组 arrayToWrite 中从下标 off 开始的共 cnt 字节写入文件中，返回值为实际写入的字节数。

但是，此时写入的数据并不真正地处于目标文件中，而是存在于缓冲区中，所以需要通过 flush 函数清空缓冲区，将数据写入文件中。

如果需要写入的数据很多，则不要将数据一次性地全部放入字节数组中，而应分批构建字节数据，并调用 flush 函数清空缓冲区，这样能够防止过多地占用内存，从而提高程序的性能。

3）通过 close 函数关闭文件

在文件流所有的读写操作结束后，调用 close 函数关闭文件。

下面的实例演示通过文件流写文件的全过程。

【实例 9-25】 通过 FileStream 写入数字文本 012345，代码如下：

```
//code/chapter09/example9_25.cj
from std import io.*
func main() {
    let fs = FileStream("./test.txt") //创建 FileStream 对象
    try {
        if (fs.openFile()) {              //打开文件
            //分别代表 0、1、2、3、4、5 的 ASCII 码
            var data = Array<UInt8>([0x30, 0x31, 0x32, 0x33, 0x34, 0x35])
            //写入 data 字节数组
            var res = fs.write(data)
            fs.flush()                    //清空缓冲区
        }
    } catch(e : Exception) {
        println(e)
    } finally {
        fs.close()                        //关闭文件
    }
}
```

十六进制字节 0x30~0x35 分别代表了 ASCII 码中的数字 0~5，所以写入的文件文本应该为 "012345"。编译并运行程序，在程序所在的目录下可以找到刚刚创建的 test.txt 文件，其文件内容如图 9-5 所示。

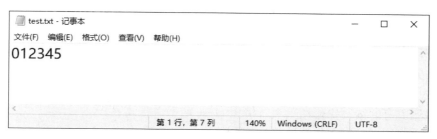

图 9-5　test.txt 文件的内容

2. 通过文件流读文件

读取文件和写入文件的方法比较类似，主要包括以下几个步骤：

（1）创建 FileStream 对象，并通过 openfile 函数打开文件。

（2）创建用于承载数据的字节数组。

（3）通过 seek 函数移动读取字节的起始位置。

（4）通过 read 函数读取字节数组。

（5）通过 flush 函数清空缓冲区。

（6）通过 close 函数关闭文件。

下面以此介绍这些步骤，并最终通过一个实例来综合这些流程读取文件。

1）创建 FileStream 对象，并通过 openfile 函数打开文件

该方法和写文件时相应的流程类似，详见上文。

2）读取字节数据

读取字节数据的方法如下：

（1）需要创建一字节数组 Array<UInt8>，用于承载读取的数据。

（2）通过 seek 函数移动读取字节的起始位置，即"光标"位置。seek(l: Int64, pos: SeekOrigin)函数包含两个参数：参数 1 用于指明"光标"位置的偏移量（可正可负）；参数 pos 的类型为 SeekOrigin 枚举类型，用于指明"光标"位置的参考位置，包括当前位置（CurPos）、文件起始位置（BeginPos）和文件结束位置（EndPos）。例如，如果要从文件起始位置向后 5 字节位置读取数据，则应该使用以下语句：

```
fs.seek(5, BeginPos) //fs 为 FileStream 对象
```

再如，如果要从文件结束位置向前 10 字节位置读取数据，则应该使用以下语句：

```
fs.seek(-10, EndPos) //fs 为 FileStream 对象
```

（3）通过 read 函数读取字节数据，其重载函数如下。

❑ func read(readToArray: Array<UInt8>): Int64：从"光标"位置开始，读取字节数据放入 readToArray 数组中，并返回实际读取的字节数。

❑ func read(readToArray: Array<UInt8>, off: Int64, cnt: Int64): Int64：从"光标"位置开始，读取字节数据放入 readToArray 数组从 off 下标位置开始到 cnt 字节数中，并返回实际读取的字节数。

（4）调用 flush 函数清空缓冲区，数据读取完毕。通过文件流读取数据同样不会马上执行，仍然需要执行清空缓冲区这一任务。

3）通过 close 函数关闭文件

在文件流所有的读写操作结束后，调用 close 函数关闭文件。

下面的实例演示通过文件流读文件的全过程。

【实例 9-26】 通过 FileStream 读取文本中的字节码，代码如下：

```
//code/chapter09/example9_26.cj
from std import io.*
func main() {
    let fs = FileStream("./test.txt") //创建 FileStream 对象
    try {
        if (fs.openFile()) { //打开文件
            //承载数据的字节数组（默认均初始化为 0）
            var data = Array<UInt8>(10, { i => 0})
            //从文件开头的第 5 字节开始读取
            var n = fs.seek(5, SeekOrigin.BeginPos)
            println("当前的"光标"位置: ${n}")
```

```
                        //将数据读取到 data 字节数组
                        var res = fs.read(data)
                        fs.flush()              //清空缓冲区
                        println(data.toString())  //输出读取的数据
                    }
                } catch(e : Exception) {
                    println(e)
                } finally {
                    fs.close()                  //关闭文件
                }
            }
```

在测试数据 example.txt 中，采用 ASCII 码存储了文本数据 "01234567890123456789"，如图 9-6 所示。注意在记事本窗口右下角的文本编码类型为 ANSI。

图 9-6　存储文本 "01234567890123456789" 的 test.txt 文件内容

在上面的代码中，从起始位置的第 5 字节开始读取数据，而承载数据的 data 数组的长度为 10，所以数据读取完毕后，data 数组应该存储的是 "5678901234" 这几个字符的 ASCII 字节码。编译并运行程序，输出结果如下：

```
当前的"光标"位置：5
Array [53, 54, 55, 56, 57, 48, 49, 50, 51, 52]
```

9.4　位运算与文本文件的读写

9.3 节介绍了通过字节的方式读写文本文件的方法。本节介绍位运算，以及文本文件的读写方法。

9.4.1　位运算

仓颉语言提供了完整的位运算。位是计算机存储的最小单位（用于存储数字 0 或 1）。之前介绍的整型和浮点型类型的数据都是通过固定的位数来存储的，例如 Int8 类型采用 8 位存储数值，Float32 类型采用 32 位存储数值。对于这些数值类型来讲，除了一般的算术运算以外，还可以通过位运算对数值中的各个位进行单独的操作。

位运算包括位逻辑运算和位移运算。位逻辑运算是对位进行与、或、异或、取反等操作。位移运算则包括左移和右移两类。这几种位运算的操作符如表 9-5 所示。

表 9-5　位运算的操作符

操作符	描　　述	操作符	描　　述
&	按位与	!	按位取反
|	按位或	<<	左移
^	按位异或	>>	右移

位运算是以数值中的位为基本单位分别进行运算的，各位运算完成后再将其组合成新的数值。下面以 8 位整数值为例，介绍位运算的基本操作。

1. 按位与

按位与需要两个数值参与，其表达式的基本结构如下：

```
数值1&数值2
```

按位与运算是将这两个数值的每一位一一对应进行运算的。数值 1 和数值 2 对应位的值和按位与运算结果如表 9-6 所示。按位与运算可以简单描述为当且仅当两个位均为 1 时结果为 1，否则结果为 0。

表 9-6　按位与运算

数值 1 的位	数值 2 的对应位	按位与运算结果	数值 1 的位	数值 2 的对应位	按位与运算结果
0	0	0	1	0	0
0	1	0	1	1	1

例如，变量 a 的二进制表示为 10011010，变量 b 的二进制表示为 11101001，将这两个数值的各个位进行按位与运算，然后组合成新的二进制值：

$$\begin{array}{ll} 1\ 0\ 0\ 1\ 1\ 0\ 1\ 0 & 变量\,a \\ \&\ 1\ 1\ 1\ 0\ 1\ 0\ 0\ 1 & 变量\,b \\ \hline 1\ 0\ 0\ 0\ 1\ 0\ 0\ 0 & 结果 \end{array}$$

上述运算可以表示为 $a\&b=10001000$（二进制），下面通过仓颉程序实现这一运算。

【实例 9-27】　计算 10011010 & 11101001，代码如下：

```
//code/chapter09/example9_27.cj
from std import format.*
func main() {
    var value: Int64 = 0B10011010 & 0B11101001 //按位与运算
    println(value.format("08b")) //输出二进制结果(显示 8 位结果)
}
```

在仓颉语言中，数值的二进制表示需要在其前方加上 0B 标识。value 变量存储了按位与

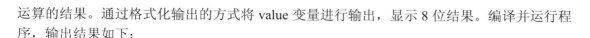

运算的结果。通过格式化输出的方式将 value 变量进行输出，显示 8 位结果。编译并运行程序，输出结果如下：

```
10001000
```

按位与运算有很多用途，例如保留某个二进制数值的某些位的值，或者清零某些位。

注意　不要将按位与&和逻辑与&&混淆。

2. 按位或

按位或需要两个数值参与，其表达式的基本结构如下：

```
数值1 | 数值2
```

和按位与类似，按位或也是对数值的对应位进行运算，然后组合成新的数值。数值 1 和数值 2 对应位的值和按位或运算结果如表 9-7 所示。按位或运算可以简单描述为当且仅当两个位均为 0 时结果为 0，否则结果为 1。

表 9-7　按位或运算

数值 1 的位	数值 2 的对应位	按位或运算结果	数值 1 的位	数值 2 的对应位	按位或运算结果
0	0	0	1	0	1
0	1	1	1	1	1

例如，变量 a 的二进制表示为 10011010，变量 b 的二进制表示为 11101001，将这两个数值的各个位进行按位或运算，然后组合成新的二进制值：

$$
\begin{array}{r}
1\ 0\ 0\ 1\ 1\ 0\ 1\ 0 \quad \text{变量 } a \\
|\ 1\ 1\ 1\ 0\ 1\ 0\ 0\ 1 \quad \text{变量 } b \\
\hline
1\ 1\ 1\ 1\ 1\ 0\ 1\ 1 \quad\quad \text{结果}
\end{array}
$$

上述运算可以表示为 $a\,|\,b = 11111011$（二进制），下面通过仓颉程序实现这一运算。

【实例 9-28】　计算 10011010 | 11101001，代码如下：

```
//code/chapter09/example9_28.cj
from std import format.*
func main() {
    var value: Int64 = 0B10011010 | 0B11101001 //按位或运算
    println(value.format("08b")) //输出二进制结果(显示 8 位结果)
}
```

编译并运行程序，输出结果如下：

```
11111011
```

注意　不要将按位或|和逻辑或||混淆。

3. 按位异或

按位异或表达式的基本结构如下：

数值 1 ^ 数值 2

数值 1 和数值 2 对应位的值和按位异或运算结果如表 9-8 所示。按位异或运算可以简单描述为当且仅当两个位不同时结果为 1，否则结果为 0。

表 9-8　按位异或运算

数值 1 的位	数值 2 的对应位	按位或运算结果	数值 1 的位	数值 2 的对应位	按位或运算结果
0	0	0	1	0	1
0	1	1	1	1	0

例如，变量 a 的二进制表示为 10011010，变量 b 的二进制表示为 11101001，将这两个数值的各个位进行按位异或运算，然后组合成新的二进制值：

$$1\ 0\ 0\ 1\ 1\ 0\ 1\ 0 \quad 变量\ a$$
$$^\wedge\ 1\ 1\ 1\ 0\ 1\ 0\ 0\ 1 \quad 变量\ b$$
$$0\ 1\ 1\ 1\ 0\ 0\ 1\ 1 \quad\quad 结果$$

上述运算可以表示为 $a \wedge b = 01110011$（二进制），下面通过仓颉程序实现这一运算。

【实例 9-29】　计算 10011010 ^ 11101001，代码如下：

```
//code/chapter09/example9_29.cj
from std import format.*
func main() {
    var value: Int64 = 0B10011010 ^ 0B11101001 //按位异或运算
    println(value.format("08b")) //输出二进制结果(显示 8 位结果)
}
```

编译并运行程序，输出结果如下：

```
01110011
```

4. 按位取反

按位取反只需一个数值参与，其表达式的基本结构如下：

! 数值

按位取反运算可以简单描述为将数值中的每一位取反，原位为 0 的变为 1，原位为 1 的变为 0。

例如，变量 a 的二进制表示为 10011010，将变量 a 取反：

$$1\ 0\ 0\ 1\ 1\ 0\ 1\ 0 \quad 变量\ a$$
$$!\ \overline{}$$
$$0\ 1\ 1\ 0\ 0\ 1\ 0\ 1 \quad\quad 结果$$

上述运算可以表示为 $!a = 01100101$（二进制），下面通过仓颉程序实现这一运算。

【实例 9-30】　计算 ! 1001 1010，代码如下：

```
//code/chapter09/example9_30.cj
from std import format.*
func main() {
    var value: UInt8 = !0B10011010    //按位取反运算
    println(value.format("08b"))      //输出二进制结果(显示 8 位结果)
}
```

这里的 value 变量使用无符号整型存储二进制数值。编译并运行程序，输出结果如下：

```
01100101
```

5. 左移

左移是将二进制的各个位向左移动指定的位数,操作符为<<,其表达式的基本结构如下:

```
数值<<左移位数
```

在左移的过程中，左侧移出数据类型位数的部分被舍弃，右侧新出现的位用 0 补齐，简称"高位丢弃，低位补齐"。

例如，变量 *a* 的二进制表示为 10011010，向左移动两位：

$$1\ 0\ 0\ 1\ 1\ 0\ 1\ 0 \quad 变量\ a$$
$$\underline{<<2}$$
$$0\ 1\ 1\ 0\ 1\ 0\ 0\ 0 \quad 结果$$

上述运算可以表示为 *a*<< 2 = 01101000（二进制），下面通过仓颉程序实现这一运算。

【实例 9-31】 计算 1001 1010 << 2，代码如下:

```
//code/chapter09/example9_31.cj
from std import format.*
func main() {
    var value: UInt8 = 0B10011010 << 2   //左移 2 位
    println(value.format("08b"))           //输出二进制结果(显示 8 位结果)
}
```

编译并运行程序，输出结果如下：

```
01101000
```

6. 右移

右移是将二进制的各个位向右移动指定的位数，操作符为>>，其表达式的基本结构如下:

```
数值>>右移位数
```

在右移的过程中，右侧移出数据类型位数的部分被舍弃，左侧新出现的位用 0 补齐，简称"低位丢弃，高位补齐"。

例如，变量 *a* 的二进制表示为 10011010，向右移动两位：

$$\begin{array}{r} 1\ 0\ 0\ 1\ 1\ 0\ 1\ 0 \qquad \text{变量 } a \\ >> 2 \\ \hline 0\ 0\ 1\ 0\ 0\ 1\ 1\ 0 \qquad 结果 \end{array}$$

上述运算可以表示为 $a >> 2 = 00100110$（二进制），下面通过仓颉程序实现这一运算。

【实例 9-32】 计算 1001 1010 >> 2，代码如下：

```
//code/chapter09/example9_32.cj
from std import format.*
func main() {
    var value: UInt8 = 0B10011010 >> 2 //右移 2 位
    println(value.format("08b")) //输出二进制结果(显示 8 位结果)
}
```

编译并运行程序，输出结果如下：

```
00100110
```

在按位取反、左移和右移的例子中，使用了 UInt8 类型作为 value 变量的类型。这是因为有符号的整型的第一位是符号位，而这些操作会改变符号位从而使其位运算结果较为复杂，所以此处不再讨论。建议对整型数值进行位操作时，选择无符号的整型类型，这样会使运算更加简单。

9.4.2 读写文本文件

在仓颉语言中，字符串采用 Unicode 字符编码，所以可以很轻松地将字符串存储为 Unicode 字符的编码。使用 Unicode 字符的编码系统有很多，包括 UTF-7、UTF-8、UTF-16、UTF-32、GB18030、SCSU 等，其中最为常用的是 UTF-8 和 UTF-16。本节选择 UTF-16 作为例子，介绍读写文本文件的基本方法。

Unicode 字符采用 2～4 字节存储字符，但是绝大多数的字符是 2 字节的。这些 2 字节组成的字符构成了 Unicode 基本多文种平面。超出 2 字节的字符构成了辅助平面，但是并没有广泛使用，所以一般来讲，用两个 Unicode 字节就可以表达绝大多数的字符了。UTF-16 是通过固定的 2 字节来表示字符的，非常简单。

在 Unicode 字符编码的文本文档的开头，包含了字节顺序标记（Byte-Order Mark, BOM），用于声明编码系统。常见的 Unicode 编码系统的 BOM 如表 9-9 所示。

表 9-9　常见 Unicode 编码系统的 BOM

编码系统	BOM	编码系统	BOM
UTF-32 BE	00 00 FE FF	UTF-16 LE	FF FE
UTF-32 LE	FF FE 00 00	UTF-8	EF BB BF
UTF-16 BE	FE FF		

在 UTF-32 和 UTF-16 中包含了 BE 和 LE 的概念，分别指的是大端序和小端序：

（1）大端序（Big-Endian，BE）指的是字节序列按照 Unicode 字符字节从左到右排列。

（2）小端序（Little-Endian，LE）指的是字节序列按照 Unicode 字符字节从右到左排列。

例如，对于"仓"的 Unicode 字符为 4E D3，大端序要从 Unicode 左到右组成字节序列，即 4E D3，而小端序则从右到左组成字节序列，即 D3 4E。显然，大端序更加符合人类的阅读规则，但是对于计算机而言，通常是从低位字节到高位字节读取数据的，所以小端序更加符合计算机的"阅读"规则。这两种方式延续至今，存储方式不分高下，只是应用场景不同。默认情况下，macOS 的文本文档使用小端序，而 Windows 的文本文档使用大端序。

如果用 UTF-16 BE 存储"仓颉"这两个字，则文本文档要先以 FE FF 开头，然后加上"仓"字的 Unicode 编码 4E D3，最后加上"颉"字的 Unicode 编码 98 89，所以该文本文件的二进制内容为 FE FF 4E D3 98 89。

【实例 9-33】 将 FE FF 4E D3 98 89 作为字节写入文件，代码如下：

```
//code/chapter09/example9_33.cj
from std import io.*
func main() {
    var fs: FileStream = FileStream("./test.txt")
    if (fs.openFile()){
        //FE FF为BOM, 4E D3为"仓", 98 89为"颉"
        var content = Array<UInt8>([0xFE, 0xFF, 0x4E, 0xD3, 0x98, 0x89])
        var res = fs.write(content)  //写入文件
        fs.flush()
    }
    fs.close()
}
```

编译并运行程序，无结果输出。在程序所在的目录中出现了 test.txt 文件。打开该文件，即可看到"仓颉"二字。明白了具体原理，就可以实现比较通用的方法了。

【实例 9-34】 将字符串转换为 UTF-16 BE 编码格式的文本文件的字节数组，并保存为文本文件，代码如下：

```
//code/chapter09/example9_34.cj
from std import io.*
from std import collection.*
from std import format.*

func main() {

    var fs: FileStream = FileStream("./test.txt")
    if (fs.openFile()){
        var res = fs.write("cangjie.love是仓颉语言教程的网站。".toUTF16BE())
```

```
        fs.flush()
    }
    fs.close()

}

extend String {
    //将字符串转换为 UTF16 BE 文件存储的字节格式
    func toUTF16BE() : Array<UInt8> {
        //字节结果 Buffer，以 BOM 开头
        var res = Buffer<UInt8>([0xFE, 0xFF])
        for (itchar in this) {                      //遍历字符串中的字符
            var Byte : UInt32 = ord(itchar)         //将字符转换为字节格式
            let high = UInt8((Byte& 0xFF00) >> 8)   //字节的高 8 位
            res.add(high)
            let low = UInt8(Byte& 0x00FF)           //字节的低 8 位
            res.add(low)
        }
        return Array<UInt8>(res)                     //将 Buffer 转换成 Array
    }
}
```

通过扩展的方式为字符串添加一个 toUTF16BE 函数，其作用是将字符串转换为 UTF16 BE 文件存储的字节格式。在 toUTF16BE 函数中，默认字符为 2 字节构成，即高 8 位和低 8 位两部分。字节的高 8 位采用(Byte& 0xFF00) >> 8 表达式计算，字节的低 8 位采用 Byte& 0x00FF 表达式计算，并将这两字节数据转换为 UInt8 格式，然后加入 res 数组中。编译并运行程序，在程序所在的目录中出现了 test.txt 文件。打开该文件，即可看到"cangjie.love 是仓颉语言教程的网站。"文字。

UTF-16 只支持基本多文种平面的字符，即 2 字节组成的字符。如果使用了扩展平面的字符，则上述程序会导致写入的文件乱码。如果某个字符采用 UTF-16 不能进行编码，则可以抛出一个异常以保证程序的健壮性。

【实例 9-35】 将包含扩展字符 🦟 的字符串写入 UTF-16 编码的文本，代码如下：

```
//code/chapter09/example9_35.cj
from std import io.*
from std import collection.*
from std import format.*

func main() {
    //str 包含扩展平面的 Unicode 字符
    let str = "cangjie.love 是仓颉语言教程的网站。\u{1F99F}"
    println(str) //打印 str
```

```
        var fs: FileStream = FileStream("./test.txt")
        try {
            if (fs.openFile()){
                var res = fs.write(str.toUTF16BE()) //写入 str 字符串
                fs.flush()
            }
        } catch (e : Exception) {
            println(e)  //捕获异常
        } finally {
            fs.close()  //关闭文件
        }

}

//字符字节数超出 2 时抛出的异常
class CharByteOverFlowException <: Exception {
    init() {
        this("请使用 Unicode 基本多文种平面的字符。")
    }
    init(str : String) {
        super(str)
    }
}

extend String {
    //将字符串转换为 UTF16 BE 文件存储的字节格式
    func toUTF16BE() : Array<UInt8> {
        //字节结果 Buffer，以 BOM 开头
        var res = Buffer<UInt8>([0xFE, 0xFF])
        for (itchar in this) {                      //遍历字符串中的字符
            var Byte : UInt32 = ord(itchar)         //将字符转换为字节格式
            if ((Byte & 0xFFFF0000) != 0) {         //判断是否只包含 2 字节
                throw CharByteOverFlowException()
            }
            let high = UInt8((Byte& 0xFF00) >> 8) //字节的高 8 位
            res.add(high)
            let low = UInt8(Byte& 0x00FF)           //字节的低 8 位
            res.add(low)
        }
        return Array<UInt8>(res)                     //将 Buffer 转换成 Array
    }
}
```

二进制码 1F99F 字符是一个类似蚊子 ✳ 的字符。编译并运行程序，输出结果如下：

```
cangjie.love 是仓颉语言教程的网站。 ✳
Exception 请使用 Unicode 基本多文种平面的字符。
```

虽然使用 UTF-32 可以包含全量的 Unicode 代码，但是 UTF-32 翻倍增加文本的存储空间。读者可以尝试通过 UTF-32 编码的方式存储文本文件。

除了上述将字符串转换为 UTF-16 编码的方法，字符串还内置了相应的转换方法，可参见表 8-4 的相应内容。只不过，使用表 8-4 转换为 UTF-16 的字节序为 Array<UInt16>类型，还需要开发者通过位运算的方法将其转换为 Array<UInt8>类型。

上述实例 9-34 和实例 9-35 实际上演示了文本存储的原理。在实际开发过程中，不必这么麻烦。FileStream 实际上提供了直接写入字符串的重载函数 write(str : String)。使用该函数存储文本文件，默认使用 UTF-8 编码格式。FileStream 也提供了 readAllText 函数，用于读取文件中的所有文本。

【实例 9-36】 直接将字符串写入文本文件，然后通过 FileStream 和 readAllText 函数读取文本文件中的所有内容，代码如下：

```
//code/chapter09/example9_36.cj
from std import io.*

func main() {
    //str 包含扩展平面的 Unicode 字符
    let str = "cangjie.love 是仓颉语言教程的网站。\u{1F99F}"
    var fs: FileStream = FileStream("./test.txt")
    try {
        if (fs.openFile()){
            var res = fs.write(str)    //写入
            println(fs.readAllText()) //读取
            fs.flush()
        }
    } catch (e : Exception) {
        println(e)                    //捕获异常
    } finally {
        fs.close()                    //关闭文件
    }
}
```

编译并运行程序，输出结果如下：

```
cangjie.love 是仓颉语言教程的网站。 ✳
```

通过这种方法读写文件就更加方便了。在第 14 章中的博客网站项目中会使用到这种文件读写方法。

9.5 标准输入和正则表达式

Console 类提供了标准输入的常见方法，可以更加方便地进行实时输入或文件输入。本节介绍标准输入和正则表达式的基本用法。最后，通过模拟用户登录实例巩固标准输入和正则表达式的用法。

9.5.1 标准输入

通过 Console 类可以实现标准输入，主要包括以下 3 种方法。

（1）static func read(): Option<Char>：输入一个字符。

（2）static func readln(): Option<String>：输入一行字符串，换行结束字符串的输入。

（3）static func readAll(): Option<String>：输入多行字符串。

1. 从用户输入

read 和 readln 函数可分别用于读取用户输入的字符和字符串。对于 read 函数来讲，用户输入一个字符后会自动终止输入；对于 readln 函数来讲，用户输入一个字符串后按 Enter 键换行时会终止输入。

【实例 9-37】 通过 Console 用户输入一个字符串，并原样输出，代码如下：

```
//code/chapter09/example9_37.cj
from std import io.*

func main() {
    print("请输入字符串：")
    let oStr = Console.readln() //用户可以输入一行字符串
    let str = oStr.getOrThrow() //获取字符串本身
    print("输入的字符串为" + str)
}
```

通过 readln 函数获取的字符串的最后都包含用户输入的换行符，所以输出 str 字符串时不需要使用 println 函数，直接通过 print 函数输出即可。编译并运行程序，输出结果如下：

请输入字符串：

此时用户可以输入字符串，例如输入"你好仓颉！"后这段字符串会显示在"请输入字符串："之后。按 Enter 键后程序会将这段字符串原样输出，结果如下：

请输入字符串：你好仓颉！
输入的字符串为你好仓颉！

2. 从文件输入

Console 类中的 3 个函数都可以从文件输入信息，但是 readAll 函数可以完整地读取文件中的所有文本信息。

【实例 9-38】 读取文件中的所有文本信息并输出，代码如下：

```
//code/chapter09/example9_38.cj
from std import io.*
func main() {
    let oStr = Console.readAll()//读取所有文本数据
    let str = oStr.getOrThrow() //解构出文本的字符串
    print(str)
}
```

运行程序时，需要通过 Shell 管道的方式输入文件，命令如下：

```
./程序名称<文件
```

例如，编译后的程序名称为 readtest，并且要从当前目录下读取名为 test.txt 文本文件，则命令为

```
./readtest<./test.txt
```

在测试数据中，文件 test.txt 中的文本内容如图 9-7 所示。

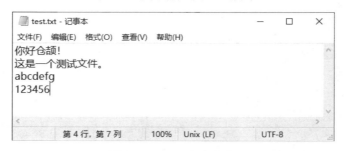

图 9-7 test.txt 文本内容

运行程序，输出结果如下：

```
你好仓颉！
这是一个测试文件。
abcdefg
123456
```

可见，readAll 函数可读取文本文件中的信息，并形成多行字符串。这是一种非常常见且实用的读取文本文件的方法。

9.5.2 正则表达式的基本用法

正则表达式（Regular Expression）是一种用于对文本进行模式匹配的字符串。不同于一般意义上的表达式，正则表达式只是字符串的字面量。正则表达式用于验证、替换和提取文

本，能够替代原本需要通过函数、条件结构等才能完成的很复杂的业务逻辑。例如，验证用户输入的邮箱、手机号码、身份证号码等是否符合规则；查找或替换字符串中的某个子字符串等。

模式匹配操作需要通过标准库 regex 完成。导入 regex 标准库的代码如下：

```
from std import regex.*
```

正则表达式十分强大，也比较复杂，是和编程语言无关的技术，所以正则表达式的绝大多数用法在各个编程语言中是通用的，只是稍有语法上的差异。本节先介绍正则表达式的基本组成，然后介绍如何在仓颉语言中使用正则表达式对字符串进行模式匹配。

1. 正则表达式的组成

正则表达式由一些具有特殊意义的字符组成，这些字符称为元字符。元字符可以对字符串中的各种字符进行模式匹配。例如，元字符"."可以匹配任意单个字符等。常用的元字符如表 9-10 所示。

表 9-10　常用的元字符

元字符	元字符的含义
.	匹配任意单个字符（除了换行符）
[]	匹配方括号内任意单个字符，例如[abc]表示匹配 a、b 或 c 字符
[^]	匹配除了方括号内的任意单个字符，例如[^abc]表示匹配除了 a、b、c 以外的字符
*	匹配 0 个、1 个或者多个*之前的字符
+	匹配 1 个或者多个+之前的字符
?	匹配 0 个或者 1 个?之前的字符
{n,m}	匹配 n 到 m 个{n,m}之前的字符
()	匹配和括号内完全相等的字符串
|	匹配两个字符中的一个
\	转义字符，用于匹配一些保留字符，如[、]、{、}、(、)等
^	匹配字符串的开头
$	匹配字符串的末尾

下面通过几个例子学习正则表达式。

（1）.n：匹配某个字符和 n 字符的组合，例如 in、un、cn 等。

（2）[Ll]ook：匹配 Look 或者 look。

（3）[^g]it：匹配除了 g 以外的字符和 i、t 字符的组合，例如 lit、fit、kit 等，但是不能匹配 git。

（4）[a~z]it：匹配 a~z 中的字符，以及 i、t 字符的组合。

（5）fi.*r：匹配在 fi 和 r 之间可以包含任意长度的字符串，如 finger、finter 等，也可以是 fir。

（6）fi.+r：匹配在 fi 和 r 之间可以包含任意长度的字符串，如 finger、finter 等，但不能是 fir。

（7）fi.?r：匹配在 fi 和 r 之间可以 0 个或 1 个字符的字符串，如 fier、fior、fir 等。

（8）ad(a|o|e)pt：匹配 adapt、adopt 或 adept。

元字符^、$表示瞄点，声明字符串匹配的位置，如开头还是末尾。一些转义字符表示某些特定的字符集，如元字符\d 可以匹配数字字符，元字符\s 可以匹配空白字符等，如表 9-11 所示。

表 9-11　常用的转义元字符

元字符	元字符的含义
\w	匹配字母、数字和下画线，等同于[a-zA-Z0-9_]
\W	匹配所有的非字母、数字和下画线，等同于[^\w]
\d	匹配数字，等同于[0-9]
\D	匹配非数字，等同于[^0-9]
\s	匹配所有空格字符，等同于 [\t\n\f\r\p{Z}]
\S	匹配所有非空格字符，等同于[^\s]
\n	匹配换行符
\r	匹配回车符
\t	匹配制表符

下面介绍一些常见的正则表达式。匹配仓颉语言的标识符的代码如下：

```
^[A-Za-z][A-Za-z0-9_]*$
```

匹配邮箱格式的代码如下：

```
^[a-zA-Z0-9_-]+@[a-zA-Z0-9_-]+(\.[a-zA-Z0-9_-]+)+$
```

2. 使用正则表达式进行模式匹配

标准库 regex 中主要包括 3 个类，分别是匹配器类（Matcher）、正则表达式类（Regex）和匹配结果类（MatchData）。

使用正则表达式进行模式匹配的方法如下：

（1）通过 Regex 对象简单匹配。

（2）通过 Matcher 对象高级匹配。

1）通过 Regex 对象进行简单匹配

创建包含正则表达式的 Regex 对象。Regex 的构造函数如下。

（1）init(s:String)：通过正则表达式 s 创建 Regex 对象。

（2）init(s:String, flagType:Int64)：通过正则表达式 s 创建 Regex 对象，其中 flagType 为匹配参数。

常用的匹配参数如下：传入参数 Regex.CASE_INSENSITIVE 表示不区分大小写，传入参数 Regex.MULTILINE 表示多行匹配。

通过 Regex 对象的 matches(input: String)函数可以直接进行正则表达式匹配，其中 input 为待匹配的字符串。该函数的返回类型为 Option<MatchData>。如果匹配失败，则返回 None，如果匹配成功，则返回具体的 MatchData 对象。MatchData 的主要函数如表 9-12 所示。

表 9-12　MatchData 的主要函数

函　　数	描　　述
func matchStr(): String	返回匹配子字符串
func matchStr(group: Int64): String	如果匹配了多个子字符串，则返回相应位置的字符串
func matchPosition(): Position	返回匹配子字符串的索引位置
func matchPosition(group: Int64): Position	如果匹配了多个子字符串，则返回相应位置的字符串索引位置
func groupNumber(): Int64	如果匹配了多个子字符串，则返回匹配的数量

【实例 9-39】　通过正则表达式判断字符串是否为合法的仓颉标识符，代码如下：

```
//code/chapter09/example9_39.cj
from std import regex.*

func main() {
    //创建正则表达式对象
    let regex = Regex("^[A-Za-z][A-Za-z0-9_]*$")
    //通过匹配器进行模式匹配，获得匹配结果
    let matchData = regex.matches("value")
    //对结果进行处理
    match (matchData){
        case Some(r)=> println("匹配成功 : " + r.matchStr())   //匹配成功
        case None => println("匹配失败!")                       //匹配失败
    }
}
```

在 matches 函数中传入了待匹配的字符串"value"。由于该字符串是合法的标识符，所以匹配成功。编译并运行程序，输出结果如下：

```
匹配成功 : value
```

读者可尝试改变 matches 函数中的实参，观察输出结果的异同。

2）通过 Matcher 对象进行高级匹配

在匹配前需要准备待匹配的字符串和正则表达式，通过正则表达式创建匹配器，并对两者进行处理，以便得到匹配结果，如图 9-8 所示。

图 9-8   匹配器的工作流程

匹配器可以实现更加高级的匹配操作。通过 Regex 对象的 matcher(input: String) 函数即可获取 Matcher 对象。另外，也可以通过 Matcher 的构造方法创建其对象。Matcher 的构造方法如下：

```
init(re: Regex, input: String)
```

其中，re 为包含正则表达式的 Regex 对象，input 为待匹配的字符串对象。

Matcher 的主要函数如表 9-13 所示。

表 9-13   Matcher 的主要函数

函　　数	描　　述
func fullMatch(): Option<MatchData>	对整个字符串进行匹配
func matchStart(): Option<MatchData>	对字符串的开头进行匹配
func find(): Option<MatchData>	查找下一个匹配的子字符串
func find(index: Int64): Option<MatchData>	查找第 index + 1 个匹配的子字符串
func findAll(): Option<Array<MatchData>>	查找所有匹配的子字符串，并返回匹配结果数组
func replace(replacement: String): String	将下一个匹配的子字符串替换为 replacement 字符串
func replace(replacement: String, index: Int64): String	将第 index + 1 个匹配的子字符串替换为 replacement 字符串
func replaceAll(replacement: String): String	将所有匹配的子字符串替换为 replacement 字符串
func replaceAll(replacement: String, limit: Int64): String	将匹配的子字符串替换为 replacement 字符串，但替换数量不超过 limit
func resetString(input: String): Matcher	重置匹配器
func split(): Array<String>	通过匹配的子字符串拆分字符串
func split(limit: Int64): Array<String>	通过匹配的子字符串拆分字符串，但拆分数量不超过 limit
func setRegion(beginIndex: Int64, endIndex: Int64): Matcher	设置字符串匹配范围
func region(): Position	获取字符串匹配范围
func resetRegion(): Matcher	重置字符串匹配范围

【实例 9-40】   通过 Matcher 进行正则表达式的模式匹配，代码如下：

```
//code/chapter09/example9_40.cj
from std import regex.*
```

```
func main() {
    //创建正则表达式对象
    let regex = Regex("b(i|u)g")
    //通过正则表达式创建匹配器
    let str = "A big black bear sat on a big black bug!"
    let matcher = regex.matcher(str)
    //通过匹配器进行模式匹配，获得匹配结果
    let resOpt = matcher.findAll()
    //对结果进行处理
    match (resOpt){
        case Some(res)=> //匹配成功
            for (matchData in res) {
                let p = matchData.matchPosition()
                println("匹配字符:"
                    + matchData.matchStr()
                    + " 匹配位置: ${p.start} ~ ${p.end}")
            }

        case None => println("匹配失败!") //匹配失败
    }
}
```

在上述代码中，通过正则表达式 "b(i|u)g" 查找 "A big black bear sat on a big black bug!"中的 big 或 bug 子字符串。编译并运行程序，输出结果如下：

```
匹配字符:big 匹配位置: 2 ~ 5
匹配字符:big 匹配位置: 26 ~ 29
匹配字符:bug 匹配位置: 36 ~ 39
```

除了字符串查找以外，Matcher 还能够实现字符串替换等功能，读者可以自行尝试。

9.5.3　模拟用户登录

本节综合标准输入、字符串操作函数和正则表达式的应用模拟用户登录界面，其基本流程如下：

（1）通过标准输入用户的用户名（手机号码）字符串。

（2）通过正则表达式判断用户名字符串是否符合手机号码的一般格式。

（3）通过标准输入得到用户的密码字符串。

（4）判断用户输入的用户名和密码是否正确，并判断登录结果。

【实例 9-41】　模拟用户登录，代码如下：

```
//code/chapter09/example9_41.cj
from std import io.*
```

```
from std import regex.*

extend String {
    //判断字符串是否符合手机号码格式
    func isPhoneNumber() : Bool{
        let regex = Regex("^1[3|4|5|7|8][0-9]{9}$")
        let matchData = regex.matches(this.trimAscii())
        match (matchData){
            case Some(r)=> true
            case None => false
        }
    }
}


func main() {
    //输入邮箱
    print("请输入手机号码: ")
    var oStr = Console.readln()
    //注意裁剪字符串的最后一个换行符
    let username = oStr.getOrThrow().trimAscii()
    if (!username.isPhoneNumber()) {
        println("你输入的手机号码格式不正确!")
        return
    }
    //输入密码
    print("请输入密码: ")
    oStr = Console.readln()
    //注意裁剪字符串的最后一个换行符
    let password = oStr.getOrThrow().trimAscii()
    if (username == "15110090085"&& password == "123456") {
        println("登录成功!")
    } else {
        println("登录失败!")
    }

}
```

上述代码扩展字符串类型 isPhoneNumber 函数,用于判断字符串是否符合手机号码的一般规则。这里通过正则表达式 "^1[3|4|5|7|8][0-9]{9}$" 进行判断,其规则如下:

(1) 手机号码为 11 位数字。

(2) 手机号码的第 1 位为 1。

(3) 手机号码的第 2 位为 3、4、5、7 或 8。

在 main 函数中,通过标准输入得到用户名和密码字符串,并分别赋值到 username 和

password 变量中。由于标准输入得到的字符串末尾都包括换行符，所以需要通过 trimAscii 函数将其末尾的换行符裁剪掉。当变量 username 的值为"15110090085"，变量 password 的值为"123456"时，登录成功，否则登录失败。编译并运行程序。当用户输入的手机号码不正确时，提示"你输入的手机号码格式不正确!"，结果如下：

```
请输入手机号码：111
你输入的手机号码格式不正确!
```

如果输入的手机号码和密码正确，则输出"登录成功"，结果如下：

```
请输入手机号码：15110090085
请输入密码：123456
登录成功!
```

如果输入的手机号码或密码错误，则输出"登录失败"，结果如下：

```
请输入手机号码：15110090085
请输入密码：aaaaa
登录失败!
```

不使用正则表达式实现 isPhoneNumber 函数会比较复杂。读者可以尝试实现，然后比对两种方式实现 isPhoneNumber 函数的异同。

9.6 本章小结

本章介绍了异常处理、输入输出、位运算和正则表达式等众多知识点。通过本章的学习，读者应该具有异常捕获和处理的意识。在实际开发过程中，开发者需要根据开发者文档和实际代码敏锐地判别可能出现的异常，并做好处理工作。

在文件读取和网络访问中，异常出现的概率更大。在这些业务逻辑中，涉及网络和硬件。不稳定的网络环境和出现故障的硬件会严重影响程序的正常执行，如程序停止响应、读写操作失败等情况时有发生。开发者有义务通过异常处理给予用户及时反馈，让用户做出正确的选择。

在文件读写中，仓颉语言提供了文件流的方式操作文件。之所以有流的概念，是为了避免将整个文件的完整信息放置到内存中操作。通过流可以读写文件的部分内容，以降低文件读写时的内存占用。

第 10 章将会深入学习并重新认识我们的老朋友——函数。

9.7 习题

（1）设计函数，计算两个数的乘积。当计算结果大于 1024 时，抛出 NumTooBigException 异常。在主函数中捕获并处理异常。

（2）设计函数，计算两个数的最小公倍数。当输入的整数值为负数时，通过 Result<T>的方式处理 NegativeNumberException 自定义异常。

（3）设计函数，将 1~100 共 100 个数存储在 numbers.txt 文本文件中。

（4）将程序当前目录中的所有文件的文件名保存到 filenames.txt 文本文件中。

（5）通过标准输入，让用户输入文本信息，并将输入的文本信息追加写入 log.txt 文本文件中。

（6）模拟用户注册功能，并将注册信息保存到 user_config 文本文件中。

用数学思维来编程
——函数式编程

在仓颉语言中，函数是粒度最小的重用单元。在第 4 章中，已经用了很大篇幅介绍了函数的基本用法。实际上，在仓颉语言中函数是独立的类型，称为函数类型。函数的用法还有很多，包括函数类型、Lambda 表达式、闭包、函数式编程、泛型函数、尾随闭包等。通过这些技术的应用，编程中遇到复杂的问题时会更加游刃有余。

函数式编程通过在函数中定义表达式和对表达式求值完成计算。与结构化编程不同，函数式编程的核心是无状态的。所有的问题都划归为无状态的函数来完成。上述介绍的一些概念，如闭包、泛型函数、尾随闭包等是函数式编程中的支撑技术。本章通过函数式编程的学习思路贯穿 10.1～10.4 节。在本章最后，介绍函数重载和操作符重载的相关用法。本章的核心知识点如下：

（1）函数类型与 Lambda 表达式。

（2）闭包。

（3）嵌套函数。

（4）柯里化、链式调用、高阶函数等函数式编程的概念和用法。

（5）泛型函数。

（6）尾随闭包。

（7）函数重载和操作符重载。

10.1 函数类型及其用法

在仓颉语言中，函数具有以下特征：

（1）可以赋值给变量。

（2）可以作为函数的参数。

（3）可以作为函数的返回值。

在绝大多数编程语言中，所有的数据类型（如整型、浮点型、字符型等）都是"对象"。因为这些数据类型都可以赋值给变量，并且在函数之间作为参数或返回值进行传递。数据有数据类型,函数也有函数类型。在仓颉语言中,不仅可以将一个变量的类型声明为函数类型,也可以将函数赋值给函数类型的变量,作为另一个函数的参数或者返回值进行传递。

本节介绍函数类型、Lambda 表达式、闭包和嵌套函数的用法。

10.1.1　函数类型

函数类型由参数类型列表、单线箭头符号->和返回类型组成,其基本形式如下:

```
(参数类型列表) ->返回类型
```

如果函数类型存在多个参数,则参数类型列表中的参数类型用逗号隔开。

例如,() -> Unit 表示无参数,返回值类型为 Unit 的函数;(Int64, Int64)->Int64 表示两个 Int64 参数,返回值类型为 Int64 的函数。

以下函数类型为() -> Unit 类型:

```
func test() {
    println("test")
}
```

以下函数类型为(Int64, Int64)->Int64 类型:

```
func test(a : Int64, b : Int64) : Int64 {
a + b
}
```

有了函数类型,就可以定义一个函数类型的变量了。例如,定义一个(Float32) -> String 类型的变量 function,代码如下:

```
let function : (Float32) -> String
```

function 变量可以指向参数为 Float32 类型且返回值类型为 String 的函数。

【实例 10-1】　定义 test 函数,并将 test 函数赋值给 function 函数类型的变量,然后调用 function 函数,代码如下:

```
//code/chapter10/example10_1.cj
func test(value : Float32) {
"${value}"
}

func main() {
    let function : (Float32) -> String = test    //将 test 函数赋值给 function
    let res = function(3.0)                       //调用 function 函数
    println(res)
}
```

编译并运行程序,输出结果如下:

```
3.000000
```

在 main 函数中将 test 函数赋值给 function 变量，所以 function 和 test 这两个函数的功能相同。当开发者通过 func 关键字定义函数时，实际上创建了函数名为变量名的函数类型变量。

函数类型的变量也可以像数据类型的变量作为参数或返回值在函数之间传递。

1. 将函数作为参数类型

函数类型可以作为函数的参数类型。

【实例 10-2】　将 (Float32) -> Unit 类型的函数 test 作为函数的参数传入 process 函数中，代码如下：

```
//code/chapter10/example10_2.cj
//定义 test 函数，函数类型:(Float32) -> Unit
func test(value : Float32) {
    println("${value}")
}

//将(Float32) -> Unit 函数类型作为 process 函数的形参类型
func process(function : (Float32) -> Unit) {
    //通过 function 形参调用函数
    function(3.0)
}

func main() {
    //将 test 函数作为实参传递给 process 函数
    process(test)
}
```

在 main 函数中，将 test 函数作为参数传入 process 函数中，而在 process 内部通过形参 function 调用了 test 函数，并传递浮点型字面量 3.0。在 test 函数中，将该浮点型值 3.0 输出。编译并运行程序，输出结果如下：

```
3.000000
```

2. 将函数作为返回值

函数类型可以作为函数的返回类型。

【实例 10-3】　将 (Float32) -> Unit 类型的函数作为 getTestFunction 函数的返回类型，代码如下：

```
//code/chapter10/example10_3.cj
//定义 test 函数，函数类型:(Float32) -> Unit
func test(value : Float32) {
    println("${value}")
```

```
    }

    //将(Float32) -> Unit 函数类型作为返回值类型
    func getTestFunction() : (Float32) -> Unit{
        return test
    }

    func main() {
        //通过 function 变量调用函数
        let function = getTestFunction()
        function(5.0)
    }
```

在函数 getTestFunction 中返回了 test 函数作为返回值。在 main 函数中，将函数 getTestFunction 返回的函数赋值到 function 变量上，然后通过表达式 function(5.0)调用 test 函数，输出浮点型字面量 5.0。编译并运行程序，输出结果如下：

```
5.000000
```

10.1.2　Lambda 表达式

Lambda 表达式为匿名函数，即没有函数名的函数。Lambda 表达式使用花括号{}包围，其中包含了参数列表、双线箭头=>和表达式体 3 个主要部分，其基本结构如下：

```
{ 参数列表 =>表达式体 }
```

例如，一个典型的(Float32) -> String 类型的 Lambda 表达式如下：

```
{ value : Float32 =>"${value}" }
```

如果函数体中的语句较多，则可以将 Lambda 表达式分成多行表示。一种类型为(Int64, Int64) -> Int64 类型用于加法运算的 Lambda 表达式的代码如下：

```
{ v1 : Int64, v2 : Int64 =>
    println("计算 v1 和 v2 的和!")
    v1 + v2
}
```

如果 Lambda 表达式无参数列表，则双线箭头符号=>也可以省略。例如，一种类型为() -> Unit 的 Lambda 表达式的代码如下：

```
{ => println("lambda")}
```

由于在上述代码中 Lambda 表达式无参数，所以双线箭头符号=>可以省略，代码如下：

```
{ println("lambda")}
```

由于 Lambda 表达式是没有函数名的函数，所以可以作为函数类型的字面量。

【实例 10-4】 将减法运算的 Lambda 表达式赋值给 subtract 变量，代码如下：

```
//code/chapter10/example10_4.cj
func main() {
    //subtract 函数为(Int64, Int64) -> Int64 类型
    let subtract = {v1 : Int64, v2 : Int64 =>
        v1 - v2
    }
    //调用 subtract 函数
    let res = subtract(10, 2)
    println("计算结果:${res}")
}
```

在上面的代码中，将 Lambda 表达式赋值到 subtract 变量，随后即可通过 subtract 变量使用这个 Lambda 表达式。这个过程相当于为 Lambda 表达式（匿名函数）命名的过程，subtract 变量也变成了函数名称。编译并运行程序，输出结果如下：

```
计算结果:8
```

1. Lambda 表达式的参数

如果编译器可以推断 Lambda 表达式的参数类型，则参数类型可以省略，具体可以包括以下两种情形：

（1）当将 Lambda 赋值给已经定义函数类型的变量时，Lambda 表达式的参数类型可以根据变量类型推断。例如，定义一个减法运算的 Lambda 表达式，并赋值给 subtract 变量，代码如下：

```
let subtract = {v1 : Int64, v2 : Int64 =>
    v1 - v2
}
```

如果为 subtract 变量声明了具体的函数类型，则 Lambda 表达式中的参数类型可以省略，代码如下：

```
let subtract : (Int64, Int64) -> Int64 = { v1, v2 =>
    v1 - v2
}
```

（2）当将 Lambda 表达式作为函数的实参时，Lambda 表达式的参数类型可以根据函数的形参类型推断。

【实例 10-5】 定义参数类型为(Float32) -> Unit 的函数 test，将 Lambda 表达式作为实参传递给 test 函数，因此就不需要声明其参数的类型了，代码如下：

```
//code/chapter10/example10_5.cj
//将(Float32) -> Unit 函数类型作为形参类型
```

```
func test(f : (Float32) -> Unit) {
    f(5.0)
}

func main() {
    //由于 test 函数形参定义了函数的类型
    //所以 Lambda 表达式中的 value 无须声明类型
    test({ value => println("${value}")})
}
```

编译并运行程序，输出结果如下：

```
5.000000
```

2. Lambda 表达式的返回类型

Lambda 表达式无法指定返回类型，因编译器需要能够推断 Lambda 表达式的返回类型，否则将会报错。

编译器推断 Lambda 表达式的编译规则如下：

（1）如果上下文明确指定了 Lambda 表达式的返回类型，则其返回类型为上下文指定的类型。

❑ 当将 Lambda 表达式赋值给变量时，其返回类型根据变量类型推断返回类型。

❑ 当 Lambda 表达式作为参数使用时，其返回类型根据使用处所在的函数调用的形参类型推断。

❑ 当 Lambda 表达式作为返回值使用时，其返回类型根据使用处所在函数的返回类型推断。

（2）若上下文中类型未明确，则 Lambda 表达式体的类型会被视为 Lambda 表达式的返回类型。Lambda 表达式体的类型和普通函数体的类型规则是一样的。

（3）若双线箭头符号=>右侧为空，当没有任何语句存在时，则其返回类型为 Unit。

10.1.3 闭包

闭包是指函数变量在传递过程中，可以从静态作用域中捕获变量。

本节介绍变量的作用域、闭包及闭包中变量的捕获规则。

1. 变量的作用域

变量的作用域是指当前执行代码对变量的访问权限。变量的作用域分为静态作用域和动态作用域。

（1）静态作用域：作用域在编译时确定，也称为词法作用域。对于局部变量来讲，静态作用域一般为函数体、表达式体等的花括号{}内且在变量定义之后的范围。

（2）动态作用域：作用域在运行时确定。

动态作用域的缺点在于容易出现一些安全性问题。例如一个 Lambda 表达式从一个函数离开后到达另外一个函数，由于变量的作用域发生了变化，从而影响了 Lambda 表达式的运算结果。仓颉语言中变量的作用域是静态作用域。

2. 闭包

函数（或 Lambda 表达式）从静态作用域中捕获变量，这个函数（或 Lambda 表达式）和被捕获的变量一起被称为一个闭包（Closure）。当函数（或 Lambda 表达式）离开了静态作用域时，闭包将会被捕获的变量一并打包带走，从而使这个函数（或 Lambda 表达式）仍然能够正常运行。

注意　在仓颉语言中，函数和 Lambda 表达式都支持闭包。为了表达方便，在没有特殊说明的情况下，下文中函数同样指代 Lambda 表达式。

Lambda 表达式是实现闭包的主要方法。在很多情况下会将 Lambda 表达式和闭包概念混淆。实际上，Lambda 表达式更加倾向于语法上的实现，而闭包则更加倾向于用法上的设计。没有捕获变量的 Lambda 表达式不是闭包，而在仓颉语言中函数也能够捕获变量而形成闭包。

下面举一个简单例子说明闭包的含义。

【**实例 10-6**】　创建 test 函数并返回一个闭包，代码如下：

```
//code/chapter10/example10_6.cj
func test() {
    let base = 10 //局部变量 base
    { value : Int64 => value + base } //test 函数返回 Lambda 表达式
}

func main() {
    //function 为一个闭包，即捕获了 base 变量的 Lambda 表达式
    let function = test()
    //调用 Lambda 表达式，其中捕获的 base 变量为 10，value 实参为 5，所以返回的结果为 15
    let res = function(5)
    //输出结果
    println("res: ${res}")
}
```

函数 test 定义中包含局部变量 base，并返回一个 Lambda 表达式。这个 Lambda 表达式使用了 base 变量，所以当该 Lambda 表达式被返回调用方环境时，捕获变量 base 的值后一并带走。

在 main 函数中，function 为 test 函数返回的闭包，即包含了 base 变量值的 Lambda 表达式。通过 function(5)计算了实参 value 和捕获变量 base 的和，结果为 15。编译并运行程序，输出结果如下：

```
res: 15
```

3. 变量捕获规则

不是所有的变量都能够被函数捕获而形成闭包，能够捕获变量的情形如下：

（1）函数的参数缺省值中访问了本函数之外定义的局部变量。

（2）函数内访问了本函数之外定义的局部变量。

（3）类或记录内定义的不是成员函数的函数（如嵌套函数）访问了实例成员变量或this。

使用变量捕获时还需要注意以下规则：

（1）在函数中使用全局变量和静态成员变量不会构成变量捕获。

（2）由var定义的变量虽然可以被函数捕获，但是捕获了var定义变量的函数不能作为"对象"使用（包括不能赋值给变量，不能作为实参或返回值使用，不能直接将闭包的名字作为表达式使用），这是为了防止闭包逃逸。所谓闭包逃逸，是指当函数将变量捕获而成为闭包时，离开了当前环境后修改了这个变量值，使程序逻辑结构混乱。

（3）变量捕获具有传递性。当函数a调用了函数b，并且函数b捕获了变量value，那么相当于函数a也捕获了变量value。此时，如果value为var定义的变量，则函数a就不能作为"对象"使用了。

10.1.4 嵌套函数

函数中定义的函数，称为嵌套函数。嵌套函数的函数称为外层函数，被嵌套的函数称为内层函数。例如，在函数outerfunction中定义并调用innerfunction函数，代码如下：

```
func outerfunction() {
    //嵌套函数
    func innerfunction() {
        println("innerfunction")
    }
    //嵌套函数的调用
    innerfunction()
}
```

内层函数和局部变量一样，其作用域为所定义的外层函数的内部。嵌套函数可以层层调用，下面通过实例实现函数的多层嵌套。

【实例 10-7】 定义多层嵌套函数，代码如下：

```
//code/chapter10/example10_7.cj
func test1() {
    func test2() {
        func test3() {
            func test4() {
                println("嵌套函数!")
            }
            test4()
```

```
        }
        test3()
    }
    test2()
}

func main() {
    test1()
}
```

在上述代码中，test1 函数嵌套了 test2 函数，test2 函数嵌套了 test3 函数，test3 函数嵌套了 test4 函数。编译并运行程序，输出结果如下：

嵌套函数！

10.2 函数式编程

函数式编程（Functional Programming）是一种非常流行的编程范式。函数式编程的思维方法是将运算过程抽象成函数，而这里的函数更加符合数学中函数的特征，函数中的变量也不再是可变的量。函数式编程从形式上看更加接近数学表达，用表达式的方式来涉及算法，因此，通常函数式编程程序比功能相同的结构化编程看起来更加简洁易读和高效。

10.2.1 函数式编程中的函数和变量

为了能够深入学习并领会函数式编程中柯里化、高阶函数等概念，需要重新认识一下函数式编程中的函数和变量。

1. 函数式编程中的函数是纯函数
所谓纯函数，是指没有引用外部变量的函数。例如，下面的 test 函数就引用了外部变量：

```
//外部变量
var base = 10

//test 函数引用了外部变量 base
func test(value : Int64) {
    return value + base
}
```

test 函数的返回结果不仅取决于 value 的值，还取决于 base 的值。从数学角度看，如果将 test 函数比作数学函数 f，则 f 的自变量包括了 value 和 base，即 f(value, base)，而不是 f(value)。仅通过 value 参数不能确定 test 函数的结果，所以 test 函数不"纯"，即不是纯函数。那么，如果将 base 变量作为 test 函数的内部变量，则代码如下：

```
func test(value : Int64) {
    //内部变量
    var base = 10
    return value + base
}
```

此时，test 函数的运算结果只和 value 有关，即 f (value)。此时 test 函数是纯函数。纯函数对于某个特定的输入总是能够得到确定的结果，这有 3 个方面的意义：

（1）引用透明（Referential Transparency）：引用透明是指纯函数的返回值只依赖于其输入值的特性。降低开发负担，不用思考外部变量，并且使函数的设计更加规范。

（2）没有副作用（No Side Effect）：纯函数没有引用外部变量，自然也不能修改外部变量。纯函数不会影响函数外部的特性，称为没有副作用，即没有外部性。

（3）可以通过缓存的方式存储特定的输入输出值，提高性能。如果已经计算出 f (1) = 21，则可直接将其存储到一个 Map 中。下次再次执行这个 f (1) 时，可以直接从 Map 中查到而无须重新将函数执行一遍。

2．函数式编程中的变量是不可变的

在函数式编程中，函数、输入（参数）和输出（返回值）都是确定的值，这些值不应该通过赋值的方式进行修改，例如"x=x+1"语句在函数式编程中是不成立的。如果希望实现"x=x+1"这样的功能，则需要通过函数的方式实现：创建一个函数 increment，将 x 作为函数输入，将 x+1 作为函数的输出。

严格意义上的函数式编程，不仅不能使用赋值语句，也不能使用循环和条件结构。循环和条件结构的功能可以相应地使用 map、filter 等高阶函数实现。

10.2.2　柯里化与链式调用

柯里化（Currying）是指把多参数的函数转化为单参数函数的方法。也就是说，柯里化的结果是期望函数只有 1 个输入和 1 个输出。这样只含有 1 个输入和 1 个输出的函数称为柯里化函数（也称为单参单返回函数），如图 10-1 所示。

唯一输入　　柯里化函数　　唯一输出

图 10-1　柯里化函数

柯里化函数是典型的函数式风格，其目的包括：

（1）实现函数的链式调用。

（2）使用流操作符简化调用流程。

（3）参数复用。

（4）方便对函数的管理、优化和讨论。

注意　在某些语言和框架中，柯里化还可以实现惰性求值 (Lazy Evaluation)，从而提高程序性能。

1. 柯里化的基本方法

许多数学函数的自变量可能不止一个。例如，对于加法来讲，需要加数和加数这两个值才能确定加法结果，格式如下：

```
加法结果 =f(加数,加数)
```

该函数存在 2 个输入和 1 个输出，因此为非柯里化函数。该函数可以用仓颉语言函数表示，代码如下：

```
func add(v1 : Int64, v2 : Int64) : Int64 {
    v1 + v2
}
```

下面通过简单的实例将这个非柯里化函数转换为柯里化函数。

【实例 10-8】　通过 Lambda 表达式将上述加法函数转换为柯里化函数，代码如下：

```
//code/chapter10/example10_8.cj
func add(v1 : Int64) {
    return { v2 : Int64 => v1 + v2 }
}

func main() {
    //计算 3 + 6
    let res = add(3)(6)
    println("3 + 6的运算结果: ${res}")
}
```

在上述函数中，add 函数只包含了 v1 参数（加数），然后返回一个实现了加法的功能 Lambda 表达式（参数 v2 为另一个加数）。在 add 函数返回该 Lambda 表达式时，捕获了 v1 变量而形成闭包。

在 main 函数中，函数调用 add(3)返回了包含了加数 3 的闭包。通过 add(3)(6)调用了该闭包，并传入了另一个加数 6。Lambda 表达式计算结果即为捕获变量 3 和实参 6 的和，并赋值给 res 变量。最后，输出计算结果 res 变量。编译并运行程序，输出结果如下：

```
3 + 6的运算结果: 9
```

在该实例中，通过 Lambda 表达式将原本为两个参数的 add 函数拆成了 1 个参数的 add 函数和 1 个参数的 Lambda 表达式，实现了函数的柯里化，如图 10-2 所示。

闭包是柯里化的技术基础。在上面的实例中，Lambda 表达式从所在函数中捕获了必要的变量而形成闭包，然后将 Lambda 输入另外 1 个参数即可计算出加法结果了。

2. 柯里化函数的链式调用

柯里化函数的调用通常是链式的，即一个柯里化函数的结果会作为另外一个柯里化函数

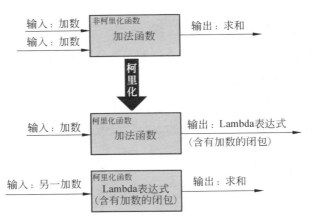

图 10-2 通过 Lambda 表达式实现柯里化

的参数使用，形成一个调用链条。下面通过柯里化函数的链式调用实现简单的数学运算。

【实例 10-9】 通过柯里化函数的链式调用计算$(|-2| + 1)^2$，代码如下：

```
//code/chapter10/example10_9.cj
//value 值加 1
func increasement(value : Int64) : Int64 {
    value + 1
}

//value 的绝对值
func abs(value : Int64) : Int64 {
    if (value < 0) { -value } else {value}
}

//value 的平方
func power(value : Int64) {
    value * value
}

func main() {
    //计算 (|-2| + 1) ^ 2
    let res = power(increasement(abs(-2)))
    println("运算结果: ${res}")
}
```

increasement、abs 和 power 函数都是柯里化函数，并且输入和输出都是 Int64 类型，因此其中任何一个函数的返回值都可以作为另外一个函数的参数。在 main 函数中，power(increasement(abs(−2)))表达式实现了这 3 个函数的链式调用，如图 10-3 所示。

图 10-3　柯里化函数的链式调用

编译并运行程序，输出结果如下：

运算结果：9

这种链式调用涉及了函数式编程中的组合概念。所谓组合是通过调用链条将一个复杂的计算公式通过简单的柯里化函数分步实现。上述实例将式 $(|-2| + 1)^2$ 拆分成 3 个基本的柯里化公式，而每个柯里化公式都非常简单、单纯且容易管理。

不过，函数的链式调用表达式 power(increasement(abs(−2))) 并不美观，并且此处只涉及了 3 个柯里化函数的调用。如果链式调用中的函数很多，就会使链式调用表达式更加臃肿且难以阅读，因此，仓颉语言中为开发者设计了流操作符。

3. 流操作符

为了能够简化柯里化的链式调用，开发者可以使用流操作符。流操作符包括以下两种。

（1）管道（Pipeline）操作符（|>）：表示数据的流向。

（2）组合（Composition）操作符（~>）：表示函数的组合。

以下分别介绍这两种流操作符的使用方法。

1）管道（Pipeline）表达式

管道表达式包括一个函数名、函数实参，并通过管道操作符（|>）将两者组合起来，其基本结构如下：

函数实参 |>函数名称

例如，柯里化函数调用 function(value)可以写作：

```
value |> function
```

因此，按照 power(increasement(abs(−2)))调用顺序可以写作：

```
-2 |> abs |> increasement |> power
```

该表达式的执行顺序是从左到右依次调用相应的函数，极大地增强了代码的可读性，所以实例 10-9 中的 main 函数可以修改为

```
func main() {
    //计算 (|-2| + 1) ^ 2
    let res = -2 |> abs |> increasement |> power
    println("res: ${res}")
}
```

类似地，实例 10-8 中的 main 函数可以修改为

```
func main() {
```

```
    //计算 3 + 6
    let res = 6 |> (3 |> add)
    println("3 + 6 的运算结果: ${res}")
}
```

这里的小括号()的优先级大于"|>"操作符,因此先运算 3 |> add,返回一个 Lambda 表达式,然后将 6 作为参数调用这个 Lambda 表达式并得到最终结果。

2)组合(Composition)表达式

组合表达式用于组合两个柯里化函数,包括两个函数名,然后通过组合操作符(~>)将两者组合起来,其基本结构如下:

```
函数 1 ~>函数 2
```

其中,函数的返回值类型必须和函数 2 的参数类型相同,否则编译时会报错。例如,将两个柯里化函数 f 和 g 组合的表达式如下:

```
f ~> g
```

该表达式返回一个 Lambda 表达式,传入的参数先通过 f 函数的运算,然后将结果作为 g 函数的参数参与运算,最后返回结果,因此,该表达式等价于以下 Lambda 表达式:

```
{x => g(f(x))}
```

实例 10-9 中的 main 函数可以修改为

```
func main() {
    //计算 (|-2| + 1) ^ 2
    var cf = abs ~> increasement ~> power
    let res = cf(-2)
    println("res: ${res}")
}
```

这里的 **cf** 函数将 3 个表达式组合在一起,其函数的调用顺序是沿着组合表达式 abs ~> increasement ~> power 从左到右依次调用的。

管道表达式更加注重数据的流动,并且管道表达式的值是一个计算结果,更加适合单次计算(无须复用)的情况。组合表达式更加关注函数的组合(包括函数的调用顺序),并且组合表达式的值是一个 Lambda 表达式,便于代码的复用。

4. 通过面向对象思想实现链式调用

柯里化的目的之一是实现函数的链式调用,但是链式调用并非一定通过柯里化的方式实现,还可通过面向对象思想的方式实现。通过面向对象思想实现链式调用,能够将面向对象编程的优势和函数式编程的优势结合起来:

(1)对象可以包含数据也可以包含函数,而对象的创建可以通过构造函数来完成,所以能够避免需要多次调用柯里化函数传入数据的问题。

(2)调用一个对象的成员函数时,返回值可以作为一个对象调用下一个函数,所以无须对函数的参数个数加以限制。

下面通过一个实例来展示通过面向对象思想实现链式调用的具体方法。

【实例 10-10】 扩展 Int64 类型，并实现其用于加、减、乘、除的函数，并通过链式调用的方法计算(4 * 2 + 6) / 2，代码如下：

```
//code/chapter10/example10_10.cj
extend Int64 {
    //加法函数
    func add(value : Int64) {
        this + value
    }

    //减法函数
    func subtract(value : Int64) {
        this - value
    }

    //乘法函数
    func multiply(value : Int64) {
        this * value
    }

    //除法函数
    func divide(value : Int64) {
        this / value
    }
}

func main() {
    //计算 (4 * 2 + 6) / 2
    let res = 4.multiply(2).add(6).divide(2)
    println("计算结果: ${res}")
}
```

在 main 函数中，4.multiply(2).add(6).divide(2)表达式是典型的链式调用，并且代码的执行顺序是表达式从左到右依次调用函数，简单易读。编译并运行程序，输出结果如下：

计算结果：7

通过面向对象思想实现的链式调用，不严格地说也是函数式编程的范畴。通过面向对象思想实现的函数式编程（类似于 JavaScript 等的函数式编程实现），灵活性更强，无须闭包，但是不易于性能优化。通过柯里化实现的函数式编程（类似于 Python 等的函数式编程实现），最为传统严格，方便优化性能，几乎具有函数式编程的所有优秀特性。

10.2.3　高阶函数

高阶函数是对函数进行操作的函数，高阶函数将函数作为参数，或者返回函数。换句话说，高阶函数是一个接收函数作为参数或将函数作为输出返回的函数。在 10.2.2 节，柯里化将 Lambda 表达式作为函数的返回值，所以也属于高阶函数的应用。

本节介绍另外一种高阶函数，即将函数作为另一个函数的参数。比较典型的此类高阶函数包括用于处理集合类型的映射函数、累积迭代函数、过滤器函数等。

（1）映射函数（map）：对集合中的元素分别进行某种操作，然后组合成新的集合。

（2）过滤器函数（filter）：对集合中的元素分别进行某种判断，并保留部分元素组成新的集合。

（3）累积迭代函数（reduce）：对集合中的元素依次处理，并通过一个公共变量进行某种形式的累积，并作为结果输出。

本节介绍这几种高阶函数的实现和用法，然后分析这几种高阶函数的意义。

1. 映射函数（map）

对于集合来讲，映射函数是将集合中所有元素分别用相同的函数（Lambda 表达式）处理，并组成新的集合。映射函数通常只有一个(T) -> T 类型的 Lambda 表达式作为参数，用于处理元素并返回元素。

【实例 10-11】通过扩展实现 List<T>类型的映射函数 map，并实现求 List<Int64>类型中所有的元素的平方并组成新的 List<Int64>，代码如下：

```
//code/chapter10/example10_11.cj
from std import collection.*

//扩展 List<T>
extend List<T> {
    //映射函数 map
    func map(lbd : (T) -> T) : List<T> {
        //临时变量：结果集合
        let buf : Buffer<T> = Buffer<T>()
        //遍历集合中的元素
        for (element in this) {
            //通过 Lambda 表达式 lbd 处理元素并返回新的元素
            let newelement = lbd(element)
            //将新的元素放在结果集合中
            buf.add(newelement)
        }
        //返回结果集合
        return List<T>(buf)
    }
```

```
}

func main() {
    //定义 List 类型的 list 变量
    var list = [1,3,4]
    //通过映射函数处理 list 变量，分别求每个元素的平方并返回结果
    list = list.map({v => v * v})
    //输出处理后的 list 变量
    println(list)
}
```

在 map 函数的实现中，遍历了集合中的各个元素，分别使用 Lambda 表达式进行处理，并组合成新的集合。编译并运行程序，输出结果如下：

```
List [1, 9, 16]
```

从本质上看，映射函数实际上对集合的各个元素进行遍历操作。

2. 过滤器函数（filter）

对于集合来讲，过滤器函数是将集合中所有元素分别用相同的函数（Lambda 表达式）进行某种判断，并将符合要求的元素组成新的集合。过滤器函数通常只有一个(T) -> Bool 类型的 Lambda 表达式作为参数，用于处理元素并返回判断结果。

【**实例 10-12**】 通过扩展实现 List<T>类型的过滤器函数 filter，并实现求 List<Int64>类型中所有大于 5 的元素并组成新的 List<Int64>，代码如下：

```
//code/chapter10/example10_12.cj
from std import collection.*

//扩展 List<T>
extend List<T> {
    //过滤器函数 filter
    func filter(lbd : (T) -> Bool) : List<T> {
        //临时变量：结果集合
        let buf : Buffer<T> = Buffer<T>()
        //遍历集合中的元素
        for (element in this) {
            //通过 Lambda 表达式 lbd 处理元素并返回判断结果
            let res = lbd(element)
            //将符合判断的元素放在结果集合中
            if (res) {
                buf.add(element)
            }
        }
        //返回结果集合
```

```
            return List<T>(buf)
    }
}

func main() {
    //定义 List 类型的 list 变量
    var list = [1,3,4,8,3,9,0,20,5]
    //通过过滤器函数处理 list 变量，取得所有大于 5 的元素并组成新的集合
    list = list.filter({v => v > 5})
    //输出处理后的 list 变量
    println(list)
}
```

在 filter 函数的实现中，遍历了集合中的各个元素，分别使用 Lambda 表达式进行判断处理，将符合条件的元素组合成新的集合。在 main 函数中，list 中只有 8、9 和 20 这 3 个元素大于 5，所以组合而成的结果列表为[8, 9, 20]。编译并运行程序，输出结果如下：

```
List [8, 9, 20]
```

从本质上看，过滤器函数实际上对集合的各个元素进行了条件判断操作。

3. 累积迭代函数（reduce）

对于集合来讲，累积迭代函数是将集合中所有元素分别用相同的函数（Lambda 表达式）进行某种处理，并通过一个公共变量进行累积而得到结果。累积迭代函数通常只有一个 (Option<T>, T) -> T 类型的 Lambda 表达式作为参数，其中第 1 个参数 Option<T>为上一个元素返回来的公共累积变量，而第 2 个参数 T 是当前元素，返回值 T 是下一个元素用到的公共累积变量。在处理集合的第 1 个元素时，公共累积变量为 None。

【实例 10-13】 通过扩展实现 List<T>类型的累积迭代函数 reduce，并实现求 List<Int64>类型中所有元素的和与最大值，代码如下：

```
//code/chapter10/example10_13.cj
from std import collection.*

//扩展 List<T>
extend List<T>{
    //累积迭代函数 reduce
    func reduce(lbd : (Option<T>, T) -> T) : Option<T> {
        //临时变量：累积迭代运算结果
        var res : Option<T> = None
        //遍历集合中的元素
        for (element in this) {
            //分别对各个元素进行累积迭代运算
            res = lbd(res, element)
        }
```

```
                //返回累积迭代运算结果
            return res
    }
}


func main() {
    //定义 List 类型的 list 变量
    var list = [1,3,4,8,3,9,0,20,5]
    //通过累积迭代函数处理 list 变量，求所有元素的和
    let sum = list.reduce({
        //previous 为公共的累积迭代变量，current 为当前元素
        previous, current =>
            //公共的累积迭代变量和当前元素的和
            //注意：处理第 1 个元素时，previous 为 None
            (previous ?? 0) + current
    })
    println("所有元素的和：" + sum.getOrThrow().toString())

    //求最大值
    //通过累积迭代函数处理 list 变量，求所有元素的最大值
    let max = list.reduce({
        previous, current =>
            //公共的累积迭代变量和当前元素的最大值
            if ((previous ?? current) < current) {current} else {previous ?? 0}
    })
    println("所有元素的最大值 : " + max.getOrThrow().toString())
}
```

在 reduce 函数的实现中，遍历了集合中的各个元素，分别使用 Lambda 表达式进行处理。Lambda 表达式不仅包含了当前元素（current），也包含了用于累积迭代的公共元素（previous）。每次执行 Lambda 表达式时，用于累积迭代的公共元素为上一个 Lambda 表达式的运算结果，而当前 Lambda 表达式的运算结果又是下一个 Lambda 表达式的公共元素。

在 main 函数中，通过累积迭代函数求得了元素的和及最大值：

在求和过程中，每次执行 Lambda 表达式都会将当前元素和公共变量求和并赋值到公共变量。处理第 1 个元素时 previous 变量为 None，所以通过 previous ?? 0 表达式将 previous 赋值为 0 作为初始值。由于??操作符的优先级低于+操作符，所以需要使用小括号的方法优先运算 previous ?? 0 表达式的值。

在求最大值过程中，每次执行 Lambda 表达式都会求当前元素和公共变量的最大值并赋值到公共变量。处理第 1 个元素时 previous 变量为 None，所以通过 previous ?? current 表达式将 previous 赋值为 current 作为初始值。

编译并运行程序，输出结果如下：

```
所有元素的和：53
所有元素的最大值：20
```

从本质上看，累积迭代函数实际上可以对集合的元素进行综合或提取特征。

通过上面 3 个基本的高阶函数可以发现，这些高阶函数可以替代结构化编程中的循环结构和条件结构，例如，在绝大多数情况下，循环结构可以通过 map 和 reduce 函数替代，而条件结构则可以通过 filter 函数替代。当然，这也不能简单而论，因为函数式编程的思维是与众不同的，需要在编程实践中不断地总结和运用。

10.3　泛型函数

泛型函数是指具有参数化类型参数的函数。这句话比较绕口，为了表述方便，将具有参数化类型的参数称为泛型参数，所以泛型函数是指具有泛型参数的函数。

在仓颉语言中有以下两种泛型函数。

（1）全局泛型函数：具有泛型参数的全局函数。

（2）静态泛型函数：类、记录或枚举类型中，具有泛型参数的静态函数。

注意　对于泛型类、泛型枚举和泛型记录而言，其成员函数也可以包含泛型参数，但是不能称为泛型函数，而只能是泛型类、泛型枚举和泛型记录的一部分。

对于一般的函数而言，只需要在函数名后通过尖括号声明泛型形参，就可以在参数列表中定义泛型参数，并且可以在函数体中使用泛型变元。泛型函数的一般形式如下：

```
func 函数名<泛型形参列表>(参数列表) {
    //函数体
}
```

本节分别介绍全局泛型函数和静态泛型函数的用法。

1. 全局泛型函数

下面通过 3 个简单的实例介绍全局泛型函数的用法。

【**实例 10-14**】 定义 tuple<T1, T2> 函数，用于将 T1 和 T2 两种类型的值组成 T1*T2 元组的值，代码如下：

```
//code/chapter10/example10_14.cj
//将 T1 和 T2 类型的值转换为 T1*T2 元组的值
func tuple<T1, T2>(t1 : T1, t2 : T2) : T1 * T2 {
    return (t1, t2)
}

func main() : Unit{
    //通过 tuple 创建元组 data
```

```
        let data = tuple<String, Int64>("身高", 187)
        //打印 data 元组内容
        println("${data[0]}: ${data[1]}")
    }
```

当编译器能够通过参数列表判断泛型实参的类型时，可以省略函数中泛型实参部分，即上述的 main 函数可以修改为

```
func main() : Unit{
    //通过 tuple 创建元组 data
    let data = tuple("身高", 187)
    //打印 data 元组内容
    println("${data[0]}: ${data[1]}")
}
```

编译并运行程序，输出结果如下：

```
身高: 187
```

全局泛型函数同样可以使用泛型约束，泛型约束处于泛型形参列表的后方，并通过 where 关键字连接，其基本形式如下：

```
func 函数名<泛型形参列表>where 泛型约束(参数列表) {
    //函数体
}
```

【实例 10-15】　定义 dump<T>函数（用于输出 T 的内容），并约束 T 必须为 ToString 的子类型，代码如下：

```
//code/chapter10/example10_15.cj
//输出 T 类型 t 变量的内容
func dump<T>(t : T) where T <: ToString {
    let str = t.toString()
    println(str)
}

func main() : Unit{
    //定义浮点型变量 value
    let value = 2.0
    //通过 dump 函数输出 value 的内容
    dump(2.0)
}
```

编译并运行程序，输出结果如下：

```
2.000000
```

泛型参数不仅可以是一般参数，还可以是 Lambda 类型。

【实例 10-16】 通过泛型函数实现柯里化函数的组合，代码如下：

```
//code/chapter10/example10_16.cj
//组合两个柯里化函数
func composition<T1, T2, T3>(f: (T1)->T2, g: (T2)->T3): (T1)->T3 {
    return {x: T1 => g(f(x))}
}

//value 值加 1
func increasement(value : Int64) : Int64 {
    value + 1
}

//value 的绝对值
func abs(value : Int64) : Int64 {
    if (value < 0) { -value } else {value}
}

//通过 composition 函数将 abs 和 increasement 函数组合为新的函数
func absAndIncreasement(value: Int64) {
    return composition<Int64, Int64, Int64>(abs, increasement)(value)
}
func main() {
    //计算 | -3 | + 1
    let res = absAndIncreasement(-3)
    println("运算结果 : ${res}")
}
```

函数 composition<T1, T2, T3>用于将(T1)->T2 和 (T2)->T3 类型的柯里化函数组合为新的函数。在 absAndIncreasement 函数中，通过 composition 函数将 abs 和 increasement 函数进行了组合。在 main 函数中，调用了 absAndIncreasement 函数计算 |-3|+1 的值。编译并运行程序，输出结果如下：

运算结果：4

2. 静态泛型函数

在类、接口、记录和枚举类型中可以声明静态泛型成员函数，称为静态泛型函数。静态泛型函数的使用方法和全局泛型函数类似，所以这里仅通过一个简单的例子来展示静态泛型函数。

【实例 10-17】 定义 Computable 类，并创建静态泛型函数 isComputable<T>，用于判断 T 类型是否可以进行数值运算，代码如下：

```
//code/chapter10/example10_17.cj
class Computable {

    static func isComputable<T>(t : T) : Bool {
        //t 是否为有符号整型
        let isInt = t is Int8 || t is Int16 || t is Int32 || t is Int64 || t
is IntNative
        //t 是否为无符号整型
        let isUInt = t is UInt8 || t is UInt16 || t is UInt32 || t is UInt64
|| t is UIntNative
        //t 是否为浮点型
        let isFloat = t is Float32 || t is Float64
        //t 是否为可进行数值计算的类型
    isInt || isUInt || isFloat
    }
}

func main() {
    //判断 3.0 是否可计算
    let res = Computable.isComputable(3.0)
    println("浮点型 3.0 是否可计算 : ${res}")
    //判断字符 a 是否可计算
    let res2 = Computable.isComputable('a')
    println("字符型 a 是否可计算 : ${res2}")
}
```

在 isComputable<T>函数中，isInt、isUInt 和 isFloat 布尔类型变量分别用于指明 T 类型是否为有符号整型、无符号整型或浮点型。当 isInt || isUInt || isFloat 为 true（T 属于上述类型中的任何一个）时，说明 T 可以进行数值运算。

在 main 函数中，分别通过静态泛型函数 Computable.isComputable<T>对浮点型 3.0 和字符型 a 进行了判断，并输出相应的结果。编译并运行程序，输出结果如下：

```
浮点型 3.0 是否可计算: true
字符型 a 是否可计算: false
```

10.4 尾随闭包

函数的最后一个参数是 Lambda 表达式，在调用这个函数时，可以将 Lambda 表达式从参数列表中移出，尾随在函数调用的最后面，称为尾随闭包（Trailing Closures）。例如，对于一个尾部为函数类型参数的函数 test，代码如下：

```
fun test(value : Int64, lbd : (String) -> Unit)
```

调用该函数的方法可以为

```
test(20, {value => println("${value}")})
```

此时，可以将 Lambda 表达式从参数列表中移出，代码如下：

```
test(20) {value => println("${value}")}
```

注意　这种语法形式类似于 if、while 等语句的使用形式。

如果函数只有 Lambda 表达式这一个参数，则函数名后面的一对圆括号也能省略不写。例如，对于如下的函数调用形式：

```
test({value => println("${value}")})
```

可以写作：

```
test {value => println("${value}")}
```

注意　这种语法形式类似于 spawn 等语句的使用形式。

尾随闭包的意义是能够在调用含有 Lambda 表达式参数的函数时，使其语法上就像同时定义并使用一个函数一样，让程序看起来更加简洁。另外，从上面例子中可以发现，通过尾随闭包开发者可以构建一个类似于 if、while、spawn 等形式的语法结构，从而可以在不用定义关键字的情况下实现类似的语法能力。

注意　如果 Lambda 表达式中的语句较多，则可以用多行表示，但是，尾随闭包的符号 { 必须和函数调用处于同一行。

【**实例 10-18**】创建泛型函数 when，当 flag 参数为 true 时执行相应的 Lambda 表达式 lbd，代码如下：

```
//code/chapter10/example10_18.cj
func when(flag : Bool, lbd : () -> Unit) {
    if (flag) {
        lbd()
    }
}

func main() {
    //当 flag 为 true 时，执行 Lambda 表达式
    when (true) {
        println("执行 Lambda 表达式!")
    }
    //当 flag 为 false 时，不执行 Lambda 表达式
    when (false) {
        println("不执行 Lambda 表达式!")
    }
}
```

函数 when 中 Lambda 表达式参数在参数列表的最后方，符合尾随闭包的条件。调用 when 函数时，将 Lambda 表达式的实参放在参数列表的外面。编译并运行程序，输出结果如下：

```
执行 Lambda 表达式！
```

这里的 when 函数和 if 关键字的使用方法非常类似。

下面这个实例需要泛型函数、高阶函数、尾随闭包的综合运用。

【实例 10-19】定义泛型函数 reduce，用于对列表集合进行累积迭代，并实现对 List<Int64> 列表的求和功能，代码如下：

```
//code/chapter10/example10_19.cj
//对 List<T>的累积迭代函数
func reduce<T>(list : List<T>, lbd : (Option<T>, T) -> T) : Option<T> {
    var res : Option<T> = None
    for (element in list) {
        res = lbd(res, element)
    }
    return res
}


func main() {
    var list = [1,3,4,8,3,9,0,20,5]
    //通过累积迭代函数求和
    let res = reduce(list) {
        previous, current =>
            (previous ?? 0) + current
    }
    println("list 中元素的和: " + res.getOrThrow().toString())
}
```

编译并运行程序，输出结果如下：

```
list 中元素的和 : 53
```

这里的 reduce 虽然是函数，但是使用方法和 match、while 等关键字的结构非常类似。

【实例 10-20】 定义 repeat 函数，将 Lambda 表达式重复执行指定次数，代码如下：

```
//code/chapter10/example10_20.cj
func repeat(times : UInt64, lbd : () -> Unit) {
    for (i in 0..times) {
        lbd()
    }
}


func main() {
```

```
        repeat(3) {
            println("重要的事情说三遍!")
        }

    }
```

编译并运行程序，输出结果如下：

```
重要的事情说三遍!
重要的事情说三遍!
重要的事情说三遍!
```

上述实例模拟了在 Kotlin 等语言中的 repeat 语句。

尾随闭包可以简化代码，但是需要注意的是，尾随闭包永远是一种语法糖，不能对代码的性能来带任何影响。

10.5　再探重载

重载是函数的多态，可以为相同名称的函数设计不同的参数列表，以扩展函数的功能，从而提高代码的可读性。4.2.2 节已经介绍了函数重载的基本用法，并且在第 6 章中介绍了面向对象编程中构造函数和成员函数的重载方法，但是随着学习的深入，出现了越来越多的函数关系和子类型关系，不得不让我们再次审视函数重载的高级规则。

在仓颉语言中，可以通过操作符函数的方式扩展部分操作符的能力。由于操作符函数的定义类似于函数，只是其函数名称为操作符而不是标识符，所以操作符函数也称为操作符重载。

本节先介绍函数重载的高级规则，然后介绍操作符的重载方法。

10.5.1　函数重载的高级规则

本节介绍函数重载在几种特殊情况下的高级规则，包括嵌套函数的重载规则、子类和父类中相同名称函数重载的规则及函数重载的决议规则。

1. 嵌套函数的重载

函数嵌套的重载规则如下：

（1）内层函数和外层函数重名且参数列表不同时，两者构成重载。

（2）内层函数和内层函数重名且参数列表不同时，两者构成重载。

也就是说，在内层函数的作用域内，函数重载的规则和一般函数的重载规则相同。

【实例 10-21】定义全局函数 outputData(value:Int64)和嵌套函数 outputData(value:Float64)，两者构成重载，代码如下：

```
//code/chapter10/example10_21.cj
//全局函数
```

```
func outputData(value : Int64) {
    println("Data : ${value}")
}



func main() {
    //嵌套函数
    func outputData(value : Float64) {
        println("Data : ${value}")
    }
    outputData(20)  //调用全局函数 outputData(value : Int64)
    outputData(3.4) //调用嵌套函数 outputData(value : Float64)
}
```

在 main 函数外定义了全局函数 outputData，其参数的类型为整型。在 main 函数内定义了嵌套函数 outputData，其参数的类型为浮点型。在 main 函数中，分别调用了两次 outputData 函数，传入的参数值分别为整型值 20 和浮点型值 3.4，其中 outputData(20)调用了包含整型参数的全局函数，而 outputData(3.4)则调用了包含浮点型参数的嵌套函数。编译并运行程序，输出结果如下：

```
Data : 20
Data : 3.400000
```

2. 子类和父类中相同名称函数的重载

如果子类继承父类的函数和子类定义函数名称相同并且参数列表不同，则两函数构成重载。

【实例 10-22】 动物类 Animal 定义函数 eat(food:String)，而狗类 Dog（动物类的子类）定义函数 eat(food:Food)，由于两个函数的参数列表不同，所以在子类中构成重载，代码如下：

```
//code/chapter10/example10_22.cj
//食物类
class Food <: ToString {
    Food(var name : String) {}

    func toString() {
        name
    }
}

//动物类
open class Animal {
    func eat(food : String) {
```

```
        println("Animal eat " + food)
    }
}

//狗类
class Dog <: Animal {
    func eat(food : Food) {
        println("Dog eat " + food.toString())
    }
}

func main() {
    //Dog 类的对象 dog
    let dog = Dog()
    dog.eat("meat")
    dog.eat(Food("fish"))

}
```

在 main 函数中，分别通过 dog 对象对重载函数 eat 进行调用。其中，函数调用表达式 dog.eat("meat")匹配 Animal 类中的 eat(food:String)函数，而函数调用表达式 dog.eat(Food("fish"))匹配 Dog 类中的 eat(food:Food)函数。编译并运行程序，输出结果如下：

```
Animal eat meat
Dog eat fish
```

在函数重载中，还需要注意以下规则：

（1）类、接口和记录类型的静态成员函数和实例成员函数之间不能构成重载，即不能存在名称相同的静态成员函数和实例成员函数（无论其参数列表是否相同）。

（2）枚举类型的构造器、静态成员函数和实例成员函数之间不能构成重载，即不能存在名称相同的构造器、静态成员函数和实例成员函数（无论其参数列表是否相同）。

3．函数重载的决议

如果某个函数调用能够匹配多个重载函数的定义，就需要进行函数重载的决议。

1）不同级别函数的重载决议

对于不同级别的函数来讲，函数调用会选择级别更高的函数调用。对于嵌套函数来讲，内层函数比外层函数的级别更高。

【实例 10-23】 定义全局函数 eat(fish:Fish)和嵌套函数 func eat(food:Food)，其中参数 Fish<:Food。在 main 函数中，通过表达式 eat(Food())和 eat(Fish())调用重载函数 eat，代码如下：

```
//code/chapter10/example10_23.cj
open class Food {}
```

```
class Fish <: Food {}

func eat(fish : Fish) {
    println("Eat fish!")
}

func main() {
    func eat(food : Food) {
        println("Eat food!")
    }
    eat(Food())
    eat(Fish())
}
```

在 main 函数中，嵌套函数 eat(food:Food)的级别高于全局函数 func eat(fish:Fish)，所以，无论是 eat(Food())还是 eat(Fish())，所调用的函数都是 eat(food:Food)。编译并运行程序，输出结果如下：

```
Eat food!
Eat food!
```

2）相同级别函数的重载决议

对于相同级别的函数来讲，函数调用会选择参数类型最匹配的函数调用。如果 A<: B 且存在相同级别的函数 test(a:A) 和 test(b:B)，test(a:A)对于传递 A 类型的实参函数调用匹配度更高，test(b:B)对于传递 B 类型的实参函数调用匹配度更高。

【实例10-24】在 main 函数中定义了两个重载嵌套函数 eat，其参数分别为 Food 和 Fish，并且 Fish<:Food，然后分别调用表达式 eat(Food())和表达式 eat(Fish())，代码如下：

```
//code/chapter10/example10_24.cj
open class Food {}
class Fish <: Food {}

func main() {
    func eat(fish : Fish) {
        println("Eat fish!")
    }
    func eat(food : Food) {
        println("Eat food!")
    }
    eat(Food())
    eat(Fish())
}
```

对于表达式 eat(Food())来讲，只能调用 eat(food:Food)函数。对于表达式 eat(Fish())来讲，

重载函数 eat(fish:Fish)的匹配度更高。编译并运行程序，输出结果如下：

```
Eat food!
Eat fish!
```

3）子类和父类被认为是相同的作用域

子类和父类定义的重载函数的级别相同。

【**实例 10-25**】在父类 Animal 中定义函数 eat(fish:Fish)，在子类 Dog 中定义函数 eat(food: Food)，其中 Fish<: Food，代码如下：

```
//code/chapter10/example10_25.cj
open class Food {}
class Fish <: Food {}

open class Animal {
    func eat(fish : Fish) {
        println("Eat fish!")
    }
}

class Dog <: Animal {
    func eat(food : Food) {
        println("Eat food!")
    }
}

func main() {
    let dog : Dog = Dog()
    dog.eat(Food())
    dog.eat(Fish())
}
```

由于子类和父类的 eat(fish:Fish)函数和 eat(food:Food)函数级别相同，所以在 main 函数中，通过表达式 dog.eat(Food())和 dog.eat(Fish())调用重载函数时，选择匹配度更高的函数进行调用。编译并运行程序，输出结果如下：

```
Eat food!
Eat fish!
```

10.5.2　操作符重载

在类、接口、记录、枚举和扩展类型中可以重载操作符。如果某种类型没有定义操作符的功能，则可以通过操作符重载定义其功能。

操作符重载通过操作符函数实现。操作符函数和普通函数非常类似，只需将操作符替换

为函数名称，并在 func 关键字前面添加 operator 修饰符即可实现操作符重载，其基本形式
如下：

```
operator func 操作符名称(参数列表) {
    //操作符重载函数体
}
```

操作符函数的参数个数和操作符要求的操作数个数必须相同，支持的操作符及其要求的
运算对象的个数如表 10-1 所示。

表 10-1　可以被重载的操作符

操作符	含义	要求运算对象的个数	操作符	含义	要求运算对象的个数
()	函数调用	2	>>	按位右移	2
[]	索引	2	<	小于	2
!	逻辑非	1	<=	小于或等于	2
−	一元负号	1	>	大于	2
**	幂运算	2	>=	大于或等于	2
*	乘法	2	==	等于	2
/	除法	2	!=	不等于	2
%	取余	2	&	按位与	2
+	加法	2	^	按位或	2
−	减法	2	|	按位或	2
<<	按位左移	2			

使用操作符函数时，需要注意以下两点：

（1）操作符函数是实例成员函数，所以禁止使用 static 修饰符。

（2）操作符函数不能为泛型函数。

1. 逻辑操作符的重载

【实例 10-26】 定义圆 Circle 类，并重载==和!=操作符，分别用于判断两个圆是否相等
或不等，代码如下：

```
//code/chapter10/example10_26.cj
//圆
class Circle {
    //主构造函数
    Circle(var radius : UInt64) {
    }
    //重载==操作符，判断两个圆是否相等
    operator func ==(circle : Circle) : Bool {
        this.radius == circle.radius
    }
```

```
        //重载!=操作符，判断两个圆是否不等
        operator func !=(circle : Circle) : Bool {
            this.radius != circle.radius
        }
}

func main() {
    //创建 3 个圆对象
    let circle1 = Circle(20)
    let circle2 = Circle(20)
    let circle3 = Circle(25)
    //判断 circle1 和 circle2 是否相等
    if (circle1 == circle2) {
        println("circle1 和 circle2 相等!")
    } else {
        println("circle1 和 circle2 不等!")
    }
    //判断 circle2 和 circle3 是否相等
    if (circle2 != circle3) {
        println("circle2 和 circle3 不等!")
    } else {
        println("circle2 和 circle3 相等!")
    }
}
```

当两个圆的半径相等时，这两个圆相等；反之圆不相等。根据这一规则，重载了操作符==和操作符!=的用法。

在 main 函数中，创建了 3 个 Circle 对象，分别为 circle1、circle2 和 circle3，其半径分别为 20、20 和 25。随后，通过操作符==和!=判断 circle1 和 circle2 之间，以及 circle2 和 circle3 之间是否相等。编译并运行程序，输出结果如下：

```
circle1 和 circle2 相等!
circle2 和 circle3 不等!
```

2. 运算操作符的重载

【实例 10-27】 定义二维坐标点 Point2D 类，并重载负号操作符、加法操作符和减法操作符，代码如下：

```
//code/chapter10/example10_27.cj
//二维坐标点
class Point2D <: ToString {

    //主构造函数，其中 x 和 y 是坐标点的坐标
```

```
    Point2D(var x : Int64, var y : Int64) {
    }

    //重载负号操作符 (-)，x 和 y 坐标均取相反数
    operator func -() : Point2D {
        Point2D(-this.x, -this.y)
    }

    //重载加法操作符 (+)，x 和 y 坐标分别为两个坐标点的 x 和 y 坐标的和
    operator func +(point : Point2D) : Point2D {
        Point2D(this.x + point.x, this.y + point.y)
    }

    //重载减法操作符 (-)，x 和 y 坐标分别为两个坐标点的 x 和 y 坐标的差
    operator func -(point : Point2D) : Point2D {
        Point2D(this.x - point.x, this.y - point.y)
    }

    //转字符串
    func toString() {
"(${x}, ${y})"
    }
}

func main() {
    //创建 p1 和 p2 两个坐标点
    let p1 = Point2D(2, 4)
    let p2 = Point2D(1, 3)
    //负号操作符
    let p3 = -p1
    println("p3 坐标点: " + p3.toString())
    //加法操作符
    let p4 = p1 + p2
    println("p4 坐标点: " + p4.toString())
    //减法操作符
    let p5 = p1 - p2
    println("p5 坐标点: " + p5.toString())

}
```

负号操作符和减法操作符的符号虽然相同，但是其参数数量和用法都不相同。在 main 函数中，定义了两个坐标点 p1 和 p2，并分别通过负号操作符、加法操作符和减法操作符计算得到 p3、p4 和 p5 这 3 个坐标点，然后输出其坐标点的信息。编译并运行程序，输出结果

如下：

```
p3 坐标点：(-2, -4)
p4 坐标点：(3, 7)
p5 坐标点：(1, 1)
```

3. 索引操作符[]的重载

【**实例 10-28**】 定义斐波那契序列 FibonacciSeq 类，并重载[]操作符，代码如下：

```
//code/chapter10/example10_28.cj
//斐波那契序列
class FibonacciSeq {

    //获取斐波那契的第 index 值
    operator func [](index : Int64) : Int64{
        //如果 index 值为 0 或者 1，则数列值均为 1
        if (index == 0 || index == 1) {
            return 1
        }
        //如果 index 值大于 1，则其数列值为前两个数列值的和
        return this[index - 2] + this[index - 1]
    }

}
func main() {
    //斐波那契序列对象
    let f = FibonacciSeq()
    for (i in 0..20) { //i 值从 0 到 19，共 20 个值
        print("${f[i]} ") //打印斐波那契数列的第 i 个值
    }
    print("\n") //打印换行符
}
```

在 FibonacciSeq 类的索引操作符函数中，index 参数是索引值，表示第 index 个斐波那契数列值。在 main 函数中，通过索引操作符获取了 20 个斐波那契数列值，并打印输出。编译并运行程序，输出结果如下：

```
1 1 2 3 5 8 13 21 34 55 89 144 233 377 610 987 1597 2584 4181 6765
```

通过上面的例子可以看出，操作符函数也支持递归。

另外，这个实例中还可以通过单例模式保证该类只有一个实例，并且可以通过集合类型（如 Map 或者 Buffer 等）存储已经计算完成的相应位置的斐波那契数列值，便于提高运算性能。读者可以自行尝试，提高该 FibonacciSeq 类的实用性。

4. ()操作符的重载

【实例10-29】 创建星期枚举类型 WeekEnum 和星期类 Week，并在 Week 类中重载()操作符，实现通过数字返回相应的星期枚举值的功能，代码如下：

```
//code/chapter10/example10_29.cj
//星期枚举类型
enum WeekEnum <: ToString {
    Sun | Mon | Tue | Wed | Thu | Fri | Sat | Unknown

    func toString() {
        match(this) {
            case $Sun =>"星期日"
            case $Mon =>"星期一"
            case $Tue =>"星期二"
            case $Wed =>"星期三"
            case $Thu =>"星期四"
            case $Fri =>"星期五"
            case $Sat =>"星期六"
            case _ =>"未知"
        }
    }
}

//星期类
class Week {
    operator func ()(index : Int64) : WeekEnum {
        match(index) {
            case 1 => WeekEnum.Mon //星期一
            case 2 => WeekEnum.Tue //星期二
            case 3 => WeekEnum.Wed //星期三
            case 4 => WeekEnum.Thu //星期四
            case 5 => WeekEnum.Fri //星期五
            case 6 => WeekEnum.Sat //星期六
            case 7 => WeekEnum.Sun //星期日
            case _ => WeekEnum.Unknown //未知
        }
    }
}

func main() {
    //星期对象
    let week = Week()
    //星期三
```

```
    println(week(3).toString())
    //星期日
    println(week(7).toString())
    //未知
    println(week(-1).toString())
}
```

在 main 函数中，创建了星期对象 week，并通过 week(3)、week(7)和 week(-1)获取了相应的枚举类型值。编译并运行程序，输出结果如下：

```
星期三
星期日
未知
```

10.6　本章小结

本章可以大致分为两个部分的内容：10.1～10.4 节介绍了函数式编程；10.5 节介绍了函数重载和操作符重载的相关内容，但是这些内容的核心都是函数。本章通过很大的篇幅介绍了仓颉语言对函数式编程的支持能力，不仅拥有对 Lambda 表达式、闭包等特性的支持，还包括了流操作符和尾随闭包等"语法糖"，所以开发者可以通过仓颉语言尽情地发挥及施展函数式编程的优势。不过，在许多问题的处理中函数式编程虽然能够提高编程效率和运行效率，但是绝不能否认结构化编程和面向对象编程的地位。将函数式编程和面向对象编程结合起来是重要的发展方向。开发者可以根据实际的需求选择合适的编程范式。

10.7　习题

（1）简述函数式编程和结构化编程的区别。

（2）探究如何结合函数式编程和面向对象编程实现多范式编程。

（3）通过柯里化函数计算表达式 2 * 5 + 12 / 3。

（4）通过高阶函数实现两个矩阵的加法。

（5）通过高阶函数计算数列的平均值和标准差。

（6）通过高阶函数和尾随闭包实现获取数列中大于 100 的值，并将结果组成新的数组。

（7）重载加法操作符，实现两个数列的连接。

第 11 章

让程序多姿多彩——
并发和网络编程

人们常说，做事要专心！是的，对于人来讲，最好在同一时间做好一件事，而不是手忙脚乱地同时干很多工作。对于程序也是一样的，一个程序最好只做一件事情。在之前的开发中，程序都是线性地按顺序地执行一段程序，这种程序最容易编写，也最容易维护，但是，在很多场景下，程序需要同时做多件事情。例如，导航软件在展示地图的同时下载离线地图；社交软件在朋友圈点赞评论的同时接收聊天消息；音乐软件在播放音乐的同时滚动展示歌词等。在这些场景下程序同时执行多个任务，此时就需要使用仓颉语言的并发特性了。

并发（Concurrency）是程序同时处理多个任务的能力。实现并发的技术有很多，而仓颉语言采用多线程的方式实现并发。程序并发会不可避免地导致数据的访问冲突。解决这一冲突的有效手段是同步（Synchronous）。仓颉提供了原子操作、互斥锁、条件变量等多种同步机制。

界面设计和网络编程几乎离不开并发。程序在更新用户界面的同时通常需要在后台处理数据或者执行其他耗时操作。在涉及互联网的应用程序中，常常会向其他主机发出多个请求或者接受多个回应，因此，笔者将并发和网络编程放在同一章中介绍。11.3 节和 11.4 节介绍如何用 TCP、HTTP 这两种最为常见的协议实现网络连接和数据交换。

本章的核心知识点如下：

（1）并发和同步机制。

（2）通过 Socket 实现 TCP 通信。

（3）搭建 HTTP 服务器，处理 HTTP 请求并响应客户端。

（4）通过 HTTP 客户端，发送 HTTP 请求。

（5）Cookie 和 CookieJar 的用法。

11.1　并发

在仓颉语言中，多线程是实现并发的主要机制。仓颉语言提供了高性能、易开发的轻量级线程机制。在同一个程序中的线程会在不定数量的操作系统线程的上下文中切换执行，这种调度方式可以有效地利用系统资源，比操作系统的线程内存资源占用更小，但是开发者无须关注这些调度细节，只需了解用户态线程的使用方法。

本节介绍如何创建仓颉线程及通过 Future<T>实现线程等待的基本方法。并发的相关函数在 concurrency 标准库中定义。在仓颉语言中，默认导入这个库，所以开发者可以直接使用相关的技术。

11.1.1 仓颉线程的创建

本节介绍暂停线程、创建线程的基本方法，通过实例学习线程和程序之间的关系。

1. 暂停线程的 sleep 函数

一个仓颉程序至少存在一个线程。也就是说，当开发者不创建任何线程时，仍存在一个以 main 函数为入口的线程，称为主线程。任何其他的线程都是在主线程的基础上创建的。为了学习和测试线程之间的关系，这里介绍一种重要的内置函数 sleep，用于暂停线程。sleep 函数的签名如下：

```
func sleep(ns : Int64) : Unit
```

其中，参数 ns 表示暂停线程的时间，单位为纳秒（ns）。

注意 当实参 ns 小于或等于 0 时，当前线程会让出执行资源，并不会进入睡眠。

秒（s）、毫秒（ms）、微秒（µs）、纳秒（ns）之间的基本换算公式为

$$1s = 1000ms$$
$$1ms= 1000µs$$
$$1µs = 1000ns$$

所以，将当前线程暂停 1s 的函数调用为

```
sleep(1000*1000*1000)
```

【**实例 11-1**】 使用 sleep 函数实现计时器功能，代码如下：

```
//code/chapter11/example11_1.cj
func main() {
    for(index in 0..10) {
        sleep(1000*1000*1000) //暂停线程1s
        println("计时器:${index + 1}秒")
    }
}
```

for in 表达式每次进入循环体时，index 变量从 0 到 9 递增，index + 1 的范围为从 1 到 10。在 println 函数打印字符串前，通过 sleep 函数使主线程暂停 1s，从而实现了计时器功能。编译并运行程序，大约每隔 1s 输出 1 行字符串。10s 后，输出的信息如下：

```
计时器:1s
```

```
计时器:2s
计时器:3s
计时器:4s
计时器:5s
计时器:6s
计时器:7s
计时器:8s
计时器:9s
计时器:10s
```

通过 sleep 函数可以模拟线程中比较复杂且耗时的任务,用于测试和学习仓颉线程。

2. 创建线程 spawn

通过 spawn 关键字和一个无参数的 Lambda 表达式即可创建一个新的仓颉线程,其基本形式如下:

```
spawn {=>
    //新线程执行的代码
}
```

该形式的结构被称为 spawn 表达式。由于无参数的 Lambda 表达式可以省略双线箭头符号=>,所以 spawn 表达式也可以简化为

```
spawn {
    //新线程执行的代码
}
```

新创建的线程称为当前线程的子线程,而当前线程称为子线程的父线程。

【实例 11-2】 在主线程中创建一个子线程,并且主线程和子线程分别打印输出一行字符串,代码如下:

```
//code/chapter11/example11_2.cj
func main() {
    spawn {
        println("子线程输出!")
    }
    println("主线程输出!")
    sleep(1000) //主线程暂停 1μs
}
```

在主线程运行的主函数 main 中,通过 spawn 关键字创建了一个子线程,并且在子线程中打印输出"子线程输出!"文本。创建了子线程以后,main 函数输出"主线程输出!"文本,并暂停程序 1μs。编译并运行程序,结果输出可能为

```
主线程输出!
子线程输出!
```

由于主线程和子线程的程序执行是非线性的，所以上述输出的两行字符串有可能颠倒，即输出结果也可能为

```
子线程输出!
主线程输出!
```

3. 主线程结束意味着程序结束

读者可能存在疑问：在实例 11-2 中，为什么要在主函数的最后使用 sleep(1000) 语句暂停主线程 1μs？这是因为，主线程结束了也就意味着程序结束，而程序结束会停止所有线程。也就是说，主线程的停止会导致所有子线程的终止，如图 11-1 所示。

图 11-1　主线程结束意味着程序结束

对于实例 11-2 来讲，如果主线程没有通过 sleep 函数暂停线程，则将会有很大概率在子线程还没有输出信息的时候，会因为主线程的结束而结束该子线程。

【实例 11-3】　子线程暂停 1μs 后输出文本，而主线程立即输出文本，代码如下：

```
//code/chapter11/example11_3.cj
func main() {
    spawn {
        sleep(1000) //子线程暂停 1μs
        println("子线程输出!")
    }
    println("主线程输出!")
}
```

由于子线程暂停 1μs 后才输出文本，而此时主线程早已结束。等不到子线程的输出文本程序就结束了。编译并运行程序，输出结果如下：

```
主线程输出!
```

为了避免子线程还没有结束而主线程已经结束的情况发生，可以通过 Future<T>实现线程等待。

11.1.2 通过 Future<T>实现线程等待

spawn 表达式的返回类型为 Future<T>。Future<T>是泛型类，其中 T 和 spawn 表达式中的 Lambda 表达式的返回类型一致。例如，当 Lambda 表达式的返回类型为 Int64 时，spawn 表达式的返回类型为 Future<Int64>；当 Lambda 表达式的返回类型为 String 时，spawn 表达式的返回类型为 String，代码如下：

```
//当Lambda表达式的返回类型为Int64时，spawn表达式的返回类型为Future<Int64>
let res : Future<Int64> = spawn { return 1 }
//当Lambda表达式的返回类型为String时，spawn表达式的返回类型为String
let res2 : Future<String> = spawn { return "string" }
```

通过 Future<T>可以将子线程和父线程联系在一起。子线程的运算结果可以通过 spawn 表达式的返回值传递给父线程进行处理。当父线程需要处理子线程的返回结果时，父线程会主动等待子线程的运算结果，得到结果后再进行下一步操作，如图 11-2 所示。

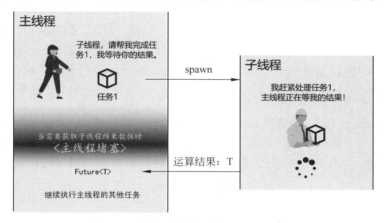

图 11-2 主线程等待子线程的运算结果

Future<T>类包含 3 个主要的函数。

（1）func isDone(): Bool：判断子线程是否已经结束。该函数不会阻塞父线程的运行。

（2）func getResult(): Result<T>：等待子线程结束并获取子线程的返回结果，返回 Result<T> 结果。

（3）func getResult(ns: Int64): Result<T>：尝试等待子线程结束并获取子线程的返回结果，返回 Result<T>结果。不过，如果等待时间超出了 ns 参数设定的时间（单位：纳秒），则不再等待子线程的运算结果，而返回 Result<T>.Err(Throwable)值。

注意 函数 getResult 的返回类型为 Result<T>，所以子线程中的代码可以抛出异常，而这个异常可以被函数 getResult 接收处理。

【实例 11-4】 使用子线程计算 1+2+⋯+99+100 的值，主线程等待子线程得到计算结果后输出这个值，代码如下：

```
//code/chapter11/example11_4.cj
func main() {
    //创建新的线程，计算 1~100 的和
    let res : Future<Int64> = spawn {
        var sum = 0
        for(i in 1..100) {
            sleep(10 * 1000 * 1000) //子线程暂停 10ms
            sum += i
        }
        return sum
    }
    //输出 1~100 的累加和
    let sum = res.getResult().getOrThrow()
    println("1~100 的和:${sum}。")
}
```

在子线程中每次循环累加时都暂停线程 10ms，使整个子线程的运算时间大于 1s。如果主线程不等待子线程，则主线程早就结束了，但是，由于主线程通过 getResult 函数获得子线程的计算结果，所以主线程会等待子线程的结束。编译并运行程序，输出结果如下：

```
1~100 的和:4950。
```

通过 getResult(ns:Int64)函数可以设置主线程最长的等待时间。当子线程的运行时间超出这个时间后，就不再等待子线程的运算结果了。

【**实例 11-5**】 主线程等待子线程 1000ns，超时后将不再等待子线程的计算结果，代码如下：

```
//code/chapter11/example11_5.cj
func main() {
    //创建新的线程，暂停线程一段时间后，返回值"主线程，我爱你!"
    let future : Future<String> = spawn {
        sleep(10 * 1000)
        return "主线程，我爱你!"
    }

    try {
        //等待并输出子线程的返回值，等待时间不超过 1000ns
        let res = future.getResult(1000).getOrThrow()
        println("你的爱意已收到:" + res)
    } catch (e : Exception) {
        println("等不到的爱!" + e.toString())
    }
}
```

```
    }
```

子线程暂停 10μs 才返回值，远大于主线程的 1μs 的等待时间，所以 getResult(1000) 会返回 GetResultTimeOutException 异常，并被 Catch 语句块接收处理。编译并运行程序，输出结果如下：

```
等不到的爱!Exception RuntimeException GetResultTimeOutException
```

在实例 11-5 中，如果将子线程中的 sleep(10 * 1000) 语句注释或删除，则主线程能够在 1μs 内获得子线程的运算结果，在这种情况下输出的结果如下：

```
你的爱意已收到:主线程,我爱你!
```

11.2　并发的同步机制

读者试想这样一个场景：在微信群里报名一项活动，所有参加者需要进行手动接龙，即在前人发到群里的报名信息后再添加一个本人的报名信息，并再次发到群。如果小 B 和小 C 两个人同时看到小 A 的报名信息，并在小 A 的报名信息后添加了各自的报名信息，然后发到群里，则随后参加此项活动的小 D 就可能仅采用小 B 或者小 C 所发出的信息再添加自己的报名信息，从而导致小 C 或者小 B 的报名信息丢失，如图 11-3 所示。

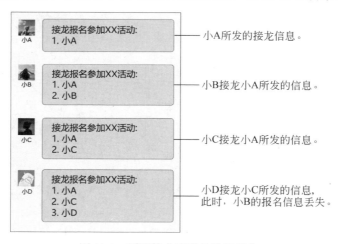

图 11-3　群聊接龙引发的数据丢失

上述这个例子中，报名信息的丢失源于数据的同时访问。在图 11-3 中，小 B 和小 C 同时访问了小 A 发出的接龙信息（数据），并对该信息进行了修改后发出了新的接龙信息（新的数据），最后小 D 只在小 C 发出的信息上进行了修改，而小 C 发出的信息覆盖了小 B 发出的信息，所以导致了数据丢失的问题。

在软件开发中，一定要避免数据的同时访问和修改,否则会造成类似的数据冲突。例如,火车站的售票系统正在售卖某列火车的车票，而且仅剩下 1 张车票了。现在有两个人同时购买了该仅剩下的 1 张车票，此时就会导致剩下的车票数变成了-1 张，即多卖出了一张车票，但是，如果该售票系统不允许两个人同时购买同一列火车的同一张车票，当某个人正在购票时，其他人就只能排队等待了，这样可以避免此类问题的发生。

【实例 11-6】 对仅剩下的 1 张车票几乎同时出售两次，代码如下：

```
//code/chapter11/example11_6.cj
from std import sync.*

//出售车票，仅剩下 1 张票
var ticketCount = 1

//出售 1 张车票
func saleOneTicket() {
    //创建线程
    spawn {
        //判断是否存在剩余票
        if (ticketCount > 0) {
            sleep(1000 * 1000)
            ticketCount -- //出售车票
            print("出售 1 张票!剩余票数: ${ticketCount}\n")
        } else {
            print("票已经售光!剩余票数: ${ticketCount}\n")
        }

    }
}

func main() {
    saleOneTicket()
    saleOneTicket()
    sleep(1000 * 1000 * 1000) //延时主线程，保证其子线程能够正常执行结束
}
```

变量 ticketCount 表示剩下的车票数量。函数 saleOneTicket 用于创建线程，并在所创建的线程中出售 1 张车票。在 main 函数中，两次调用 saleOneTicket 函数，出售两次车票。在 saleOneTicket 函数所创建的线程中，都会判断当时车票是有剩余的，所以均出售 1 张车票而导致 ticketCount 变量最终变为-1。编译并运行程序，输出结果如下：

```
出售 1 张票!剩余票数: 0
出售 1 张票!剩余票数: -1
```

在以上这个例子中，是经典的"出售火车票"问题。本节内容会围绕着这个问题来讲解

并发的同步机制。

在编程中，当多个线程操作同一个数据时，就会产生类似上述的数据冲突问题。为了解决这个问题，仓颉语言引入了原子操作和互斥锁等同步机制。这些同步机制的原理都是当某个线程对数据进行操作时，操作该数据的其他线程必须等待。

本节介绍互斥锁和原子操作的用法。相关的类处于 sync 库中，因此，使用这些技术时需要在文件的开头使用以下代码：

```
from sync import sync.*
```

11.2.1 互斥锁

互斥锁（Mutex）可以对某块代码设置临界区，使任意时刻最多只有一个线程能够执行临界区的代码。当某个线程运行到临界区的代码时，就会对互斥锁上锁。当该线程离开临界区代码时，就会对互斥锁解锁。当互斥锁处于上锁状态时，任何其他线程访问由该互斥锁变量控制的临界区时，都会阻塞线程而进行等待，直到互斥锁进入解锁状态，处于阻塞状态的线程才会继续运行，如图 11-4 所示。

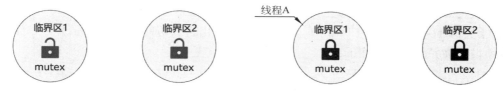

(1) 互斥锁mutex控制了临界区1和临界区2　　(2) 线程A进入临界区1，临界区1和临界区2被上锁

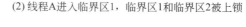

(3) 线程A正在运行临界区1的代码，线程B在进入临界区2时被阻塞　　(4) 线程A退出临界区1，临界区1和临界区2被解锁

(5) 线程B进入临界区2，临界区1和临界区2再次被上锁　　(6) 线程B退出临界区2，临界区1和临界区2被解锁

图 11-4　互斥锁对临界区的控制

代码的临界区就像卫生间一样，当某个人进入该卫生间时就会关门上锁，其他人只能等

待。只有当这个人开门解锁离开后，其他人才能进入这个卫生间。

注意 一个互斥锁可以控制多个临界区。这些临界区一般处于不同线程中，但都是对特定的数据进行操作。

互斥锁类 Mutex 主要包括以下方法。

（1）func lock()：对互斥锁上锁。

（2）func unlock()：对互斥锁解锁。

（3）func tryLock(): Bool：尝试对互斥锁上锁。当互斥锁处于解锁状态时上锁，返回值为 true；当互斥锁处于上锁状态时不对锁进行操作，返回值为 false。

（4）func tryLock(timeout: Int64): Bool：尝试对互斥锁上锁。等待 timeout 定义的时间（单位：纳秒），当互斥锁处于解锁状态时上锁，返回值为 true；当互斥锁处于上锁状态时不对锁进行操作，返回值为 false。

（5）func newCondition(): Condition：返回该互斥锁所对应的条件变量。

（6）func isLocked(): Bool：判断该互斥锁是否上锁。

下面介绍互斥锁的基本操作。

1. 互斥锁的上锁和解锁

通过 lock() 函数对互斥锁上锁，通过 unlock() 函数对互斥锁解锁。

【实例 11-7】 在实例 11-6 的基础上，对车票出售（访问 ticketCount 变量）部分使用互斥锁设置临界区，代码如下：

```
//code/chapter11/example11_7.cj
from std import sync.*

//出售车票，仅剩下 1 张票
var ticketCount = 1

//互斥锁变量
var mutex = Mutex()

//出售 1 张车票
func saleOneTicket() {
    //创建线程
    spawn {
        mutex.lock() //对互斥锁加锁
        //==================== 临界区 ====================
        //判断是否存在剩余票
        if (ticketCount > 0) {
            sleep(1000 * 1000)
            ticketCount -- //出售车票
            print("出售 1 张票!剩余票数: ${ticketCount}\n")
        } else {
```

```
            print("票已经售光!剩余票数: ${ticketCount}\n")
        }
        //=================== 临界区 ===================
        mutex.unlock() //对互斥锁解锁


    }
}

func main() {
    saleOneTicket()
    saleOneTicket()
    sleep(1000 * 1000 * 1000) //延时主线程，保证其子线程能够正常执行结束
}
```

在 mutex.lock()和 mutex.unlock()语句之间的代码是 mutex 所管理的临界区。在 main 函数中两次调用 saleOneTicket 函数创建了两个包含该临界区的线程。这两个线程不能同时运行临界区的代码，避免了对 ticketCount 变量的同时访问，从而避免了数据错误。编译并运行程序，输出结果如下：

```
出售 1 张票!剩余票数: 0
票已经售光!剩余票数: 0
```

在使用互斥锁上锁和解锁时，需要注意以下几点：

（1）互斥锁所管理的临界区一定是相关的，这些临界区包含了对同一数据（或一组相关的数据）的操作。

（2）互斥锁的上锁和解锁必须成对使用，不能单独使用。如果上锁后忘记解锁，则会导致其他线程运行到该代码时因为无法获得锁而阻塞。如果在没有上锁的状态解锁，则在调用 unlock 函数时会抛出异常。

2. 尝试上锁

用 lock 函数上锁时，如果线程不能获得锁就会一直等待，有一种"不等到锁不罢休"的冲劲儿。相对于 lock 函数，tryLock 函数可以用于尝试上锁，如果得不到锁（或者在一段时间之内得不到锁），就不上锁了，线程可以继续向下运行。如果把上锁比作追求女朋友的话，lock 函数就像死皮赖脸、纠缠不休的痴男，如果临界区不让我得到锁，就苦苦等待，而 tryLock 函数就像浅尝辄止、见机行事的渣男，得不到锁就不要了，干点别的。

【实例 11-8】 在实例 11-7 的基础上，对临界区尝试加锁，如果加锁失败，则不售票，代码如下：

```
//code/chapter11/example11_8.cj
from std import sync.*

//出售车票，仅剩下 1 张票
var ticketCount = 1
```

```
//互斥锁变量
var mutex = Mutex()

//出售 1 张车票
func saleOneTicket() {
    //创建线程
    spawn {
        if (mutex.tryLock()) {//尝试对互斥锁加锁
            //==================== 临界区 ====================
            //判断是否存在剩余票
            if (ticketCount > 0) {
                sleep(1000 * 1000)
                ticketCount -- //出售车票
                print("出售 1 张票!剩余票数: ${ticketCount}\n")
            } else {
                print("票已经售光!剩余票数: ${ticketCount}\n")
            }
            //==================== 临界区 ====================
            mutex.unlock() //对互斥锁解锁
        } else {
            print("票务系统正忙。\n")
        }

    }
}

func main() {
    saleOneTicket()
    saleOneTicket()
    sleep(1000 * 1000 * 1000) //延时主线程,保证其子线程能够正常执行结束
}
```

在 main 函数中,通过 saleOneTicket 函数创建了两个线程,当其中一个线程进入临界区时,另外一个线程进入临界区时会失败(加锁失败),所以打印出"票务系统正忙。"文本。编译并运行程序,程序输出如下:

```
票务系统正忙。
出售 1 张票!剩余票数: 0
```

tryLock(timeout: Int64)函数与 tryLock()函数类似,只不过前者会在尝试加锁时等待一段时间,而不像后者那么"绝情"。由于用法类似,这里不再赘述,读者可以自行修改上面的实例,体验两者的区别。

3. synchronized 同步块

关键字 synchronized 可以和互斥锁变量共同构成一个同步块结构，其基本形式如下：

```
synchronized(Mutex 变量) {
    //同步块代码
}
```

同步块代码属于 Mutex 变量所控制的临界区。在程序运行到同步块代码时，会通过 Mutex 变量加锁；当程序离开同步块代码时，会通过 Mutex 变量解锁。一般情况下，上述代码等价于以下代码：

```
Mutex 变量.lock()
//同步块代码
Mutex 变量.unlock()
```

当同步块代码通过 break、continue、return、throw 等关键字跳出同步块时，也能够实现互斥锁自动解锁。由于同步块代码能够实现互斥锁的自动加锁和解锁，所以可以避免开发者在使用互斥锁时出现忘记加锁或者忘记解锁的情况，使程序开发更加安全。

【实例 11-9】 在实例 11-8 的基础上，使用 synchronized 关键字设置临界区，代码如下：

```
//code/chapter11/example11_9.cj
from std import sync.*

//出售车票，仅剩下 1 张票
var ticketCount = 1

//互斥锁变量
var mutex = Mutex()

//出售 1 张车票
func saleOneTicket() {
    //创建线程
    spawn {
        synchronized(mutex) {
            //==================== 临界区 ====================
            //判断是否存在剩余票
            if (ticketCount > 0) {
                sleep(1000 * 1000)
                ticketCount -- //出售车票
                print("出售 1 张票!剩余票数: ${ticketCount}\n")
            } else {
                print("票已经售光!剩余票数: ${ticketCount}\n")
            }
            //==================== 临界区 ====================
```

```
        }

    }
}

func main() {
    saleOneTicket()
    saleOneTicket()
    sleep(1000 * 1000 * 1000) //延时主线程，保证其子线程能够正常执行结束
}
```

编译并运行程序，输出结果如下：

```
出售 1 张票!剩余票数：0
票已经售光!剩余票数：0
```

4. 条件变量的用法

条件变量（Condition）用于线程之间的等待和唤醒。如果多个线程之间部分代码的运行存在先后顺序，就可以通过条件变量来控制某个线程休眠等待（wait），直到收到了来自其他线程的通知唤醒（notify）后再执行后面的代码，如图 11-5 所示。

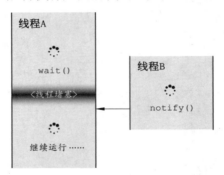

图 11-5　唤醒正在等待的线程

条件变量必须和互斥锁进行绑定，条件变量本身也是通过互斥锁的 newCondition()函数创建的，代码如下：

```
//互斥锁变量
var mtx = Mutex()
//与 mtx 相关联的条件变量
var condition = mtx.newCondition()
```

Condition 变量主要包括以下函数。

（1）wait()：使线程等待，直到获得唤醒通知后继续。

（2）wait(timeout: Int64)：使线程等待 timeout 时间（单位：纳秒），直到 timeout 时间到时，或者获得唤醒通知后继续。

（3）notify()：对其中一个该 Condition 变量所控制的处于等待状态的线程发出唤醒通知。

（4）notifyAll()：对所有该 Condition 变量所控制的处于等待状态的线程发出唤醒通知。

wait()和 wait(timeout: Int64)函数需要在相关联的互斥锁所控制的临界区中执行，否则会抛出 ReleaseUnownedLockException 异常。

【实例 11-10】创建子线程进行某种运算，主线程通过条件变量等待子线程的运算结束，代码如下：

```
//code/chapter11/example11_10.cj
from std import sync.*

//互斥锁变量
var mtx = Mutex()
//与 mtx 相关联的条件变量
var condition = mtx.newCondition()

//创建新的线程，进行某种运算
func newThread() {
    spawn {
        println("开始运算……")
        sleep(1000*1000*1000)
        println("结束运算……")
        condition.notify()  //通知主线程运算结束
    }
}

func main() {
    newThread()
    synchronized(mtx) {
        condition.wait()  //等待子线程的结束运算
    }
    println("程序结束……")
}
```

条件变量 condition 关联了互斥锁 mtx。在 newThread 函数中，创建了新的线程，进行某种运算（用 sleep 函数等待 1s 模拟）后，调用条件变量 condition 的 notify 函数通知唤醒。在 main 函数中，调用了 newThread 函数后，通过条件变量 condition 的 wait 函数阻塞线程，直到收到了来自子线程的唤醒通知后输出"程序结束……"文本。编译并运行程序，输出结果如下：

```
开始运算……
结束运算……
程序结束……
```

通过条件变量可以使程序中的各个线程有效协作。

11.2.2　原子操作

原子操作是另外一种并发的同步机制。原子操作是原子性的，即原子操作在 CPU 执行的过程中不被中断，所以某个线程在对某个数据进行原子操作的时候，其他的线程必然无法对这个数据进行操作。就像考试一样，当考生在考试进行过程中，手机关机而无法被打扰，所有其他要执行的任务都需要等待考试结束后再完成。相对互斥锁而言，原子操作具有以下特性：

（1）原子操作是高效的。原子操作是在底层硬件指令层面实现的同步机制，性能更加高效，并且其性能也能做到随 CPU 个数的增多而线性扩展。

（2）原子操作是无锁的。原子操作是无锁的，不需要互斥锁的复杂操作，也不会引起死锁等问题。

原子操作也有其缺点：

（1）原子操作仅适用于整型、布尔类型和引用类型的数据。支持原子操作的数据类型都存在相对应的原子类型。例如，布尔类型 Bool 的原子类型为 AtomicBool，整型 Int64 的原子类型为 AtomicInt64，引用类型的原子类型为 AtomicReference。

（2）原子操作是原子类型预定义的，不能由开发者扩展，所以原子操作不适用于复杂的并发同步需求。

仓颉语言中的原子类型及其所对应的非原子类型如表 11-1 所示。

表 11-1　仓颉语言中的原子类型及其所对应的非原子类型

原子类型	所对应的非原子类型
AtomicBool	Bool
AtomicInt8、AtomicInt16、AtomicInt32、AtomicInt64、AtomicUInt8、AtomicUInt16、AtomicUInt32、AtomicUInt64 等	Int8、Int16、Int32、Int64、UInt8、UInt16、UInt32、UInt64 等整型
AtomicReference	引用类型（Class 或 Interface）

原子类型的本身是引用类型，即 AtomicBool、AtomicInt8 等本身都是类。这些原子类型都包含了一些通用的原子操作函数，例如 load、store、swap 等，如表 11-2 所示。

表 11-2　原子类型中的原子操作函数

函数	描　　述	函数	描　　述
load	读取	fetchSub	减法运算
store	存储	fetchAnd	与运算
swap	交换，返回交换前的值	fetchOr	或运算
compareAndSwap	比较交换，返回交换是否成功	fetchXor	异或运算
fetchAdd	加法运算		

对于这些原子操作，需要注意以下几点：

（1）对于含有 fetch 动词的运算函数，会返回运算前原子类型中包含的值。

（2）比较交换（CompareAndSwap，CAS）是一种比较特殊的原子操作，包含了 1 个预期原值 old 和一个新值 new，CAS 会比较当前的值是否和 old 值相同，如果相同，则会将 new 值赋值到原子类型中，返回值为 true；反之，则不改变原子类型中的值，返回值为 false。

（3）对于整型原子类型的与运算、或运算和异或运算，指的是相应的位运算。

注意 AtomicBool 仅包含 load、store、swap 和 compareAndSwap 原子操作函数。

下面以 AtomicInt64 为例介绍原子操作的相关函数的用法。

【实例 11-11】 测试 AtomicInt64 原子操作函数，代码如下：

```
//code/chapter11/example11_11.cj
from std import sync.*

func main() : Unit {
    //定义原子类型 AtomicInt64，将其数值初始化为2
    let atomicValue = AtomicInt64(2)
    //获取原子类型的值
    let value = atomicValue.load()
    println("原子类型的值:${value}")
    //设置原子类型的值
    atomicValue.store(10)
    println("原子类型的值:${atomicValue.load()}")
    //交换原子类型的值
    let valueBefore = atomicValue.swap(20)
    println("原子类型交换前的值:${valueBefore}")
    println("原子类型交换后的值:${atomicValue.load()}")
    //比较交换原子类型的值
    if ( atomicValue.compareAndSwap(20, 30)) {
        println("交换成功!原子类型的值:${atomicValue.load()}")
    } else {
        println("交换失败!")
    }
    atomicValue.fetchAdd(1) //atomicValue 加1
    println("atomicValue 加1: ${atomicValue.load()}")
    atomicValue.fetchSub(1) //atomicValue 减1
    println("atomicValue 减1: ${atomicValue.load()}")
    atomicValue.fetchOr(0B1001) //atomicValue 或运算 11110 | 1001
    println("atomicValue 或运算: ${atomicValue.load()}")
}
```

编译并运行程序，输出结果如下：

原子类型的值:2

```
原子类型的值:10
原子类型交换前的值:10
原子类型交换后的值:20
交换成功!原子类型的值:30
atomicValue 加 1: 31
atomicValue 减 1: 30
atomicValue 或运算: 31
```

原子操作在多线程开发中是非常实用的,下面的实例用于比较原子操作和非原子类型的变量对已经运行的线程计数的区别。

【实例 11-12】 使用非原子类型对已经运行的线程进行计数,代码如下:

```
//code/chapter11/example11_12.cj
from std import sync.*

//已经运行的线程数量
var threadCount = 0

//出售 1 张车票
func newThread() {
    //创建线程
    spawn {
        //已经运行的线程数量加 1
        let now = threadCount
        sleep(1000)
        threadCount = now + 1
    }
}

func main() {
    //list 变量用于存储线程的 Future 值
    let list = ArrayList<Future<Unit>>()

    //创建 1000 个线程
    for (i in 0..1000) {
        list.add(newThread())
    }
    //等待所有的线程结束
    for (fut in list) {
        fut.getResult()
    }
    //运行的线程数量
    println("运行的线程数量: ${threadCount}")
}
```

spawn 中的代码实际上是将 threadCount 值加 1，但是为了能够方便演示，这里通过 sleep 函数加深了该操作的非原子性，能够更加方便地演示非原子性所带来的问题。编译并运行程序，结果输出可能如下：

运行的线程数量：596

通过之前的学习，读者应该很容易理解这里运行的线程数量在 0～1000。如果将 spawn 中的代码修改为 threadCount++，由于该操作也是非原子性的，也有一定的概率将运行的线程数量计数为 999 或者 998，输出结果如下：

运行的线程数量：998

如果读者没有得到这个结果，则可以尝试多运行几遍以复现问题。这是非原子性变量所带来的不确定性问题。

注意　在实际开发过程中，一旦程序出现了这种类似的问题，非常难以复现和排查。

但是，如果将上述实例中 threadCount 变量改为原子性的变量，就可以非常高效且正确地对运行的线程进行计数了。

【实例 11-13】　使用原子类型 AtomicInt64 计数已经运行的线程数量，代码如下：

```
//code/chapter11/example11_13.cj
from std import sync.*

//已经运行的线程数量
var threadCount = AtomicInt64(0)

//出售 1 张车票
func newThread() {
    //创建线程
    spawn {
        threadCount.fetchAdd(1)
        sleep(1000 * 1000)
    }
}

func main() {
    //list 变量用于存储线程的 Future 值
    let list = ArrayList<Future<Unit>>()

    //创建 1000 个线程
    for (i in 0..1000) {
        list.add(newThread())
    }
    //等待所有的线程结束
```

```
    for (fut in list) {
        fut.getResult()
    }
    //运行的线程数量
    let count = threadCount.load()
    println("运行的线程数量: ${count}")
}
```

由于 threadCount 变量的 fetchAdd 操作是原子性的，所以能够正确地计数运行线程的数量。编译并运行程序，输出结果如下：

运行的线程数量: 1000

在遇到比较复杂问题的时候，原子操作也存在局限性。例如本节开头举例的出售火车票问题，通过原子操作解决此问题会比较复杂一些。下面的实例分别尝试通过取出法和 CAS 法解决这个问题。

【实例 11-14】 通过取出法实现出售火车票问题，代码如下：

```
//code/chapter11/example11_14.cj
from std import sync.*

//出售车票，仅剩下 1 张票
var ticketCount = AtomicInt64(1)

//出售 1 张车票
func saleOneTicket() {
    //创建线程
    spawn {
        var current = ticketCount.fetchSub(1)  //尝试取出 1 张票
        sleep(1000 * 1000)
        if (current - 1 < 0) {
            //取出 1 张票后发现剩余票数不合法，所以将尝试取出来的票退回
            current = ticketCount.fetchAdd(1)
            print("票已经售光!剩余票数: ${current + 1}\n")
        } else {
            print("出售 1 张票!剩余票数: ${current - 1}\n")
        }
    }
}


func main() {
    saleOneTicket()
    saleOneTicket()
    sleep(1000 * 1000 * 1000) //延时主线程，保证其子线程能够正常执行结束
```

```
}
```

在每次售票时，通过车票数量 ticketCount 的 fetchSub 方法尝试取出 1 张车票，如果取出后票数小于 0（current − 1 < 0），则说明剩余票数不合法，所以将尝试取出来的票退回；如果取出后的票数大于或等于 0，则可以将此票出售。编译并运行程序，输出结果如下：

```
出售 1 张票!剩余票数：0
票已经售光!剩余票数：0
```

【实例 11-15】　通过 CAS 实现出售火车票问题，代码如下：

```
//code/chapter11/example11_15.cj
from std import sync.*

//出售车票，仅剩下 1 张票
var ticketCount = AtomicInt64(1)

//出售 1 张车票
func saleOneTicket() {
    //创建线程
    spawn {
        var current = ticketCount.load() //当前票数
        sleep(1000 * 1000)
        if (current > 0) {
            //通过 CAS 方式尝试出票
            let res = ticketCount.compareAndSwap(current, current - 1)
            if (res) {
                print("出售 1 张票!剩余票数：${current - 1}\n")
            } else {
                print("出票失败，请重试!\n")
            }
        } else {
            print("票已经售光!剩余票数：${current}\n")
        }
    }
}

func main() {
    saleOneTicket()
    saleOneTicket()
    sleep(1000 * 1000 * 1000) //延时主线程，保证其子线程能够正常执行结束
}
```

在函数 saleOneTicket 所创建的线程中，通过原子类型变量 ticketCount 的 load 函数获取当前的票数 current，当票数大于 0 时，出票的时候再次判断当前的票数是否和刚才获取的票

数 current 相同。如果两者不相同，则说明票数有变化，所以出票失败；如果两者相同，则成功出票。编译并运行程序，输出结果如下：

```
出票失败，请重试！
出售 1 张票!剩余票数: 0
```

使用 CAS 方式出票时，还可以通过一个有限次循环的方式多次重试出票，这对于提高用户体验来讲有所帮助。

11.3 Socket 通信

我们身处网络时代，网络编程自然不可或缺。通过网络，程序可以传递文字、图片、音乐等各种各样的数据。实际上，这些数据的传输所使用的协议屈指可数，通常包括 TCP、UDP、HTTP 等。在这些网络协议的基础上，就可以实现多姿多彩的网络应用了。

在仓颉语言中，有专门用于网络编程的 net 标准库。net 库已经对常见的协议和网络编程方法进行了封装。在使用这些技术前，需要在源代码中导入 net 库，代码如下：

```
from std import net.*
```

本节介绍 Socket 通信的用法，11.4 节介绍 HTTP 协议通信的用法。

11.3.1 使用 Socket 通信

套接字（Socket）是网络通信中较为基础、底层的技术。几乎在任何编程语言、任何编程框架中都能够见到 Socket API 的身影。Socket 通常支持 TCP/IP 中的两个传输层协议 TCP 和 UDP。

TCP（Transmission Control Protocol）协议是面向连接的、可靠的、基于字节流的传输层通信协议。TCP 仅支持点对点的连接，可实现双工通信。服务器和客户端通过 TCP 连接时，先通过三次握手建立连接，然后即可实现连接双方的可靠传输。TCP 通常用于文件传输、文字聊天等场景。

UDP（User Datagram Protocol）协议是无连接、不可靠的传输层协议。UDP 不仅支持点对点的连接，也支持多播和广播。使用 UDP 协议时，传输的双方无须建立连接，而且数据的接收方不会检查数据的完整性，数据在传输中可能出现损坏和丢失。UDP 通常用于 IP 电话、视频直播等场景。

在仓颉语言中，SocketNet 枚举类型表示不同的 Socket 网络协议，包括 TCP 和 UDP 两个枚举值。下文分别介绍使用 Socket 作为 TCP 客户端和服务器端的用法。

1. 使用 Socket 作为 TCP 客户端

使用 Socket 作为 TCP 客户端的基本步骤如下：

（1）创建 Socket 对象。

（2）开始 TCP 连接。

（3）实现 TCP 通信（字节流的传输）。

（4）关闭 TCP 连接。

以下分别介绍这几个步骤：

1）创建 Socket 对象

Socket 类的构造函数如下。

（1）init(net: SocketNet, address: String, port: UInt16)：创建网络协议为 net，IP 地址为 address，端口号为 port 的 Socket 对象。

（2）init(net: SocketNet, address: String, port: UInt16, localAddress: String, localPort:UInt16)：创建网络协议为 net，IP 地址为 address，端口号为 port 的 Socket 对象，并且将本地的 IP 地址指定为 localAddress，将本地端口号指定为 localPort。

例如，创建一个 IP 地址为 192.168.0.30，端口号为 5678 的 UDP 连接 Socket 对象，代码如下：

```
let socket = Socket(SocketNet.UDP, "192.168.0.30", 5678)
```

2）开始 TCP 连接

调用 Socket 对象的 connect 函数即可开始 TCP 连接。TCP 连接是一对一的，即一个 TCP 客户端对应一个 TCP 服务器。如果连接失败，则会抛出 SocketException 异常。

3）实现 TCP 通信（字节流的传输）

字节流的传输包括写入（write）和读取（read）两部分，分别用于将字节流传递到服务器和读取从服务器传递来的字节流，主要的方法如下。

（1）func read(buffer: Array<UInt8>): Result<Int64>：读取从 TCP 服务器传递来的字节流，并将其写入 buffer 字节数组中。该函数的返回值为读取的字节数，如果读取失败，则返回异常信息。

（2）func write(buffer: Array<UInt8>): Result<Int64>：将 buffer 字节数组中的数据向 TCP 服务器写入字节流。该函数的返回值为写入的字节数，如果写入失败，则返回异常信息。

（3）func write(str: String): Result<Int64>：将字符串 str 转换为字节流，并向 TCP 服务器写入。该函数的返回值为写入的字节数，如果写入失败，则返回异常信息。

4）关闭 TCP 连接

调用 Socket 对象的 close 函数即可关闭 TCP 连接。

注意　Socket 对象的 close 函数要和 connect 函数成对使用。

为了测试程序，可以使用 Linux 中的 netcat 命令开启一个 TCP 服务器。例如，创建一个端口号为 5678 的 TCP 服务器的命令如下：

```
netcat -l 5678
```

在下面的实例中，将仓颉程序和上述 netcat 服务器放在同一个主机中测试执行，并且运行上述命令后对仓颉实例程序进行测试。

【实例 11-16】　使用 Socket 作为 TCP 客户端传递和接收数据，代码如下：

```
//code/chapter11/example11_16.cj
from std import net.*
from std import io.*


func main() : Unit {
    //创建端口号为 5678 的 TCP 连接的 Socket
    //127.0.0.1 表示单机地址，也可以替换为 localhost
    let socket = Socket(SocketNet.TCP, "127.0.0.1", 5678)
    try {
        //开始 Socket 连接
        socket.connect()
        //向服务器写入数据
        let res = socket.write("This is from Cangjie program.\n")
        //判断写入是否成功
        println("写入字节数:${res.getOrThrow()}。")
        //读取数据用的字节数组
        let data = Array<UInt8>(100, { v => 0 })
        //从服务器读取数据
        socket.read(data)
        //打印从服务器读取的数据
        println(Bytes2String(data))

    }
    catch(e : Exception) {
        println(e)
    }
    finally {
        //关闭 Socket 连接
        socket.close()
    }
}

//将字节数组转换为字符串
func Bytes2String(data : Array<UInt8>) : String {
    let res = StringStream("")
    for (Byte in data) {
        if (Byte == 10) {
            break
        }
        res.appends(chr(UInt32(Byte)))
    }
    return res.toString()
```

```
    }
```

编译并运行程序，首先输出的信息如下：

写入字节数:30。

此时，在 TCP 服务器上出现"This is from Cangjie program."文本，如图 11-6 所示。

图 11-6　服务器从客户端接收的文本信息

然后，在 TCP 服务器中输入任意的 ASCII 字符，如"abc123"后按 Enter 键。该文本信息会传递到仓颉程序中，输出信息如下：

abc123

注意　由于在上述代码中 Bytes2String 函数是将每字节单独转换为字符，所以仅支持单字节的 ASCII 字符，不支持中文等 Unicode 字符。读者可以自行扩展，以便实现对 Unicode 字符的支持。

上述信息输出完毕后，程序会调用 socket 变量的 close 函数结束这个 TCP 连接。此时，作为 TCP 服务器的 netcat 程序也停止运行了。

2. 使用 SocketServer 作为 TCP 服务器端

使用 SocketServer 作为 TCP 服务器端的基本步骤如下：

（1）创建 SocketServer 对象。

（2）通过 accept 函数获取 Socket 对象，监听 TCP 连接。

（3）实现 TCP 通信（字节流的传输）。

（4）关闭 TCP 连接。

以下分别介绍这几个步骤.

1）创建 SocketServer 对象

SocketServer 类的构造函数如下。

（1）init(net: SocketNet, port: UInt16)：创建网络协议为 net，端口号为 port 的 Socket 对象。

（2）init(net: SocketNet, address: String, port: UInt16)：创建网络协议为 net，IP 地址为 address，端口号为 port 的 Socket 对象。

例如，创建一个端口号为 5678 的 UDP 连接 Socket 对象，代码如下：

```
let socket = SocketServer(SocketNet.UDP, 5678)
```

2）通过 accept 函数获取 Socket 对象，监听 TCP 连接

调用 SocketServer 对象的 accept()函数即可获取 Socket 对象，并等待 TCP 客户端的连接。

3）实现 TCP 通信（字节流的传输）

此时，已经获得了 Socket 对象，所以其 TCP 通信的使用方法和 TCP 客户端的使用方法类似，读者可参考上文。

4）关闭 TCP 连接

调用 SocketServer 对象的 close 函数即可关闭 TCP 连接。

注意　SocketServer 对象的 close 函数要和 accept 函数成对使用。

在下面的实例中，将仓颉程序和上述 netcat 客户端放在同一个主机中执行，便于对仓颉实例程序进行测试。

【实例 11-17】　使用 SocketServer 作为 TCP 服务器传递和接收数据，代码如下：

```
//code/chapter11/example11_17.cj
from std import net.*
from std import io.*

//将字节数组转换为字符串
func Bytes2String(data : Array<UInt8>) : String {
    let res = StringStream("")
    for (Byte in data) {
        if (Byte == 10) {
            break
        }
        res.appends(chr(UInt32(Byte)))
    }
    return res.toString()
}

func main() : Unit {
    //创建端口号为 5678 的 TCP 连接的 SocketServer
    let socketServer = SocketServer(SocketNet.TCP, 5678)
    //获取 Socket 对象，等待连接
    let socket = socketServer.accept()
    try {
        //向服务器写入数据
        let res = socket.write("This is from Cangjie program.\n")
        //判断写入是否成功
        println("写入字节数:${res.getOrThrow()}。")
        //读取数据用的字节数组
        let data = Array<UInt8>(100, { v => 0 })
        //从服务器读取数据
        socket.read(data)
        //打印从服务器读取的数据
        println(Bytes2String(data))
```

```
    }
    catch(e : Exception) {
        println(e)
    }
    finally {
        //关闭 Socket 连接
        socket.close()
        //关闭 SocketServer
        socketServer.close()
    }
}
```

编译并运行程序，程序不会输出任何内容，等待 TCP 客户端的连接。

此时使用 Linux 主机通过 netcat 命令开启一个 TCP 客户端。在此，创建一个 IP 地址为 localhost，端口号为 5678 的 TCP 服务器，命令如下：

```
netcat localhost 5678
```

上述命令执行后，该客户端会立即和 TCP 服务器建立连接，仓颉程序会通过 write 方法向 TCP 客户端输出 "This is from Cangjie program." 文本，如图 11-7 所示。

图 11-7　客户端从服务器接收的文本信息

此时，TCP 服务器也会输出以下文本内容：

```
写入字节数:30。
```

然后，在 TCP 客户端中输入任意的 ASCII 字符，如 "abc123" 后按 Enter 键。该文本信息会传递到仓颉程序中，输出信息如下：

```
abc123
```

和实例 11-16 类似，由于在上述代码中 Bytes2String 函数是将每字节单独转换为字符，所以仅支持单字节的 ASCII 字符。实例 11-16 和实例 11-17 为 Socket 的基本使用样例。读者可尝试将实例 11-16 作为客户端，将实例 11-17 作为服务器端，同样可以进行有效的 TCP 通信。

但是上述这两个实例存在一个重要缺点，即在通信后会自动将 Socket 连接关闭。开发者在具体使用时，还常常需要通过并发的方法将 Socket 和 SocketServer 对象放置到新的线程中使用，并且，如果需要客户端和服务器之间持续传递信息，则建议使用循环等方式保持

Socket 连接。

11.3.2 节将通过一个实用的例子演示 Socket 通信的具体应用。

11.3.2 群聊应用程序

本节通过 Socket 的 TCP 连接实现群聊应用。群聊应用包括以下两个主要部分。

（1）服务器：用于接收某个客户端的数据，并转发到其他客户端中。

（2）客户端：发送数据，以及接收并打印服务器发来的数据。

下面分别实现群聊服务器和客户端。

1. 群聊服务器

群聊服务器的实现思路如下：

（1）定义全局变量，用 sockets 变量存储已经连接的 Socket 集合，用 port 变量表示服务器端口号。

（2）在 main 函数中，创建 TCP 连接的 SocketServer 变量 socketServer，然后在 while 死循环中通过 socketServer 的 accept 函数等待和连接客户端。在每次连接客户端后，都会将相应的 Socket 对象存储在 sockets 集合中，然后创建一个新的线程，用于处理该 Socket。

（3）用于处理 Socket 的线程包含 3 个主要部分：①接收来自客户端的数据；②打印数据；③将数据转发到其他客户端中。在这个过程中，如果出现了异常，或者接收来自客户端的数据始终为空，则说明客户端或者 Socket 连接出现了问题，结束整个线程。

（4）当 main 函数结束时，关闭 sockets 集合中所有的 Socket，并关闭 socketServer。

根据以上实现思路，群聊服务器的代码如下：

```
//code/project01/server.cj
from std import net.*
from std import io.*
from std import collection.*

//已经连接的 Socket 集合
var sockets : Buffer<Socket> = Buffer<Socket>()

//服务器端口号
let port : UInt16 = 5678

func main() : Unit {

    //创建 TCP 连接的 SocketServer
    let socketServer = SocketServer(SocketNet.TCP, port)

    while (true) {
        //通过 accept 函数等待 Socket 连接，一旦连接便加入 Socket 集合中，并创建新的线程
```

```
let socket = socketServer.accept()
sockets.add(socket)
println("用户上线!当前用户数量:${sockets.size()}")

//用于处理单个 Socket 的线程
spawn {
    while (true) {
        //每次收到来自某个 Socket 的数据时, 都将数据转发到其他 Socket
        try {
            //从服务器读取数据
            let data = Array<UInt8>(100, { v => 0 })
            let res = socket.read(data)
            //如果读取不到客户端的数据, 则说明客户端或 Socket 连接出现问题
            if (res.getOrThrow() == 0) {
                //在 Socket 集合中删除当前 Socket
                sockets.removeIf({ s => socket.handle == s.handle})
                socket.close()
                println("用户下线!当前用户数量:${sockets.size()}")
                break
            }
            //打印从客户端读取的数据
            //数据中包含回车, 所以无须使用 println
            print("接收并转发数据 : " + String.fromUtf8(data))

            //将 Socket 获取的数据转发到其他 Socket 中
            for (s in sockets) {
                //不转发到当前 Socket
                if (s.handle == socket.handle) {
                    continue
                }
                let res = s.write(data)
                //如果无法将数据发送到客户端, 则说明客户端或 Socket 连接出现问题
                if (res.getOrThrow() == 0) {
                    //在 Socket 集合中删除当前 Socket
                    sockets.removeIf({ s => socket.handle == s.handle})
                    socket.close()
                    println("用户下线!当前用户数量:${sockets.size()}")
                    break
                }
            }
        } catch(e : Exception) {
            println("用户下线!当前用户数量:${sockets.size()}")
            sockets.removeIf({ s => socket.handle == s.handle})
```

```
                    socket.close()
                    break
                }
            }
        }


    }
    //当程序关闭，关闭 SocketServer 和 Socket 集合中的 Socket
    for (s in sockets) {
        s.close()
    }
    socketServer.close()


}
```

　　用于处理 Socket 的线程中，每次读取来自客户端的数据都使用长度为 100 的数组接收数据，这个长度可以由开发者自定义。如果加长该数组长度，则程序将占据比较大的内存空间，但是由于能够一次性获取长字符串数据，性能会有所提高；反之，内存占用降低，但对于长字符串需要多次分段获取，性能也同时降低。

　　需要开发者注意，分段获取客户端发来的字符串可能会导致严重错误：当服务器同时获取来自多个客户端发来的分段数据时，很可能会导致字符串输出时出现交叉问题。这个问题很难通过同步锁解决（也并非没有解决方案，但是会导致业务逻辑比较复杂），所以开发者可以通过设置合适的数组长度，以及限制客户端发送数据的长度来保证服务器每次获取的数据都是完整的，而非分段的。

　　Socket 的 handle 变量是 Socket 的句柄。每个 Socket 都具有唯一的句柄，所以可以通过判断句柄是否相同的方式来判断两个 Socket 对象是否为同一个 Socket 对象。在从 sockets 集合移出指定的 Socket 对象时，以及转发 Socket 消息时都需要这一判断。

　　接下来，可以通过 netcat 对这个服务器进行测试。下面打开 3 个终端，首先在其中一个终端编译并运行上述服务器程序，另外两个终端执行以下程序：

```
netcat localhost 5678
```

　　此时，服务器程序会输出以下信息：

```
用户上线!当前用户数量:1
用户上线!当前用户数量:2
```

　　以上信息说明 TCP 连接成功。

　　然后分别在两个 netcat 程序中输入字符串并按 Enter 键，这样就会在另外一个 netcat 程序中将字符串内容显示出来，如图 11-8 所示。

　　当结束两个 netcat 客户端后，服务器会提示用户下线，如图 11-9 所示。

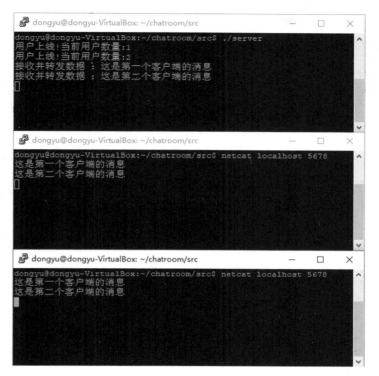

图 11-8 群聊服务器的测试

图 11-9 群聊服务器提示用户下线

接下来设计群聊客户端程序。

2. 群聊客户端

群聊客户端主要包括以下流程：

（1）加入群聊的用户首先需要通过标准输入设置用户名。

（2）创建并开始与服务器的 Socket 连接。

（3）创建接收线程，通过循环接收服务器发来的消息并打印在屏幕上。

（4）创建发送线程，通过循环获取用户输入的字符串消息并传递给服务器。

（5）保活接收线程和发送线程，退出程序时关闭 Socket。

另外，全局变量包括 ipaddr、port 和 username，分别为连接服务器的地址、端口号和用户名。

根据以上实现思路，群聊客户端的代码如下：

```
//code/project01/client.cj
from std import net.*
from std import io.*

//服务器地址
let ipaddr : String = "127.0.0.1"

//服务器端口号
let port : UInt16 = 5678

//用户名
var username : String = "佚名"

func main() : Unit {

    //当用户进入群聊时，输入用户名
    println("欢迎你加入群聊，请输入用户名:")
    let oUsername = Console.readln()
    match (oUsername) {
        case Some(v) =>
            username = v.trimAscii()
        case None =>
            println("用户名输入错误，程序退出!")
            return
    }

    //创建 Socket 对象
    let socket = Socket(SocketNet.TCP, ipaddr, port)

    //开始 Socket 连接
    socket.connect()

    //接收数据线程
    let futReceive = spawn {
        while(true) {
            try {
                //从服务器读取数据
                let data = Array<UInt8>(100, { v => 0 })
                let res = socket.read(data)
                //如果读取不到服务器的数据，则说明服务器或 Socket 连接出现问题
```

```
                if (res.getOrThrow() == 0) {
                    println("服务器或 Socket 连接出现问题！")
                    socket.close()
                    break
                }
                //打印从服务器读取的数据
                //客户端输入的数据包含回车，所以不需要 println
                print(String.fromUtf8(data))
            } catch (e : Exception) {
                println("接收数据线程异常: " + e.toString())
                socket.close()
                break
            }
        }
    }
}

//发送数据线程
let futSend = spawn {
    while(true) {
        try {
            //向服务器写入数据
            let oStr = Console.readln()
            let str = oStr.getOrThrow()
            //发送数据时带上用户名
            let res = socket.write((username + ": " + str).toUtf8Array())
            //如果无法向服务器发送数据，则说明服务器或 Socket 连接出现问题
            if (res.getOrThrow() == 0) {
                println("服务器或 Socket 连接出现问题！")
                socket.close()
                break
            }
        } catch (e : Exception) {
            println("发送数据线程异常: " + e.toString())
            socket.close()
            break
        }
    }
}
//保活接收数据线程和发送数据线程
futReceive.getResult()
futSend.getResult()
//程序退出时，关闭 Socket 连接
socket.close()
```

```
        }
```

接下来可以打开服务器，以及两个客户端开始测试：编译并运行两个客户端，分别将其用户名设置为仓颉和鸿蒙，并发送各自的问候消息，输出结果如图 11-10 所示。

图 11-10　群聊客户端的使用

在这个程序的基础上，开发者还可以为客户端设置欢迎提示、为服务器设置最大连接客户端数量及连接密码校验等功能，成为更加完善的群聊程序。

11.4　HTTP 服务器和客户端

本节介绍通过仓颉语言实现 HTTP 服务器和客户端的方法。

11.4.1　HTTP 服务器

HTTP（Hypertext Transfer Protocol）即超文本传输协议，是一种基于 TCP 协议的应用层协议。HTTP 采用"一问一答"的方式通信。在客户端和服务器建立连接后，客户端向服务器发送请求（Request），然后服务器向客户端发回响应（Response）。在通信结束后，客户端会和服务器即刻断开连接。由于每一次通信后，服务器都会立刻和客户端断开连接，所以能够节省服务器资源，非常适合高并发、低实时性的数据通信。当用户使用浏览器访问某个网站的时候，绝大多数的文本、图片是通过 HTTP 协议传输的。

在仓颉语言中，使用 Server 类作为 HTTP 服务器。Server 需要通过 Route 将不同 URL 路径的请求分配到不同的 Handler 进行处理，最终响应客户端，如图 11-11 所示。

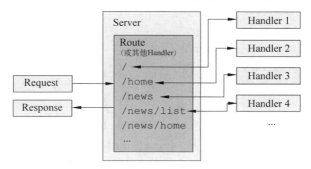

图 11-11　服务器处理客户端的请求

图 11-11 展示了 HTTP 服务器的典型方案。当客户端向服务器发来 Request 请求时，该请求会通过 Server 发送到 Route。由 Route 解析 Request 请求中的 URL 路径，并根据路径的不同将该请求发送到不同的 Handler 进行处理。Handler 将请求处理完毕后，即可生成相应的 Response 响应。最后，Response 会通过 Route 和 Server 返回客户端。

实际上，Handler 是一个接口，包括了 serveHTTP 函数。通过这个 serveHTTP 函数可以直接处理 HTTP 请求。

实现 Handler 接口的类包括 Route 和 FuncHandler。通过 Route 可以将请求分配到其他 Handler 中，而且 Route 中的 Handler 也可以用一个功能类似的 Lambda 表达式替代。

1. 开发 HTTP 服务器

开发 HTTP 服务器主要包括以下几个步骤：

（1）设计 URL 路径和相应的 Handler。

（2）通过 Route 将这些 URL 和对应的 Handler 进行注册。

（3）创建 Server 对象，并通过函数启动 HTTP 服务。

以下分别介绍这些步骤的具体操作方法。

1）设计 URL 路径和相应的 Handler

FuncHandler 的构造方法为 init(fn: (ResponseWriteStream, Request) -> Unit)，因此，创建 FuncHandler 时需要传递一个由 ResponseWriteStream 类型参数和 Request 类型参数组成的 Lambda 表达式。其中，ResponseWriteStream 用于通过流的方式输出 Response 信息，而 Request 类型参数中包含了 HTTP 请求数据。

ResponseWriteStream 包含 3 个主要函数：

（1）func header(): Header：返回响应头 Header 对象。

（2）func write(buf: Array<UInt8>): Int64：通过字节数组 buf 写响应数据。

（3）func writeStatusCode(statusCode: Int64): Unit：设置响应的状态码（如 200 表示正常等）。

例如，创建 1 个 FuncHandler，用于输出"你好，仓颉！"文本信息，代码如下：

```
let handler = FuncHandler({w, r =>
    //写响应数据
    let res = "你好,仓颉!".toUtf8Array()
    w.write(res)
    //设置响应数据的状态码
    w.writeStatusCode(200)
})
```

开发者需要根据不同的请求路径设计不同的 FuncHandler。

2）通过 Route 将这些 URL 和对应的 FuncHandler 进行注册

Route 可以根据请求的 URL，通过 handle 函数将不同的请求分配到不同的 FuncHandler。

注意 和 FuncHandler 类似，Router 也实现了 **Handler 接口**。

handle 函数的各个重载函数如下。

（1）func handle(pattern: String, handler: Handler): Unit：将请求路径为 pattern 的请求分配到 handler 进行处理。由于 handler 形参的类型为 Handler，所以这里可以将其分配到 FuncHandler 类型变量或者另外一个 Router 类型变量进行处理。

（2）func handle(pattern: String, funcHandler: (ResponseWriteStream, Request)->Unit): Unit：将请求路径为 pattern 的请求采用 Lambda 表达式 funcHandler 进行处理。

例如，创建 Route 并将 URL 为"/news/"的请求分配到变量名称为 handler1 的 FuncHandler 进行处理，代码如下：

```
let route = Route()
route.handle("/news/", handler1)
```

3）创建 Server 对象，并通过函数启动 HTTP 服务

Server 类的构造函数为 init(handler: Handler)，因此只需为其设置一个 Handler。这个 Handler 可以是 Route，也可以是 FuncHandler。

Server 包含了许多用于设置服务器参数的成员变量。

（1）var port: UInt16：端口号，默认为 0。注意，HTTP 的默认端口号为 80。

（2）var readTimeout: Duration：读取整个请求的最长时间。

（3）var readHeaderTimeout: Duration：读取请求头的超时时间。

（4）var writeTimeout: Duration：响应写入的超时时间。

（5）var idleTimeout: Duration：等待下一个 Keep-Alive 请求的超时时间。

最后，通过 listenAndServe 函数即可启动 HTTP 服务。

【实例 11-18】 通过 Server 创建服务器，并且根据不同的 URL 路径设置不同的响应结果，代码如下：

```
//code/chapter11/example11_18.cj
import net.*
import time.*

func main(): Int64 {

    //创建 Route 对象
    let route = Route()
    //新闻 URL 及其处理 Handler
    let handler = FuncHandler({w, r =>
        //写响应数据
        let res = "这是新闻界面。".toUtf8Array()
        w.write(res)
        //设置响应数据的状态码
        w.writeStatusCode(200)
    })
    route.handle("/news", handler)
    //主页 URL 及其处理 Handler
    route.handle(".", {w, r => w.write("你好，仓颉!".toUtf8Array())})

    //创建 Server 对象，开始服务
    var srv = Server(route)
    //端口号
    srv.port = 8080
    //请求超时时间 10s
    srv.readTimeout = Duration.second(10)
    //响应超时时间 10s
    srv.writeTimeout = Duration.second(10)
    srv.listenAndServe()
    return 0
}
```

handle 函数中的 URL 可以设置多个不同层级的请求路径。"."表示根路径，"/news"表示"./news"。

注意 "."与"/"或者"./"不同，前者只能匹配到根路径，而后者可以匹配到所有的路径，这是因为"./aa""./bb"等路径（包括"./news"）都是"./"的一部分。

编译并运行程序，在浏览器中通过 IP 地址访问 http://<IP 地址>:8080 页面，会出现"你好，仓颉!"文本，如图 11-12 所示。

在浏览器中通过 IP 地址访问 http://<IP 地址>:8080/news 页面，会出现"这是新闻界面。"文本，如图 11-13 所示。

图 11-12　HTTP 服务器的主页

图 11-13　HTTP 服务器的新闻界面

如果访问不存在的页面，例如访问 http://<IP 地址>:8080/abc 页面，则会出现"404 page not found"文本，如图 11-14 所示。

图 11-14　访问 HTTP 服务器中不存在的页面

以上为 HTTP 服务器的基本使用方法。为了设计精美的网页，开发者可以尝试在 FuncHandler 中读取 HTML 文件，并动态地为其设置数据，最后写入 ResponseWriteStream 对象中，返回客户端。

2. 提供 Web 页面服务

接下来介绍通过 HTTP 服务器提供 Web 页面服务。由于这部分内容涉及 Header 类的用法，所以先介绍 Header 类的基本用法，然后介绍提供 Web 页面服务的基本方法。

1）Header 类的基本用法

Header 中的数据实际上是一系列键-值对，用于声明请求或者响应的一些属性。

对于 HTTP 请求来讲，常见的 Header 键-值对包括 Accept（可接受的数据形式）、Accept-Encoding（可接受的文本编码）、Accept-Language（可接受的语言文字）、Cache-Control（缓存控制模式）、Connection（连接模式）、Cookie、Host（主机地址）、User-Agent（用户信息）等。

对于 HTTP 响应来讲，常见的 Header 键-值对包括 Content-Type（内容类型）、

Content-Length（内容长度）、Date（日期）、Server（服务器类型）等。

　　注意　Header 键-值对中的键是可重复的。例如，HTTP 响应可能存在多个 Set-cookie 键的键-值对。

　　Header 类继承于 MimeHeader 类，可以直接通过默认构造函数 init()创建，然后可以通过以下方法操作键-值对与转换为流对象。

　　（1）func add(key: String, value: String): Unit：添加 Header 键-值对。

　　（2）func remove(key: String): Unit：删除 Header 键-值对。

　　（3）func get(key: String): Option<String>：获取 Header 键-值对。

　　（4）func getAll(key: String): Buffer<String>：获取全部 Header 键-值对。

　　（5）func set(key: String, value: String): Unit：设置 Header 键-值对。如果不存在相应键的键-值对，则添加键-值对；如果存在，则修改键-值对。

　　（6）func write(w: WriteStream): Unit：将 Header 对象转换为流对象。

　　【**实例 11-19**】创建 Header 对象并操作键-值对，最后将该 Header 对象转换为流对象并输出，代码如下：

```
//code/chapter11/example11_19.cj
import net.*
import time.*
import io.*

func main() {
    let header = Header()
    //为 header 添加键-值对
    header.add("Content-Type", "text/plain")
    header.add("Content-Length", "50")
    header.add("Date", Time.now().toString())
    header.add("Server", "Apache")
    header.add("Set-cookie", "user=dongyu")
    header.add("Set-cookie", "userid=2001")
    //为 header 设置键-值对
    header.set("Content-Type", "text/html")
    //将 header 转换为流并输出
    var ss = StringStream("")
    header.write(ss)
    println(ss.toString())

}
```

　　Content-Type 键-值对的值原本为 text/plain，然后通过 set 函数将其修改为 text/html。编译并运行程序，输出结果如下：

```
Date: 2021-12-27T14:08:47+08:00
```

```
Set-cookie: user=dongyu
Set-cookie: userid=2001
Server: Apache
Content-Type: text/html
Content-Length: 50
```

2）提供 Web 页面服务

通过 HTTP 服务器提供 Web 页面服务主要包括以下两个步骤：

（1）通过 ResponseWriteStream 对象的 write 方法输出的数据为 HTML 数据。

（2）通过 ResponseWriteStream 对象的 header 方法获取 Header 对象，并将响应头中的 Content-Type 属性修改为 text/html 类型

Content-Type 属性用于指定 HTTP 响应内容的类型，该类型通过 MIME（Multipurpose Internet Mail Extensions）方式指定。浏览器或其他客户端可以根据 MIME 类型来对数据进行处理。MIME 类型包括类型和子类型两个部分并使用/分割，即通过"类型/子类型"的文本来表达一个 MIME 类型。常见的 MIME 类型如表 11-3 所示。

表 11-3　常见的 MIME 类型

MIME 类型	类型描述	MIME 类型	类型描述
text/plain	普通文本类型	image/jpeg	JPEG 图片类型
text/css	CSS 文本类型	audio/ogg	OGG 声频类型
text/html	HTML 文本类型	video/mp4	MP4 视频类型
text/JavaScript	JavaScript 文本类型	application/json	JSON 类型
image/png	PNG 图片类型		

【实例 11-20】　通过 HTTP 服务器提供 Web 页面服务，代码如下：

```
//code/chapter11/example11_20.cj
import net.*
import time.*

func main(): Unit {

    let route = Route()
    let handler = FuncHandler({w, r =>
        //将 header 的 Content-Type 属性设置为 text/html
        w.header().set("Content-Type", "text/html; charset=utf-8")
        //提供 HTML 格式数据
        let htmlContent = """
<head></head>
<body>Test Page!</body>
"""
```

```
        w.write(htmlContent.toUtf8Array())
        w.writeStatusCode(200)
    })
    route.handle("/", handler)
    var srv = Server(route)
    srv.port = 8080
    srv.readTimeout = Duration.second(10)
    srv.writeTimeout = Duration.second(10)
    srv.listenAndServe()
}
```

编译并运行程序，通过浏览器访问该服务器页面，结果如图 11-15 所示。

图 11-15　通过 HTTP 服务器提供 Web 页面服务

如果没有通过 Header 对象设置 Content-Type 属性，则其默认属性值为 text/plain，此时的结果如图 11-16 所示。

图 11-16　提供 Web 页面服务（当 Content-Type 属性为 text/plain 时）

11.4.2　处理 HTTP 请求

Request 类封装了 HTTP 请求。上文介绍的 FuncHandler 中包含了 Request 对象。通过 Request 对象，服务器可以有针对性地提供不同的页面或者数据。本节介绍 HTTP 请求的基本用法及处理用户表单的相关方法。

1. 请求 Request 的基本用法

Request 的构造函数为 Request(method: RequestMethod, urlstr: String, stream!: Option <ReadCloseStream> = None)，其中 method 表示 HTTP 请求方法，urlstr 表示请求地址，stream 表示请求内容。

例如，创建 Request 对象，代码如下：

```
let req = Request(GET, "http://localhost:8080/")
```

在 HTTP 服务器中，通常不需要创建 Request 对象，但是需要处理来自客户端的 Request 对象。服务器需要根据 Request 对象中的请求信息来对客户端做出合理的响应。Request 类的主要成员变量如表 11-4 所示。

表 11-4　Request 类的主要成员变量

成员变量定义	描　　述
var method: RequestMethod	请求方法
var url: URL	URL 请求地址
var proto: String	HTTP 协议版本
var protoMajor: Int64	HTTP 协议主版本号
var protoMinor: Int64	HTTP 协议次版本号
var header: Header	请求头
var body: ReadCloseStream	请求体
var transferEncoding: Buffer<String>	传输编码信息
var isClose: Bool	请求流是否关闭
var host: String	请求主机地址
var form: Form	GET 表单
var postForm: Form	POST 表单
var trailer: Header	请求尾
var remoteAddr: String	远程地址
var requestURI: String	请求的 URI
var contentLength: Int64	请求内容长度

RequestMethod 是枚举类型，用于代表 HTTP 请求类型，包括 GET、POST 等枚举值。

【实例 11-21】　在 FuncHandler 处理用户请求时打印 Request 对象中的信息，代码如下：

```
//code/chapter11/example11_21.cj
import net.*
import time.*
import io.*

func main() {

    let route = Route()
    let handler = FuncHandler({w, r =>
        match (r.method) {
            case GET => println("请求方法: GET")
            case POST => println("请求方法: POST")
        }
```

```
        println("URL: " + r.url.toString())
        println("HTTP 版本: " + r.proto)
        //将 Header 转换为字符串并输出
        println("请求头 Header: ")
        var ss1 = StringStream("")
        r.header.write(ss1)
        println(ss1.toString())
        //将请求体 body 转换为字符串并输出
        println("请求体 Body: ")
        var ss2 = (r.body as StringStream) ?? StringStream("")
        println(ss2.toString())
        println("transferEncoding: ${Array<String>(r.transferEncoding)}")

        println("是否关闭 isClose: ${r.isClose}")
        println("请求主机: " + r.host)

        println("请求尾 Trailer: ")
        var ss3 = (r.trailer as StringStream) ?? StringStream("")
        println(ss3.toString())
        println("远程地址 remoteAddr: " + r.remoteAddr)
        println("请求的 URI requestURI: " + r.requestURI)
        println("请求内容长度 contentLength: ${r.contentLength}")

        w.write("ok".toUtf8Array())
        w.writeStatusCode(200)
    })
    route.handle("/test", handler)
    var srv = Server(route)
    srv.port = 8080
    srv.readTimeout = Duration.second(10)
    srv.writeTimeout = Duration.second(10)
    srv.listenAndServe()
}
```

编译并运行程序，通过浏览器访问的地址如下：

```
http://localhost:8080/test?username=dongyu&password=123456
```

此时，HTTP 服务器程序输出的结果可能如下：

```
请求方法: GET
URL: /test?username=dongyu&password=123456
HTTP 版本: HTTP/1.1
请求头 Header:
User-Agent: Mozilla/5.0 (X11; Linux aarch64) AppleWebKit/537.36 (KHTML, like
```

```
Gecko) Chrome/78.0.3904.108 Safari/537.36
    Upgrade-Insecure-Requests: 1
    Host: localhost
    Connection: keep-alive
    Accept: text/html,application/xhtml+xml,application/xml;q=0.9
    Accept-Language: zh-CN,zh;q=0.9
    Accept-Encoding: gzip, deflate

请求体 Body:

transferEncoding: Array []
是否关闭 isClose : true
请求主机： localhost
请求尾 Trailer:

远程地址 remoteAddr: 0.0.0.0
请求的 URI requestURI: /
请求内容长度 contentLength: 0
```

具体的输出信息根据主机和浏览器等的环境的不同而不同。

Request 类还包括许多实用函数，如表 11-5 所示。

表 11-5　Request 类的主要成员函数

成员函数定义	描　　述
func clone(): Request	克隆 Request 对象
func Cookie(name: String): Result<Cookie>	通过 Cookie 的名称获取 Cookie
func Cookies(): Array<Cookie>	获取所有的 Cookie
func addCookie(Cookie: Cookie): Unit	添加 Cookie
func parseForm(): Result<Unit>	解析表单中的数据
func formValue(key: String): String	通过键获取 GET 表单中的数据
func postFormValue(key: String): String	通过键获取 POST 表单中的数据
func referer(): String	获取请求的来源地址
func userAgent(): String	获取请求的用户浏览器、设备等基本信息
func protoAtLeast(major: Int64, minor: Int64): Bool	判断请求是否符合某个 HTTP 版本号
func isClosed(): Bool	判断请求流是否关闭
func write(w: WriteStream): Unit	将请求对象转换为请求流
func basicAuth(): Option<BasicAuth>	获取基础身份验证信息
func setBasicAuth(auth: BasicAuth): Unit	设置基础身份验证信息

2. 处理 GET 表单

表单（Form）是客户端向服务器提交数据的主要方式，是字符串类型的键-值对集合，其中每个键-值对称为表单项。根据请求类型的不同，表单分为 GET 表单和 POST 表单。GET 表单显式出现在 URL 中，这一部分字符串称为查询字符串（Query String）。用户可以通过阅读 URL 来了解 GET 表单内容。POST 表单的私密性更强，会隐藏在请求体中。

查询字符串包括 1 个或者多个表单项，表单项的名称和值之间通过等号连接，表单项之间通过&符号连接。例如，表示 username 和 password 这两个表单项的查询字符串的代码如下：

```
username=dongyu&password=123456
```

其中，username 的值为 dongyu，password 的值为 123456。

1）Form 类的使用方法

无论是 GET 表单还是 POST 表单，仓颉语言对表单的处理都需要通过 Form 类进行。Form 类的构造函数如下。

（1）init()：无参数的构造函数。

（2）init(queryComponent: String)：通过查询字符串来创建 Form 对象。

Form 类的主要方法如下。

（1）func get(key: String): Option<String>：获取表单项。

（2）func set(key: String, value: String): Unit：设置表单项。

（3）func add(key: String, value: String): Unit：添加表单项。

（4）func remove(key: String): Unit：删除表单项。

【实例 11-22】通过查询字符串创建 Form 对象，然后输出、添加、设置 Form 对象中的表单项信息，代码如下：

```
//code/chapter11/example11_22.cj
import net.*

func main() {
    //创建查询字符串
    let queryString = "username=dongyu&password=123456"
    //通过查询字符串创建 Form 对象
    let form = Form(queryString)
    //输出 username 表单项
    let username = form.get("username") ?? ""
    println("username: " + username)
    //输出 password 表单项
    let password = form.get("password") ?? ""
    println("password: " + password)

    //添加 autologin 表单项
```

```
    form.add("autologin", "true")
    //设置 autologin 表单项
    form.set("autologin", "false")
    //输出 autologin 表单项
    let autologin = form.get("autologin") ?? ""
    println("autologin: " + autologin)
}
```

编译并运行程序，输出结果如下：

```
username: dongyu
password: 123456
autologin: false
```

通常，在 URL 中，查询字符串和路径之间使用问号连接。例如，在 http://localhost:8080/usercheck 路径下添加 username=dongyu 查询字符串，代码如下：

```
http://localhost:8080/usercheck?username=dongyu
```

在 HTTP 服务器中，通过 FuncHandler 中的 Request 对象可以获得请求的 URL 信息，并且 URL 信息由 URL 类封装。通过 URL 类可以获得查询字符串信息。

2）URL 类的使用方法

URL 类可以用于处理和解析 URL 字符串。通过 URL 的以下静态方法可以创建 URL 对象。

（1）static func parse(rawurl: String): Result<URL>：解析 URL 字符串。

（2）static func parseRequestURI(rawurl: String): Result<URL>：解析 URI 字符串（不能带有片段）。

注意 URL 通过 URI 的方式来表达某个资源的位置，所以 URL 是 URI 的子集。

片段用#符号标识，用于指定 HTML 页面中的位置。如果用 parseRequestURI 解析包含片段的 URI，则会产生异常。尝试通过这两种方法解析 URI，代码如下：

```
//解析不带片段的 URI
let url = URL.parseRequestURI("http://www.cangjie.love/").getOrThrow()
println(url.toString())
//解析带片段的 URI
let url2 = URL.parse("http://www.cangjie.love/#top").getOrThrow()
println(url2.toString())
```

上述代码的执行效果如下：

```
http://www.cangjie.love/
http://www.cangjie.love/#top
```

通过 URL 类的成员变量和成员函数即可实现 URI 的解析，其主要成员变量如表 11-6 所示。

表 11-6　URL 类的主要成员变量

成员变量定义	描　　述	成员变量定义	描　　述
var scheme: String	协议	var forceQuery: Bool	是否强制查询
var host: String	主机（域名）	var rawQuery: String	原始查询字符串
var path: String	路径	var fragment: String	片段
var rawPath: String	原始路径	var rawurl: String	原始片段字符串

URL 类的主要成员函数如表 11-7 所示。

表 11-7　URL 类的主要成员函数

成员函数定义	描　　述
func hostname(): String	获取主机（域名）名称
func isAbs(): Bool	判断是否为绝对路径
func port(): String	获取端口号
func query(): Form	获取查询
func requestURI(): String	路径和查询字符串
func resolveReference(ref: URL): URL	结合 ref 路径形成绝对路径
func toString(): String	转换为字符串

下面通过实例来演示这些常用的成员变量和成员函数的用法。

【实例 11-23】　通过 URL 类解析 http://www.cangjie.love:8080/path1/path2.cj?uid=1001&pwd=123#top，代码如下：

```
//code/chapter11/example11_23.cj
import net.*

func main() {
    //解析 URI
    let url = URL.parse("http://www.cangjie.love:8080/path1/path2.cj?uid
=1001&pwd=123#top").getOrThrow()
    println("协议: " + url.scheme)
    println("网络位置（主机和端口）: " + url.host)
    println("路径: " + url.path)
    println("原始路径: " + url.rawPath)
    println("强制查询: ${url.forceQuery}")
    println("查询字符串: " + url.rawQuery)
    println("片段: " + url.fragment)
    println("原始 URI: " + url.rawurl)

    println("主机: " + url.hostname())
```

```
    println("端口: " + url.port())
    println("是否为绝对路径: ${url.isAbs()}")
    println("路径和查询字符串: " + url.requestURI())

}
```

编译并运行程序，输出结果如下：

```
协议: http
网络位置（主机和端口）: www.cangjie.love:8080
路径: /path1/path2.cj
原始路径: /path1/path2.cj
强制查询: false
查询字符串: uid=1001&pwd=123
片段: top
原始 URI: http://www.cangjie.love:8080/path1/path2.cj?uid=1001&pwd=123
主机: www.cangjie.love:8080
端口: 8080
是否为绝对路径: true
路径和查询字符串: /path1/path2.cj?uid=1001&pwd=123
```

可以发现，URL 类的成员变量和函数可以满足绝大多数的 URL 解析需求。

3）HTTP 服务器解析 GET 表单

下面通过实例介绍解析 GET 表单的具体方法。

【实例 11-24】 通过 HTTP 服务器及 GET 表单的方式验证用户账号和密码信息，代码如下：

```
//code/chapter11/example11_24.cj
import net.*
import time.*

func main(): Int64 {
    let route = Route()
    route.handle("/usercheck", {w, r =>
        let form = r.url.query()
        let u = form.get("username") ?? ""
        let p = form.get("password") ?? ""
        if (u == "dongyu"&& p == "123456") {
            w.write("账号和密码正确!".toUtf8Array())
        } else {
            w.write("账号或密码错误!".toUtf8Array())
        }
    })
    var srv = Server(route)
```

```
    srv.port = 8080
    srv.readTimeout = Duration.second(10)
    srv.writeTimeout = Duration.second(10)
    srv.listenAndServe()
    return 0
}
```

通过请求对象 r 的 url 变量获取 URL 对象，并通过 URL 对象的 query 函数获得 form 对象，然后通过 form 对象的 get 函数获取表单中相应属性的值。最后通过对比这些属性值来判断账号和密码是否正确。

在 HTML 文件中构建一个 Form 表单，并将其 HTTP 方法指定为 GET，代码如下：

```
<!-- //code/chapter11/example11_24.html -->
<head></head>
<body>
<form action="http://localhost:8080/usercheck"
      method="get">
   Username: <input type="text" name="username">
   Password: <input type="password" name="password">
<input type="submit">
</form>
</body>
```

将这段 HTML 代码保存为 html 文件，然后使用浏览器打开执行，如图 11-17 所示。

图 11-17　通过 HTML 表单提交 GET 表单

单击【提交】按钮即可向 http://localhost:8080/usercheck 地址发送 GET 请求。请求的地址为 http://localhost:8080/usercheck?username=dongyu&password=123456。

编译并运行程序，然后在浏览器中输入正确的用户名和密码，单击【提交】按钮后网页会显示"账号和密码正确!"，反之会显示"账号或密码错误!"文本。

3. 处理 POST 表单

仓颉语言目前仅支持编码类型为 urlencoded 类型的 POST 表单，所以需要设置表单属性 enctype="application/x-www-form-urlencoded"。

注意　目前暂不支持 multipart/form-data 和 text/plain 类型的表单。

【**实例 11-25**】　HTTP 服务器通过 POST 表单验证用户账号和密码信息，代码如下：

```
//code/chapter11/example11_25.cj
import net.*
import time.*

func main(): Int64 {
    let route = Route()
    route.handle("/usercheck", {w, r =>
        r.parseForm()
        let u = r.postFormValue("username")
        let p = r.postForm.get("password") ?? ""
        println(u)
        println(p)
        if (u == "dongyu"&& p == "123456") {
            w.write("账号和密码正确!".toUtf8Array())
        } else {
            w.write("账号或密码错误!".toUtf8Array())
        }

    })
    var srv = Server(route)
    srv.port = 8080
    srv.readTimeout = Duration.second(10)
    srv.writeTimeout = Duration.second(10)
    srv.listenAndServe()
    return 0
}
```

在获取 POST 表单内容前，需要通过请求对象的 parseForm 函数对表单进行解析。解析完成后，可以通过以下两种方法获取表单内容：

（1）直接通过请求对象的 postFormValue 函数获取表单内容。

（2）通过请求对象的 postForm 变量获取 Form 变量，然后通过 Form 变量的 get 函数获取表单内容。

本实例使用了这两种方式获取表单内容，供读者参考。获取表单内容后，即可使用和实例 11-24 类似的方式比对账号和密码。

在 HTML 文件中构建一个 Form 表单，将其 HTTP 方法指定为 POST，并且将编码类型设置为 urlencoded，代码如下：

```
<!-- //code/chapter11/example11_25.html -->
<head></head>
<body>
<form action="http://localhost:8080/usercheck" enctype="application/
x-www-form-urlencoded" method="post">
```

```
    Username: <input type="text" name="username">
    Password: <input type="password" name="password">
<input type="submit">
</form>
</body>
```

用浏览器打开该页面，输入正确的用户名和密码，单击【提交】按钮后网页会显示"账号和密码正确!"，反之会显示"账号或密码错误!"文本。该页面的显示效果和图 11-17 类似，只不过通过 POST 请求打开 http://localhost:8080/usercheck 路径后，在网址栏中不显示查询字符串，能够有效地保护用户的隐私。

11.4.3　HTTP 客户端

1. 通过 Client 类实现 HTTP 客户端

在仓颉语言中，Client 类可以作为 HTTP 客户端。Client 只有一种无参构造函数，即 init()，因此，创建 Client 对象非常简单，代码如下：

```
let client = Client()
```

然后，通过 Client 对象就可以向 HTTP 服务器发送请求了。HTTP 协议包括许多请求方法，例如 GET、POST、PUSH、HEAD、DELETE、PATCH、CONNECT 等，但是最常用的只有 GET 和 POST 两种请求。在绝大多数场景下，GET 请求用于从服务器获取信息，POST 请求用于向服务器提交表单。

Client 对象用于发送请求的主要函数如下。

（1）func send(req: Request, deadline: Time): Result<Response>：通过 Request 对象发送数据。

（2）func get(url: String): Result<Response>：发送 GET 请求。

（3）func head(url: String): Result<Response>：发送 HEAD 请求。

（4）func post(url: String, contentType: String, body: ReadStream): Result<Response>：发送 POST 请求。

（5）func postForm(url: String, data: Form): Result<Response>：发送 POST 请求，并且将 data 作为请求的主体。

（6）func put(url: String, contentType: String, body: ReadStream): Result<Response>：发送 PUT 请求。

（7）func putForm(url: String, data: Form): Result<Response>：发送 PUT 请求，并且将 data 作为请求的主体。

（8）func delete(url: String, contentType: String, body: ReadStream): Result<Response>：发送 DELETE 请求。

（9）func deleteForm(url: String, data: Form): Result<Response>：发送 DELETE 请求，并且将 data 作为请求的主体。

【实例 11-26】　向 HTTP 服务器发送 GET 请求方法，代码如下：

```
//code/chapter11/example11_26.cj
from std import net.*
from std import io.*

func main() : Unit {
    //创建 Client 对象
    let client = Client()
    //通过 GET 请求方法请求数据
    let res = client.get("http://localhost:8080/")
    try {
        //获取响应对象 Response
        let response = res.getOrThrow()
        //获取响应状态码，200 为正常
        println("响应状态码: ${response.statusCode}")
        //获取并打印响应主体
        var body = response.body as StringStream
        var str = body.getOrThrow().toString()
        println(str)
    } catch (e : Exception) {
        println(e)
    }
}
```

将实例的服务器启动，然后编译并运行该实例，输出结果如下：

```
响应状态码: 200
你好，仓颉！
```

2. Response 类的基本用法

对于客户端来讲，处理服务器的响应是非常重要的。服务器响应通过 Response 类实现。该类包括两个主要的构造函数：

（1）init()。

（2）init(proto: String, status: String, statusCode: Int64, protoMajor: Int64, protoMinor:Int64 , header: Header, trailer: Header, close: Bool, contentLength: Int64, body:ReadStream, transferEncoding: Array<String>, request!: Request = Request(RequestMethod.GET, ""), uncompressed!: Bool = false)。

在有参数的构造函数中，各个参数的含义如下。

（1）proto：HTTP 版本，如 HTTP/1.0、协议信息、协议版本信息等。

（2）status：响应状态信息。

（3）statusCode：响应的状态码。

（4）protoMajor：HTTP 主版本号，例如 1。

（5）protoMinor：HTTP 子版本号，例如 0。

（6）header：响应头。

（7）trailer：响应尾。

（8）close：是否关闭。

（9）contentLength：响应长度。

（10）body：响应体。

（11）transferEncoding：传输编码。

（12）request：该响应所对应的请求对象。

（13）uncompressed：是否压缩。

响应 Response 类的主要属性如表 11-8 所示。

表 11-8　Response 类的主要属性

属性定义	描　　述
prop let status: String	响应状态
prop let statusCode: Int64	响应状态码
prop let proto: String	HTTP 版本
prop let protoMajor: Int64	HTTP 主版本号
prop let protoMinor: Int64	HTTP 次版本号
prop let header: Header	响应头
prop let body: ReadStream	响应体
prop let contentLength: Int64	响应内容长度
prop let transferEncoding: Array<String>	传输编码
prop let trailer: Header	响应尾
prop let request: Request	该响应的请求
prop let close: Bool	是否关闭
prop let uncompressed: Bool	是否压缩
prop let isFormat: Bool	是否格式化

响应 Response 类的主要函数如表 11-9 所示。

表 11-9　Response 类的主要成员函数

成员函数定义	描　　述
func isClosed(): Bool	判断响应是否关闭
func isUncompressed(): Bool	判断响应是否压缩
func Cookies(): Array<Cookie>	获取响应中的 Cookie
func location(): URL	获取响应标头的 URL

续表

成员函数定义	描　　述
func protoAtLeast(major: Int64, minor: Int64): Bool	判断响应的 HTTP 版本是否大于某个版本
func write(w: WriteStream): Unit	将响应转换为流

通过这些属性和函数即可完成绝大多数对服务器响应的处理操作。

11.4.4　Cookie 和 CookieJar

HTTP 是无状态的，所以用户每次访问某个 HTTP 协议时，服务器都会将请求作为一次全新的对话。当访问结束后，如果客户端关闭了这个页面，客户端就不会留存此次连接的任何信息。当客户端再次请求服务时，又对服务器进行一次全新的访问。

Cookie 用于保存客户端的状态。当客户端访问服务器时，服务器可以向客户端发送一个 Cookie，用于某种标记。当客户端再次请求服务器时，就会携带这个 Cookie 信息。此时，即使服务器和客户端断开了连接，客户端也通过 Cookie 保存了某种状态。

Cookie 的应用场合主要包括以下几方面。

（1）保存登录状态：通过 Cookie 可以保存客户端的登录状态。当客户端再次访问服务器时，可以实现自动登录。

（2）跟踪用户行为：通过 Cookie 记录用户的习惯和偏好等。例如，对于购物网站来讲，可以通过 Cookie 记录用户搜索的品类习惯，以便于实现个性化推送等功能。再如，用户加入购物车的商品也可以通过 Cookie 记录下来。

本节介绍 Cookie 和 CookieJar 的基本用法。

1. Cookie

本质上，Cookie 是服务器放在客户端上的一段文本（字符串）。一个 Cookie 包括名称、有效期、路径、域名、安全性等属性，其中每个属性都是通过键-值对方式存储的，如下所示。

（1）名称（name）：Cookie 的名称由服务器进行设置，用于标识一个 Cookie。

（2）有效期（expires）：Cookie 存在于客户端的有效时间。当超过了这个有效时间，Cookie 会被客户端自动删除。如果不设置该属性，则该 Cookie 会在会话结束后自动删除。

（3）路径（path）：用于设置 Cookie 在服务器上的路径可用性。Cookie 仅对于指定路径及其子路径的访问有效。如果访问路径超过了该属性所设置的范围，则该 Cookie 是无效的。

（4）域名（domain）：设置 Cookie 所能够使用的域名。如果不设置，则仅当前域名有效。

（5）安全性（secure）：secure 没有具体的值，如果使用了 secure 属性，则该 Cookie 仅在 HTTPS 协议或其他基于 SSL 协议的加密环境下有效，而在 HTTP 协议下无效。

（6）最大存活时间（max-age）：HTTP/1.1 中新增属性，用于设置 Cookie 从文档访问开始的最长存活时间。

（7）同站选项（sameSite）：防止跨站请求伪造（CSRF）攻击，设置 Cookie 的站间访问范围，可以为严格（Strict）、宽松（Lax）和无（None）。

（8）是否仅 HTTP（HTTPOnly）：防止跨站脚本（XSS）攻击，设置后无法通过 JS 脚本、Applet 等形式访问 Cookie。

除了 name 属性以外，其他的属性都是可选的。仓颉语言的 Cookie 类的构造函数如下：

```
init(name: String,
    value: String,
    path!: String = "",
    domain!: String = "",
    expires!: Time = ONE_TIME,
    rawExpires!: String = "",
    maxAge!: Int64 = 0,
    secure!:Bool = false,
    httpOnly!: Bool = false,
    sameSite!: SameSite = SameSite.Default,
    raw!: String = "",
    unparsed!: Array<String>= Array<String>())
```

这些参数的含义如下。

（1）name：Cookie 的名称。

（2）value：Cookie 的值。

（3）path：Cookie 的路径。

（4）domain：Cookie 的域名。

（5）expires：Cookie 的有效期。

（6）rawExpires：Cookie 的有效期（字符串格式）。

（7）maxAge：Cookie 的最大存活时间。

（8）secure：Cookie 的安全性。

（9）httpOnly：Cookie 的是否仅 HTTP 设置。

（10）sameSite：Cookie 的同站设置。

（11）raw：Cookie 的原始字符串。

（12）unparsed：Cookie 中不解析的字符串部分。

除了 name 和 value 以外，其他的参数都是可选的。通过 Cookie 的 toString 方法可以将其转换为 HTTP 传递 Cookie 所采用的字符串对象。

【实例 11-27】 在服务器中获取客户端传递的 Cookie，并向客户端设置 Cookie，代码如下。

```
//code/chapter11/example11_27.cj
import net.*
import time.*


func main(): Int64 {
```

```
    let route = Route()
    route.handle("/setCookie", {w, r =>
        //获取客户端的 Cookie
        let Cookies = r.cookies()
        //输出客户端的 Cookie
        for (Cookie in Cookies) {
            println(Cookie.toString())
        }
        //为客户端设置 Cookie
        let Cookie = Cookie("username", "dongyu")
        w.header().set("Set-cookie", Cookie.toString())
        w.write("Set Cookie!".toUtf8Array())

    })
    var srv = Server(route)
    srv.port = 8080
    srv.readTimeout = Duration.second(10)
    srv.writeTimeout = Duration.second(10)
    srv.listenAndServe()
    return 0
}
```

在上述代码中，包含了 3 个主要部分：

（1）获取并输出客户端 Cookie。首先通过请求对象 r 的 Cookies 函数获取了客户端传递的所有 Cookie，该函数返回 Array<Cookie> 对象，然后遍历这些 Cookie 并将其转换为字符串，最后输出到控制台。

（2）为客户端设置 Cookie。创建 Cookie 对象并将其转换为字符串。通过 w 对象获取响应的 Header 对象，并将其 Set-cookie 属性设置为 Cookie 的字符串。

（3）设置响应内容，输出 "Set Cookie!" 文本。

编译并运行程序。在 Edge 或 Chrome 浏览器中，按下 F12 快捷键打开开发者模式，进入网络（Network）选项卡，首次访问这个服务器的/setCookie 路径时，打开 setCookie 请求的详细信息，该响应的响应头中会出现 Set-cookie 属性，如图 11-18 所示。此时，这个 Cookie 会被保存在浏览器的指定位置中。

在 setCookie 请求的详细信息中，单击 Cookie 选项卡，即可查看当前站点的 Cookie 信息，如图 11-19 所示。

当再次访问该路径时，即可在请求中查看这个 Cookie 了，如图 11-20 所示。说明这个 Cookie 设置成功，并且浏览器再次访问该站点时，这个 Cookie 会随着请求头一并传递。

回到服务器程序，可见命令行中出现了以下信息：

```
username=dongyu
```

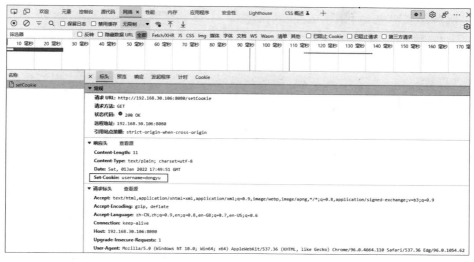

图 11-18　第一次访问 setCookie 路径设置 Cookie

图 11-19　查看当前站点的 Cookie 信息

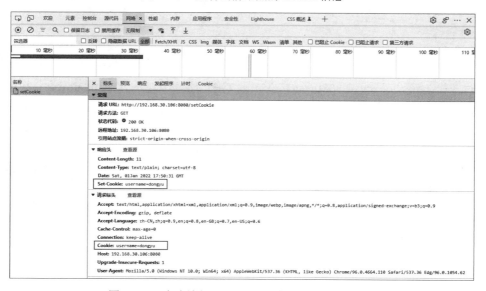

图 11-20　多次访问 setCookie 路径可以获取 Cookie

这是服务器从客户端获取的 Cookie 信息。

【实例 11-28】 在客户端中发送 Cookie，接收并打印从服务器传递来的 Cookie，代码如下：

```
//code/chapter11/example11_28.cj
from std import net.*
from std import io.*

func main() : Unit {
    //创建客户端 Client 对象
    let client = Client()
    //创建 GET 方法的请求对象
    let req = Request(GET, "http://localhost:8080/setCookie")
    //请求中添加 Cookie
    req.addCookie(Cookie("password", "123456"))
    //发送请求
    let res = client.send(req)
    try {
        //获得响应对象
        let response = res.getOrThrow()
        //获取并打印响应对象中的 Cookie
        let Cookies = response.cookies()
        for (Cookie in Cookies) {
            println(Cookie.toString())
        }
    } catch (e : Exception) {
        println(e)
    }
}
```

在对本机 http://localhost:8080/setCookie 的 GET 请求中，加入了 name 属性为 password 和 value 属性为 123456 的 Cookie，作为 GET 请求头中的内容一并发送，然后接收来自客户端的响应对象，通过 Cookies 函数获得并输出所有的 Cookie 信息。

首先运行实例 11-27 中的服务器程序，然后在本机编译并运行本实例。此时客户端会向服务器发送 password=123456 的 Cookie，而客户端会接收到来自服务器 username=dongyu 的 Cookie，所以服务器程序的输出如下：

```
password=123456
```

客户端程序的输出如下：

```
username=dongyu
```

上述两个实例介绍了 Cookie 在客户端和服务器中的基本用法。

2. CookieJar

Cookie 通常是和站点的某个路径绑定在一起的，所以 URL 和 Cookie 集合可以构成一个对应关系。CookieJar 是对这种对应关系的封装。CookieJar 仅有无参数的构造函数，即 init()。通过 CookieJar 的以下方法可以设置和获取某个 URL 下的 Cookie 集合。

（1）func setCookies(u: URL, Cookies: Array<Cookie>): Unit：设置某 URL 下的 Cookie 集合。

（2）func Cookies(u: URL): Array<Cookie>：通过 URL 获取 Cookie 集合。

【实例 11-29】创建 CookieJar，并为指定的 URL "http://localhost:8080"设置 Cookie 集合，然后通过 URL 获取 Cookie 集合，代码如下：

```
//code/chapter11/example11_29.cj
import net.*

func main() {

    //定义 URL 对象 url
    let url = URL.parseRequestURI("http://localhost:8080").getOrThrow()

    //创建两个用于测试的 Cookie
    let Cookie1 = Cookie("username", "dongyu")
    let Cookie2 = Cookie("password", "123456")

    //创建 CookieJar
    let CookieJar = CookieJar()
    //为 url 设置 Cookie 集合
CookieJar.setCookies(url, Array<Cookie>([Cookie1, Cookie2]))

    //通过 url 获取 Cookie 集合
    let Cookies = CookieJar.cookies(url)

    //打印 Cookie 集合中的 Cookie 数据
    for (Cookie in Cookies) {
        println(Cookie.toString())
    }

}
```

编译并运行程序，输出结果如下：

```
password=123456
username=dongyu
```

11.5　本章小结

　　本章介绍了并发和网络编程的基本用法。仓颉语言中的并发机制小巧且强大，并且包含了互斥锁和原子操作两种重要的同步机制。群聊应用中的服务器使用并发机制来接收来自多个客户端的信息，并实现了转发功能。在网络编程中，几乎离不开仓颉的并发机制。需要开发者认真掌握并发的特性后通过不断实践之后才能融会贯通。

　　11.4 节大篇幅介绍了仓颉程序作为 HTTP 服务器和客户端的用法。在第 14 章中会将会使用 HTTP 服务器作为博客网站的后端，以便巩固所学的知识。

11.6　习题

　　（1）简述互斥锁和原子操作的异同。

　　（2）通过并发和同步机制实现定时器功能，并且用户可以自定义定时时间。

　　（3）设计 Socket 服务器，可以多次接收客户端发来的文本信息，并将这些文本存储在 log.txt 文件中。

　　（4）设计留言板网站，用户可通过 POST 请求向服务器发送留言信息，服务器将所有的留言信息显示在网页上。这些留言信息保存在服务器中的 info.txt 文件中。

第 12 章

关于编程的编程——元编程

元编程的"元"的英文是 Meta，意为"在……之后"。用 Meta 造的单词包括元语言（Meta-language）、元数据（Meta-data）、元宇宙（Meta-verse）等。凡是这类单词，都可以翻译成"关于……的……"。例如，元语言是指关于语言的语言，元数据是指关于数据的数据，元编程是指关于编程的编程。元编程（Meta-programming）是一种将计算机程序（代码）当成数据的编程技术，从而修改、更新、替换已有的程序。简而言之，元编程是用代码操控代码、用代码生成代码、用代码写代码。

实现元编程的方式有很多，仓颉语言通过宏（Macro）实现元编程。通过定义宏，可以在代码中重用这个宏，用于修改、更新、替换代码。

如果没有具体的例子，则元编程和宏是一个非常抽象概念，所以对于初学者可能很难理解。读者可耐心阅读本章内容，相信大家学完以后能够茅塞顿开，领悟精髓。

本章的核心知识点如下：

（1）Token、Tokens 和 quote 表达式。

（2）非属性宏的基本用法。

（3）属性宏的基本用法。

12.1　词法分析和语法分析

仓颉语言的 AST 库中包含了词法分析和语法分析功能。词法分析包括了词法单元（Token）、词法单元序列（Tokens）和 quote 表达式等概念，语法分析需要通过 AST 库中的解析函数实现。

12.1.1　词法分析和词法单元

仓颉编译器对代码的编译过程如下：首先读取仓颉源文件中的字符流，并通过词法分析生成许多词法单元（Token），然后通过语法分析生成抽象语法树（Abstract Syntax Tree，AST），这个过程是在仓颉编译器的前端完成的，然后通过 LLVM 优化器和后端，抽象语法树并转换为可执行的机器码，如图 12-1 所示。

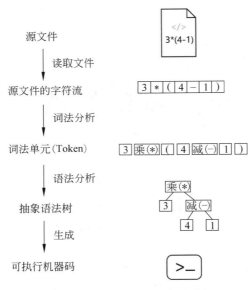

图 12-1　仓颉编译器的编译过程

（1）从源文件中读取字符流。这一步是通过流（Stream）的方式读取源文件中的文本数据，形成有序的字符序列。

（2）通过词法分析将字符流转换为有序的词法单元（Token）。词法单元是代码的最小单元，包括各种操作符、关键字、标识符，以及各种数据类型的字面量等。例如，is、as、while、%、+=、||、{、}等都属于词法单元。这些词法单元必须按照特定的顺序排列才能组成正确的程序。

注意　词法单元类似于自然语言中的单词，是具有明确含义的语言最小组成单元。

（3）通过语法分析将有序的词法单元（Token）转换为抽象语法树（AST）。抽象语法树是程序语法结构的树状表示。AST 不仅包括了词法单元，也具备了基本的程序结构。

（4）通过 AST 生成可执行的机器码。这个步骤可根据 CPU 指令集的不同，将 AST 所描述的程序结构转换为可执行的二进制码。

仓颉中的宏（Macro）是一段代码，这段代码通过改变词法分析后得到有序的词法单元序列，从而实现修改、更新、替换已有的程序。例如，原本程序的源文件中包含了以下代码：

```
let a = 100
```

经过词法分析可得到这段代码的词法单元序列为 let、a、=和 100。现有一个宏，可以在该序列后加上+和 20 这两个词法单元，此时词法单元序列为 let、a、=、100、+和 2。这个词法单元序列可以描述为

```
let a = 100 + 2
```

该词法单元序列经过语法分析得到的 AST 和没有宏的情况下所得到的 AST 不同，从而

实现了源代码程序的修改。这是仓颉元编程的基本思路。

12.1.2 词法单元

在学习和使用词法单元（Token）之前，需要使用 AST 库。将整个 AST 库导入的代码如下：

```
from ast import ast.*
```

Token 类包含了一个词法单元的基本信息，包括类型、字符串和位置信息。

（1）类型：词法单元的类型由 TokenKind 枚举类型定义，各个枚举值及其所对应的类型描述如附录 E 所示。

（2）字符串：词法单元在具体代码中的字符串表示。绝大多数的 Token 有固定的字符串表示，但是数据类型的字面量、标识符的字符串表示各不相同。

（3）位置信息：词法单元所处的文件 ID（fileID）、行号（line）、列号（column）信息。

注意 Token 类型和仓颉编译器的 token 存在对应关系，是对仓颉编译器的 token 的抽象，而不是 token 本身。

Token 的构造函数如下。

（1）init()：默认构造函数，词法单元类型为 ILLEGAL（不合法类型）。

（2）init(k: TokenKind)：通过词法单元类型 k 创建 Token。

（3）init(k: TokenKind, v: String)：通过词法单元 k 和字符串创建 Token。

通过 Token 的 dump 函数可以输出该词法单元的所有信息。另外，Token 支持==和!=操作符，用于判断等和不等。

注意 类型和字符串都相等的两个 Token 相等。

【实例 12-1】 创建 Token 并通过 dump 函数输出其信息，代码如下：

```
//code/chapter12/example12_1.cj
from ast import ast.*

func main() {
    //token 为 ILLEGAL 类型（不合法）的 Token
    let token1 = Token()
    println("token1 信息如下:")
token.dump()

    //token2 为 ADD 类型（加法操作符）的 Token
    let token2 = Token(ADD)
    println("token2 信息如下:")
token2.dump()

    //token3 为 BOOL_LITERAL 类型（布尔类型字面量）的 Token
```

```
        let token3 = Token(BOOL_LITERAL, "true")
        println("token3 信息如下:")
        token3.dump()

        //判断 token3 是否为布尔类型的字面量 true
        if (token3 == Token(BOOL_LITERAL, "true")) {
            println("token3 为布尔类型的字面量 true")
        } else {
            println("token3 不为布尔类型的字面量 true")
        }
    }
```

首先，采用不同构造函数创建的 Token，包括 token1、token2 和 token3。这 3 个 Token 实例的类型分别为 ILLEGAL、ADD 和 LITERAL 类型，然后通过 dump 函数将这些 Token 的信息输出打印出来。最后，通过==操作符判断 token3 是否为布尔类型的字面量 true。编译并运行程序，输出结果如下：

```
    token1 信息如下:
    description: illegal, token_id: 165, token_literal_value: , fileID: 0, line:
0, column: 0
    token2 信息如下:
    description: add, token_id: 12, token_literal_value: +, fileID: 0, line: 0,
column: 0
    token3 信息如下:
    description: bool_literal, token_id: 162, token_literal_value: true, fileID:
0, line: 0, column: 0
    token3 为布尔类型的字面量 true
```

dump 函数输出的信息包括 description、token_id、token_literal_value、fileID、line 和 column 这几个部分。其中，description 表示词法单元的类型，token_id 表示词法类型的 ID，token_literal_value 表示 Token 的文本，fileID、line 和 column 分别代表词法单元的文件 ID、行号和列号。由于这几个 Token 并不来源于源文件的解析，所以 fileID、line 和 column 均为 0。

12.1.3 词法单元序列

源文件经过词法分析会得到词法单元序列（Tokens），由 Tokens 定义。Tokens 由有序的 Token 组成。Tokens 仅包含无参数的构造函数，所以创建一个 Tokens 的代码如下：

```
var tokens = Tokens()
```

通过加法操作符+可以在 Tokens 后追加 Token 或者 Tokens，通过索引操作符[]可以获取 Tokens 中指定位置的 Token。除此之外，Tokens 还包括以下函数。

（1）func size(): Int64：获取 Tokens 的长度（所包含 Token 的数量）。

（2）func get(index: Int64): Token：获取指定位置的 Token。

（3）func iterator(): TokensIterator：获取迭代器，用于遍历操作。

（4）func concat(ts: Tokens): Tokens：在 Tokens 后追加 Tokens。

（5）func dump(): Unit：输出 Tokens 的信息。

（6）func toString(): String：将 Tokens 转换成字符串。

【实例 12-2】 在空的 Tokens 后追加 Token：3、+和 4，代码如下：

```
//code/chapter12/example12_2.cj
from ast import ast.*

func main() {

    //创建 Tokens
    var tokens = Tokens()
    //在 Tokens 后追加 3
    tokens = tokens + Token(INTEGER_LITERAL, "3")
    //Tokens2 表示 + 4
    var tokens2 = Tokens() + Token(ADD) +Token(INTEGER_LITERAL, "4")
    //在 Tokens 后追加 + 4，变成 3 + 4
    tokens = tokens + tokens2
    //输出 tokens 信息
    tokens.dump()
    //将 tokens 转换为字符串并输出
    println("词法单元序列内容: " + tokens.toString())


}
```

通过加法操作符在 tokens 中添加了 3、+和 4，然后通过 toString 函数将 tokens 转换为字符串后输出打印。编译并运行程序，输出结果如下：

```
    description: integer_literal, token_id: 151, token_literal_value: 3, fileID:
0, line: 0, column: 0
    description: add, token_id: 12, token_literal_value: +, fileID: 0, line: 0,
column: 0
    description: integer_literal, token_id: 151, token_literal_value: 4, fileID:
0, line: 0, column: 0
词法单元序列内容: 3 + 4
```

12.1.4 quote 表达式

在上面的代码中，创建 Tokens 需要创建多个 Token 并组合起来，其过程较为烦琐。通过 quote 表达式可以以所见即所得的方式创建 Tokens 实例。

1. quote 表达式

quote 表达式通过 quote 关键字开头，并通过括号的方式传入一段代码，其基本结构如下：

```
quote（代码）
```

quote 表达式会自动解析小括号()中的代码部分，通过词法分析形成 Token 序列，并以 Tokens 类型返回。例如，通过 quote 表达式解析"var value = 3**8"语句，并通过 dump 函数输出 Tokens 的信息，代码如下：

```
var tokens = quote( var value = 3 ** 8 )
tokens.dump()
```

上述代码的输出结果如下：

```
description: var, token_id: 101, token_literal_value: var, fileID: 1, line:
6, column: 25
description: identifier, token_id: 150, token_literal_value: value, fileID:
1, line: 6, column: 29
description: assign, token_id: 34, token_literal_value: =, fileID: 1, line:
6, column: 35
description: integer_literal, token_id: 151, token_literal_value: 3, fileID:
1, line: 6, column: 37
description: exp, token_id: 8, token_literal_value: **, fileID: 1, line: 6,
column: 39
description: integer_literal, token_id: 151, token_literal_value: 8, fileID:
1, line: 6, column: 42
```

当然，quote 表达式仅进行了词法分析，并没有进行语法分析，所以即使是明显错误的代码也能够解析为 Tokens。例如，通过 quote 解析一个语法错误的代码，代码如下：

```
var tokens = quote( "你好" + 8 )
```

运行该代码并不会报错，也能够生成 tokens。

2. 插值

quote 表达式支持插值，即通过$(tokens 对象)的方式将 tokens 对象插入 quote 的指定位置。在不存在歧义的情况下，可以去掉$(tokens 对象)的小括号，简写为$tokens 对象。

注意　这里的 tokens 对象可以是 Token 或 Tokens 类型的对象，也可以是其他实现了 toTokens 接口的对象。

【实例 12-3】　在 quote 表达式中插入 token 和 tokens 对象，代码如下：

```
//code/chapter12/example12_3.cj
from ast import ast.*

func main() {
```

```
    //加法操作符
    var token = Token(TokenKind.ADD)
    //表达式
    var tokens = quote( 1 + 2 + 3 )
    //通过 quote 和插值生成 Tokens
    var resTokens = quote( var value = 2 $token ( $(tokens) ) )
    println("插值结果: " + resTokens.toString())

}
```

在 resTokens 声明右侧的 quote 表达式中，插值$token 会替换为加法操作符（+），插值
$(tokens)会替换为代码"1 + 2 + 3"。编译并运行程序，输出结果如下：

```
插值结果 : var value = 2 + ( 1 + 2 + 3 )
```

通过 quote 表达式及其插值特性可以更加方便地构建 Tokens。

12.1.5　抽象语法树

如果需要检查 Tokens 的语法错误并生成正确的代码，就需要通过语法分析形成抽象语
法树（AST）。在仓颉语言的 AST 库中，包含了许多语法结构的定义。最为抽象的定义是
Node，即抽象语法树的节点。Node 可以分为许多具体的 AST 类型，包括表达式（Expr）、
定义体（Decl）等。根据表达式的不同，Expr 还分为 as 表达式（AsExpr）、if 表达式（IfExpr）、
throw 表达式（ThrowExpr）等。根据定义体的不同，Decl 还分为类定义（ClassDecl）、扩展
定义（ExtendDecl）等。这些不同的表达式、定义体都可以是 AST 的具体节点，这些节点从
抽象到具体的分类关系如图 12-2 所示。

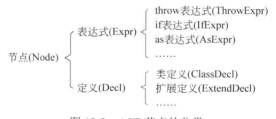

图 12-2　AST 节点的分类

每个具体的表达式节点或者定义节点都存在具体的解析函数，这些解析函数都以 Parse
开头，存在于 AST 库中。

下文介绍解析表达式和解析声明的方法。

1. 解析表达式

对于表达式节点来讲，既可以通过 ParseExpr 函数解析任何类型的表达式，又可以通过
具体的表达式解析函数对特定类型的表达式进行解析。常见的表达式解析函数如表 12-1
所示。

表 12-1   常见的表达式解析函数

表达式解析函数	可以解析的表达式
func ParseExpr(input : Tokens): Expr	表达式
func ParseUnaryExpr(input : Tokens): UnaryExpr	一元操作符表达式
func ParseBinaryExpr(input : Tokens): BinaryExpr	二元操作符表达式
func ParseSubscriptExpr(input : Tokens): SubscriptExpr	下标表达式
func ParseIncOrDecExpr(input : Tokens): IncOrDecExpr	自增或自减表达式
func ParseAssignExpr(input : Tokens): AssignExpr	赋值表达式
func ParseCallExpr(input : Tokens): CallExpr	函数调用表达式
func ParseParenExpr(input : Tokens): ParenExpr	括号（parenthesis）表达式
func ParsePrimitiveTypeExpr(input : Tokens): PrimitiveTypeExpr	基本数据类型表达式
func ParseRefExpr(input : Tokens): RefExpr	引用类型表达式
func ParseRangeExpr(input : Tokens): RangeExpr	元组类型表达式
func ParseIfExpr(input : Tokens): IfExpr	if 表达式
func ParseMatchExpr(input : Tokens): MatchExpr	match 表达式
func ParseWhileExpr(input : Tokens): WhileExpr	while 表达式
func ParseDoWhileExpr(input : Tokens): DoWhileExpr	do…while 表达式
func ParseJumpExpr(input : Tokens): JumpExpr	跳转表达式（break 或 continue）
func ParseReturnExpr(input : Tokens): ReturnExpr	return 表达式
func ParseTryExpr(input : Tokens): TryExpr	try 表达式
func ParseThrowExpr(input : Tokens): ThrowExpr	throw 表达式
func ParseSpawnExpr(input : Tokens): SpawnExpr	spawn 表达式
func ParseSynchronizedExpr(input : Tokens): SynchronizedExpr	同步块（mutex）表达式
func ParseIsExpr(input : Tokens): IsExpr	is 表达式
func ParseAsExpr(input : Tokens): AsExpr	as 表达式
func ParseLambdaExpr(input : Tokens): LambdaExpr	Lambda 表达式
func ParseTrailingClosureExpr(input : Tokens): TrailingClosureExpr	尾随闭包表达式

对于通过 ParseExpr 函数解析的表达式，还可以通过 Expr 类中的以 is 开头的函数判断该表达式所属的具体类型，也可以通过 Expr 类型中以 as 开头的函数将 Expr 类型向下转型到具体的表达式类型。

因此，解析一个表达式有两种方法：

（1）通过具体的解析函数进行解析，得到具体的表达式类型。

（2）通过 ParseExpr 函数进行解析，然后通过相关函数转换为具体的表达式类型。

下面通过一个实例演示表达式解析的具体方法。

【实例 12-4】分别通过 ParseExpr 和 ParseBinaryExpr 函数解析赋值表达式和二元表达式，

并输出表达式中的内容，代码如下：

```
//code/chapter12/example12_4.cj
from ast import ast.*

func main() : Unit {

    // （1）使用 ParseExpr 解析表达式
    let tokens = quote ( a = 2 )
    println("表达式: " + tokens.toString())
    let expr = ParseExpr(tokens)
    //将表达式向下转型为赋值表达式
    if (expr.isAssignExpr()) {
        let assignExpr : AssignExpr = expr.asAssignExpr()
        let left = assignExpr.getLeftValue()
        println("赋值表达式左侧: " + left.toTokens().toString())
        let right = assignExpr.getRightExpr()
        println("赋值表达式右侧: " + right.toTokens().toString())
    }

    // （2） 使用具体解析函数解析表达式
    let tokens2 = quote ( 2 + 3 )
    println("表达式 : " + tokens2.toString())
    let expr2 = ParseBinaryExpr(tokens2)
    let left = expr2.getLeftExpr()
    println("二元表达式左侧: " + left.toTokens().toString())
    if (expr2.getOperatorKind() == TokenKind.ADD ) {
        println("二元表达式操作符: + ")
    }
    let right = expr2.getRightExpr()
    println("二元表达式右侧: " + right.toTokens().toString())

}
```

在通过 ParseExpr 解析赋值表达式的过程中，通过 expr 对象的 isAssignExpr 判断该表达式是否为赋值表达式，如果判断成立，则通过 asAssignExpr 函数将 expr 对象向下转型为 AssignExpr 类型。在 AssignExpr 类型中，包含了 getLeftValue、getRightExpr 等函数，分别用于输出赋值表达式左侧的变量及右侧的子表达式。表达式 Expr 类的对象可以通过 toTokens 函数将其转换为 Tokens 序列，以便于输出代码内容。

在通过 ParseBinaryExpr 解析二元表达式的过程中，通过 expr2 对象的 getLeftExpr、getRightExpr、getOperatorKind 等函数分别输出二元表达式左右两侧的子表达式及操作符类型。TokenKind 类重载了==和!=操作符，用于判断该变量属于何种枚举值。

编译并运行程序，输出结果如下：

```
表达式：a = 2
赋值表达式左侧：a
赋值表达式右侧：2
表达式：2 + 3
二元表达式左侧：2
二元表达式操作符：+
二元表达式右侧：3
```

虽然直接通过具体的解析函数解析表达式更加方便，但是在开发者不明确表达式类型的时候，只能通过 ParseExpr 函数解析，然后通过以 is 开头的函数判断其类型并通过以 as 开头的函数转化为相应的类型。

2. 解析声明

声明的解析和表达式的解析非常类似，既可以通过 ParseDecl 函数解析任何类型的声明，也可以通过具体的声明解析函数对特定类型的声明进行解析。常见的声明解析函数如表 12-2 所示。

表 12-2 常见的声明解析函数

声明解析函数	可以解析的声明类型
func ParseDecl(input : Tokens): Decl	任何类型的声明
func ParsePropDecl(input : Tokens): Decl	属性
func ParseFuncDecl(input : Tokens): Decl	函数
func ParseClassDecl(input : Tokens): D	类
func ParseInterfaceDecl(input : Tokens): Decl	接口
func ParseRecordDecl(input : Tokens): Decl	记录
func ParseExtendDecl(input : Tokens): Decl	扩展
func ParseTypeAliasDecl(input : Tokens): Decl	类型别名
func ParseVarDecl(input : Tokens): Decl	变量定义
func ParseVarWithPatternDecl(input : Tokens): Decl	变量定义（模式匹配）

类似地，对于通过 ParseDecl 函数解析的表达式，可以通过 Decl 类中的以 is 开头的函数判断该声明所属的具体类型，也可以通过 Decl 类型中以 as 开头的函数将 Decl 类型向下转型到具体的声明类型。

下面通过一个实例演示声明解析的具体方法。

【**实例 12-5**】 通过 ParseDecl 函数解析函数，并输出函数的关键信息，代码如下：

```
//code/chapter12/example12_5.cj
from ast import ast.*
```

```
func main() : Unit {

    //使用 ParseDecl 解析声明
    let tokens = quote ( private func test(a : Int64, b : Float32) : Unit
{ println("hello,cangjie!") } )
    println("声明: " + tokens.toString())
    let decl = ParseDecl(tokens)
    //将声明向下转型为函数声明
    if (decl.isFuncDecl()) {
        let funcDecl : FuncDecl = decl.asFuncDecl()
        let modifiers = funcDecl.getModifiers()          //函数修饰
        let keyword = funcDecl.getKeyword()              //关键字
        let identifier = funcDecl.getIdentifier()        //标识符（函数名称）
        let paramlist = funcDecl.getParamList()          //参数列表
        let type_ = funcDecl.getType()                   //返回类型
        let body = funcDecl.getBody()                    //函数体
        let isOperatorFunc = funcDecl.isOperatorFunc() //是否为操作符函数
        modifiers.toString()

        println(" - 1 - 函数修饰: " + modifiers.toString())
        println(" - 2 - 关键字: ");
        keyword.dump()
        println(" - 3 - 标识符: ");
        identifier.dump()
        //遍历参数列表
        println(" - 4 - 参数列表: ");
        for (param in paramlist.getParams()) {
            param.getIdentifier().dump() //参数名
        }
        println(" - 5 - 返回值类型: " + type_.toTokens().toString())
        println(" - 6 - 函数体: " + body.toTokens().toString())
        if (isOperatorFunc) {
            println(" - 7 - 函数为操作符函数!")
        } else {
            println(" - 7 - 函数为普通函数!")
        }

    }
}
```

在 main 函数中，通过 quote 关键字创建了包含函数的 Tokens，然后通过 ParseDecl 函数将该函数声明解析为 Decl 类型，然后通过 isFuncDecl 判断该声明是否为函数声明，如果判断成功，则通过 asFuncDecl 函数将其转换为 FuncDecl 类型。最后，通过 FuncDecl 的一系列函数将该函数的各部分进行拆解和输出。编译并运行程序，输出结果如下：

```
    声明 : private func test ( a : Int64 , b : Float32 ) : Unit { println
( hello,cangjie1 ) }
    - 1 - 函数修饰: private
    - 2 - 关键字:
    description: func, token_id: 95, token_literal_value: func, fileID: 1, line:
6, column: 34
    - 3 - 标识符:
    description: identifier, token_id: 150, token_literal_value: test, fileID:
1, line: 6, column: 39
    - 4 - 参数列表:
    description: identifier, token_id: 150, token_literal_value: a, fileID: 1,
line: 6, column: 44
    description: identifier, token_id: 150, token_literal_value: b, fileID: 1,
line: 6, column: 55
    - 5 - 返回值类型: Unit
    - 6 - 函数体: println ( hello,cangjie! ) NL
    - 7 - 函数为普通函数!
```

由于篇幅所限，并没有演示具体的声明解析函数的使用方法，其使用方法和表达式解析函数方法类似，读者可以自行尝试。

仓颉语言的 quote 表达式提供了词法分析的功能，可将代码转换为 Tokens，而仓颉语言的表达式、声明解析函数提供了语法分析的功能。词法分析和语法分析是元编程的必备基础。

12.2 宏

仓颉语言的元编程是通过宏（Macro）实现的。宏是一种处理 Tokens 的代码结构，因此宏输入和输出都是词法单元（Token）。宏包括非属性宏和属性宏。非属性宏用于输入仅包括需要处理代码的 Tokens 对象，而属性宏还包括一些额外参数，这些额外参数用于改变宏的特征。

使用宏的包必须使用 macro package 声明，即在 package 关键字前加上 macro 关键字，其基本形式如下：

```
marco package 包名
```

例如，在 macro_definition 包中使用宏，那么其包名声明的代码如下：

```
macro package macro_definition
```

注意 在仓颉语言中，宏中可以使用函数，也可以使用其他宏。当在宏中使用宏时称为嵌套宏。

宏通过关键字 macro 定义，而非属性宏的基本结构如下：

```
external macro 宏名称(args : Tokens) : Tokens {
//宏体
}
```

其中，args 参数包含了需要宏处理的代码。由于宏声明和宏调用不能出现在同一个文件中，所以通常使用单独的仓颉源文件定义宏，在需要使用宏的源文件导入该文件所在的包即可，因此 macro 关键字前必须使用 external 关键字修饰，否则编译器会报错。

对于属性宏来讲，还需要输出属性参数，其基本结构如下：

```
external macro 宏名称(attrs : Tokens, args : Tokens) : Tokens {
//宏体
}
```

args 参数和非属性宏的作用一致，包含需要处理的代码。attrs 参数包含属性宏的属性参数。

由此可见，宏的定义和函数的定义非常类似，但是主要有以下两个区别：

（1）关键字不同，宏的关键字为 macro，函数的关键字为 func。

（2）宏的参数列表和返回类型是固定的，非属性宏包括一个参数，属性宏包括两个参数，并且返回类型必须是 Tokens。函数的参数列表和返回类型是任意的。

以下介绍非属性宏和属性宏的基本用法。

12.2.1　非属性宏

非属性宏的调用结构如下：

```
@宏名称(代码)
```

宏调用中的代码是任意的，可以是函数、类，也可以是表达式、标识符等。例如，通过 testmacro 宏处理表达式 3*8，其宏的调用如下：

```
@testmacro(3*8)
```

如果这段代码是声明结构，如函数（包括 Lambda 表达式）、类、接口、记录、扩展、变量声明、属性，或者其他的宏，则可以省略宏调用结构中的括号，调用结构如下：

```
@宏名称固定结构
```

例如，用宏 mklog 处理变量定义 var a = 1，其宏的调用如下：

```
@mklog var a=1
```

再如，用宏 modify 处理一个名为 test 的函数，其宏的调用如下：

```
@modify
func test() {
    println("test")
}
```

下面通过实例展示非属性宏的定义和调用方法。

【**实例 12-6**】 实现数值的相反数和自增 1 的宏。创建 macro.cj 文件，并实现 abs 和 increasement 宏，代码如下：

```
//code/chapter12/example12_6/macro.cj
macro package macro_definition

from ast import ast.*

//求相反数
external macro abs(args : Tokens) : Tokens {
    Token(TokenKind.SUB) + args
}

//自增1
external macro increasement(args : Tokens) : Tokens {
    args + quote( + 1)
}
```

宏 abs 在数值前添加一个负号实现相反数功能，宏 increasement 在数值后添加"+1"代码实现自增 1 功能。通过以下命令将 macro.cj 编译为 macro.o 目标文件：

```
cjc macro.cj -c -o macro.o
```

创建 main.cj 文件，并在该文件中调用 abs 和 increasement 宏，代码如下：

```
//code/chapter12/example12_6/main.cj

import macro_definition.*

func main() {
    println(@abs(20))            //20 的相反数
    println(@increasement(20))   //20 自增 1
}
```

其中，@abs(20)表示 20 的相反数，即−20；@increasement(20)表示 20 自增 1，即 21。

在编译含有宏调用的源代码时，需要通过-backend-options 编译选项链接仓颉 AST 动态库，通过以下命令编译 main.cj 文件，并链接 macro.o 目标文件，形成 out 可执行文件：

```
cjc main.cj -macro-obj=./macro.o -o out
```

在编译过程中，@abs(20)代码会通过宏展开而变成代码"−20"，而@increasement(20)会通过宏展开而变成代码"20 + 1"。

执行 out 可执行文件，输出结果如下：

```
-20
```

21

下面实现使用宏对函数进行修改。

【实例12-7】 通过宏在函数调用的开头输出函数调用信息。创建 macro.cj 文件，用于定义宏，代码如下：

```
//code/chapter12/example12_7/macro.cj
macro package macro_definition
from ast import ast.*

//获取函数左大括号{所在 Tokens 的位置，如果未找到，则返回-1
func firstLeftBraceIndex(args : Tokens) : Int64 {
    var res = -1
    for (index in 0..args.size()) {
        let token = args.get(index)
        if (token.kind == TokenKind.LCURL) {
            res = index
            break
        }
    }
    res
}


//定义宏：在函数调用时打印函数调用的次数
external macro showlog(args : Tokens) : Tokens {
    //解析函数声明
    let decl = ParseDecl(args)
    if (decl.isFuncDecl()) {
        let funcDecl : FuncDecl = decl.asFuncDecl()
        //函数名称
        let identifier = funcDecl.getIdentifier()
        //函数左大括号{所在 Tokens 的位置
        let firstLeftBraceIndex = firstLeftBraceIndex(args)
        //创建返回的 Tokens 对象
        var res = Tokens() + quote (
            //函数调用次数计数器
            var count = 0
        )
        //遍历原来的函数 Tokens，并添加到新的 Tokens 中
        for (index in 0..args.size()) {
            res = res + args[index]
            //在函数左大括号{的后方，添加打印函数调用次数代码
            if (index == firstLeftBraceIndex) {
                res = res + quote (
```

```
                        count ++
                        println("函数 test()调用次数 : ${count}.")
                )
            }
        }
        return res
    }
    //不是函数声明，原样返回Tokens
    return args
}
```

宏 showlog 在原来函数的基础上，添加了两部分代码。

（1）在函数前添加函数调用计数器，代码如下：

```
var count = 0
```

（2）在函数体开头添加打印函数调用次数语句，代码如下：

```
count ++
println("函数 test()调用次数: ${count}.")
```

创建 main.cj 函数，用于测试，代码如下：

```
//code/chapter12/example12_7/main.cj

import macro_definition.*

@showlog
func test() {
    println("test()函数已被调用!")
}

func main() {
    test()
    test()
    test()
}
```

宏调用@showlog 修饰了 test 函数，在编译时会对 test 的函数进行修改，代码如下：

```
var count = 0
func test() {
    count ++
    println("函数 test()调用次数: ${count}.")
    println("test()函数已被调用!")
}
```

其中，黑体标注的部分是宏 showlog 添加的代码。

可以将 macro.cj 和 main.cj 文件放在同一个目录中，编译命令如下：

```
cjc macro.cj -c -o macro.o
cjc main.cj -macro-obj=./macro.o -o out
```

执行生成的 out 程序，输出结果如下：

```
函数 test() 调用次数： 1
test() 函数已被调用！
函数 test() 调用次数： 2
test() 函数已被调用！
函数 test() 调用次数： 3
test() 函数已被调用！
```

此时，宏 showlog 可以修饰任意的函数，并可以打印函数调用次数。

12.2.2　属性宏

属性宏是指可以为宏定义一些额外的参数，用于使宏具有不同特征。属性宏的调用结构如下：

```
@宏名称[属性](代码)
```

注意　和非属性宏类似，当所修饰的代码为类、函数等结构时，可以省略宏调用结构的括号。

与非属性宏不同的是，可以在宏名称后使用中括号[]输入一些属性。这里的属性可以是任意的代码。在属性宏的定义中，这些代码也会以 Tokens 的方式作为输入。

属性宏和非属性宏的使用非常类似，所以这里通过简单实例演示属性宏的用法。

【实例 12-8】通过属性宏实现加法和为声明添加修饰的功能，文件 macro.cj 的代码如下：

```
//code/chapter12/example12_8/macro.cj
macro package macro_definition

from ast import ast.*

//加法
external macro add(attrs : Tokens, args : Tokens) : Tokens {
    args + quote( + ) + attrs
}

//为声明添加修饰
external macro decoration(attrs : Tokens, args : Tokens) : Tokens {
    attrs + args
}
```

宏 add 定义了加法，可求 attrs 和 args 所代表的数值的和。宏 decoration 实现了为声明（类、函数等）添加修饰的功能。文件 main.cj 的代码如下：

```
//code/chapter12/example12_8/main.cj

import macro_definition.*

@decoration[open]
class Animal { }

class Dog <: Animal { }


func main() {
    println(@add[10](20))
}
```

类 Animal 使用宏@decoration[open]修饰，这个宏会在编译中实现宏展开，在 Animal 类前添加 open 修饰。在 main 函数中，宏@add[10](20)在编译中实现宏展开，即 20 + 10。编译并运行程序，输出结果如下：

```
30
```

属性宏的灵活性更强，但是由于需要开发者处理 Tokens 类型的属性，所以给开发者对 Tokens 的解析带来更高的要求。

12.2.3 宏展开

通过宏修改源代码的过程称为宏展开。在上面的几个例子中，编译 main.cj 文件的过程实际上分为以下两个步骤：

（1）通过宏展开修改源代码。

（2）编译源代码。

为了调试和检查程序，开发者可能需要查看宏展开结果，这就需要宏调试模式了。在通过 cjc 命令编译含有宏调用的源文件时，可以通过-debug-macro 参数打开宏调试模式。例如，将 macro.cj 文件编译成目标文件 macro.o 后，即可通过以下命令生成 main.cj 宏展开文件：

```
cjc main.cj -debug-macro -macro-obj=./macro.o -o out
```

命令执行后，除了生成了可执行文件 out 以外，还生成了以 debug_开头的宏展开文件 debug_main.cj，代码如下：

```
import macro_definition.*

//===== Emitted by Macro decoration at line 5 =====
```

```
open class Animal { }
//===== End of the Emit =====

class Dog <: Animal { }

func main() {
    println(
            //===== Emitted by Macro add at line 12 =====
            20 + 10
            //===== End of the Emit =====
    )
}
```

通过宏展开文件可以很方便地对含有宏调用的仓颉程序进行检查和调试。

12.3 本章小结

元编程的目的是为编程提供更高层级的抽象，方便开发者实现在源代码层面难以完成的特定需求，例如更加高效地复用代码、操作语法树、编译期求值、自定义文法，以及构建领域特定语言（Domain-Specific Language，DSL）等。

元编程不但是技术，而且是艺术。元编程相当于为开发者提供了"上帝视角"，为程序设计提供了更多的可能。

12.4 习题

（1）设计非属性宏，在函数抛出异常时输出异常信息。

（2）设计非属性宏，为类添加 toString 函数，并输出相关信息。

（3）设计属性宏，在表达式的最后添加指定的 Tokens。

应用篇

第 13 章

跨语言互操作和 **2048** 小游戏

通过前面的学习，已经基本涵盖了绝大多数的仓颉语言的知识了，读者应该建立了比较完备的仓颉语言开发知识体系。对于初学者来讲，需要项目历练才能融会贯通，所以本章将会带领读者开发一个仓颉小游戏——2048。

仓颉语言目前没有 GUI 库，整个游戏均在命令行下完成，然而，仓颉语言目前没有清屏和自动读取单个字符（无须按 Enter 键确认）的能力，所以需要 C 语言提供相应的接口。

本章先介绍跨语言互操作、随机数生成和时间操作的相关方法，然后完整地介绍 2048 小游戏开发流程。本章的核心知识点如下：

（1）仓颉的 C 语言互操作方法。

（2）生成随机数。

（3）时间类和时间间隔类。

13.1　跨语言互操作

大型软件系统通常并不是通过一种语言来解决所有问题的，许多情况下需要语言之间的互联互通。仓颉语言通过语言交互接口（Foreign Function Interface，FFI）提供了多语言协作能力，方便兼容已有的语言生态。

目前，通过 FFI 可以实现仓颉语言和 C 语言之间的函数相互调用。

13.1.1　仓颉语言和 C 语言的类型映射关系

仓颉语言和 C 语言的数据类型存在不同，所以在跨语言函数调用时需要注意这两种语言中函数参数和返回值类型的映射关系。在仓颉语言中，仓颉语言和 C 语言之间的类型映射关系如表 13-1 所示。

表 13-1　仓颉语言和 C 语言之间的类型映射关系

仓颉语言类型	C 语言类型	占用字节大小
Unit	void	0
Bool	bool	1

续表

仓颉语言类型	C 语言类型	占用字节大小
UInt8	char	1
Int8	int8_t	1
UInt8	uint8_t	1
Int16	int16_t	2
UInt16	uint16_t	2
Int32	int32_t	4
UInt32	uint32_t	4
Int64	int64_t	8
UInt64	uint64_t	8
IntNative	-	与具体平台相关
UIntNative	-	与具体平台相关
Float32	float	4
Float64	double	8
record	struct	-
CPointer<T>	*t	-
CString	char*	-

在实际使用这些类型映射关系时，还需要注意以下几方面。

（1）使用 C 语言中 int8_t、uint8_t 等整型时，需要通过预编译指令导入 stdint.h 头文件：

```
#include <stdint.h>
```

（2）使用 C 语言中 bool 布尔类型时，需要通过预编译指令导入 stdbool.h 头文件：

```
#include <stdbool.h>
```

（3）因仓颉语言中的 IntNative 和 UIntNative 类型的占用字节大小和具体的平台有关，因此可以根据平台的不同将这些类型和占用字节大小相同的相应的 C 语言类型进行转换。

（4）仓颉语言中的元组、区间和 Nothing 基本数据类型，以及引用类型没有对应的 C 语言数据类型。

13.1.2　仓颉语言调用 C 语言函数

仓颉语言调用 C 语言函数的流程如下：

（1）在 C 语言环境中，准备需要调用的 C 语言函数。

（2）在仓颉语言环境中，通过 foreign 关键字声明 C 语言函数。

（3）在仓颉语言环境中，通过 unsafe 块对 C 语言函数进行调用。

（4）先将 C 语言代码编译成目标文件或库文件，然后在编译仓颉语言源代码时链接 C

语言的目标文件或库文件。

下面通过一个简单的实例介绍这一流程。

【实例 13-1】创建 C 语言的字符串打印函数 hello、加法函数 add 和奇数判断函数 isOdd，然后在仓颉语言中调用这些函数。

创建 test.c 文件，并实现上述 3 个函数，代码如下：

```c
//code/chapter13/example13_1/test.c
#include <stdio.h>
#include <stdint.h>
#include <stdbool.h>

//打印字符串
void hello() {
    printf("This is from C language.\n");
}

//加法
int64_t add(int64_t a, int64_t b) {
    return a + b;
}

//奇数判断
bool isOdd(int64_t value) {
    return value % 2 == 1;
}
```

创建 main.cj 文件，通过 foreign 函数声明 C 语言的 3 个函数（注意类型的对应关系），并在 main 函数中调用这 3 个函数，代码如下：

```
//code/chapter13/example13_1/main.cj
from ffi import c.*
foreign func hello() : Unit
foreign func add(a : Int64, b : Int64) : Int64
foreign func isOdd(value : Int64) : Bool

func main() {
    //调用 hello 函数
    unsafe { hello() }
    //调用 add 函数
    let res = unsafe { add(1, 2) }
    println("1 + 2 = ${res}")
    //调用 isOdd 函数
    let res2 = unsafe { isOdd(41) }
```

```
        println("41 是否为奇数？${res2}")

}
```

在调用 C 语言函数时，为了防止 C 语言的不安全操作对仓颉语言程序造成影响，必须通过 unsafe 结构调用，否则会导致编译错误。将 test.c 和 main.cj 这两个文件放在同一个目录下，然后通过静态链接或动态链接方法进行编译。

（1）静态链接是指将 C 程序编译为目标文件，然后在编译仓颉程序时将该目标文件链接并生成一个可运行程序。将 C 程序编译为目标文件 test.o，命令如下：

```
gcc -c test.c -o test.o
```

编译仓颉程序，并静态链接 test.o，生成可执行程序 main，命令如下：

```
cjc main.cj test.o
```

执行可执行程序，命令如下：

```
./main
```

（2）动态链接是指将 C 语言程序编译为库文件，然后在编译仓颉语言时链接库文件并生成可执行程序，但是可执行程序的执行依赖于这个库文件。将 C 程序编译为目标文件 test.o，命令如下：

```
gcc -c test.c -o test.o
```

将 C 语言程序编译为动态库 libffi.so 文件，命令如下：

```
gcc -shared test.o -o libtest.so
```

编译仓颉程序，并动态链接 libtest.so，生成可执行程序 main，命令如下：

```
cjc -backend-options="-ltest -L./" main.cj
```

执行可执行程序，命令如下：

```
./main
```

如果编译和运行过程顺利，则输出结果如下：

```
This is from C language.
1 + 2 = 3
41 是否为奇数？ true
```

以下介绍当涉及仓颉语言记录、指针、字符串类型时，调用 C 语言函数的方法。

1. 记录

仓颉语言的记录类型（Record）对应于 C 语言的结构体（struct），但是需要注意以下几方面：

（1）记录类型和结构体中的成员类型、名称必须一一对应，并且需要在仓颉语言的记录类型中声明构造函数。

（2）仓颉语言的记录类型需要使用宏@c 修饰。

【实例 13-2】　在 C 语言中定义 Point2D 结构体及定义两个 Point2D 相加的函数 add，并在仓颉语言中实现调用。在 C 语言程序中实现上述结构体和函数，代码如下：

```
//code/chapter13/example13_2/test.c
#include <stdio.h>
#include <stdint.h>

//通过 typedef 定义 Point2D 结构体
typedef struct {
    int64_t x;
    int64_t y;
} Point2D;

//两个 Point2D 类型相加
Point2D add(Point2D p1, Point2D p2) {
    Point2D point2d = {p1.x + p2.x, p1.y + p2.y};
    return point2d;
}
```

在仓颉程序中，声明 Point3D 记录并使用@c 宏修饰，然后通过 foreign 关键字声明 add 函数，代码如下：

```
//code/chapter13/example13_2/main.cj
from ffi import c.*

//Point2D 记录
@c
record Point2D {
    var x : Int64
    var y : Int64
    init (x: Int64, y: Int64) {
        this.x = x
        this.y = y
    }
}
//两个 Point2D 类型相加
foreign func add(p1: Point2D, p2: Point2D) : Point2D

func main() {
    let p1 = Point2D(20, 30)
```

```
    let p2 = Point2D(5, 8)
    let res = unsafe{ add(p1, p2) }
    println("res x : ${res.x}, y : ${res.y}")


}
```

在 main 函数中，创建了两个 Point2D 类型的变量，并通过 unsafe 结构调用 add 函数计算这两个 Point2D 变量的和。编译并运行程序，输出结果如下：

```
res x : 25, y : 38
```

C 语言没有面向对象特征，所以在使用 C 语言函数时结构体很常用。

2. 指针类型

在仓颉语言中 CPointer<T>类型表示指针类型，例如 CPointer<Int64>对应于 C 语言的 int64_t *类型，CPointer<Bool>对应 C 语言的 bool *类型等。

CPointer 的主要成员如下。

（1）init()：默认构造函数，构造出来的指针值为 null。

（2）func isNull() : Bool：判断指针的值是否为 null。

（3）func isNotNull() : Bool：判断指针的值是否不是 null。

（4）unsafe func read() : T：读取指针指向的值。

（5）unsafe func read(index: Int64) : T：读取偏移 index 个 T 的位置的值。

（6）unsafe func write(value: T) : Unit：向指针指向的位置写入值。

（7）unsafe func write(index: Int64, value: T) : Unit：向偏移 index 个 T 的位置写入值。

（8）unsafe operator func + (offset: Int64): CPointer<T>：指针偏移操作，地址加上 offset 个 T 并返回新指针。

（9）unsafe operator func − (offset: Int64): CPointer<T>：指针偏移操作，地址减去 offset 个 T 并返回新指针。

下面通过实例演示 CPointer<T>的用法。

【实例 13-3】在 C 语言中定义 getInt64Pointer 函数，用于返回指针，定义 outputInt64Value 函数，用于将指针作为参数传入，并在仓颉语言中调用这两个函数。在 C 语言程序中，定义上述两个函数，代码如下：

```
//code/chapter13/example13_3/test.c
#include <stdio.h>
#include <stdint.h>

//全局整型变量 value，值为 20
int64_t value = 20;

//返回全局整型变量 value 的指针
int64_t *getInt64Pointer() {
```

```
        return &value;

    }

    //传入一个整型指针，并输出这个整型值
    void outputInt64Value(int64_t *pointer) {
        printf("the value is %ld\n", *pointer);
    }
```

在仓颉程序中，通过 foreign 关键字声明 getInt64Pointer 和 outputInt64Value 函数，其中整型指针类型使用 CPointer<Int64>类型，代码如下：

```
//code/chapter13/example13_3/main.cj
from ffi import c.*

//返回全局整型变量 value 的指针
foreign func getInt64Pointer() : CPointer<Int64>
//传入一个整型指针，并输出这个整型值
foreign func outputInt64Value(pointer : CPointer<Int64>)

func main() {

    unsafe{
        //获取整型指针
        let pointer = getInt64Pointer()
        //将整型指针传入 C 语言的 outputInt64Value 函数进行处理
        outputInt64Value(pointer)
    }

}
```

编译并运行程序，输出结果如下：

```
the value is 20
```

CPointer 的意义在于方便使用 C 语言的 char *类型，用于字符串的传递。

3. 字符串

在仓颉语言中，CString 类型是包装了 CPointer<UInt8>类型（对应于 C 语言的 char *类型）的记录类型。

CString 的主要成员如下。

（1）init(s: String)：通过字符串类型 String 构造 CString。

（2）init(p: CPointer<UInt8>)：通过 CPointer<UInt8>类型构造 CString。

（3）mut func free()：使用这个字符串资源。

（4）func size()：获取字符串长度。

（5）func isEmpty(): Bool：判断这个字符串是否为 null。

（6）func isNotEmpty(): Bool：判断这个字符串是否不为 null。

（7）func startsWith(str: CString): Bool：判断字符串是否以 str 开头。

（8）func endsWith(str: CString): Bool：判断字符串是否以 str 结尾。

（9）func equals(rhs: CString): Bool：判断两个字符串是否相等（大小写敏感）。

（10）func equalsLower(rhs: CString): Bool：判断两个字符串是否相等（大小写不敏感）。

（11）func subCString(start: UInt64): CString：从 start 位置开始截取字符串。

（12）func subCString(start: UInt64, len: UInt64): CString：从 start 位置开始截取长度为 len 的字符串。

（13）func compare(str: CString): Int32：比较两个字符串，比较时两个字符串自左向右逐个字符相比（按 ASCII 值大小相比较），直到出现不同的字符或遇'\0'为止。如果当前字符串较大，则返回正数；如果当前字符串较小，则返回负数，如果字符串相等，则返回 0。

（14）func toString()：将该 CString 转换为 String 对象。

【实例 13-4】将仓颉语言字符串转换为 CString 类型，并传入 C 语言中打印输出。C 语言程序的代码如下：

```c
//code/chapter13/example13_4/test.c
#include <stdio.h>

//输出字符串 str
void printlnByC(char *str) {
    printf("%s\n", str);
}
```

仓颉语言代码如下：

```
//code/chapter13/example13_4/main.cj
from ffi import c.*

//输出字符串 str
foreign func printlnByC(str : CString) : Unit

func main() {
  //通过 String 构造 CString
  let str = CString("This is Cangjie CString.")
  //将 CString 变量传入 C 语言函数 printlnByC 中并打印
  unsafe{ printlnByC(str) }
}
```

上述代码将仓颉语言字符串"This is Cangjie CString."转换为 CString 类型，并传入 C 语言函数 printlnByC 中打印输出。编译并运行程序，输出结果如下：

```
This is Cangjie CString.
```

13.1.3　跨语言调用的高级用法

1. C 语言函数别名

为了避免 C 语言函数和仓颉语言函数、关键字等重名，可以在通过 foreign 关键字声明 C 语言函数时通过@rename 宏改变函数名称。

【**实例 13-5**】在 C 语言函数中定义 println 函数，在仓颉语言中声明该函数时通过@rename 宏将该函数的名称改为 printlnByC。C 语言程序的代码如下：

```
//code/chapter13/example13_5/test.c
#include <stdio.h>

void println(char *str) {
    printf("%s\n", str);
}
```

仓颉语言的代码如下：

```
//code/chapter13/example13_5/main.cj
from ffi import c.*

//通过宏将 C 语言的 println 函数名称改为 printlnByC
@rename["println"]
foreign func printlnByC(str : CString) : Unit

func main() {
    let str = CString("This is Cangjie CString.")
    unsafe{ printlnByC(str) }
}
```

编译并运行程序，输出结果如下：

```
This is Cangjie CString.
```

2. C 语言调用仓颉语言函数

在 C 语言中，可以通过函数指针的方式调用函数。在仓颉语言中利用了这一特性并提供了 CFunc 类型。开发者可以将 CFunc 类型作为函数指针传入 C 语言的某个函数中，此时即可通过这个函数指针调用仓颉函数了。

在仓颉语言中，有两种方式声明 CFunc 类型：

（1）宏@c 修饰的函数是 CFunc 类型的函数。

（2）通过 CFunc<T>声明 CFunc 类型的变量，并且可以将 Lambda 表达式作为其字面量。

【**实例 13-6**】 将仓颉的 CFunc 函数传入 C 语言的 setCallback 函数中，并在 C 语言环境中调用传入的 CFunc 函数。在 C 语言中，定义函数指针类型 callback，并创建 setCallback 函数并通过 callback 调用函数，代码如下：

```c
//code/chapter13/example13_6/test.c
#include <stdio.h>

//定义函数指针类型 callback
typedef void (*callback)(int);

//传入并调用 callback 类型的函数
void setCallback(callback cb) {
    cb(20);
}
```

在仓颉语言中，分别通过 setCallback 函数将宏@c 定义的 CFunc 函数和 Lambda 表达式定义的 CFunc 函数传入 C 语言环境中调用，代码如下：

```cangjie
//code/chapter13/example13_6/main.cj
from ffi import c.*

//传入并调用 callback 类型的函数
foreign func setCallback(cb: CFunc<(Int32)->Unit>) : Unit

//通过宏@c 创建 CFunc 类型的函数
@c
func test(value: Int32): Unit {
    println("Test: The value is ${value}.")
}

func main() {
    //将 test 函数传入 C 语言环境中
    unsafe { setCallback(test) }
    //将 Lambda 表达式传入 C 语言环境中
    let function: CFunc<(Int32)->Unit> = {
        value =>
            println("Lambda: The value is ${value}.")
    }
    unsafe { setCallback(function) }
}
```

编译并运行程序，输出结果如下：

```
Test: The value is 20.
Lambda: The value is 20.
```

13.1.4　OS 库的简单应用

OS 库的主要功能包括获取系统环境信息、访问文件、目录、设备、进程等功能。使用 OS 库前需要导入 OS 库中的函数，代码如下：

```
from std import os.*
```

目前仓颉的 OS 库中绝大多数的函数是通过 FFI 方式实现的，并且主要使用的是 C 语言的以下头文件：

```
#include <signal.h>
#include <unistd.h>
#include <sys/types.h>
#include <fcntl.h>
```

因此，OS 库中的函数操作方法可以参考相应的 C 语言函数定义和相关说明。另外，OS 库中的许多函数会使用 CString 等 ffi 库中定义的类型，此时还需要导入 ffi 库中的 CString 等类型，代码如下：

```
from ffi import c.*
```

注意　目前 OS 库仅支持 Linux 操作系统。

下文分别介绍通过 OS 库访问系统环境、访问进程信息及访问目录和文件的相关方法。

1. 访问系统环境

OS 库中与系统环境相关的常用函数如表 13-2 所示。

表 13-2　OS 库中与系统环境相关的常用函数

函　　数	描　　述
func gethostname(): CString	获取主机名称
func sethostname(buf: CString): Int32	设置主机名称（需要 root 权限）
func getlogin(): CString	获取当前的登录名称
func getgid(): Int32	获取当前的用户组 ID
func getuid(): Int32	获取当前的用户 ID
func setgid(id: Int32): Int32	设置当前的用户组 ID
func setuid(id: Int32): Int32	设置当前的用户 ID
func getgroups(size: Int32, gidArray: CPointer<UInt32>): Int32	获取用户组信息
func ttyname(fd: Int32): CString	获取终端名称
func getArgs(): List<String>	获取命令行的参数列表
func envVars(): HashMap<String, String>	获取所有的环境变量

续表

函　　　数	描　　述
func getEnv(k: String) : Option<String>	获取环境变量
func setEnv(k: String, v: String): Unit	设置环境变量
func removeEnv(k: String): Unit	删除环境变量

用户 ID 通常简称为 UID，用户组 ID 通常简称为 GID。

在 OS 库中，对于设置函数（通常是以 set 开头的函数，如 sethostname、setEnv 函数等），其返回类型一般为 Int32。在没有特殊说明的情况下，设置函数的返回值为 0 时表示成功，返回值为-1 时表示失败。

【实例 13-7】 通过 OS 库获取主机、用户、用户组及 PATH 变量的基本信息，并尝试通过 sethostname 函数改变主机名称，代码如下：

```
//code/chapter13/example13_7.cj
from std import os.posix.*
from std import os.*
from ffi import c.*

func main() {
    //获取主机名称
    println("主机名称:" + gethostname().toString())
    //设置主机名称
    let res = sethostname(CString("mycomputer"))
    println(if (res == 0 ) { "修改成功!" } else { "修改失败!" } )
    //获取用户 ID
    println("用户 ID:${getgid()}")
    //获取用户组 ID
    println("用户组 ID:${getuid()}")
    //获取 PATH 变量
    println("PATH:" + getEnv("PATH").getOrThrow())
}
```

编译并运行程序，输出结果可能如下：

```
主机名称:instance-e52316m8
修改失败!
用户 ID:1000
用户组 ID:1000
PATH:/home/dongyu/cangjie/bin:/usr/local/sbin:/usr/local/bin:/usr/sbin:/
usr/bin:/sbin:/bin:/usr/games:/usr/local/games:/snap/bin
```

这些信息会根据系统环境的不同而不同。对于 sethostname 函数修改主机名称，当处于非管理员模式（无 root 权限）时会提示"修改失败"，在有 root 权限的情况下执行程序时才能修改成功。

2. 访问进程信息

OS 库中与进程相关的常用函数如表 13-3 所示。

表 13-3　OS 库中与进程相关的常用函数

函　　数	描　　述
func getpgid(pid: Int32): Int32	通过进程 ID 获取相应进程组 ID
func getpid(): Int32	获取调用进程的进程 ID
func getppid(): Int32	获取调用进程的父进程 ID
func getpgrp(): Int32	获取当前进程所属的进程组 ID
func setpgrp(): Int32	将当前进程所属的进程组 ID 设置为当前进程的进程 ID
func setpgid(pid: Int32, pgrp: Int32): Int32	将指定的进程 ID 设置在某个进程组 ID 中
func nice(inc: Int32): Int32	修改当前进程的优先级
func kill(pid: Int32, sig: Int32): Int32	向指定进程发送信号

进程 ID 通常简称为 PID，进程组 ID 通常简称为 PGID，父进程 ID 通常简称为 PPID。例如，通过 getpid、getppid 和 getpgrp 函数输出进程 ID、父进程 ID 和进程组 ID，代码如下：

```
println(getpid())
println(getppid())
println(getpgrp())
```

上述代码的执行结果如下：

```
24104
24094
24094
```

3. 访问目录和文件

OS 库中与目录和文件相关的常用函数如表 13-4 所示。

表 13-4　OS 库中与目录和文件相关的常用函数

函　　数	描　　述
func chdir(path: CString): Int32	改变当前目录位置
func fchdir(fd: Int32): Int32	通过描述符改变当前目录位置
func getcwd(): CString	获取当前目录的绝对路径
func `open`(path: CString, oflag: Int32): Int32 external func `open`(path: CString, oflag: Int32, flag: Int32): Int32	打开文件并返回描述符
func creat(path: CString, flag: Int32): Int32	创建文件并返回描述符
func close(fd: Int32)	关闭文件

续表

函 数	描 述
func lseek(fd: Int32, offset: Int32, whence: Int32): Int32	控制文件的读写位置
read(fd: Int32, buffer: CPointer<UInt8>, nByte: UIntNative): UIntNative	读文件内容
func write(fd: Int32, buffer: CPointer<UInt8>, nByte: UIntNative): UIntNative	写文件内容
func isType(path: CString, mode: Int32): Bool	判断文件类型
func isDir(path: CString): Bool	判断文件是否为目录
func isChr(path: CString): Bool	判断文件是否为字符设备
func isBlk(path: CString): Bool	判断文件是否为块设备
func isFIFO(path: CString): Bool	判断文件是否为 FIFO 设备
func isLnk(path: CString): Bool	判断文件是否为软连接
func isSock(path: CString): Bool	判断文件是否为套接字文件
func access(path: CString, mode: Int32): Int32	判断文件是否具有某种权限
func faccessat(path: String, mode: Int32, flag: Int32): Int32	通过描述符判断文件是否具有某种权限
func umask(cmask: Int32): Int32	设置权限掩码
func chown(path: CString, owner: Int32, group: Int32): Int32	修改文件的所有者和所有者所属的组
func chmod(path: CString, mode: Int32): Int32	修改文件的访问权限
func currentDir(): DirectoryInfo	获取当前目录
func homeDir(): DirectoryInfo	获取主目录
func tempDir(): DirectoryInfo	获取临时目录

通过这些函数可以自由切换目录位置，以及用 C 语言的方式来读写文件。

在 open 函数中，通过 oflag 参数可以设置读写选项，常见的参数值包括只读（O_RDONLY）、读写（O_RDWR）、只写（O_WRONLY）、追加（O_APPEND）等；通过 flag 参数可以设置文件权限，常见的参数值如表 13-5 所示。

表 13-5　常见的权限配置参数值

用户	读	写	执行	读、写和执行
文件所有者	S_IRUSR	S_IWUSR	S_IXUSR	S_RWXU
文件用户组	S_IRGRP	S_IWGRP	S_IXGRP	S_IRWXG
其他用户	S_IROTH	S_IWOTH	S_IXOTH	S_IRWXO

如果参数 oflag 和参数 flag 需要配置多个参数值，则可以通过|符号连接。

【实例 13-8】　在主目录下创建文件并读写文本，代码如下：

```
//code/chapter13/example13_8.cj
from std import os.posix.*
```

```
from ffi import c.*


//写文件
func writeFile() {
    //创建需要写入的字符串
    var str = CString("This is from Cangjie!")
    //打开文件: 可读写,如果没有文件,则创建,权限为文件所有者具有读、写和执行权限
    var fd = `open`(CString("./res.txt"), O_RDWR | O_CREAT, S_IRWXU)
    //写入文件
    let length = write(fd, str.getChars(), UIntNative(str.size()))
    println("写入长度: ${length}")
    //关闭文件
    close(fd)
}

//读文件
func readFile() {
    //创建用于读取文本的字符串
    var str = CString("")
    //获取文本字符串的指针
    var chars = str.getChars()
    //打开文件 res.txt,可读写
    var fd = `open`(CString("res.txt"), O_RDWR)
    //读取文件内容
    var length = read(fd, chars , UIntNative(100))
    println("读取长度: ${length}")
    println("读取内容: " + str.toString())
    //关闭文件
    close(fd)
}

func main() {
    //写文件
    writeFile()
    //读文件
    readFile()
}
```

writeFile 函数用于写文件,而 readFile 函数用于读文件。在 main 函数中先写入 res.txt 文件后读入其中的内容。编译并运行程序,输出结果如下:

```
写入长度 : 21
读取长度 : 21
```

> 读取内容：This is from Cangjie!

上述代码读写文件的操作流程和 C 语言是类似地，读者可以参考 C 语言的相关内容学习这一部分知识。

13.2 随机数的生成和时间操作

本节介绍生成随机数和时间对象的操作方法。

1. 通过 Random 类库生成随机数

在 util 库中提供了 Random 类，用于生成随机数，该类的构造函数如下。

（1）init()：默认的构造函数，种子值随机。

（2）init(seed: UInt64)：传入种子值，创建 Random 对象。

计算机本身实际上不能生成随机数。所谓随机数都是以一个初始值开始通过某种运算迭代生成随机数，这个初始值称为种子值。如果种子值不变，则所产生的随机数是固定的，所以通过固定种子值生成随机数的过程称为伪随机数。

如果这个种子值必须是真随机的，则 Random 类所生成的随机数才是真随机数。种子值的选取通常可以是：

（1）系统时间的纳秒值。

（2）某些传感器所获得的噪声值。

由于系统时间非常容易获取，所以本节还会介绍 time 库及其时间操作能力。

Random 类可以生成各种不同类型的随机数，其主要函数如表 13-6 所示。

表 13-6 Random 类的主要函数

函　　数	描　　述
func nextBool(): Bool	随机生成一个布尔值
func nextUInt8(): UInt8	随机生成一个 UInt8 类型的值
func nextUInt16(): UInt16	随机生成一个 UInt16 类型的值
func nextUInt32(): UInt32	随机生成一个 UInt32 类型的值
func nextUInt64(): UInt64	随机生成一个 UInt64 类型的值
func nextInt8(): Int8	随机生成一个 Int8 类型的值
func nextInt16(): Int16	随机生成一个 Int16 类型的值
func nextInt32(): Int32	随机生成一个 Int32 类型的值
func nextInt64(): Int64	随机生成一个 Int64 类型的值
func nextFloat32(): Float32	随机生成一个 Float32 类型的值，范围为 0~1（不能为 1）
func nextFloat64(): Float64	随机生成一个 Float64 类型的值，范围为 0~1（不能为 1）

对于整型的随机数生成函数，还可以传入一个整型参数作为随机数中最大的整型值。例

如，func nextInt64(upper: Int64): Int64 函数中的 upper 参数为该函数能够产生的最大随机数，其他整型随机数生成函数与此类似，不再列举。

【实例 13-9】　通过 Random 类生成布尔型、整型、浮点型的随机值，代码如下：

```
//code/chapter13/example13_9.cj
from std import util.*

func main() {
//创建 Random 对象，种子值随机
   var random = Random()
//生成随机的布尔值
   let bool = random.nextBool()
println("随机布尔值:${bool}")
//生成随机的 Int64 整型值
   let value = random.nextInt64()
println("随机整型值:${value}")
//生成随机最大不超过 10 的 Int64 整型值
   let value2 = random.nextInt64(10)
println("随机整型值(不超过 10):${value2}")
//生成随机的 Float32 浮点型值
   let value3 = random.nextFloat32()
println("随机浮点型值:${value3}")
}
```

编译并运行程序，输出结果如下，

```
随机布尔值:true
随机整型值:312
随机整型值(不超过 10):3
随机浮点型值:0.223178
```

上述输出信息的具体值是随机的。

2. time 库中的时间操作能力

通过 time 库可以实现获取当前时间、获取时区、计算时间间隔、计时器等功能。

1）用于操作时间的 Time 类

Time 类用于操作时间，其主要构造函数如下。

（1）init(s: Int64, ns: Int64)：通过 UNIX 时间的秒和纳秒部分构造 Time 对象，其中 s 为秒部分，ns 为纳秒部分。

（2）init(year: Int64, month: Month, day: Int64, hour!: Int64 = 0, min!: Int64 = 0, sec!: Int64 = 0, nsec!: Int64 = 0, loc!: Location = Location.Local)：通过年 year、月 month、日 day、时 hour、分 min、秒 sec、纳秒 nsc、时区 loc 参数构造 Time 对象。

不过更为常见的是，可以通过 now 静态函数创建当前时间的 Time 对象，以及通过字符

串解析得到 Time 对象。

（1）static func now(): Time：创建当前时区当前时间的 Time 对象。

（2）static func now(loc: Location): Time：创建指定时区当前时间的 Time 对象。

（3）static func parse(str: String): Result<Time>：通过字符串解析得到 Time 对象。

（4）static func parse(str: String, format: String): Result<Time>：通过字符串及格式字符串解析得到 Time 对象。

通过 Time 对象可以获得时间的相关信息，主要函数如表 13-7 所示。

表 13-7　Time 对象的主要函数

函　　　数	描　　　述
func date(): Int64 * Month * Int64	获取日期，返回值为年、月、日的元组类型
func year(): Int64	获取年份
func month(): Month	获取月份
func day(): Int64	获取当前月的天数（日）
func weekday(): Weekday	获取当前星期的天数（星期）
func yearDay(): Int64	获取当前年的天数（Day of Year，DOY）
func isoWeek(): Int64 * Int64	ISO 8601 标准中的年份和周数
func clock(): Int64 * Int64 * Int64	获取时间，返回值为时、分、秒的元组类型
func hour(): Int64	获取时
func minute(): Int64	获取分
func second(): Int64	获取秒
func nanosecond(): Int64	获取纳秒
func UNIX(): Int64	获取 UNIX 时间，以秒为单位
func UNIXNano(): Int64	获取 UNIX 时间，以纳秒为单位
func location(): Location	获取时区
func addDays(years: Int64, months: Int64, days: Int64): Time	将日期进行偏移
func toString(): String	转换为字符串
func toString(format: String): String	根据格式转换字符串

其中，Month 类型为月份的枚举类型，Weekday 类型为星期的枚举类型。除了上述函数外，Time 对象还支持+、-运算操作符及==、!=、>=、<=、>、<等比较操作符。

【实例 13-10】　创建当前时间对象，并输出年、月、日等信息，代码如下：

```
//code/chapter13/example13_10.cj
from std import time.*


func main() : Unit {
```

```
    //当前时间对象
    let time = Time.now()
    //输出时间信息
    println(time)
    println("年: " + time.year().toString())
    println("月: " + time.month().toString())
    println("日: " + time.day().toString())
    println("时: " + time.hour().toString())
    println("分: " + time.minute().toString())
    println("秒: " + time.second().toString())
    println("UNIX 时间: " + time.UNIX().toString())
    println("时区: " + time.location().toString())

}
```

编译并运行程序，输出结果如下：

```
2021-12-22T08:36:30+08:00
年: 2021
月: December
日: 22
时: 8
分: 36
秒: 30
UNIX 时间: 1640133390
时区: localtime
```

当然，上述的输出结果会根据当前时间的不同而不同。

通过格式说明符实现 Time 对象和字符串之间的转换。常用的格式说明符如表 13-8 所示。

表 13-8　常用的格式说明符

字　　母	含　　义	使　用　方　法
G	公元前/后	G：2 位字符（如 AD、BC）
y	年	yyyy：4 位年份（如 2022） yy：2 位年份（如 22）
M	月	M：数字月份（如 9） MM：数字月份（如 09） MMM：文字月份（如 Jan） MMMM：文字月份（如 December）
w	星期	w：数字星期（如 3） ww：数字星期（如 03） www：文字星期（如 Wed） wwww：文字星期（如 Wednesday）

续表

字　　母	含　　义	使　用　方　法
W	当年中的周数	W：周数（如 9） WW：周数（如 09）
D	当年中的天数	D：天数（如 9） DD：天数（如 009）
d	当月中的天数	d：天数（如 9） dd：天数（如 09）
a	上午/下午 AM/PM	a：2 位字符（如 AM、PM）
H	时（24h 制）	HH：小时（如 02）
h	时（12h 制）	hh：小时（如 02）
m	分	mm：分（如 30）
s	秒	ss：秒（如 30）
S	毫秒	S：3 位毫秒（如 256） SS：5 位毫秒，包含秒的数据（如 30256）
z	时区（文字表示）	z：时区（CST）
Z	时区（数字表示）	Z：时区（+08）

例如，"yyyy/MM/dd HH:mm:ss ZZZZ"通过格式说明符组成了包含年、月、日、时、分、秒、时区等信息的格式字符串。通过格式字符串可以得符合上述格式的字符串解析为时间对象，也可以将时间对象转换为指定格式的字符串。

【实例 13-11】　实现字符串和时间对象的相互转换，代码如下：

```
//code/chapter13/example13_11/test.c
from std import time.*

func main() : Unit {
    //将当前时间转换为指定格式的字符串
    println(Time.now().toString("yyyy/MM/dd HH:mm:ss ZZZZ"))
    //将指定格式的字符串转换为时间对象
    let time = Time.parse("2017/08/22 22:49:30", "yyyy/MM/dd HH:mm:ss")
    match(time) {
        case Ok(v) => println(v.toString("yyyy 年 MM 月 dd 日 HH:mm:ss"))
        case Err(e) => println(e)
    }
}
```

编译并运行程序，输出结果如下：

```
2022/01/17 15:51:43 +08:00
2016 年 08 月 22 日 22:49:30
```

2）时间间隔 Duration 类

通过 Time 对象的 since 函数和 until 函数可以得到 Duration 对象。

（1）static func since(t: Time): Duration：从 Time 对象开始到现在的时间间隔。

（2）static func until(t: Time): Duration：从现在开始到 Time 对象的时间间隔。

除了通过 Time 类创建，Duration 类的构造函数如表 13-9 所示。

表 13-9　Duration 类的构造函数

函　　　数	描　　　述
static func nanosecond(): Duration	创建 1ns 的时间间隔对象
static func nanosecond(n: Int64): Duration	创建指定纳秒的时间间隔对象
static func microsecond(): Duration	创建 1μs 的时间间隔对象
static func microsecond(n: Int64): Duration	创建指定微秒的时间间隔对象
static func millisecond(): Duration	创建 1ms 的时间间隔对象
static func millisecond(n: Int64): Duration	创建指定毫秒的时间间隔对象
static func second(): Duration	创建 1s 的时间间隔对象
static func second(n: Int64): Duration	创建指定秒的时间间隔对象
static func minute(): Duration	创建 1min 的时间间隔对象
static func minute(n: Int64): Duration	创建指定分钟的时间间隔对象
static func hour(): Duration	创建 1h 的时间间隔对象
static func hour(n: Int64): Duration	创建指定小时的时间间隔对象

时间间隔类的主要函数如下。

（1）func nanoseconds(): Int64：获取时间间隔以纳秒为单位的数值。

（2）func microseconds(): Int64：获取时间间隔以微秒为单位的数值。

（3）func milliseconds(): Int64：获取时间间隔以毫秒为单位的数值。

（4）func seconds(): Int64：获取时间间隔以秒为单位的数值。

（5）func minutes(): Int64：获取时间间隔以分钟为单位的数值。

（6）func hours(): Int64：获取时间间隔以小时为单位的数值。

注意　Duration 类还支持+、-、*、/运算操作符和==、!=、>、<、<=、>=比较操作符，用于时间间隔的运算和比较。

例如，定义一个小时的时间间隔，并将该时间间隔以不同时间单位输出，代码如下：

```
let duration = Duration.hour() //间隔一个小时
println("1 时有: ${duration.hours()}时")
println("1 时有: ${duration.minutes()}分")
println("1 时有: ${duration.seconds()}秒")
println("1 时有: ${duration.milliseconds()}毫秒")
println("1 时有: ${duration.microseconds()}微秒")
```

```
println("1 时有: ${duration.nanoseconds()}纳秒")
```

上述代码的执行结果如下：

```
1 时有：1 时
1 时有：60 分
1 时有：3600 秒
1 时有：3600000 毫秒
1 时有：3600000000 微秒
1h 有 ：3600000000000 纳秒
```

时间间隔类可以用于计时程序执行所消耗的时间。

【实例 13-12】　对程序的运行时间进行计时，代码如下：

```
//code/chapter13/example13_12/test.c
from std import time.*

func main() : Unit {
    //当前时间对象计时起点
    let time = Time.now()
    //线程休眠 2s
    sleep(2000*1000*1000)
    //当前时间与计时起点的时间间隔
    let dur = Time.since(time)
    //输出程序运行时间，单位毫秒
    println("程序运行时间: ${dur.milliseconds()}ms")
}
```

进入 main 函数时，可通过 Time.now()表达式获得当前的时间对象，并赋值给 time 变量。在程序结束时，通过 Time.since(time)计算程序运行的时间。编译并运行程序，输出结果如下：

```
程序运行时间：2003ms
```

13.3　2048 小游戏

有了之前的学习基础，本节将介绍开发 2048 小游戏项目的完整流程，体验仓颉语言的语法魅力，总结之前所学的知识，提高学习的成就感。

13.3.1　项目需求

在具体的开发之前，需要对整个项目进行整理和分析。本节先介绍 2048 小游戏的规则和特点。

2048是Gabriele Cirulli在2014年以开源形式发布的数字游戏,随后这款游戏风靡全球。如果读者还没有玩过2048游戏,建议可以先试玩一遍,然后来开发本项目,以便于了解游戏的规则和特性。

2048游戏由一个4×4的棋盘组成,如图13-1所示。

在棋盘中的每个格子中都有一个数字,并且都为2的倍数,即可能为2、4、8、16、32、64、128、256、512或1024。在初始界面只有两个格子为2,其余的格子均为空白,如图13-2所示。

图13-1 2048小游戏的棋盘

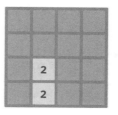

图13-2 初始界面只有两个格子为数字2

玩家可以上、下、左、右滑动这些格子。在每次滑动的过程中,如果在滑动方向上存在相邻(如果中间相隔空格也属于相邻)且相同数字的格子,就可以进行合并,并且在每次滑动时都会由一个空白格子产生一个新的数字2(或4)。如果玩家可以最终将其中一个格子的数值合并为2048,则获胜;如果滑动后出现所有的格子全部占满的情况,则游戏结束。

13.3.2 实现思路

为了能够把复杂的问题简单化,本节将整个游戏进行分析分解,并分析如何通过仓颉语言实现。接下来将整个游戏的实现思路分为3个主要部分:数据结构、业务逻辑和用户界面,以下依次分析其实现思路。

1. 数据结构

2048中的游戏状态包括4×4棋盘及棋盘中的数值,所以可以通过4×4二维数组来代表棋盘,并且用数组的值代表棋盘中的数值。

2. 业务逻辑

游戏的业务逻辑包括3个主要部分:

1)游戏的初始化

在游戏的初始化时,会随机在两个格子中生成数值2。这里首先通过随机数生成器在0~15个数值(表示格子位置)中随机生成1个,并使棋盘数组中相应的格子的数值变为2。

2)滑动操作

游戏的整个过程是滑动操作。按照惯例,键盘的W、S、A、D这4个按键分别用于向上、向下、向左和向右滑动棋盘,另外Q按键用于退出游戏,如图13-3所示。

图 13-3　游戏的按键分布

Console 类的 read 函数虽然能够读取字符，但是每次在用户输入后都需要按 Enter 键才能读取，不能够实现自动读取，所以可以通过 FFI 使用 C 语言的函数实现。

根据玩家的按键不同，格子中的数值会随着某个方向滑动。例如，向上滑动时需要遍历数组中的每一列，使所有的数值向上滑动，并且合并相邻且相同的数值，如图 13-4 所示。

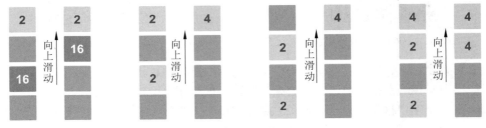

图 13-4　向上滑动时几种常见的情形

这是游戏的核心业务逻辑，可以通过数组的遍历和数组的操作实现。其余方向的滑动操作与此类似。

在滑动结束后，还需要在空白格子中随机生成一个数值 2 或者 4，并且出现数值 4 的概率约为 0.2。这里还需要随机数生成器的参与。

3）判断游戏的输赢

当出现数值 2048 时玩家胜利；当滑动后所有的格子被占满时仍然没有合并成数值 2048 则玩家失败。输赢判断非常简单，只需遍历棋盘数组即可实现。

3. 用户界面

由于仓颉语言目前不支持 GUI，所以可以通过命令行的方式展现棋盘及棋盘中的数值。为了实现这一效果，需要按如下的方式输出棋盘：

（1）在游戏开始前清屏（通过 C 语言函数实现）。

（2）通过打印 Unicode 字符 ┌、┬、┐、─、│、├、┼、┤、└、┴、┘ 组件棋盘。

（3）通过格式化字符串将打印的数值和空格保持 4 个字符大小。

（4）游戏开始清屏后，以及每次滑动后更新棋盘内容。

13.3.3　具体实现

本节介绍 2048 小游戏的具体实现，其主要实现步骤如下：

（1）清屏和获取单个字符。

（2）随机在棋盘空白位置插入格子。

（3）棋盘的实现和刷新。

（4）移动格子。

（5）判断输赢。

（6）打印游戏时间。

以下分别介绍这些实现步骤。

1．清屏和获取单个字符

在仓颉语言中，没有提供获取单个字符和清屏的方法，所以可以通过 FFI 调用 C 语言的函数实现。在 C 语言中，可以通过 stdlib.h 头文件中定义的 system 函数来直接调用 Linux 命令，非常方便。

1）清屏

Linux 操作系统的清屏命令是 clear，所以只需通过函数调用 system("clear")便可清屏，代码如下：

```
//code/project02/ffi.c
#include <stdlib.h>

//清屏
void clearScreen() {
    system("clear");
}
```

2）获取单个字符

在 C 语言的 stdio.h 头文件中定义了 getchar 函数，用于获取用户输入的单个字符，但是该函数需要通过按 Enter 键换行来终止用户的输入操作。如果单使用该函数，则玩家在每次按下 W、S、A、D 等按键后都需要使用 Enter 键来确认，这种游戏体验显然是不佳的。

不过，我们可以通过 Linux 的 stty 命令对这个问题进行处理。stty 命令用于设置终端类型，通过 raw 参数可以将终端设置为原始模式，完整的命令如下：

```
stty raw
```

在原始模式中，用户输入的每个字符都会占用一行的空间，也就是说，用户每次输入字符后终端会自动换行，所以当用户输入一个字符后，getchar 函数会立即返回结果，不需要用户主动按 Enter 键。

通过 stty 的-raw 参数可以退出原始模式，命令如下：

```
stty -raw
```

在 getchar 函数前进入原始模式，在 getchar 函数后退出原始模式即可实现自动获取用户输入的单个字符且不用按 Enter 键确认的效果，代码如下：

```
//code/project02/ffi.c
#include <stdlib.h>
#include <stdio.h>

//无须按 Enter 键,获取一个字符
char getChar() {

    system("stty raw");
    char ch = getchar();
    system("stty -raw");
    return ch;
}
```

在 C 语言源文件中定义了上述两个函数后,即可在仓颉语言环境中通过 foreign 关键字声明这两个函数了,代码如下:

```
//code/project02/main.cj
from ffi import c.*

//无须按 Enter 键,获取一个字符
foreign func clearScreen():Unit
//清屏
foreign func getChar():Char
```

在接下来的代码中,clearScreen 函数用于在刷新棋盘界面前的清屏操作,getChar 函数用于获取用户输入的字符,如输入 W、S、A、D 等字符作为滑动棋盘格子的相应按键操作。

2. 棋盘的实现和刷新

棋盘可以通过 4×4 的数组表示,并且棋盘中的每个格子都有一个值,用 0 表示空白格子,代码如下:

```
//棋盘数组:   2048 棋盘中各个格子的值
var grids : Array<Array<UInt64>>
      = Array<Array<UInt64>>(4, { i => @{0,0,0,0}})
```

为了表述方便,该数组 grids 在后文称为棋盘数组。通过 grids[0]、grids[1]、grid[2]和 grid[3]分别代表棋盘数组的第 1 行~第 4 行的格子数组。grids[0][0]表示第 1 行第 1 列的格子数值,grids[2][3]表示第 3 行第 4 列的格子数值。棋盘数组中的数值对应棋盘中的位置如图 13-5 所示。

另外,用一个全局变量的整型值代表用户操作的次数,代码如下:

```
var count = 0
```

该数值的初始值为 0。

有了上述数据结构,就可以通过命令行来打印界面了。创建用于刷新棋盘显示的函数

grids[0][0]	grids[0][1]	grids[0][2]	grids[0][3]
grids[1][0]	grids[1][1]	grids[1][2]	grids[1][3]
grids[2][0]	grids[2][1]	grids[2][2]	grids[2][3]
grids[3][0]	grids[3][1]	grids[3][2]	grids[3][3]

图 13-5　棋盘数组中的数值对应棋盘中的位置

freshDisplay，代码如下：

```
//code/project02/main.cj
//刷新棋盘显示
func freshDisplay() : Unit {
    //（1）清屏
    unsafe{ clearScreen() }

    //（2）显示标题和总操作次数
    println("——————2048 小游戏——————")
    println("操作次数：${count}")

    //（3）显示棋盘
    //显示棋盘顶部的横向网格线
    println(" ┌──────┬──────┬──────┬──────┐ ")
    //遍历棋盘数组的每一行
    for (i in 0..grids.size()) {
        //rowgrids 为第 i 行的格子数值数组
        let rowgrids = grids[i]
        //将第 i 行的格子数值依次显示出来
        for(grid in rowgrids) {
            print("│") //纵向网格线
            if (grid == 0) {
                //如果数值为 0（表示空格子），则输出 4 个空格
                print("".repeat(4))
            } else {
                //输出 4 个字符长度的数字
                print(grid.format("4"))
            }
        }
```

```
        }
        println("┃") //纵向网格线
        //除了最后一行以外，显示棋盘的横向网格线
        if (i != 3) {
            println("┣━━━━╋━━━━╋━━━━╋━━━━┫")
        }
    }
    //显示棋盘底部的横向网格线
    println("┗━━━━┻━━━━┻━━━━┻━━━━┛")

    //（4）显示游戏说明
    println("游戏说明：")
    println("w - 上；s - 下；a - 左；d - 右；q - 退出")
}
```

freshDisplay 函数包含 4 个主要部分：清屏、显示标题和操作次数、显示棋盘、显示游戏说明。此时，可以在 main 函数中测试该函数的输出效果，代码如下：

```
//主函数
func main() : Unit{
    freshDisplay()
}
```

编译并运行程序，输出结果如图 13-6 所示。

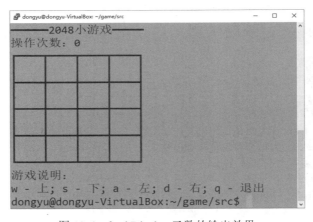

图 13-6　freshDisplay 函数的输出效果

由于此时棋盘数组中并没有任何值，所以输出的棋盘中没有任何数据。

3. 随机在棋盘空白格子中插入数值

无论在棋盘初始化时，还是在滑动格子后都需要在空白格子中插入数值 2 或者 4。在棋盘初始化时，需要随机在两个空白格子中插入数值 2。在滑动格子后，需要在空白格子中插入数值 2 或者 4，并且出现数值 2 个概率是 4/5，出现数值 4 的概率是 1/5。

　　定义 insertGridRandomly 函数。在该函数中，首先遍历棋盘数组，计数空白格子的数量及位置，将数量保存在 zeroCount 变量中，将位置保存在 indexes 变量中，并且用 indexes 变量中元组的第 1 个值表示行号，第 2 个值表示列号。当棋盘数组遍历完成后，如果 zeroCount 为 0，则表示不存在空白格子，此时退出函数。如果存在空白格子，则通过 Random 类生成一个小于 zeroCount 的非负整数值，并将该数值作为 indexes 变量的下标随机选取空白格子的位置。在该位置中插入数值 value，代码如下：

```
//code/project02/main.cj
//在棋盘数组中的空白位置（数值为0的格子）随机插入数值为value（默认为2）的格子
func insertGridRandomly(value! : UInt64 = 2) : Unit {
    //棋盘数组中数值0的个数
    var zeroCount : UInt64 = 0
    //棋盘数组中0的位置，元组的第1个值表示行号，第2个值表示列号
    var indexes = Buffer<Int64 * Int64>()
    //遍历棋盘数组
    for (i in 0..grids.size()) {
        //第i行的数值数组
        let arr = grids[i]
        //遍历第i行的数组值
        for (j in 0..arr.size()) {
            //第i行第j列的数值
            let value = arr[j]
            //判断第i行第j列的数值是否为0，统计个数并记录其位置
            if (value == 0) {
                zeroCount ++ //统计个数
                indexes.add( (i, j) ) //记录位置
            }
        }
    }
    //如果没有值为0的数组，则无法插入数据
    if (zeroCount == 0) {
        return
    }
    //随机生成一个数值为0的位置，并将其改为数值2

    let location = Int64(Random().nextUInt64(zeroCount))

    let locationRow = indexes.get(location).getOrThrow()[0] //行号
    let locationCol = indexes.get(location).getOrThrow()[1] //列号
    grids[locationRow][locationCol] = value //设值为2或4

}
```

该数值 value 的默认值为 2，用于初始化棋盘时使用。在空白格子中插入数值 2 或者 4 的功能同样可以通过随机数生成实现，代码如下：

```
var value = Random().nextUInt64(10) //value 的范围为 0~9
//当 value 为 0 或 1 时，将 value 赋值为 4
//当 value 为 2、3、4、5、6、7、8 或 9 时，将 value 赋值为 2
value = if (value > 1) { 2 } else { 4 }
insertGridRandomly(value : value) //value 为 2 的概率为 4/5
```

value 变量的数值范围为 0~9。当 value 为 0 或者 1 时，将空白位置赋值为 4，当 value 为 2~9 时，将空白位置赋值为 2。由于 value 值为 2~9 的概率为 4/5，所以空白格子出现数值 2 的概率是 4/5，出现数值 4 的概率是 1/5。

接下来可以通过 main 函数对 insertGridRandomly 函数的功能进行测试，代码如下：

```
//code/project02/main.cj
//主函数
func main() : Unit{
    //在随机空白位置插入数值 2
    insertGridRandomly()
    //在随机空白位置插入数值 2
    insertGridRandomly()

    //在随机空白位置插入数值 2 或者 4
    var value = Random().nextUInt64(10) //范围为 0~9
    value = if (value > 1) { 2 } else { 4 }
    insertGridRandomly(value : value)

    freshDisplay()
}
```

编译并运行程序，输出结果如图 13-7 所示。

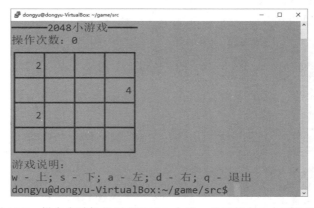

图 13-7　棋盘中随机位置出现了 3 个值，并且其中 1 个可能为 4

4. 移动格子

移动格子是整个游戏的核心业务逻辑。移动格子包括了向上、向下、向左和向右 4 个方向，并且每次移动时，各个行（列）之间的移动都是独立的且互不干扰，所以可以先实现在一行上向左移动的业务逻辑，那么其他移动格子的业务逻辑的就很简单了。

定义 moveGrids 函数，传入一个长度为 4 的数值数组表示一行中的 4 个值，将该数组进行移动处理后返回，代码如下：

```
//code/project02/main.cj
//实现行（列）的数组移动操作，并合并相同的数
func moveGrids(arr : Array<UInt64>) : Array<UInt64> {
    //实现相同数的合并
    for (i in 0..arr.size()) {
        //base 为前网格值
        var base = arr[i]
        //遍历前网格值向后的所有值
        for(j in (i + 1)..arr.size()) {
            //value 为后网格值
            let value = arr[j]
            if (value == 0) {
                //如果 value 为 0，则让 base 对比数组中下一个位置的数值
                continue
            }
            if (base == 0 && value != 0) {
                arr[i] = value
                base = value
                arr[j] = 0
                continue
                //这里还不能使用 break，要对比后面有没有相同的数
            }
            //如果 base 和 value 相等，则合并
            if (base != 0 && base == value) {
                arr[i] = base * 2
                arr[j] = 0
                break
            } else {
                //遇到 base 和 value 不相等的情况，使用 break
                break
            }
        }
    }
    return arr
}
```

　　该函数包含 1 个嵌套循环，其中外循环遍历了数组中所有的数值，为了描述方便称其为前网格值。内循环会遍历前网格值后的所有网格值，为了描述方便称其为后网格值。该函数会依次比较前网格值和后网格值的关系，然后进行格子中数值的移动、合并等操作，从而实现整体数组的向左滑动。

　　前网格值和后网格值之间的关系包括以下 4 种情况，如图 13-8 所示。

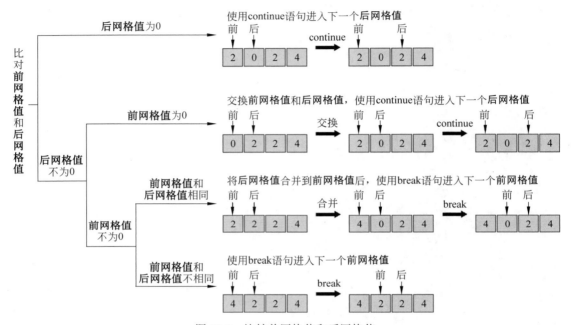

图 13-8　比较前网格值和后网格值

　　（1）当后网格值为 0 时，通过 continue 语句跳过该后网格值，比较下一个后网格值。

　　（2）当前网格值为 0 且后网格值不为 0 时，交换这两个值，实现数值的移动操作。不过交换后的前网格值不为 0，所以还要看其后方是否存在相同的网格值进行合并，所以通过 continue 语句比较下一个后网格值。

　　（3）当前网格值不为 0 且后网格值和前网格值相同时，将这两个值合并在前网格值中，并且处理完毕该前网格值后，通过 break 语句跳出内层循环进入下一个前网格值的处理。

　　（4）当前网格值不为 0 且后网格值和前网格值不相同时，无法将这两个值进行合并，通过 break 语句跳出内层循环进入下一个前网格值的处理。

　　在主函数中，首先在棋盘数组中随机插入两个数值，以及初始化棋盘显示后，通过死循环来读取用户输入的字符，当字符为 W、S、A、D 中的一个时，实现棋盘数组的移动操作。通过棋盘数组的哈希值判断棋盘数组是否存在变化，如果没有任何变化，则说明滑动中没有任何值的移动，不属于移动操作。反之，操作计数值加 1，通过 insertGridRandomly 函数随机增加一个数值，并刷新棋盘。主函数的代码如下：

```
//code/project02/main.cj
func main() : Unit{
    //在棋盘数组中的随机位置加入两个数值
    insertGridRandomly()
    insertGridRandomly()
    //初始化棋盘
    freshDisplay()

    //通过死循环来读取用户通过键盘输入的字符
    while(true){
        //通过 FFI 调用 C 语言函数，获取用户通过键盘输入的字符
        let chr = unsafe{ getChar() }
        //之前棋盘数组的 hashCode
        let hashCode = grids.hashCode()
        match (chr) {
            //向上
            case 'w' =>
                for (i in 0..grids.size()) {
                    //遍历棋盘数组的每一列，从上到下构造用于移动的数组
                    var arr = Array(4, { j : Int64 => grids[j][i] })
                    //移动数组
                    arr = moveGrids(arr)
                    //将移动后的数组从上到下依次放入原来的列中
                    for (j in 0..arr.size()) {
                        grids[j][i] = arr[j]
                    }
                }
            //向下
            case 's' =>
                for (i in 0..grids.size()) {
                    //遍历棋盘数组的每一列，从下到上构造用于移动的数组
                    var arr = Array(4, { j : Int64 => grids[3 - j][i] })
                    //移动数组
                    arr = moveGrids(arr)
                    //将移动后的数组从下到上依次放入原来的列中
                    for ( j in 0..arr.size()) {
                        grids[arr.size() - 1 - j][i] = arr[j]
                    }
                }
            //向左
            case 'a' =>
                for (i in 0..grids.size()) {
                    //遍历棋盘数组的每一行，移动数组并放入原来的行中
```

```
                  grids[i] = moveGrids(grids[i])
              }
          //向右
          case 'd' =>
              for (i in 0..grids.size()) {
                  //遍历棋盘数组的每一行，反转并移动数组，然后依次反转后放入原来的行中
                  grids[i].reverse()
                  grids[i] = moveGrids(grids[i])
                  grids[i].reverse()
              }
          //退出程序
          case 'q' =>
              println(" - 程序退出!")
              break
          //过滤其他无效按键
          case _ =>
              freshDisplay()
              continue
      }

      //数组无变化，滑动操作无效
      if (grids.hashCode() == hashCode) {
          freshDisplay()
          continue
      }

      var value = Random().nextUInt64(10) //范围为 0～9
      value = if (value > 1) { 2 } else { 4 }
      insertGridRandomly(value : value)

      //游戏操作次数自增 1
      count ++
      //刷新棋盘
      freshDisplay()
   }
}
```

　　对于滑动操作来讲，向左滑动是最简单的，只需遍历棋盘数组的每一行，移动数组后放入原来的行中。向右滑动的实现是先遍历棋盘数组的每一行，反转并移动数组，然后依次反转后放入原来的行中。

　　向上和向下滑动是将每一列的格子数值构造成长度为 4 的数组，移动数值后再将这个数值中的值对应地放回原来的格子中。

通过上述代码，2048 游戏已经基本成型，编译并运行程序，如图 13-9 所示。

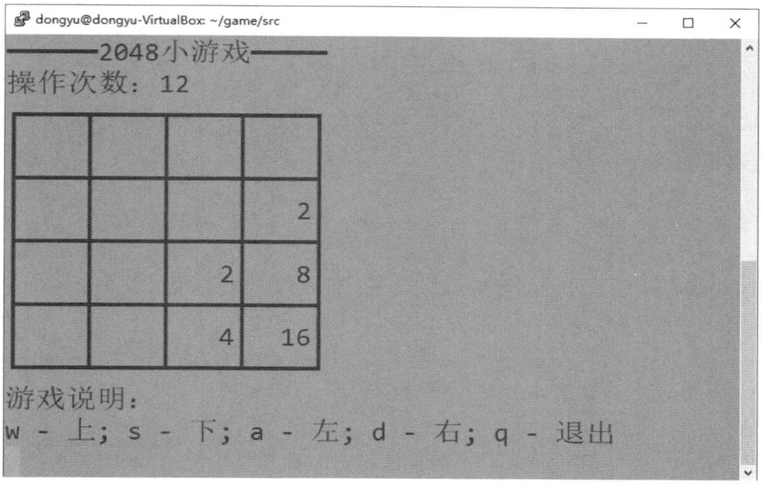

图 13-9　每次移动都会在随机位置出现一个新的 2 或 4

此时玩家可以通过滑动操作正常游戏，但是当得到 2048 数值后游戏不会提示玩家胜利，并且当全部格子都存在数值而无法实现滑动操作时整个游戏也会卡死。

所以游戏还需要一个判断输赢的机制。

5. 判断输赢

游戏胜利的目标是得到 2048 数值，游戏失败的条件是所有的格子被数值占满并且无法移动格子。创建 is2048Existed 函数，用于判断棋盘中是否已经含有数值为 2048 的格子；创建 isGridsFull 函数，用于判断棋盘数组中的格子是否全部被占满，代码如下：

```
//code/project02/main.cj
//判断棋盘中是否已经含有数值为 2048 的格子
func is2048Existed() : Bool {
    for (arr in grids) {
        for (value in arr) {
            if (value == 2048) {
                return true
            }
        }
    }
    return false
}

//判断棋盘数组中的格子是否全部被占满
func isGridsFull() : Bool {
    var isFull = true
```

```
    for (arr in grids) {
        for (value in arr) {
            if (value == 0) {
                isFull = false
            }
        }
    }
    isFull
}
```

然后，在 main 函数中，每次滑动后通过上述函数判断棋盘状态，从而判别输赢，代码如下（加粗部分为新增代码）：

```
//code/project02/main.cj
//主函数
func main() : Unit{
    …

        if (is2048Existed()) {
        freshDisplay()
            println(" - 玩家胜利!")
            break
        }

        if (isGridsFull()) {
            //如果棋盘数组中无数值为 0 的位置，则游戏结束
            println(" - 玩家失败!")
            break
        }
        //数组无变化，滑动操作无效
        if (grids.hashCode() == hashCode) {
            freshDisplay()
            continue
        }
        …
    }
}
```

编译并运行程序，当所有格子被占满却没有得到数值 2048 时玩家失败，如图 13-10 所示。

当棋盘格子中出现数值 2048 时玩家胜利，如图 13-11 所示。

整个游戏中出现的函数及其功能如表 13-10 所示。

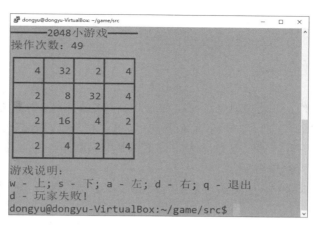

图 13-10 当所有格子被占满时玩家失败

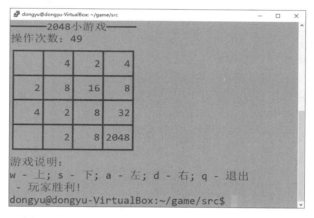

图 13-11 当棋盘格子中出现数值 2048 时玩家胜利

表 13-10 2048 小游戏中的所有函数列表

函 数	描 述
func clearScreen() : Unit	清屏
func getChar() : Char	返回用户输入的字符，无须用户按 Enter 键换行确认
func freshDisplay() : Unit	刷新棋盘
func insertGridRandomly(value! : UInt64 = 2) : Unit	在棋盘数组中的空白位置（数值为 0 的格子）随机加入一个值为 value（默认为 2）的格子
func moveGrids(arr : Array<UInt64>) : Array<UInt64>	实现行（列）的数组移动操作，并合并相同的数
func is2048Existed() : Bool	判断棋盘中是否已经含有数值为 2048 的格子
func isGridsFull() : Bool	判断棋盘数组中的值是否全不为 0
func main() : Unit	主函数

游戏的完整代码因为篇幅所限不再完整展示，详见本书的配套资源。

13.4　本章小结

通过跨语言互操作，可以实现仓颉语言和 C 语言函数的相互调用。C 语言是一门非常成熟且历史悠久的编程语言，拥有非常多且完备的库。这就相当于给仓颉语言打开了一扇大门。通过这扇大门，仓颉语言能够吸收 C 语言中许多优秀的函数库，使两者可以有效协作，从而方便开发者开发出优秀的应用程序。

在 2048 小游戏项目中，应用了之前所介绍的众多编程技术。学而不思则怠，建议开发者合上本书，从第一行代码开始重新编写 2048 小游戏程序。只有实践才能发现学习的薄弱点，才能高效快速提高编程技能。

13.5　习题

（1）编写程序，机选双色球彩票一注。

（2）编写程序，显示当前时间，并且时间实时更新。

（3）编写程序，计算用户输入 a~z 共 26 个英文字母的时间。

（4）编写程序：猜数字小游戏。程序随机生成 1~1000 的整数。玩家每次可以输入一个数字，程序会提示玩家所输入的数字和系统生成的数字的大小关系。直到玩家猜中数字，程序提示玩家一共猜了多少次。

第 14 章

用仓颉语言搭建博客网站

JSON 是在 JavaScript 语言标准中制定的，是被广泛采用的数据交换格式。JSON 语法简单明了，非常容易学习、使用和解析，而且占据存储资源和网络传输资源少。JSON 格式是独立于编程语言的，有利于成为数据交换的统一标准。目前，绝大多数的编程语言支持 JSON 格式的解析。仓颉语言使用 JSON 作为序列化的结果格式，所以通常可以将 serialization 标准库和 JSON 标准库配合使用。所谓序列化，是将对象转换为文本或字节码的过程。这为存储和传输对象数据带来了方便。本章的博客网站是通过序列化的方式存储数据的。

本章介绍 JSON 标准库和 serialization 标准库的用法，分别用于实现 JSON 的解析和序列化功能，从而实现数据的持久化。在数据持久化技术的基础上，开发博客网站项目，提供最为基础的博客列表、浏览和发布功能。

本章的核心知识点如下：

（1）JSON 字符串的解析。

（2）序列化和反序列化。

14.1　JSON 数据与序列化

JSON（JavaScript Object Notation）是一种广泛存在于互联网应用的轻量级数据交换格式。JSON 可以将一组相关的数据结构化，形成一段具有特定规则的字符串。由于 JSON 语法简洁，所以非常适合于新手入门。

注意　在 JSON 之前，开发者广泛使用 XML 文件作为数据交换格式，但是 XML 标准众多，并且文本冗余量较大，正在逐渐被开发者淘汰。

JSON 包含了以下几种数据类型。

（1）number：数值。

（2）boolean：布尔值，可以为 true 或 false。

（3）string：字符串。

（4）null：空，即 null。

（5）array：数组，通过方括号[]表示。

（6）object：对象，通过花括号{}表示。

以上这几种数据类型可以组合使用。由于 JSON 数据中可以包含数组、对象等数据类型，所以是许多语言中序列化的首选数据格式。所谓序列化是将对象进行处理，形成可以存储或传输的形式。存储或传输的形式还可以恢复为原先的对象。

本节先介绍 JSON 数据的处理方法，然后介绍序列化和反序列化的相关操作方法。

14.1.1 JSON 数据的处理

仓颉语言有专门处理 JSON 数据的库，即 JSON 库。JSON 库中包含了 8 个用于处理 JSON 数据的类，如表 14-1 所示。

表 14-1 JSON 库中的类

类	描　　述
JsonInt	JSON 数值整型类
JsonFloat	JSON 数值浮点型类
JsonBool	JSON 布尔型类
JsonString	JSON 字符串型类
JsonNull	JSON 中空类型和空值
JsonArray	JSON 数组
JsonObject	JSON 对象
JsonValue	JsonValue 是上述所有类的父类（抽象类）

为了组织数据，一个 JSON 数组通常按数组或者对象进行组织。例如，表达一个人的基本信息的 JSON 对象，数据如下：

```
{
    "name" : "董昱",
    "age" : 30,
    "isBoy" : true,
    "height" : 187.5,
    "favoriteColors" : ["Red", "Blue", "Black"]
}
```

JSON 对象可以包含众多属性。上述 JSON 对象包含了 name 属性、age 属性等。name 属性的值为字符串"董昱"，age 属性的值为整型 30，isBoy 属性的值为布尔型 true，height 属性的值为浮点型 187.5，favoriteColors 属性的值为 JSON 数组，并且该数组包含了 3 个字符串。

上述这个 JSON 对象所表达的数据为姓名为董昱、年龄为 30 的男性，身高为 187.5cm，喜欢的颜色包括红色、蓝色和黑色。

JSON 数组也可以组织数据。例如，包含两种菜价的 JSON 数组如下：

```
[
```

```
{
    "name" : "白菜",
    "price" : 1.2
},
{
    "name" : "土豆",
    "price" : 0.8
}
]
```

上述这个 JSON 数组表示白菜的单价为 1.2 元，土豆的单价为 0.8 元。

可以发现，JSON 数据格式可以清晰地表达一组数据的基本信息，语法非常简洁而且方便开发者阅读。

注意 仓颉语言的 JSON 库暂不支持 JSON 数据中的转移字符\u，但是对\n、\r 等转移字符是支持的。

下面介绍用仓颉语言操作 JSON 数据的基本方法，在进行下面的操作前需要导入 json 库，代码如下：

```
from std import json.*
```

1. 字符串和 JsonValue 对象之间的转换

字符串是存储和交换 JSON 数据的格式，处理 JSON 数据则需要 JsonValue 及其子类。JsonValue 提供了以下几种 JsonValue 对象和字符串转换的相关方法。

（1）static func fromStr(s: String): JsonValue：将字符串转换为 JsonValue 对象。

（2）func toString() : String：将 JsonValue 对象转换为字符串（不含换行和缩进）。

（3）func toJsonString() : String：将 JsonValue 对象转换为字符串（含换行和缩进，方便阅读）。

【实例 14-1】 通过 JsonValue 实现字符串和 JsonValue 对象之间的转换，代码如下：

```
//code/chapter04/example14_1.cj
from std import json.*

func main() {
    //定义包含 JSON 数据的字符串
    let jsonStr = """
    [
        {
            "name" : "白菜",
            "price" : 1.2
        },
        {
            "name" : "土豆",
```

```
            "price" : 0.8
         }
      ]
"""
    //将字符串转换为 JsonValue 对象
    let jsonValue = JsonValue.fromStr(jsonStr)
    //将 JsonValue 对象转换为字符串并输出
    println("转换为字符串:")
    println(jsonValue.toString())
    println("转换为字符串(含换行和缩进):")
    println(jsonValue.toJsonString())
}
```

编译并运行程序，输出结果如下：

```
转换为字符串:
[{"name":"白菜","price":1.200000},{"name":"土豆","price":0.800000}]
转换为字符串(含换行和缩进):
[
  {
    "name": "白菜",
    "price": 1.200000
  },
  {
    "name": "土豆",
    "price": 0.800000
  }
]
```

下面介绍解析 JsonValue 对象的相关方法。

2. 解析 JsonValue 对象

由于 JsonValue 是所有类的父类，所以处理 JsonValue 对象还需要其子类来完成。下面分别介绍这些子类的构造函数和常见的函数。最后通过一个实例介绍如何通过这些子类对 JsonValue 对象进行解析。

1）JsonInt 的基本用法

JsonInt 用于表示一个 JSON 整型值。JsonInt 类的构造函数为 init(iv: Int64)，可以通过传入一个整型值来构造该对象。通过 JsonInt 的 getValue()函数可以获取其具体的值。

构造一个 JsonInt 对象并输出其值，代码如下：

```
let jsonInt = JsonInt(200)
println(jsonInt.getValue())
```

上述代码的输出如下：

```
200
```

2）JsonFloat 的基本用法

JsonFloat 用于表示一个 JSON 浮点型值。其使用方法和 JsonInt 类似，构造函数为 init(fv: Float64)，可以通过传入一个浮点型值来构造该对象。通过 JsonFloat 的 getValue()函数可以获取其具体的值。

构造一个 JsonFloat 对象并输出其值，代码如下：

```
let jsonFloat = JsonFloat(3.1415926)
println(jsonFloat.getValue())
```

上述代码的输出如下：

```
3.1415923
```

可见，JSON 浮点型数值可精确到小数点后的 6 位。

3）JsonBool 的基本用法

JsonBool 用于表示一个 JSON 布尔型值。JsonBool 构造函数为 init(bv:Bool)，可以通过传入一个布尔型值来构造该对象。通过 JsonBool 的 getValue()函数可以获取其具体的布尔值。

构造一个 JsonBool 对象并输出其值，代码如下：

```
let jsonBool = JsonBool(false)
println(jsonBool.getValue())
```

上述代码的输出如下：

```
false
```

4）JsonString 的基本用法

JsonString 用于表示一个 JSON 字符串。JsonString 构造函数为 init(sv: String)，可以通过传入一个字符串来构造该对象。通过 JsonString 的 getValue()函数可以获取其具体的字符串值。

构造一个 JsonString 对象并输出其值，代码如下：

```
let jsonString = JsonString("你好仓颉")
println(jsonString.getValue())
```

上述代码的输出如下：

```
你好仓颉
```

5）JsonNull 的基本用法

JsonNull 用于表示一个 JSON 空值 null。JsonNull 类只有一个默认的构造函数，没有相应的 getValue()方法。构造一个 JsonNull 对象并将其转换为字符串，代码如下：

```
let jsonNull = JsonNull()
println(jsonNull.toString())
```

上述代码的输出如下：

```
null
```

6）JsonArray 的基本用法

JsonArray 用于表示一个 JSON 数组，其构造函数如下。

（1）init()：默认无参数的构造函数。

（2）init(list: List<JsonValue>)：通过 List 列表创建 JsonArray。

（3）init(list: Array<JsonValue>)：通过 Array 数组创建 JsonArray。

（4）init(list: Buffer<JsonValue>)：通过 Buffer 缓冲区创建 JsonArray。

JsonArray 包含以下方法，用于设置、获取数组元素，以及获取元素的个数。

（1）func size(): Int64：获取数组元素的个数。

（2）func add(jv: JsonValue)：添加元素。

（3）func get(index: Int64): JsonValue：获取 index 索引位置的元素。

（4）func getItems(): Buffer<JsonValue>：将 JsonArray 转换为缓冲区类型。

构造一个 JsonArray 对象并测试上述方法的用法，代码如下：

```
//创建包含 5 个整型值元素的 JSON 数组
let jsonArray = JsonArray(Array<JsonValue>(5, { index => JsonInt(index) }))
println(jsonArray.toString())
println("数组长度: " + jsonArray.size().toString())
//在 JSON 数组中添加一个整型值
jsonArray.add(JsonInt(6))
println("刚刚添加的整型值: " + jsonArray.get(5).toString())
//将 JSON 数组转换为 Buffer 类型，并输出其第 1 个值
println(jsonArray.getItems().get(0).getOrThrow().toString())
```

上述代码的输出如下：

```
[0,1,2,3,4]
数组长度: 5
刚刚添加的整型值: 6
0
```

7）JsonObject 的基本用法

JsonObject 用于表示一个 JSON 对象。JSON 对象的本质是由一组键-值对构成的，其中每个键-值对都是一个属性，键-值对的键为属性名，键-值对的值为属性值。JsonObject 的构造函数如下。

（1）init()：默认无参数的构造函数。

（2）init(map: HashMap<String,JsonValue>)：通过 HashMap<String, JsonValue>创建 JsonObject 对象。

JsonObject 包含以下方法，用于设置、获取属性等操作。

（1）func size(): Int64：获取属性的个数。

（2）func containsKey(key: String): Bool：判断是否包含 key 属性。

（3）func put(key: String, v: JsonValue)：设置新的属性。

（4）func get(key: String): JsonValue：获取属性。

（5）func getFields(): HashMap<String,JsonValue>：将 JsonObject 转换为 HashMap<String, JsonValue>对象。

构造一个 JsonObject 对象并测试上述方法的用法，代码如下：

```
//创建 HashMap 对象
let hm = HashMap<String, JsonValue>()
hm.put("name", JsonString("董昱"))
hm.put("age", JsonInt(30))
hm.put("isBoy", JsonBool(true))
hm.put("favoriteColors", JsonArray([JsonString("Red"), JsonString("Blue"),
JsonString("Black")]))
//创建 JsonObject 对象
let jsonObject = JsonObject(hm)
//判断 jsonObject 是否包含 height 属性
if (jsonObject.containsKey("height")) {
    println("jsonObject 包含 height 属性")
} else {
    println("jsonObject 不包含 height 属性")
}
//为 jsonObject 添加 height 属性
jsonObject.put("height", JsonFloat(187.5))
//再次判断 jsonObject 是否包含 height 属性
if (jsonObject.containsKey("height")) {
    println("jsonObject 包含 height 属性")
} else {
    println("jsonObject 不包含 height 属性")
}
//输出 jsonObject 的 height 属性
println("height: " + jsonObject.get("height").toString())
//输出 jsonObject 的内容
println(jsonObject.toJsonString())
```

上述代码的输出如下：

```
jsonObject 不包含 height 属性
jsonObject 包含 height 属性
height: 187.500000
{
"age": 30,
```

```
"name": "董昱",
"favoriteColors":
  [
"Red",
"Blue",
"Black"
  ],
"isBoy": true,
"height": 187.500000
}
```

有了上述 JsonValue 子类的用法介绍，就可以很容易解析一个存储着 JSON 数据的字符串了。其具体的方法如下：

（1）将字符串转换为 JsonValue 对象。

（2）根据 JsonValue 实际的内容，通过 JsonValue 对象的 asArray()、asBool()、asFloat()、asInt()、asNull()、asObject()、asString()将 JsonValue 转换为相应的 Option 枚举。

（3）处理 Option 枚举，将其转换为具体的 JsonValue 对象并进行处理。

注意 上述以 as 开头的方法和使用 as 关键字将其向下转型为具体类型的作用类似。例如，jsonValue.asArray()语句等同于 jsonValue as JsonArray。

【实例 14-2】 通过 JSON 库解析并打印保存 JSON 数据的字符串中的信息，代码如下：

```
//code/chapter04/example14_2.cj
from std import json.*
from std import collection.*

func main() {
    let jStr = """
    [
        {
          "name": "白菜",
          "price": 1.200000
        },
        {
          "name": "土豆",
          "price": 0.800000
        }
    ]
"""
    //将字符串转换为 JsonValue 对象
    let jValue = JsonValue.fromStr(jStr)
    //将 JsonValue 对象转换为 JsonArray 对象
    let jArray : JsonArray = jValue.asArray().getOrThrow()
```

```
    //遍历 JsonArray 数组
    for (i in 0..jArray.size()) {
        //将 JsonArray 数组中的元素转换为 JsonObject 对象
        let jObject = jArray.get(i).asObject().getOrThrow()
        //获取并输出 JsonObject 对象中的 name 属性和 price 属性
        if (jObject.containsKey("name") && jObject.containsKey("price")) {
            let name = jObject.get("name").asString().getOrThrow()
            let price = jObject.get("price").asFloat().getOrThrow()
            println("名称:${name.getValue()} ,价格:${price.getValue()}")
        }

    }

}
```

上述代码在每次将 JsonValue 转换为具体的子类对象时，都有可能抛出异常。由于在上述代码中明确了 JSON 数据中的内容，所以没有进行异常处理。在 JSON 数据的存储和交换过程中，一定要对这些异常进行妥善处理。编译并运行程序，输出结果如下：

```
名称:白菜 ,价格:1.200000
名称:土豆 ,价格:0.800000
```

14.1.2　序列化和反序列化

序列化（Serialization）是指将对象转换为方便存储或传输的形式的过程，而反序列化（Deserialization）是将方便存储或传输的形式转换为对象的过程，如图 14-1 所示。在上述概念中，方便存储或传输的形式可以是各种各样的，例如，JSON 形式、XML 形式、二进制形式等，但无论何种形式，都是为了方便存储或传输。

图 14-1　序列化和反序列化

仓颉语言中的 serialization 标准库用于仓颉对象的序列化，导入该库的代码如下：

```
from std import serialization.*
```

14.1.1 节已经介绍了 JSON 数据字符串和 JsonValue 对象相互转换的方法，而 JsonValue 和仓颉语言中的数据类型的转换也已经介绍了，所以实际上开发者已经可以实现序列化和反序列化的基本能力了，但是为了保证结构的统一性，仓颉语言设计了统一的序列化接口，方便开发者使用。

仓颉语言的序列化接口为 Serializable<T>，用于序列化 T 类型的对象。Serializable<T>

包含的两个接口函数如下。

（1）func serialize(): DataModel：将 T 对象序列化为 DataModel。

（2）static func deserialize(dm: DataModel): T：将 DataModel 类型反序列化转换为 T 类型。

所有能够序列化的类必须实现 Serializable<T>接口，以及上述 serialize 和 deserialize 函数。在仓颉语言中，所有的基本数据类型都实现了 Serializable<T>接口，而自定义类型需要开发者自行实现该接口，默认为不支持序列化。

这里的 DataModel 类是抽象类，作为序列化和反序列化的中间数据模型，包含以下两个基本方法。

（1）static func fromJson(jv: JsonValue): DataModel：将 JsonValue 类型转换为 DataModel 类型。

（2）func toJson() : JsonValue：将 DataModel 类型转换为 JsonValue 类型。

所以，序列化和反序列化的整个流程如图 14-2 所示。

图 14-2　仓颉语言中的序列化和反序列化流程

DataModel 和 JsonValue 之间进行转换所使用的 fromJson 和 toJson 函数不需要开发者实现，JsonValue 和 String 之间转换所使用的 fromStr 和 toString 函数也不需要开发者实现。实际上，开发者只需关注以下两个部分：

（1）实现对象和 DataModel 之间的转换，即实现 serialize 和 deserialize 函数。

（2）实现 String 的存储或传输，并且可以实现必要的加密操作。

本节介绍对象和 DataModel 之间的转换方法。

1. Field 类和 DataModelStruct 类

由于 DataModel 类是抽象类，所以需要通过其子类 DataModelStruct 类创建，而 DataModelStruct 对象通常是一系列的 Field 对象的集合。下面先介绍 Field 类的使用方法，然后介绍 DataModelStruct 类的使用方法。

1）Field 类

Field 用于表示对象的一系列属性，包含 name 和 data 两个成员变量，其中 name 是字符串类型，表示属性名，而 data 是 DataModel 类型，表示属性值。由于基本数据类型都实现了 Serializable<T>接口，所以很容易将其转换为 DataModel 类型。Field 的构造方法为 init(name: String,data: DataModel)，并且包含 getName()和 getData()函数，分别用于获取其属性名和属性值。

创建 Field 对象并输出其相关信息，代码如下：

```
//创建 Field 对象
let f = Field("name", "董昱".serialize())
```

```
//打印 Field 对象的 Name 和 Data
println("Name: " + f.getName())
println("Data: " + String.deserialize(f.getData()))
```

上述代码的输出结果如下：

```
Name: name
Data: 董昱
```

Field 对象可以通过 field<T> 函数创建。例如，可以通过 field<String> 创建上述 f 对象，代码如下：

```
let f = field<String>("name", "董昱")
```

2）DataModelStruct 类

DataModelStruct 是 Field 的集合，其构造函数如下。

（1）init()：创建一个空的 DataModelStruct 对象。

（2）init(list: Buffer<Field>)：通过 Buffer<Field> 集合创建 DataModelStruct 对象。

DataModelStruct 包含以下常用方法。

（1）func getFields(): Buffer<Field>：获取 Buffer<Field> 集合。

（2）func add(fie: Field): DataModelStruct：添加 Field 对象。

（3）func get(key: String): DataModel：通过 Field 对象的 name 值获取其 DataModel 对象。

创建 DataModelStruct 对象并将其转换为 JSON 字符串对象的代码如下：

```
//创建 DataModel 对象
let dm = DataModelStruct().
            add(field<String>("name", "董昱")).
            add(field<Bool>("isBoy", true)).
            add(field<Option<Int64>>("age", 30))
//转换并输出 DataModel 为 JSON 数据字符串
println(dm.toJson().toJsonString())
```

上述代码的输出结果如下：

```
{
"age": 30,
"name": "董昱",
"isBoy": true
}
```

有了上述基础，就可以实现对象和 DataModel 之间的转换了。

2. 对象和 DataModel 之间的转换

实现对象和 DataModel 之间的转换包括以下 3 个步骤：

（1）实现 Serializable<T>接口。

（2）实现 serialize 函数。

（3）实现 deserialize 函数。

这里以 Person 类为例，实现序列化和反序列化能力，Person 类的代码如下：

```
class Person {
    var name : String //姓名
    var isBoy : Bool //是否为男孩
    var age : Option<Int64> = None //年龄

    init(name : String, isBoy : Bool) {
        this.name = name
        this.isBoy = isBoy
    }
    init(name : String, isBoy : Bool, age : Int64) {
        this.name = name
        this.isBoy = isBoy
        this.age = age
    }
}
```

1）实现 Serializable<T>接口

实现 Serializable<T>接口非常简单，只需添加实现声明，代码如下：

```
class Person <: Serializable<Person> { … }
```

2）实现 serialize 函数

serialize 函数用于将 Person 类转换为 DataModel 对象，代码如下：

```
func serialize(): DataModel {
    return DataModelStruct().
            add(field<String>("name", name)).
            add(field<Bool>("isBoy", isBoy)).
            add(field<Option<Int64>>("age",age))
}
```

该函数通过创建 DataModelStruct 对象，在 add 函数中添加了 Person 中的成员变量状态，并返回该对象。

3）实现 deserialize 函数

deserialize 函数用于将 DataModel 对象转换为 Person 对象，代码如下：

```
static func deserialize(dm: DataModel): Person {
    //获取 DataModelStruct 对象
    let dms : DataModelStruct = (dm as DataModelStruct).getOrThrow()
```

```
//获取 DataModelStruct 对象中的属性
let name = String.deserialize(dms.get("name"))
let isBoy = Bool.deserialize(dms.get("isBoy"))
let age = Option<Int64>.deserialize(dms.get("age"))
//构造 Person 对象
let person = match (age) {
    case Some(v) => Person(name, isBoy, v)
    case None => Person(name, isBoy)
}
return person
}
```

此时 Person 类已经具有序列化和反序列化能力了，下面的实例用于测试其序列化和反序列化的功能。

【实例 14-3】 序列化和反序列化 Person 对象，代码如下：

```
//code/chapter04/example14_3.cj
from std import serialization.*
from std import json.*

class Person <: Serializable<Person>{
    var name : String //姓名
    var isBoy : Bool //是否为男孩
    var age : Option<Int64> = None //年龄

    init(name : String, isBoy : Bool) {
        this.name = name
        this.isBoy = isBoy
    }
    init(name : String, isBoy : Bool, age : Int64) {
        this.name = name
        this.isBoy = isBoy
        this.age = age
    }

    //序列化
    func serialize(): DataModel {
        return DataModelStruct().
                add(field<String>("name", name)).
                add(field<Bool>("isBoy", isBoy)).
                add(field<Option<Int64>>("age",age))
    }

    //反序列化
```

```
        static func deserialize(dm: DataModel): Person {
            //获取 DataModelStruct 对象
            let dms : DataModelStruct = (dm as DataModelStruct).getOrThrow()
            //获取 DataModelStruct 对象中的属性
            let name = String.deserialize(dms.get("name"))
            let isBoy = Bool.deserialize(dms.get("isBoy"))
            let age = Option<Int64>.deserialize(dms.get("age"))
            //构造 Person 对象
            let person = match (age) {
                case Some(v) => Person(name, isBoy, v)
                case None => Person(name, isBoy)
            }
            return person
        }
    }

    func main() {
        //序列化并输出序列化后的字符串
        let str = Person("董昱", true, 30).serialize().toJson().toJsonString()
        println(str)

        //将 str 字符串反序列化为对象，并输出对象信息
        let person = Person.deserialize(DataModel.fromJson(JsonValue.fromStr
(str)))
        println("name: ${person.name}, isBoy: ${person.isBoy}, age:
${person.age ?? -1}")
    }
```

编译并运行程序，输出结果如下：

```
{
"age": 30,
"name": "董昱",
"isBoy": true
}
name: 董昱, isBoy: true, age: 30
```

　　这些序列化的字符串可以存储在文件中，从而实现数据的持久化。通过 TCP、HTTP 等协议传递字符串，可以实现对象的传递。

　　下文中博客网站的例子将会使用序列化将对象进行持久化。

14.2 搭建博客网站

本节通过仓颉语言和仓颉库搭建 Web 服务器，实现简单的博客网站。在学习本节之前，读者需要了解前端开发（HTML、CSS、JavaScript）的基本知识，以便于理解本节中关于 HTML 页面的相关内容。这是一个比较复杂的应用项目，具有很强的综合性，读者认真学习完本节后水平一定会有较高的提高。

14.2.1 项目需求

博客网站通常包括 3 个主要界面，分别是博客列表、博客详情和新增博客界面。对于比较复杂的博客网站，可能还需要博客的管理界面等。本节博客项目的目标是创建一个轻量化的博客网站，所以尽可能使各个部件最小化，方便读者理解和学习。

本节分析一下在博客网站的 3 个界面（博客列表、博客详情和新增界面）中显示的内容。博客列表页面包含了所有博客的标题、类别和创建时间，是博客网站的主界面，如图 14-3 所示。

图 14-3　博客列表界面

单击博客列表中的博客标题，可以进入博客详情界面。博客详情界面展示了博客的全部信息，包括博客的标题、类别、创建时间、内容等信息，如图 14-4 所示。

图 14-4　博客详情界面

新增博客界面用于创建一个新的博客。用户通过输入标题、内容并选择类别后，单击【确定】按钮即可创建博客并将其加入博客列表中，如图 14-5 所示。

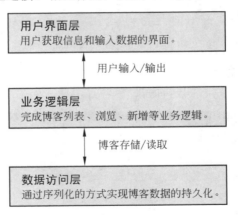

图 14-5　新增博客界面

麻雀虽小，五脏俱全。虽然这个网站仅仅包含 3 个主要界面，但是仍然使用了用户界面、业务逻辑、数据存储等众多技术。为了能够把整个网站开发得井然有序，通常会将整个网站作为一个系统进行开发。所谓系统是拥有众多相互连接、相互作用的组成部分，可以将一个复杂的问题拆分成若干个小问题，从而可以分层次解决。

下面将整个博客网站从顶层到底层定义为 3 个主要部分：用户界面层、业务逻辑层和数据访问层，这 3 个部分相互连接、相互作用，如图 14-6 所示。

```
┌─────────────────────────────────────┐
│ 用户界面层                            │
│ 用户获取信息和输入数据的界面。        │
└─────────────────────────────────────┘
                ↕  用户输入/输出
┌─────────────────────────────────────┐
│ 业务逻辑层                            │
│ 完成博客列表、浏览、新增等业务逻辑。  │
└─────────────────────────────────────┘
                ↕  博客存储/读取
┌─────────────────────────────────────┐
│ 数据访问层                            │
│ 通过序列化的方式实现博客数据的持久化。│
└─────────────────────────────────────┘
```

图 14-6　博客网站系统分层

用户界面层用于和用户进行交互，是用户可感知的部分。用户输入的信息及获取的信息都是通过业务逻辑层来完成的。业务逻辑层用于完成博客列表、浏览、新增等业务逻辑，而业务逻辑所涉及的数据则是通过数据访问层来完成的。数据访问层则通过序列化的方式实现博客数据的持久化。

下面将分别介绍这几个层面的实现。在软件工程领域中，根据需求和应用场景的不同，系统研发方法和流程多种多样，例如常见的瀑布模型、螺旋模型等。对于语言和简单框架学习来讲，原型法则是最佳选择。原型法倡导开发者快速掌握系统的核心需求，搭建起一个功能简单、可响应的原型系统，用于预览和修正需求。本节中搭建的博客网站是原型系统。快速搭建出这样的系统，初学者往往能够获得很强的成就感，资深工程师能够了解整个开发框架的基本特征和用法。

为了达到这样的目的，本节先设计用户界面，从而形成用户界面层，然后抽象数据模型，设计数据访问层，最后实现业务逻辑层。

14.2.2　用户界面层

通过 HTML、CSS、JavaScript 等语言可以实现一个网站的用户界面，本节需要开发者掌握相关的基础知识。由于本书主要介绍仓颉语言，所以仅对这些界面设计做比较粗糙的解释，具体的代码可参见本书的配套资源。

1. 博客列表界面

博客列表的 HTML 代码如下：

```
<!-- project03/web/blogs.html -->
<!DOCTYPE html>
<html>
<head>
<title>仓颉语言学习博客</title>
<meta http-equiv="Content-Type" content="text/html; charset=UTF-8">
<link href="./images/favicon.ico" rel="shortcut icon"/>
<link href="./css/bootstrap.min.css" rel="stylesheet">
<link rel="stylesheet" type="text/css" href="./css/common.css">
<link rel="stylesheet" type="text/css" href="./css/blogs.css">
</head>
<body>
<!-- 顶部按钮部分 -->>
    <div class="top">
<span><a href="./newblog">新增博客</a></span>
<span><a href="./blogs">博客列表</a></span>
    </div>
<!-- 头部标题部分 -->>
<div class="header">
<div class="headercontent">
<div class="title">仓颉语言学习博客</div>
<div class="subtitle">This is a blog site of Cangjie.</div>
</div>
```

```
      </div>
<!-- 主体部分 -->
<div class="main">
<div>
<span class="slabel">感悟</span>
<a href="./blog?uid=211229155254">你好，仓颉！</a>
<span>2021-12-29 15:52:54</span>
</div>
<div>
<span class="slabel">感悟</span>
<a href="./blog?uid=220101115532">第二篇博客</a>
<span>2022-01-01 11:55:32</span>
</div>
</div>
<!-- 底部信息部分 -->>
<div class="footer">
<div>Yu Dong 董昱 Tel. E-mail://dongyu1009#163.com</div>
<div>Designed By Yu Dong.</div>
</div>
<script src="./js/jquery.min.js"></script>
<script src="./js/bootstrap.min.js"></script>
<script type="text/JavaScript" src="./js/common.js"></script>
</body>
</html>
```

该页面使用了 jQuery 框架和 Bootstrap 框架，方便前端开发，提供更加优异的用户界面。另外，该页面还引用了 common.css 和 blogs.css 样式文件及 common.js 文件。common.js 文件的主要作用是用于调整底部信息部分在浏览器中的显示位置，将其布局在整个界面的最下方。这些文件读者可参见本书的配套资源，因为不是业务逻辑的核心部分，所以不展开详述。

这个博客列表界面包含顶部按钮部分、头部标题部分、主体部分和尾部信息部分，这几个部分（可参考在上述代码中的注释）所对应的界面组件如图 14-7 所示。

图 14-7 博客列表界面分区

下面简析这几部分的功能。

（1）顶部按钮部分：包含新增博客、博客列表按钮，用于跳转到相应的用户界面。这些按钮均采用超链接标签<a>的方式实现。其中，新增博客界面的访问路径为./newblog，博客列表的访问路径为./blogs。通过这些路径获取相应的页面的具体实现将在后文介绍。

（2）头部标题部分：显示整个网站的标题信息，这部分仅用于信息展示，无交互功能。

（3）主体部分：整个界面的核心部分，显示博客列表，每个列表项中显示了博客的名称、类别和创建时间信息。博客名称通过超链接标签<a>指向了博客详情的访问路径./blog，并通过查询字符串传递博客 ID 信息。这些具体的业务逻辑将在后文介绍。

（4）尾部信息部分：显示网站的基本信息，这部分仅用于信息展示，无交互功能。

HTML 代码的头部<head>标签中的内容，以及<body>中的顶部按钮部分、头部标题部分和尾部信息部分和另外两个界面相同，所以后文将省略这部分代码。

2. 博客详情界面

博客详情界面的 HTML 文件的代码如下：

```
<!-- project03/web/blog.html -->
<!DOCTYPE html>
<html>
...
<body>
    ...
    <!-- 主体部分 -->
<div class="main">
<div class="title">你好，仓颉！</div>
<div class="subtitle">
<div class="slabel">感悟</div>
<span class="time">2021-12-29 15:52:54</span>
</div>
<div class="content" id="content">这是仓颉博客的第一篇文章</div>
</div>
    ...
</body>
</html>
```

该页面显示了博客的具体信息，包括标题、类别、创建时间和具体内容，该代码在浏览器中的预览效果如图 14-4 所示。在后文的业务逻辑代码中，将会通过仓颉语言代码替换上述代码的静态内容。

3. 新增博客界面

新增博客界面的 HTML 文件的代码如下：

```
<!-- project03/web/newblog.html -->
<!DOCTYPE html>
```

```
<html>
...
<body>
    ...
<!-- 主体部分 -->
<div class="main">
<div class="section">
<div class="title">
创建新的博客
</div>
<div class="content">
<form method="post"
                action="./insertBlog"
                enctype="application/x-www-form-urlencoded">
<input id="ititle" type="text"
                name="name"
                placeholder="请输入博客名称"
                value=""></input>
<textarea id="icontent"
                    name="content"
                    placeholder="请输入博客内容"></textarea>
<select name="sid" id='itype'>
<option value ="0">感悟</option>
<option value ="1">教程</option>
<option value ="2">随笔</option>
</select>
<div class="buttongroup">
<input type="submit" value="确定"/>
<a href="./blogs" style="color: black;">
<input type="button" value="返回"/></a>
</div>
</form>
</div>
</div>
</div>
    ...
</body>
</html>
```

　　该代码使用<form>表单通过 POST 协议向./insertBlog 路径，以便传递新增博客的数据。由于目前仓颉语言仅支持 URL 编码的数据传递形式，所以需要将<form>表单的 enctype 属性指定为 application/x-www-form-urlencoded。当用户单击【确定】按钮后，POST 数据会传递博客名称（name）、博客内容（content）和类别（sid）数据。其中类别使用包含单个数字的字符串表示，用 0 表示感悟类别，用 1 表示教程类别，用 2 表示随笔类别。

该代码的运行效果如图 14-5 所示。当博客名称输入"你好"，博客内容输入"仓颉"，类别选择"感悟"时，单击【确定】按钮所传递的 POST 数据如下：

```
name=你好&content=仓颉&sid=0
```

在 Chrome 或 Edge 浏览器中，可以通过开发者工具进行调试。打开网络（Network）标签页后，执行上述步骤，即可在相应的 HTTP 请求中查看这个标签内容，如图 14-8 所示。

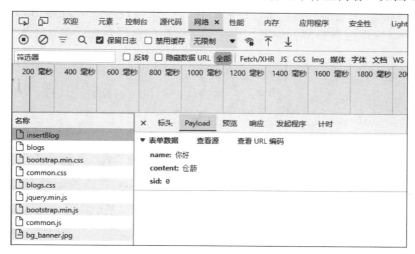

图 14-8　在 Chrome 或 Edge 浏览器中查看表单请求

在项目目录中创建 web 目录，并将这些用户界面层数据复制到该目录中，其文件结构如下。

```
web
│   blog.html - 博客详情界面
│   blogs.html - 博客列表界面
│   newblog.html - 新增博客界面
├─css
│   ├─blog.css - 博客详情界面的样式表
│   ├─blogs.css - 博客列表界面的样式表
│   ├─bootstrap.min.css - bootstrap 框架样式表
│   ├─common.css - 通用样式表
│   └─newblog.css - 新增博客界面的样式表
├─images
│   ├─bg_banner.jpg - 头部标题部分背景
│   └─favicon.ico - 网站图标
└─js
├─bootstrap.min.js- bootstrap 框架的 js 文件
├─common.js - 通用 js 文件
└─jquery.min.js - jQuery 框架的 js 文件
```

14.2.3 数据访问层

在笔者撰写本书时，仓颉语言没有可用的数据库供开发者使用，因此本节通过序列化的方法将对象转换为字符串，然后存储在 json 文件中。这种存取方式类似于 NoSQL 的思路，但是性能很低，仅限于学习使用。

在数据访问层中，先实现一个用于表示博客数据的博客类 Blog，并实现 Serializable<Blog> 接口，用于序列化，然后实现博客集合封装类 Blogs，并实现 Serializable<Blogs>接口，用于序列化。最后，实现博客存储管理器，用于博客数据的存取功能（类似于数据库管理器的作用）。

1. 创建博客类

博客类 Blog 用于抽象化一个博客的具体信息，在 blog.cj 文件中实现，代码如下：

```
//code/project03/blog.cj
from std import serialization.*
from std import json.*
from std import time.*

//博客类
class Blog <: Serializable<Blog>{
    var uid : String //UID 唯一标识符
    var name : String //博客名称
    var category : String //博客分类
    var time : String //博客时间
    var content : String //博客内容

    //构造函数，用于创建新的博客类
    init(name: String, category: String, time: String, content: String) {
        this.uid = Time.now().toString("yyMMddHHmmss")
        this.name = name
        this.category = category
        this.content = content
        this.time = time
    }

    //构造函数，用于反序列化获取已有的博客类
    private init(name: String, category: String, time: String, content: String,
uid : String) {
        this.uid = uid
        this.name = name
        this.category = category
        this.content = content
```

```
                this.time = time
        }

        //序列化
        func serialize(): DataModel {
            return DataModelStruct().
                    add(field<String>("uid", uid)).
                    add(field<String>("name", name)).
                    add(field<String>("category", category)).
                    add(field<String>("time",time)).
                    add(field<String>("content",content))
        }

        //反序列化
        static func deserialize(dm: DataModel): Blog {
            let dms : DataModelStruct = (dm as DataModelStruct).getOrThrow()
            let uid = String.deserialize(dms.get("uid"))
            let name = String.deserialize(dms.get("name"))
            let category = String.deserialize(dms.get("category"))
            let time = String.deserialize(dms.get("time"))
            let content = String.deserialize(dms.get("content"))
            return Blog(name, category, time, content, uid)
        }
    }
```

博客类包含了唯一标识符（uid）、博客名称（name）、博客分类（category）、博客时间（time）、博客内容（content）等成员变量，这些变量的类型均为 String。其中，uid 变量采用格式化字符串的方法生成。

博客类包含了以下两个构造函数。

（1）init(name:String, category:String, time:String, content:String)：用于创建新的博客类，其中 uid 需要自动生成，而其他的属性则可通过参数的方式进行设置。

（2）private init(name:String, category:String, time:String, content:String, uid:String)：用于反序列化获取已有的博客类，不能被外部程序调用，所以通过 private 关键字修饰。

通过序列化函数 serialize 和反序列化函数 deserialize 实现了博客数据的序列化，这部分代码比较简单，读者可参考相关内容理解其功能。

2．创建博客集合封装类

博客集合封装类 Blogs 用于抽象化博客集合，在 blogs.cj 文件中实现。虽然仓颉语言提供了集合类，但是创建博客集合封装类可以方便地进行序列化，所以 Blogs 对 Buffer<Blog> 进行了封装，代码如下：

```
//code/project03/blogs.cj
```

```
from std import serialization.*
from std import json.*
from std import collection.*

//博客集合封装类（用于序列化和反序列化）
class Blogs <: Serializable<Blogs> {
    //博客集合
    private var blogs : Buffer<Blog>
    //构造函数，创建空的博客集合封装类
    init() {
        blogs = Buffer<Blog>()
    }
    //构造函数，通过集合类创建
    init(blogs : Buffer<Blog>) {
        this.blogs = blogs
    }
    //博客数量
    func size() {
        blogs.size()
    }
    //增加博客
    func add(blog : Blog) {
        blogs.add(blog)
    }
    //获取指定位置的博客
    func get(index : Int64) : Blog {
        blogs[index]
    }
    //获取指定 UID 的博客
    func get(uid : String) : Option<Blog>{
        for (blog in blogs) {
            if (blog.uid == uid) {
                return blog
            }
        }
        return None
    }
    //删除指定 UID 的博客
    func remove(uid : String) {
        blogs.removeIf({ blog => blog.uid == uid})
    }

    //序列化
```

```
func serialize(): DataModel {
    return DataModelStruct().
                add(field<Buffer<Blog>>("blogs", blogs))
}

//反序列化
static func deserialize(dm: DataModel): Blogs {
    let dms : DataModelStruct = (dm as DataModelStruct).getOrThrow()
    let blogs = Buffer<Blog>.deserialize(dms.get("blogs"))
    return Blogs(blogs)
}
}
```

Blogs 类中不仅包含了基本的构造函数和序列化、反序列化函数，还包含了 size、add、get、remove 等函数。其中 get 函数包含了两个重载函数，其中 get(uid:String)更加实用，用于通过指定 UID 获取博客对象。

3. 创建博客存储管理器

博客存储管理器类 BlogStoreManager 用于对 Blogs 对象进行存取操作，在 manager.cj 文件中实现，代码如下：

```
//code/project03/manager.cj
from std import serialization.*
from std import json.*

//博客存储管理器
class BlogStoreManager {

    //博客集合
    var blogs : Blogs

    //存储文件路径
    var filename : String

    //构造函数，需要指定文件存储位置 filename
    init(filename : String) {
        this.filename = filename
        //读取文件内容
        var str : String = readFile(filename)
        //如果文件不存在或者文件为空，则初始化 JSON 字符串
        if (str == "") {
            str = "{ \"blogs\": [] }"
        }
        //将文件内容反序列化为博客集合
```

```
        blogs = Blogs.deserialize(DataModel.fromJson(
                    JsonValue.fromStr(str.trimAscii())))
        flush()
    }
    //存储博客
    func putBlog(blog : Blog) {
        blogs.add(blog)
    }

    //获取博客
    func getBlog(index : Int64) : Blog {
        blogs.get(index)
    }

    //通过 UID 获取博客
    func getBlog(uid : String) : Option<Blog> {
        blogs.get(uid)
    }

    //删除博客
    func removeBlog(uid : String) {
        blogs.remove(uid)
    }

    //将变更写入存储
    func flush() {
        writeFile(filename, blogs.serialize().toJson().toJsonString())
    }
}
```

BlogStoreManager 的构造函数为 init(filename:String)，其中 filename 参数用于指定博客信息的存储位置。当该文件不存在或者该文件为空时，初始化 JSON 字符串，并序列化存储在相应的文件位置。

BlogStoreManager 包含了 putBlog、getBlog、removeBlog 等函数。除了 getBlog 以外，其他操作都是在内存层面上对 Blogs 对象进行操作的，并没有真正地写入数据文件中，所以调用这些函数后需要通过 flush 函数将数据写入。

上述文件读写操作（readFile 和 writeFile）函数的实现放在了 utils.cj 文件中，代码如下：

```
//code/project03/utils.cj
from std import io.*

//读取文本文件
func readFile(filename : String) : String {
```

```
        var res = ""
        let fs = FileStream(filename)
        try {
            if (fs.openFile()) { //打开文件
                res = fs.readAllText()
            }
        } catch(e : Exception) {
            println(e)
        } finally {
            fs.close() //关闭文件
        }
        return res
    }

    //写文本文件
    func writeFile(filename : String, content : String) : Bool {
        let fs = FileStream(filename, OpenMode.ForceCreate)
        try {
            if (fs.openFile()) { //打开文件
                fs.write(content)
                fs.flush() //清空缓冲区
            }
        } catch(e : Exception) {
            println(e)
            return false
        } finally {
            fs.close() //关闭文件
        }
        return true
    }
```

　　为了方便学习，这些代码非常精简，几乎忽略了所有不必要的代码。在实际开发中，这些类的功能可能需要扩展，例如为了便于调试，博客类可以实现 ToString 接口，用于输出打印等。

14.2.4　业务逻辑层

　　业务逻辑层是界面层和数据访问层的桥梁，是整个系统的核心部分。业务逻辑层在 main.cj 文件中实现。业务逻辑层需要博客存储管理器的支持，所以首先需要创建管理器对象，代码如下：

```
//管理器
let manager = BlogStoreManager("./blogs.json")
```

博客数据将会持久化在 blogs.json 文件中。

博客网站的业务逻辑主要包括 5 个部分，如表 14-2 所示。

表 14-2 博客网站的业务逻辑

访问路径	功能
/newblog	进入新增博客页面
/blogs	进入博客列表界面（作为主页）
/blog	进入博客详情界面
/insertBlog	通过 POST 请求新增博客
/source/	获取各种资源（图片、CSS 文件、JS 文件等）

针对这些业务逻辑和访问路径，在 main 函数中搭建服务器的基本结构，代码如下：

```
//code/project03/main.cj
func main() {
    let route = Route()
    //新增博客页面
    route.handle("/newblog", newBlogHandler)
    //博客列表页面
    route.handle("/blogs", blogsHandler)
    //博客详情页面
    route.handle("/blog", blogHandler)
    //通过 POST 请求新增博客
    route.handle("/insertBlog", insertBlogHandler)
    //获取各种资源（图片、CSS 文件、JS 文件等）
    route.handle("/source/", sourceHandler)

    //直接访问根路径，跳转到博客列表界面
    route.handle("/", {w, r =>
        //设置 Content-Type 类型
        w.header().set("content-type", "text/html;charset:utf-8;")
        //跳转到博客列表界面
        w.write("<script>window.location.href='./blogs'</script>"
            .toUtf8Array())
    })
    var srv = Server(route)
    srv.port = 8080
    srv.readTimeout = Duration.second(10)
    srv.writeTimeout = Duration.second(10)
    srv.listenAndServe()
    return 0
}
```

通过 route 对象的 handle 函数对各种不同的访问路径进行处理。当用户访问根路径或者其他路径（用"/"表示）时，将页面跳转到/blogs 路径中。

注意 在 Ubuntu 中，非 ROOT 权限的用户无法绑定 80 端口，所以使用 8080 端口提供服务，否则会抛出 SocketException 异常，提示 "Failed to bind socket: Native function error 13: Permission denied." 错误。读者可以自行尝试在 ROOT 环境中使用 80 端口。

在下文中将实现 newBlogHandler、blogsHandler 等具体的业务逻辑处理功能。

1. 新增博客页面处理器

新增博客界面是最容易实现的，只需直接读取并将 newblog.html 文件的内容返回客户端，代码如下：

```
//code/project03/main.cj
//新增博客页面处理器
var newBlogHandler = FuncHandler({w, r =>
    w.header().set("content-type", "text/html;charset:utf-8;")
    //以流的方式输出页面内容
    w.write(readFile("./web/newblog.html").toUtf8Array())
})
```

不要忘记将响应头的 Content-Type 设置为 text/html 类型。

2. 博客列表页面处理器

将博客列表 blogs.html 中的主体部分内容修改为#{blogs}，然后使用仓颉程序生成这一部分内容的字符串（具体的博客列表内容），代码如下：

```
//code/project03/main.cj
//博客列表页面处理器
var blogsHandler = FuncHandler({w, r =>
    //将博客列表内容转换为 HTML 字符串
    var outputStr = ""
    for (i in 0..manager.blogs.size()) {
        let blog = manager.getBlog(i)
        let template = """
<div>
<span class=\"slabel\">${blog.category}</span>
<a href=\"./blog?uid=${blog.uid}\">${blog.name}</a>
<span>${blog.time}</span>
</div>
"""
        outputStr = outputStr + template
    }
    //设置 Content-Type 类型
    w.header().set("content-type", "text/html;charset:utf-8;")
    //以流的方式输出页面内容
```

```
var str = readFile("./web/blogs.html")
str = str.replace("#{blogs}", outputStr)
w.write(str.toUtf8Array())
})
```

通过 manager 遍历所有的博客列表，创建列表项字符串并把列表项中的具体内容替换为具体的博客信息。读取 blogs.html 文件内容，将#{blogs}替换为列表项字符串，并返回客户端。

3. 博客详情页面处理器

和博客列表页面处理器类似，将 blog.html 文件中的主体部分修改为#{blog}，然后用仓颉程序生成这一部分的内容，代码如下：

```
//code/project03/main.cj
//博客详情页面处理器
var blogHandler = FuncHandler({w, r =>
    //获取博客的 UID
    let uid = r.url.query().get("uid") ?? ""
    //通过 UID 获取博客内容
    let blog = manager.getBlog(uid).getOrThrow()
    //将博客内容转换为 HTML 字符串
    let mainStr = """
<div class=\"title\">${blog.name}</div>
<div class=\"subtitle\">
<div class=\"slabel\">${blog.category}</div>
<span class=\"desc\"> </span>
<span class=\"time\">${blog.time}</span>
</div>
<div class=\"content\" id=\"content\">${blog.content}</div>
"""
    //设置 Content-Type 类型
    w.header().set("content-type", "text/html;charset:utf-8;")
    //以流的方式输出页面内容
    var str = readFile("./web/blog.html")
    str = str.replace("#{blog}", mainStr)
    w.write(str.toUtf8Array())
})
```

在 blogHandler 处理器开头，获取 URL 中的查询字符串，并获得 uid 的内容，即博客的 UID。通过 manager 获取相应的博客信息，并填入博客主体部分的 mainStr 字符串的相应部分。读取 blog.html 文件内容，将#{blog}的内容替换为 mainStr 字符串的内容，并作为响应内容返回客户端。

4. 通过 POST 请求新增博客处理器

在插入博客页面中，通过 POST 方法向服务器传递新增的博客数据。在 insertBlogHandler 中，接收这些博客数据并持久化，代码如下：

```
//code/project03/main.cj
//插入博客 POST 请求处理器
var insertBlogHandler = FuncHandler({w, r =>
    //解析 POST 表单
    r.parseForm()
    let form = Form(r.postForm.encode())
    let name = form.get("name").getOrThrow()          //博客名称
    let content = form.get("content").getOrThrow()     //博客内容
    let sid = form.get("sid").getOrThrow()             //博客类别（SID）
    let category = match (sid) {
        case "0" =>"感悟"
        case "1" =>"教程"
        case "2" =>"随笔"
        case _ =>"其他"
    }
    //博客时间
    let time = Time.now().toString("yyyy-MM-dd HH:mm:ss")
    //在文件存储中插入博客
    manager.putBlog(Blog(name, category, time, content))
    manager.flush()
    //设置 Content-Type 类型
    w.header().set("content-type", "text/html;charset:utf-8;")
    //跳转到博客列表界面
    w.write("<script>window.location.href='./blogs'</script>".
        toUtf8Array())

})
```

首先，获取 POST 表单中的内容并解析 URL 编码，然后获取博客名称、博客内容和博客类别等信息，再通过时间字符串格式化的方法创建博客时间。最后，通过 manager 的 putBlog 和 flush 函数将该博客插入数据存储中。在以上流程结束后，向客户端传递页面跳转指令，返回博客列表界面中。

5. 资源获取处理器

Web 页面除了 HTML 文件以外，还需要 CSS 文件、JS 文件、图片文件等资源的支持，通过 sourceHandler 处理器可以获取这些资源，代码如下：

```
//code/project03/main.cj
//获取资源处理器
var sourceHandler = FuncHandler({w, r =>
```

```
let pathArr = r.url.path.split('.')
let exname = pathArr[pathArr.size() - 1]
if(exname == "png" || exname == "ico") {
    w.header().set("content-type", "application/octet-stream")
}
if(exname == "css") {
    w.header().set("content-type", "text/css;charset:utf-8;")
}
if(exname == "js") {
    w.header().set("content-type", "text/JavaScript;charset:utf-8;")
}
let subPath = r.url.path.replace("/source/", "") //相对目录
w.write(readFile("./web/" + subPath).toUtf8Array())
})
```

上述代码通过 source 路径后的子路径来判别用户所需要的文件，并在 web 目录中寻找相应的文件数据并返回客户端。为了保证浏览器能够正确解析这些数据，所以需要根据文件类型的不同设置相应的 Content-Type 属性。

14.3 本章小结

本章通过 JSON 和 serialization 标准库实现了数据持久化的基本方法，并以此为基础开发了博客网站项目。这个博客网站非常轻量化，开发者可以自行完善和扩展其中的功能。

另外，开发者还可以根据这两个库设计非结构化数据库。由于本书篇幅有限，留给开发者思考具体的实现方法。

14.4 习题

（1）设计学生类，并实现学生类的序列化和反序列化。通过 Socket 通信将学生对象的序列化结果传输到另外一个仓颉程序中，并反序列化为相同的学生对象。

（2）为博客网站添加管理界面，用于删除和修改博客。

（3）设计新闻信息网站，并实现新闻列表、新闻浏览和新闻发布等功能。

仓颉语言中的关键字

仓颉语言共有 69 个关键字，这些关键字如下：

abstract	as	break	Bool	case
catch	class	continue	Char	do
else	enum	extend	false	finally
for	foreign	from	func	Float16
Float32	Float64	if	import	in
init	interface	is	Int8	Int16
Int32	Int64	IntNative	let	macro
match	mut	Nothing	open	operator
override	package	private	prop	protected
public	quote	record	redef	return
spawn	static	super	synchronized	this
throw	true	try	type	unsafe
UInt8	UInt16	UInt32	UInt64	UIntNative
Unit	var	where	while	

附录 B

仓颉语言的顶层定义

顶层定义是指在仓颉语言源文件中处于顶层的定义，即不被其他定义所包含的定义。仓颉语言所支持的顶层定义包括变量、函数、类、接口、记录、枚举、扩展、类型别名等，如表 B-1 所示。

表 B-1 仓颉语言中的顶层定义及其关键字

顶层定义	关键字	说明
变量	var/let	处于顶层的变量称为全局变量， 处于非顶层的变量称为局部变量
函数	func	处于顶层的函数称为全局函数， 处于非顶层的函数称为嵌套函数
类	class	只能在顶层定义
接口	interface	只能在顶层定义
记录	record	只能在顶层定义
枚举	enum	只能在顶层定义
扩展	extend	只能在顶层定义
类型别名	type	只能在顶层定义

仓颉语言的源文件包括两个主要部分：包名的声明和包的导入部分（必须处于源文件的开头）、顶层定义部分（由 1 个或多个顶层定义组成）。

操作符及其优先级

仓颉语言的操作符如表 C-1 所示，操作符的优先级从上到下依次降低。

表 C-1　仓颉语言的操作符

操作符	含　　义	要求操作数的个数
@	宏调用	1 或 2
.	成员访问	2
[]	索引	2
()	函数调用/括号	2
++	自增	1
−−	自减	1
?	问号	2
!	感叹号	1
!	逻辑非	1
−	一元负号	1
**	幂运算	2
*	乘法	2
/	除法	2
%	取余	2
+	加法	2
−	减法	2
<<	按位左移	2
>>	按位右移	2
<	小于	2
<=	小于或等于	2
>	大于	2
>=	大于或等于	2
is	类型检查	2

续表

操作符	含　　义	要求操作数的个数
as	类型转换	2
==	等于	2
!=	不等于	2
&	按位与	2
^	按位异或	2
|	按位或	2
..	区间（左闭右开区间）	2
..=	区间（闭区间）	2
&&	逻辑与	2
||	逻辑或	2
??	合并	2
|>	管道	2
~>	组合	2
=	赋值	2
**=	复合赋值（幂运算后赋值）	2
*=	复合赋值（乘法运算后赋值）	2
/=	复合赋值（除法运算后赋值）	2
%=	复合赋值（取余运算后赋值）	2
+=	复合赋值（加法运算后赋值）	2
−=	复合赋值（减法运算后赋值）	2
<<=	复合赋值（按位左移后赋值）	2
>>=	复合赋值（按位右移后赋值）	2
&=	复合赋值（按位与后赋值）	2
^=	复合赋值（按位异或后赋值）	2
|=	复合赋值（按位或后赋值）	2
&&=	复合赋值（逻辑与后赋值）	2
||=	复合赋值（逻辑或后赋值）	2

　　要求操作数（运算对象）的个数为 1 的操作符称为单目操作符，要求操作数（运算对象）的个数为 2 的操作符称为双目操作符。

标　准　库

仓颉库并不是仓颉语言本身的一部分，而是通过仓颉语言实现的具有某些特定功能的模块。仓颉库包括标准库和第三方仓颉库。标准库和仓颉语言一同分发，包含了常用的功能特性，可以直接被开发者导入并使用。常用的仓颉标准库及其功能如表 D-1 所示。

表 D-1　常用的仓颉标准库及其功能

仓颉标准库	功　　能
core	核心库，包括 List、Array、异常等常用的功能。核心库无须导入可直接使用
ast	抽象语法树（AST）库，用于元编程中的词法分析与语法分析
concurrency	并发库，用于创建线程和实现同步机制
collection	集合库，包括 Buffer、HashMap、HashSet 等类的定义和实现
convert	转换库，可用于将字符串类型的数据转换为其他不同类型的数据
ffi	跨语言调用库（FFI），可用于仓颉语言和 C 语言函数的互操作
format	格式化库，可用于将多种不同类型的数据格式化为字符串
io	输入/输出库，包括流（字符串流、文件流等）的实现，用于标准输入和文件读写等操作
json	JSON 库，用于实现 JSON 对象和字符串对象的转换，以及对 JSON 对象的操作
log	日志打印库，方便开发者进行统一的日志输出及管理
math	数学库，包括常用的变量（圆周率、自然对数等）的定义，以及三角函数、指数函数、位运算等常见的数学运算方法
net	网络库，用于通过 TCP、HTTP 协议进行网络连接和通信
OS	系统库，包括系统基本信息、文件系统等相关常见函数
regex	正则库，用于通过正则表达式处理文本
serialization	序列化库，可实现对象的序列化和反序列化
time	时间库，提供了与时间操作相关的能力，包括时间的读取、时间计算、基于时区的时间转换等
unicode	Unicode 库，为字符和字符串类型扩展了在 Unicode 字符集范围内的大小写转换、空白字符修剪等功能
util	工具库，包括用于帮助脚本解析命令行参数的 ArgOpt 类和生成随机数的 Random 类等

附录 E

TokenKind 枚举

TokenKind 枚举类型用于表示词法单元类型，枚举值及其描述如表 E-1 所示。

表 E-1 TokenKind 枚举值及其描述

TokenKind 枚举值	描　　述	内　　容
DOT	点号	.
COMMA	逗号	,
LPAREN	左圆括号	(
RPAREN	右圆括号	)
LSQUARE	左方括号	[
RSQUARE	右方括号	]
LCURL	左花括号	{
RCURL	右花括号	}
EXP	幂运算操作符	**
MUL	乘法操作符	*
MOD	取余操作符	%
DIV	除法操作符	/
ADD	加法操作符	+
SUB	减法操作符	−
UNSAFEEXP	暂未使用	+&=
UNSAFEMUL	暂未使用	−&=
UNSAFEADD	暂未使用	*&=
UNSAFESUB	暂未使用	**&=
INCR	自增操作符	++
DECR	自减操作符	− −
AND	逻辑与操作符	&&
OR	逻辑或操作符	||
COALESCING	合并操作符	??

续表

TokenKind 枚举值	描　　　述	内　　容
PIPELINE	管道操作符	|>
COMPOSITION	组合操作符	~>
NOT	逻辑非操作符	!
BITAND	按位与操作符	&
BITNOT	暂未使用	~
BITOR	按位或操作符	|
BITXOR	按位异或操作符	^
LSHIFT	按位左移操作符	<<
RSHIFT	按位右移操作符	>>
COLON	冒号	:
SEMI	分号	;
ASSIGN	赋值操作符	=
ADD_ASSIGN	复合赋值操作符（加法运算后赋值）	+=
SUB_ASSIGN	复合赋值操作符（减法运算后赋值）	−=
MUL_ASSIGN	复合赋值操作符（乘法运算后赋值）	*=
EXP_ASSIGN	复合赋值操作符（幂运算后赋值）	**=
DIV_ASSIGN	复合赋值操作符（除法运算后赋值）	/=
MOD_ASSIGN	复合赋值操作符（取余运算后赋值）	%=
UNSAFEADD_ASSIGN	暂未使用	+&=
UNSAFESUB_ASSIGN	暂未使用	−&=
UNSAFEMUL_ASSIGN	暂未使用	*&=
UNSAFEEXP_ASSIGN	暂未使用	**&=
AND_ASSIGN	复合赋值操作符（逻辑或运算后赋值）	&&=
OR_ASSIGN	复合赋值操作符（逻辑与后赋值）	||=
BITAND_ASSIGN	复合赋值操作符（按位与后赋值）	&=
BITOR_ASSIGN	复合赋值操作符（按位或后赋值）	|=
BITXOR_ASSIGN	复合赋值操作符（按位异或后赋值）	^=
LSHIFT_ASSIGN	复合赋值操作符（按位左移后赋值）	<<=
RSHIFT_ASSIGN	复合赋值操作符（按位右移后赋值）	>>=
ARROW	单线箭头（用于函数类型的定义）	->
DOUBLE_ARROW	双线箭头（用于 match 表达式、Lambda 表达式的定义）	=>
RANGEOP	区间（左闭右开区间）	..
CLOSEDRANGEOP	区间（闭区间）	..=
ELLIPSIS	暂未使用	...

TokenKind 枚举值	描　　述	内　　容
HASH	井号	#
AT	@符号	@
QUEST	问号	?
LT	小于	<
GT	大于	>
LE	小于或等于	<=
GE	大于或等于	>=
IS	类型检查操作符	is
AS	类型转换操作符	as
NOTEQ	不等于	!=
EQUAL	等于	==
WILDCARD	下画线	_
INT8	8 位整型关键字	Int8
INT16	16 位整型关键字	Int16
INT32	32 位整型关键字	Int32
INT64	64 位整型关键字	Int64
INTNATIVE	位数与平台相关整型关键字	IntNative
UINT8	8 位无符号整型关键字	UInt8
UINT16	16 位无符号整型关键字	UInt16
UINT32	32 位无符号整型关键字	UInt32
UINT64	64 位无符号整型关键字	UInt64
UINTNATIVE	位数与平台相关无符号整型关键字	UIntNative
FLOAT16	16 位浮点型关键字	Float16
FLOAT32	32 位浮点型关键字	Float32
FLOAT64	64 位浮点型关键字	Float64
CHAR	字符型关键字	Char
BOOLEAN	布尔型关键字	Bool
UNIT	Unit 关键字	Unit
RECORD	record 关键字	record
ENUM	enum 关键字	enum
ARRAY	数组类型	Array
CFUNC	C 语言函数类型	CFunc
THISTYPE	This 关键字（自动微分）	This
PACKAGE	package 关键字	package

续表

TokenKind 枚举值	描　　述	内　　容
IMPORT	import 关键字	import
CLASS	class 关键字	class
INTERFACE	interface 关键字	interface
FUNC	func 关键字	func
MACRO	macro 关键字	macro
QUOTE	quote 关键字	quote
DOLLAR	$符号	$
OBJECT	暂未使用	object
LET	let 关键字	let
VAR	var 关键字	var
TYPE_ALIAS	暂未使用	
INIT	init 关键字	init
THIS	this 关键字	this
SUPER	super 关键字	super
IF	if 关键字	if
ELSE	else 关键字	else
CASE	case 关键字	case
TRY	try 关键字	try
CATCH	catch 关键字	catch
FINALLY	finally 关键字	finally
FOR	for 关键字	for
DO	do 关键字	do
WHILE	while 关键字	while
ADJOINT	adjointOf 关键字（自动微分）	adjointOf
GRAD	grad 关键字（自动微分）	grad
VALWITHGRAD	valWithGrad 关键字（自动微分）	valWithGrad
MOVE	暂未使用	mov
THROW	throw 关键字	throw
THROWS	暂未使用	throws
RETURN	return 关键字	return
CONTINUE	continue 关键字	continue
BREAK	break 关键字	break
IN	in 关键字	in
NOT_IN	暂未使用	!in

续表

TokenKind 枚举值	描　述	内　容
MATCH	match 关键字	match
FROM	from 关键字	from
WHERE	where 关键字	where
TRAIT	暂未使用	
APPEND	暂未使用	
EXTEND	extend 关键字	extend
WITH	with 关键字	with
PROP	prop 关键字	prop
STATIC	static 关键字	static
PUBLIC	public 关键字	public
PRIVATE	private 关键字	private
PROTECTED	protected 关键字	protected
INTERNAL	internal 关键字	internal
EXTERNAL	external 关键字	external
OVERRIDE	override 关键字	override
REDEF	redef 关键字	redef
ABSTRACT	abstract 关键字	abstract
OPEN	open 关键字	open
FOREIGN	foreign 关键字	foreign
MUT	mut 关键字	mut
UNSAFE	unsafe 关键字	unsafe
OPERATOR	operator 关键字	operator
SPAWN	spawn 关键字	spawn
SYNCHRONIZED	synchronized 关键字	synchronized
UPPERBOUND	子类型关系定义符	<:
NONE	暂未使用	
IDENTIFIER	标识符	（可变）
INTEGER_LITERAL	整型字面量	（可变）
FLOAT_LITERAL	浮点型字面量	（可变）
COMMENT	注释	（可变）
NL	换行	（可变）
END	结束	（可变）
SENTENIAL	暂未使用	
CHAR_LITERAL	字符字面量	（可变）

续表

TokenKind 枚举值	描　　述	内　　容
STRING_LITERAL	字符串字面量	（可变）
JSTRING_LITERAL	Java 字符串字面量	（可变）
MULTILINE_STRING	多行字符字面量	（可变）
MULTILINE_RAW_STRING	多行原始字符字面量	（可变）
BOOL_LITERAL	布尔型字面量	（可变）
DOLLAR_IDENTIFIER	$标识符（用于枚举类型等的模式匹配）	（可变）
ANNOTATION	暂未使用	
ILLEGAL	非法（默认构造函数构造的 Token 对象为该类型）	无

图 书 推 荐

书　名	作　者
仓颉语言实战（微课视频版）	张磊
仓颉程序设计语言	刘安战
鸿蒙应用程序开发	董昱
HarmonyOS 应用开发实战（JavaScript 版）	徐礼文
鸿蒙操作系统开发入门经典	徐礼文
鸿蒙操作系统应用开发实践	陈美汝、郑森文、武延军、吴敬征
HarmonyOS 移动应用开发	刘安战、余雨萍、李勇军 等
HarmonyOS App 开发从 0 到 1	张诏添、李凯杰
HarmonyOS 从入门到精通 40 例	戈帅
JavaScript 基础语法详解	张旭乾
华为方舟编译器之美——基于开源代码的架构分析与实现	史宁宁
鲲鹏架构入门与实战	张磊
华为 HCIA 路由与交换技术实战	江礼教
Android Runtime 源码解析	史宁宁
深度探索 Go 语言——对象模型与 runtime 的原理、特性及应用	封幼林
Flutter 组件精讲与实战	赵龙
Flutter 组件详解与实战	[加]王浩然（Bradley Wang）
Flutter 实战指南	李楠
Dart 语言实战——基于 Flutter 框架的程序开发（第 2 版）	亢少军
Dart 语言实战——基于 Angular 框架的 Web 开发	刘仕文
IntelliJ IDEA 软件开发与应用	乔国辉
Vue+Spring Boot 前后端分离开发实战	贾志杰
Vue.js 企业开发实战	千锋教育高教产品研发部
Python 从入门到全栈开发	钱超
Python 全栈开发——基础入门	夏正东
Python 全栈开发——高阶编程	夏正东
Python 游戏编程项目开发实战	李志远
Python 人工智能——原理、实践及应用	杨博雄 主编，于营、肖衡、潘玉霞、高华玲、梁志勇 副主编
Python 深度学习	王志立
Python 预测分析与机器学习	王沁晨
Python 异步编程实战——基于 AIO 的全栈开发技术	陈少佳
Python 数据分析实战——从 Excel 轻松入门 Pandas	曾贤志
Python 数据分析从 0 到 1	邓立文、俞心宇、牛瑶
Python Web 数据分析可视化——基于 Django 框架的开发实战	韩伟、赵盼
Python 玩转数学问题——轻松学习 NumPy、SciPy 和 matplotlib	张骞
Pandas 通关实战	黄福星
深入浅出 Power Query M 语言	黄福星
FFmpeg 入门详解——音视频原理及应用	梅会东
云原生开发实践	高尚衡

图 书 推 荐

书　名	作　者
虚拟化 KVM 极速入门	陈涛
虚拟化 KVM 进阶实践	陈涛
物联网——嵌入式开发实战	连志安
人工智能算法——原理、技巧及应用	韩龙、张娜、汝洪芳
跟我一起学机器学习	王成、黄晓辉
TensorFlow 计算机视觉原理与实战	欧阳鹏程、任浩然
分布式机器学习实战	陈敬雷
计算机视觉——基于 OpenCV 与 TensorFlow 的深度学习方法	余海林、翟中华
深度学习——理论、方法与 PyTorch 实践	翟中华、孟翔宇
深度学习原理与 PyTorch 实战	张伟振
ARKit 原生开发入门精粹——RealityKit + Swift + SwiftUI	汪祥春
HoloLens 2 开发入门精要——基于 Unity 和 MRTK	汪祥春
Altium Designer 20 PCB 设计实战（视频微课版）	白军杰
Cadence 高速 PCB 设计——基于手机高阶板的案例分析与实现	李卫国、张彬、林超文
Octave 程序设计	于红博
ANSYS 19.0 实例详解	李大勇、周宝
AutoCAD 2022 快速入门、进阶与精通	邵为龙
SolidWorks 2020 快速入门与深入实战	邵为龙
SolidWorks 2021 快速入门与深入实战	邵为龙
UG NX 1926 快速入门与深入实战	邵为龙
西门子 S7-200 SMART PLC 编程及应用（视频微课版）	徐宁、赵丽君
三菱 FX3U PLC 编程及应用（视频微课版）	吴文灵
全栈 UI 自动化测试实战	胡胜强、单镜石、李睿
FFmpeg 入门详解——音视频原理及应用	梅会东
pytest 框架与自动化测试应用	房荔枝、梁丽丽
软件测试与面试通识	于晶、张丹
智慧教育技术与应用	[澳]朱佳（Jia Zhu）
敏捷测试从零开始	陈霁、王富、武夏
智慧建造——物联网在建筑设计与管理中的实践	[美]周晨光（Timothy Chou）著；段晨东、柯吉译
深入理解微电子电路设计——电子元器件原理及应用（原书第 5 版）	[美]理查德·C. 耶格（Richard C. Jaeger）、[美]特拉维斯·N. 布莱洛克（Travis N. Blalock）著；宋廷强译
深入理解微电子电路设计——数字电子技术及应用（原书第 5 版）	[美]理查德·C. 耶格（Richard C.Jaeger）、[美]特拉维斯·N. 布莱洛克（Travis N.Blalock）著；宋廷强译
深入理解微电子电路设计——模拟电子技术及应用（原书第 5 版）	[美]理查德·C. 耶格（Richard C.Jaeger）、[美]特拉维斯·N. 布莱洛克（Travis N.Blalock）著；宋廷强译